高等职业教育土建类"十四五"系列教材

JIANZHU

ANZHUANG GONGCHENG

HITU YU SHIGONG GONGYI

建筑安装工程
识图与施工工艺

主　编 ◎ 喻海军　　阚张飞
副主编 ◎ 杨惠芬　　李龙起
　　　　　刘海波　　王　灵
　　　　　黎万凤
参　编 ◎ 李利斌　　彭海燕
　　　　　李　勇　　符　红

电子课件
（仅限教师）

华中科技大学出版社
http://press.hust.edu.cn
中国·武汉

内 容 简 介

本教材结合职业院校教育教学课程改革精神,吸取传统教材优点,充分考虑校企产教融合实际情况,以学习情境为划分单元,采用项目任务导向的思路编写而成。全书编排从投影知识原理入手,依次介绍建筑给水排水系统工程、建筑电气与照明系统工程、智能建筑弱电系统工程等。本书涉及的知识面较广,内容深入浅出,注重实用性,将现行规范充分融入专业理论知识中,以当前建筑设备安装施工主体技术和方法为主,适当补充对前沿技术和方法的介绍,使书中内容具备一定的前瞻性,同时强化建筑安装工程施工图的识读,充分培养学生的安装施工图识读和工程施工的协调配合能力,符合技能型人才培养的要求。

本书可作为高职高专院校建筑施工技术、工程造价、建筑室内装饰技术、建筑工程管理、物业管理等相关专业的教材,也可供土建和安装企业施工管理人员、预决算人员及物业管理单位有关专业技术人员和从事维修的专业人员阅读参考。

图书在版编目(CIP)数据

建筑安装工程识图与施工工艺/喻海军,阚张飞主编.—武汉:华中科技大学出版社,2023.8
ISBN 978-7-5680-9780-2

Ⅰ.①建…　Ⅱ.①喻…　②阚…　Ⅲ.①建筑安装-建筑制图-识图-高等职业教育-教材　②建筑安装-工程施工-高等职业教育-教材　Ⅳ.①TU204.21　②TU758

中国国家版本馆 CIP 数据核字(2023)第 159075 号

建筑安装工程识图与施工工艺
Jianzhu Anzhuang Gongcheng Shitu yu Shigong Gongyi

喻海军　　阚张飞　主编

策划编辑:康　序
责任编辑:郭星星
封面设计:孢　子
责任监印:朱　玢
出版发行:华中科技大学出版社(中国·武汉)　　电话:(027)81321913
　　　　　武汉市东湖新技术开发区华工科技园　　邮编:430223
录　　排:武汉三月禾文化传播有限公司
印　　刷:武汉科源印刷设计有限公司
开　　本:787mm×1092mm　1/16
印　　张:22.75
字　　数:652千字
版　　次:2023年8月第1版第1次印刷
定　　价:58.00元

　　建筑安装工程识图与施工工艺是安装工程计量与计价的基础课程,也是一门技术性、实践性很强的课程,要想获得正确的安装造价成本,必须会看安装工程的施工图纸并且要懂得施工工艺。本书在编写中坚持融入企业要求和岗位标准,采用国家最新的技术规范和图集,引用建筑设备安装专业技术领域的新技术、新工艺,突出新材料、新方法的应用,力求使内容最新、最实用,对于原理方面介绍浅尝辄止。在内容的选取上突出贴近工程实际应用,识图内容按照读图顺序组织编写,安装工程内容按照施工工艺流程组织编写,体现了实践应用的特点。本书不求全面,所有的内容都是建立在能够快速上手的基础之上,以介绍实用入门级的基础识图知识为主,只解决一个核心问题——会了就行! 本书力求通过更为精准的知识点和直观的内容形式,将如何识读施工图纸介绍明白,并在每个识图阶段,同时介绍了施工过程中的一些施工经验要点。

　　本书由重庆航天职业技术学院喻海军、扬州中瑞酒店职业学院阚张飞担任主编,由苏州工业园区职业技术学院杨惠芬、成都理工大学李龙起、华姿建设集团有限公司刘海波、重庆航天职业技术学院王灵和黎万凤担任副主编。具体编写分工如下:喻海军与李龙起合编学习情境 1,刘海波、阚张飞、杨惠芬合编学习情境 2 和 3,王灵、黎万凤合编学习情境 4。重庆人文科技学院符红、重庆智渝工程设计有限公司李勇、重庆航天职业技术学院李利斌和彭海燕等为本书的编写提供了诸多指导并做了大量资料收集与插图整理工作,在此表示衷心的感谢。

　　本书内容广泛,涉及多种专业,并紧密联系实践,面向工程,内容综合性强。在本书编写过程中,编者查阅了大量公开或内部发行的工程技术书刊和资料,吸取了许多有益的知识,借用了其中的部分图表及内容,在此向所有熟识的以及未曾见面的作者致以衷心的感谢。

　　为了方便教学,本书还配有电子课件等资料,任课教师可以发邮件至 hust-tujian@163.com 索取。

　　建筑安装工程技术发展迅速,学科综合性越来越强,编写时力求做到内容全面、更新及时、通俗实用,但由于自身专业水平有限,加之时间仓促,书中难免存在缺漏和不当之处,敬请各位同行、专家和广大读者批评指正。

编　者

2023 年 5 月

目录 Contents

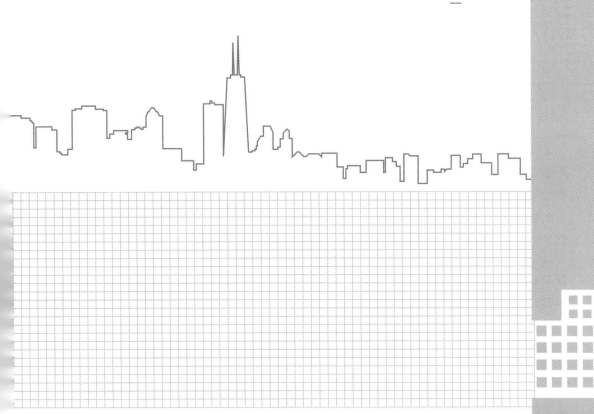

学习情境 1

安装工程识图基本知识

ANZHUANG GONGCHENG SHITU JIBEN ZHISHI

教学导航

教学项目	项目1　管道工程识图基本知识	参考	8~12
	项目2　管道轴测投影	学时	
	项目3　管道剖面图		
教学载体	多媒体教室、教学课件及教材		
教学目标	知识目标	了解投影的形成、投影的分类以及投影特性;了解轴测投影的特性;了解剖面图的基本知识。掌握三面投影的形成及投影规律,掌握轴测投影图的直观性和立体感;掌握剖面图的识读与绘制方法	
	能力目标	能够通过正投影法从一定程度上反映出物体的真实形状和大小;能够对基本形体的投影进行分析,能够准确画形体投影图。能够绘制正等测图和斜等测图,能够恰当地选择轴测图来表达一个形体。掌握各种剖面图的使用及画法,培养空间思维能力和自我学习能力	
	素质目标	培养学生的工程逻辑思维能力,追求尽善尽美、严谨细致的工作态度;引导学生树立"以人为本、安全第一、责任重于泰山"的意识,树立乐观、积极向上的生活态度;培养学生言必有据、一丝不苟、实事求是的科学素养,树立精益求精的工匠精神;培育学生团队协作意识,培养学生节约资源与环境保护的意识	
过程设计	任务布置及知识引导→学习相关新知识点→解决与实施工作任务→自我检查与评价		
教学方法	项目教学法		

课程思政要点

　　精心组织,激发学生对与时俱进、解放思想、开拓创新、守正出新的工匠精神有更为深刻的价值理解。精心打磨,形成刀刃向内、自我革命的专业奋斗勇气,引导学生将小我融入大我,将个人价值信仰融入国家命运,增强抵制各类安逸舒适、不劳而获的思想,能够对各种享乐产生"免疫力"。精心实践,激励学生将建筑梦与中国梦有机统一,为实现强国梦想而不断努力。重点强调要用革故鼎新的创造精神学习专业知识,不懈地钻研,刻苦学习建筑识图,使自己学有所成。

拍一拍

　　同学们可以拍一拍你身边的标志性建筑,关注建筑施工过程运用到的投影原理,室内装饰工程中的设备安装工程运维问题。

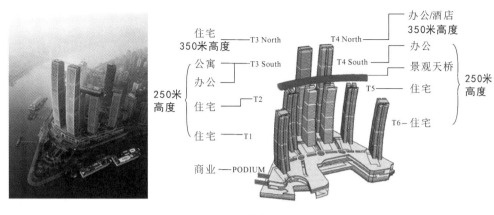

来福士

想一想

一栋建筑按照投影原理拆分,会应用到哪些投影知识点?

拓展知识链接

(1)《房屋建筑制图统一标准》(GB/T 50001—2017)。

(2)《给水排水制图标准》(GB/T 50106—2010)。

(3)《建筑电气制图标准》(GB/T 50786—2012)。

(4)《民用建筑设计统一标准》(GB 50352—2019)。

(5)《建筑设计防火规范(2018 年版)》(GB 50016—2014)。

项目 1
管道工程识图基本知识

任务 1　投影原理认知

一、投影的概念

在工程上,常用各种投影方法绘制工程图样。形体在光线的照射下就会产生影子。夜晚,当灯光照射室内的一张桌子时,必有影子落在地板上,这是生活中的投影现象。这种投影现象经过人们的抽象,并提高到理论上,就归纳出了投影法。产生投影必须具备下面三个条件:投影线、投影面和形体。三者缺一不可,称为投影三要素。

在制图中,把光源称为投影中心,光线称为投射线,光线的射向称为投射方向,落影的平面(如地面、墙面等)称为投影面,影子的轮廓称为投影。用投影表示物体的形状和大小的方法称为投影法。投影图的形成如图 1-1 所示。

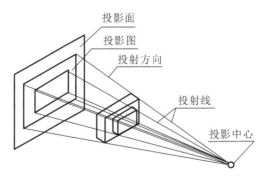

图 1-1　投影图的形成

需要注意的是,生活中的影子和工程制图中的投影是有区别的,投影必须将物体的各个组成部分的轮廓全部表示出来,而影子只能表达物体的整体轮廓,并且内部为一个整体如图 1-2 所示。

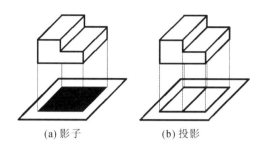

(a) 影子　　　　　(b) 投影

图 1-2　投影与影子的区别

二、投影的分类

根据投射中心与投影面距离远近的不同,常用的投影法有中心投影法和平行投影法两大类。

1. 中心投影

光线由光源点发出,投射线呈束线状。投影的影子(图形)随光源的方向和与形体的距离而变化。光源距形体越近,形体投影越大,它不反映形体的真实大小,这种投影方法,称为中心投影法,如图 1-3(a)所示。

2. 平行投影

由相互平行的投射线所产生的投影称为平行投影。根据投射线与投影面的角度不同,平行投影又可分为两种:平行投射线倾斜于投影面的称为斜投影,如图 1-3(b)所示;平行投射线垂直于投影面的称为正投影,如图 1-3(c)所示。

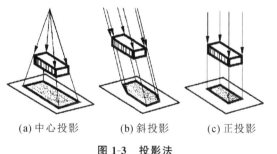

(a) 中心投影　　(b) 斜投影　　(c) 正投影

图 1-3　投影法

三、工程中常用的投影图

1. 正投影图

正投影图是指物体在两个互相垂直的投影面上的正投影,或在两个以上的投影面(其中相邻的两投影面互相垂直)上的正投影,也称多面正投影图,是土木建筑工程中最主要的图样。如图 1-4(a)所示,将这些带有形体投影图的投影面展开在一个平面上,从而得到多面正投影图,如图 1-4(b)所示。这种图的优点是能准确地反映物体的形状和大小,作图方便,度量性好,在工程中应用最广;其缺点是立体感差,不易看懂,需要具备一定的投影知识才能看懂。

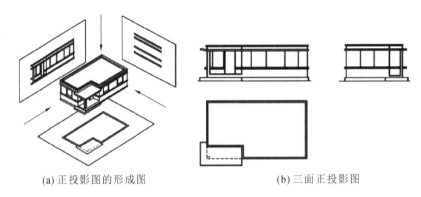

(a) 正投影图的形成图   (b) 三面正投影图

图 1-4   正投影图

2. 轴测投影图

轴测投影图,也称立体图,是平行投影的一种,画图时只需一个投影面,如图 1-5 所示。这种投影图的优点是立体感强,非常直观,但作图较复杂,表面形状在图中往往失真,度量性差,它一般与正投影图配合使用,以弥补正投影图直观性较差的不足,因而工程中常用作辅助图样。

3. 透视投影图

运用中心投影的原理绘制的具有逼真立体感的单面投影图称为透视投影图,简称透视图,如图 1-6 所示。它具有真实、直观、有空间感的特点,符合人们的视觉习惯,但绘制较复杂,形体的尺寸不能在投影图中度量和标注,不能作为施工的依据,仅用于建筑及室内设计等方案的比较及美术、广告等场景,如图 1-7 所示。

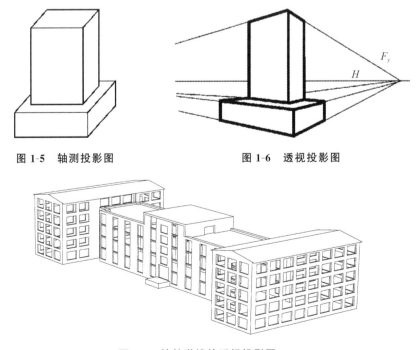

图 1-5   轴测投影图   图 1-6   透视投影图

图 1-7   某教学楼的透视投影图

4. 标高投影图

标高投影图是一种带有数字标记的单面正投影图,如图 1-8 所示。它用正投影反映物体的长度和宽度,其高度用数字标注。作图时将间隔相等而高程不同的等高线投影到水平投影面上,并标注出各等高线的高程,即为标高投影图。它常用来绘制地形图、建筑总平面的平面布置图样。

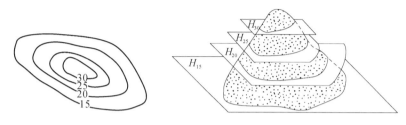

图 1-8　标高投影图

四、正投影的基本特性

1. 同素性

点的正投影仍然是点,直线的正投影一般仍为直线(特殊情况例外),平面的正投影一般仍为原空间几何形状的平面(特殊情况例外),这种性质称为正投影的同素性,如图 1-9(a)和图 1-9(b)所示。

2. 从属性

点在直线上,点的正投影一定在该直线的正投影上。点、直线在平面上,点和直线的正投影一定在该平面的正投影上,这种性质称为正投影的从属性,如图 1-9(c)所示。

3. 积聚性

当直线或平面垂直于投影面时,其直线的正投影积聚为一个点,平面的正投影积聚为一条直线。这种性质称为正投影的积聚性,如图 1-9(d)和图 1-9(e)所示。

4. 真实性(全等性)

当线段或平面平行于投影面时,其线段的正投影长度反映线段的实长,平面的正投影与原平面图形全等,这种性质称为正投影的全等性,如图 1-9(f)和图 1-9(g)所示。

5. 类似性

倾斜于投影面的直线段或平面图形,其投影短于实长或小于实形。直线的投影小于空间直线的实长,平面的投影小于空间平面的现象,叫正投影的类似性,如图 1-9(h)和图 1-9(i)所示。

6. 平行性

两直线平行,它们的正投影也平行,且空间线段的长度之比等于它们正投影的长度之比,这种性质称为正投影的平行性,如图 1-9(j)所示。

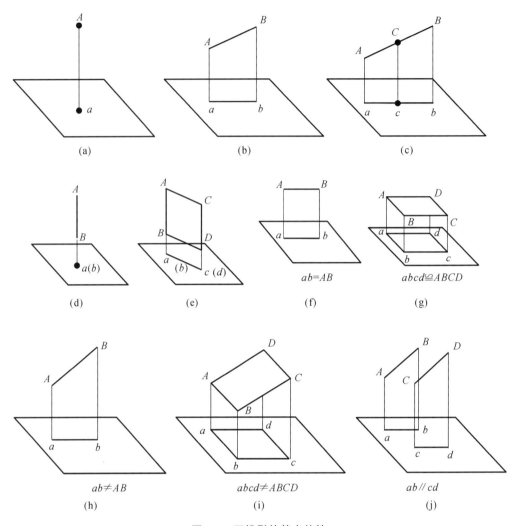

图 1-9　正投影的基本特性

任务 2　物体三视图认知

如图 1-10 所示,两个不同的物体,即使它们在同一投影面上的投影完全相同,也不能据此确定两个物体的空间形状和大小。

空间中有三个不同的形体,它们同向两个投影面投影,即使其中的两个投影图都是相同的,如图 1-11 所示,也不能反映出三个形体的真实形状。

只有将形体放在三个互相垂直的投影面之间,得到三个不同方向的正投影,如图 1-12 所示,才能唯一确定形体的形状,反映建筑实体的实际尺寸。因此,在工程上常用多个投影图来表达物体的形状和大小,基本的表达方法是采用三面正投影图,在制图中称为三视图。

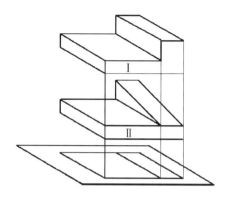

图 1-10　一个投影不能确定物体的形状和大小

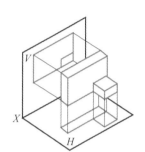 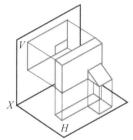 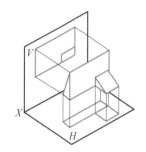

图 1-11　形体的两面投影

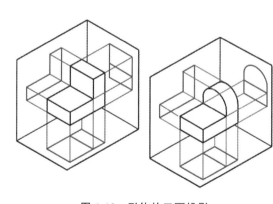 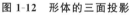

图 1-12　形体的三面投影

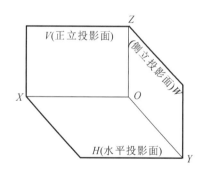

图 1-13　三面投影的建立

一、三面投影体系的建立

首先建立一个三投影面体系。如图 1-13 所示，给出三个相互垂直的投影面 H、V、W。其中，水平放置的投影面 H，称为水平投影面；正对观察者的投影面 V，称为正立投影面；右面侧立的投影面 W，称为侧立投影面。这三个投影面分别两两相交，交线称为投影轴，其中 H 面与 V 面的交线称为 OX 轴；H 面与 W 面的交线称为 OY 轴；V 面与 W 面的交线称为 OZ 轴。不难看出，OX 轴、OY 轴、OZ 轴是三条相互垂直的投影轴。三个投影面或三个投影轴的交点 O，称为原点。

二、三视图的形成和展开

如图 1-14(a)所示,作物体的投影时,把物体放在三面投影体系中,并尽可能使物体的表面平行于相应的投影面,以便使它们的投影反映表面的实形。物体的位置一经放定,其长、宽、高及上下、左右、前后的方位即确定,然后将物体向三个投影面进行投射,即得到物体的三视图。

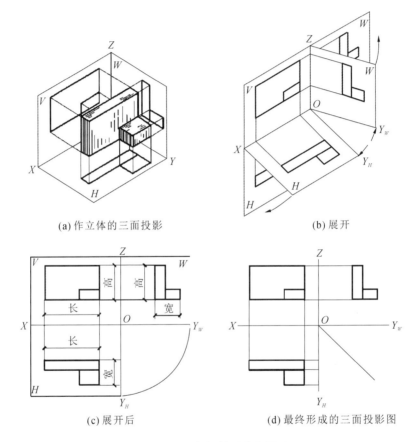

(a) 作立体的三面投影 (b) 展开

(c) 展开后 (d) 最终形成的三面投影图

图 1-14 三视图的形成和展开

主视图:从物体的前面向后投影,在 V 面上得到的正面投影图。

俯视图:从物体的上面向下投影,在 H 面上得到的水平投影图。

左视图:从物体的左面向右投影,在 W 面上得到的侧面投影图。

三视图分别位于三个投影面上,如图 1-14(b)所示,画图时非常不方便。在实际绘图时,这三个投影图要画在一张图纸上(同一个平面上)。为此,要将投影面展开,展开时保持 V 面不动,将 H 面绕 OX 轴向下旋转 90°,将 W 面绕 OZ 轴向右旋转 90°,这样,三个投影面便位于同一绘图平面上,如图 1-14(c)所示。这时,Y 轴分为两条,随 H 面旋转的记为 Y_H,随 W 面旋转的记为 Y_W。通常绘制物体的三面正投影图时,因物体与投影面的距离并不影响物体在这个投影面上的形状,故不需要画出投影面的边框,也可不画出投影轴,如图 1-14(d)所示。

三、三面投影的对应关系及投影规律

1. 三面投影的"三等"投影规律

我们把 OX 轴向尺寸称为"长", OY 轴向尺寸称为"宽", OZ 轴向尺寸称为"高"。由图 1-14(c)所示可看出三面正投影存在"三等"关系：

水平投影与正面投影等长且要对正,即"长对正"；

正面投影与侧面投影等高且要平齐,即"高平齐"；

水平投影与侧面投影等宽,即"宽相等"。

三视图之间的投影规律,通常概括为"长对正、高平齐、宽相等"。这个规律是画图和读图时的根本规律,无论是对整个物体还是物体的局部,其三视图都必须符合这个规律。

2. 三面投影与形体的方位关系

如图 1-15 所示,三面正投影可反映形体的上、下、左、右、前、后的方位关系：

水平投影反映形体的前、后和左、右的关系；

正面投影反映形体的左、右和上、下的关系；

侧面投影反映形体的前、后和上、下的关系。

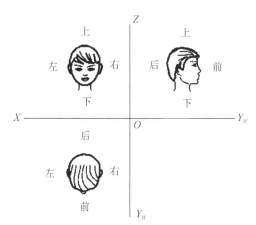

图 1-15　三面投影方位的对应关系

四、三面投影的基本画法

绘制形体的投影图时,可依据下列步骤进行投影图的绘制：

（1）根据各投影图的比例与图幅大小的关系,在图纸上适当安排三个投影的位置,如为对称图形,则先作出对称轴线。选择水平投影面、正立投影面和侧立投影面时,要尽量减少三个投影图上的虚线。

（2）绘制正面投影图,即先从最能反映形体特征的投影画起。

（3）三面投影图之间存在着必然的联系,只要给出物体的任何两面投影,根据"长对正、高平齐、宽相等"的投影关系就可画出第三个投影图。

试绘制图 1-16(a)所示的三面投影图,具体画法步骤如下：

（1）用细实线画出坐标轴（十字线）和以 O 为基点的 45° 斜线；

（2）利用三角板先将主要特征面 V 面的投影画出；

（3）根据"三等关系"画出 H 面投影；

（4）利用 45° 线的等宽原理画出 W 面投影；

（5）与空间形体对照检查后,将三面投影图加深。

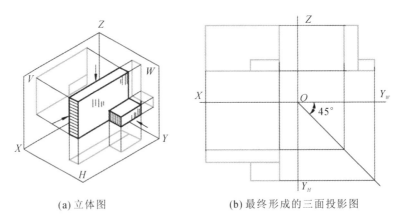

(a) 立体图   (b) 最终形成的三面投影图

图 1-16　三面投影的基本画法

任务3　管道单线图和双线图

　　管道工程图从投影上可分为正投影图和轴测投影图,从图形(线条)上可分为单线图和双线图。在实际施工中,要安装的管道往往很长而且很多,把这些管道画在图纸上时,线条往往纵横交错、密集繁多,不易分清;同时,为了在图纸上能完整显示这些代表管子和管件的线条,势必要把每根管子和每个管件都画得很小很细才行。在这样的情况下,管子和管件的壁厚就很难再用虚线和实线表示清楚,所以在图形中仅用两根线条表示管子和管件形状。这种不再用线条表示管子壁厚的方法通常叫作双线表示法,由它画成的图样称为双线图。另外,由于管子的截面尺寸比管子长度尺寸要小得多,因此在小比例施工图中,往往把管子的壁厚和空心的管腔全部看成是一条线的投影。这种在图形中用单根粗实线来表示管子和管件的图样,通常叫作单线表示法,由它画成的图样称为单线图。在国际上管道工程图也普遍采用单线图和双线图的形式表示,我们将重点学习管道的单线图和双线图。

一、管道的单和双线图表示方法

1. 管道单、双线图

　　如图 1-17(a)所示,在短管主视图里虚线表示管子的内壁,在短管俯视图画的两个同心圆中,小圆表示管道的内壁,大圆表示管道的外壁。这是三视图中常用的表示方法,若省去表示管道壁厚的虚线,就变成了图 1-17(b)所示的图形。这种用两根线即双线表示管道形状的图样,就是管道的双线图。管道的双线图比较直观,在详图中经常用到。

　　如果只用一根直线表示管道在立面上的投影,而在俯视图中用一小圆点外面加画一个小圆或仅一小圆点,这就是管道的单线图表示法,如图 1-18 所示。然而也有的施工图中,俯视图仅画一小圆,小圆的圆心并不加点或仅一小圆点;从国外引进的管道施工图中,俯视图中的小圆被十字线一分为四,其中在两个对角处,打上细斜线的阴影,如图 1-19 所示。这四种画法都是管道单线图的表示形式,意义都一样。

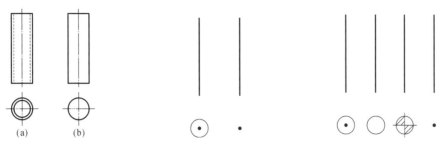

图 1-17　用双线图形式表示　　　图 1-18　用单线图形式表示　　　图 1-19　四种画法意义相同

2.弯头的单、双线图

图 1-20 所示是一个 90°弯头的三视图,用机械制图形式画出的三个视图所有管壁都已按规定表示出来了。图 1-21 所示是同一个 90°弯头用管道双线图形式表示出的图形。在双线图里,不仅表示管子壁厚的虚线可以不画,而且弯头背部由于横管积聚,投影所产生的不可见轮廓线(如横管的管口),应用虚线表示的那部分也可以省略不画(图 1-22)。这两种双线图的画法虽然在图形上有所不同,但所表达的功能和作用却是相同的。

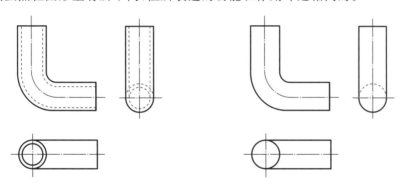

图 1-20　三视图表示的 90°弯头　　　　图 1-21　双线图形式表示的 90°弯头

若用单线图表示图 1-21 则得图 1-23,这就是 90°弯头单线图表示法。

在图 1-23 的平面图上先看到立管的断口,后看到横管,画图方法同短管的单线图表示方法一样,立管断口画成一个有圆心点的小圆,横管画到小圆边上。在侧面图(左视图)上,先看到立管,横管的断口在背面看不到,这时横管应画成小圆,立管画到小圆的圆心。在单线图里,管子画到圆心的小圆,也可把小圆稍微断开来画,如图 1-24 所示,这两种画法意义一样。

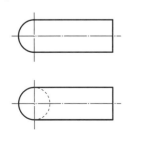

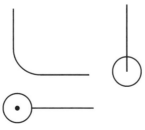

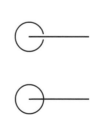

图 1-22　90°弯头双线图的　　　图 1-23　用单线图表示　　　图 1-24　90°弯头单线图的
　　　　两种画法　　　　　　　　　　90°弯头　　　　　　　　　　两种画法

　　图 1-25 所示为 45°弯头的双线图。在双线图里,45°弯头的画法与 90°弯头的画法很相似。图 1-26 所示为 45°弯头的单线图。对于平行而垂直的光线,先投影到的管段应画到半圆心,后投影到的管段应画到半圆边。但在画小圆圈时,90°弯头应画出整个小圆圈,而 45°弯头只需画半个小圆圈,如图 1-26 所示;空心的半个小圆圈与半个小圆圈上加一条细实线,这两种画法所表达的功能和作用完全相同。现将常用管子的单线图与双线图归纳总结于表 1-1。

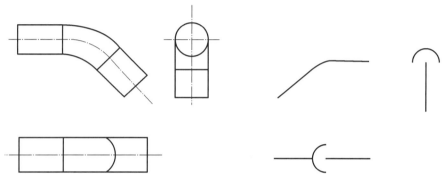

图 1-25　双线图形式表示的 45°弯头　　　　图 1-26　单线图形式表示的 45°弯头

表 1-1　常用管子的单线图与双线图

	投影图	双线图	单线图
直管			
90°弯管			
45°弯管			

3. 三通的单、双线图

　　正三通是指主管和支管是垂直相交连接的,两管的交接线呈 V 形直线。画双线图时,只要把表示壁厚的虚线和实线省去不画,仅画外形图样即成双线图。图 1-27 所示是同径正三通的三视图和双线图,图 1-28 所示是异径正三通的三视图和双线图。

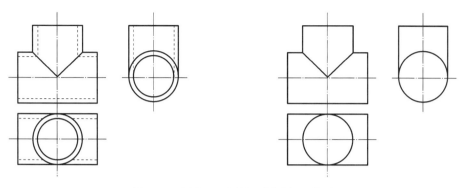

图 1-27　同径正三通的三视图和双线图

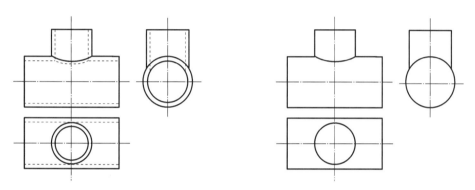

图 1-28　异径正三通的三视图和双线图

图 1-29(a)所示是正三通的单线图表示形式。在平面图上先看到立管的管口,由于立管积聚,所以把立管画成一个圆心带点的小圆圈,显示完整的横管画在小圆边上。在左侧立面图(左视图)上,先看到横管的管口,由于横管积聚,所以把横管画成一个圆心带点的小圆圈,立管画在小圆圈两边。在右侧立面图(右视图)上,先看到完整显示的立管,横管及其管口在背面看不到,由于横管积聚,这时横管画成小圆圈,显示完整的立管通过圆心。在图 1-29(b)中,还有一种表示形式,即小圆同直线稍微断开,这两种画法所表达的功能和作用完全相同。

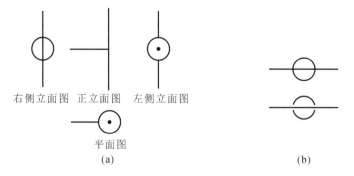

右侧立面图　正立面图　左侧立面图

平面图
(a)

(b)

图 1-29　单线图形式表示的正三通

同径斜三通是指主管和支管的相交连接是任意角度,两管的交接线呈不对称的 V 形直线。画双线图时,只要把表示壁厚的虚线和实线都省去不画,仅画同径斜三通的外形图样就行了。同理,异径斜三通的主管和支管的交接线呈弧线。画双线图时,只要把表示壁厚的虚线和实线都省去不画,仅画异径斜三通的外形图样就行了,详细见表 1-2。

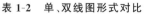
表 1-2　单、双线图形式对比

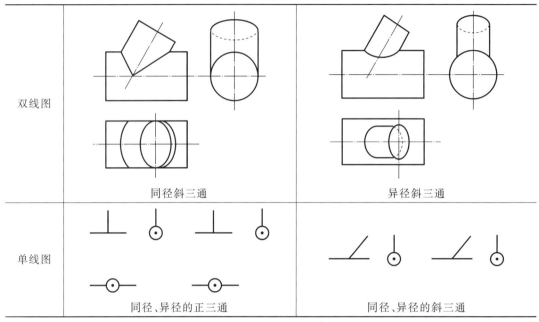

在单线图里,不论是同径正三通还是异径正三通,其三视图的图样都相同。不论是同径斜三通还是异径斜三通,其立面图和左侧立面图的图样的表示形式相同,而平面图的图样一般都不表示出来。

至于三通的主管和支管的区分仅靠单线图上的线条是不清楚的,可见线条也不是万能的。这时,主要是靠图样里标注的文字和数字来区分哪个是同径正(斜)三通,哪个是异径正(斜)三通。

4.四通的单、双线图

四通一般分为同径四通和异径四通。在同径正四通的双线图中,管径相同的主管和支管这四根管子的交接线呈 X 形直线,如图 1-30 所示。而异径正四通的主管与支管之间的交接线为弧线,同异径正三通的交接线是相似的。

同径正四通和异径正四通的单线图在图样的表示形式上相同,如图 1-31 所示,仅靠单线图上的线条是不容易分清楚主管和支管的,在工程图中,是用标注管子口径大小的方法来区别四通的同径与异径的。

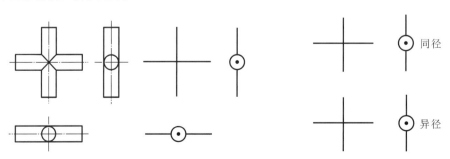

图 1-30　同径正四通的单、双线图　　　　图 1-31　同径、异径正四通的单线图

5. 异径管的单、双线图

异径管俗称大小头,分为同心异径管和偏心异径管。同心异径管在单线图里有的画成等腰梯形,有的画成等腰三角形,如图 1-32、图 1-33 所示。这两种表示形式的功能和作用相同。画同心异径管时,不论是单线图还是双线图,一般都不画左侧立面图。

图 1-32　同心异径管的
单、双线图

图 1-33　同心异径管的
两种画法

图 1-34　偏心异径管的
单、双线图

偏心异径管用双线图形式表示时,其底部是平直的,由于是偏心的异径管,所以大管有大管的圆心,小管有小管的圆心,一个管件的图样上产生了两个圆心,如图 1-34 所示。偏心异径管在平面图上的图样与同心异径管的图样相同。在工程图中需要用文字加以注明"偏心"两字,以免混淆。在施工图中,不论是单线图还是双线图,偏心异径管一般都不画左侧立面图。现将常用三通、四通等管件的单线与双线图归纳总结于表 1-3。

表 1-3　常用三通、四通等管件的单线与双线图

	投影图	双线图	单线图
三通	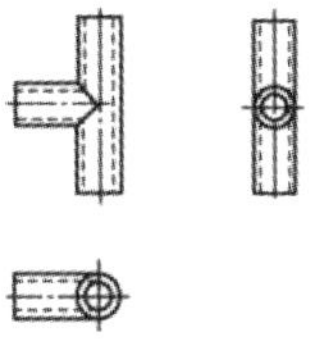	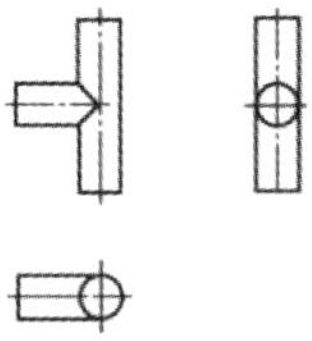	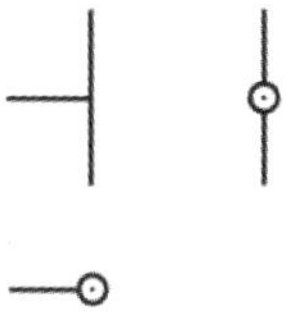
四通	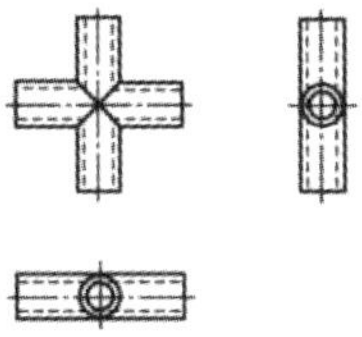	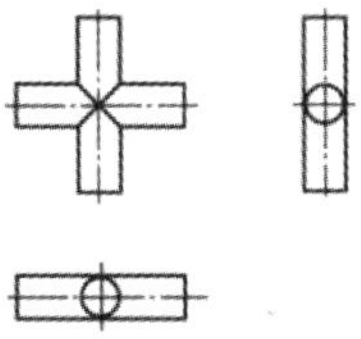	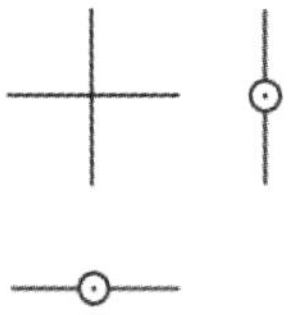
斜三通	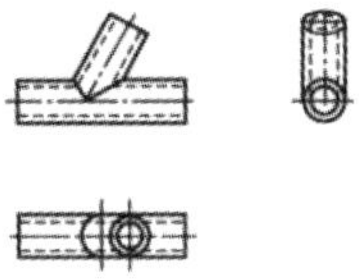	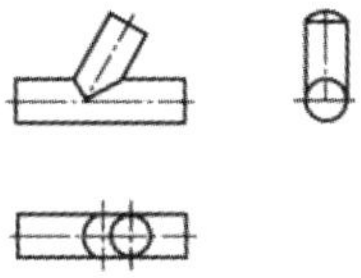	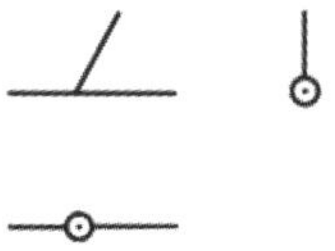
直通		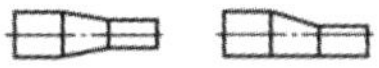	

二、管道的交叉、重叠与积聚表示方法

1. 管道的折断

对于管道来说,有的时候在图纸上只需要表示(或显露)管道的某一部分,而将其余管道

用人为假想的方法将其折断,并把折断的管道部分也用人为假想的方法将其移走,只需要把留下的那部分管道表示(或显露)出来。尽管是人为假想地把管道折断,实际上仍是完整的一路管道,因此在管道的折断处要标上相应的折断符号,这种方法称为管道的折断。这种画法称为管道的折断画法。

在折断画法里,管道的折断有三种表示形式,图 1-35(a)表示管道的一端需保留,另一端可以人为假想地将其折断并移走;图 1-35(b)表示管道两端都折断并移走,此时,只需保留中间一段,在保留的这段管道的两端都打上折断符号;图 1-35(c)表示管道只需保留两端而把不需要的中间部分加以折断并移走。在单线图里,折断符号可以是一个短〔形符号,但大多数情况下,折断符号应成双对应。

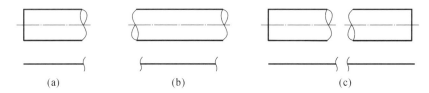

(a)　　　　　　　　　(b)　　　　　　　　　(c)

图 1-35　管道折断的单、双线表示

2. 管道的断开

当两根管道的投影发生交叉时,在上面或前面的管道其投影图应完整显示,而在下面或后面的管道为了表示清楚(避免误当成四通管),可以人为地假想,将下面或后面的管道切断分开,只需画两端的管道而把中间部分的管道省略不画,这种画法称为管道的断开画法。断开处可以什么也不画,使其空白,如图 1-36(a)所示;由于管道断开本身没有断开符号,也可标上折断符号表示其断开,如图 1-36(b)所示。这两种画法在图样上尽管有所不同,但功能和作用是相同的。

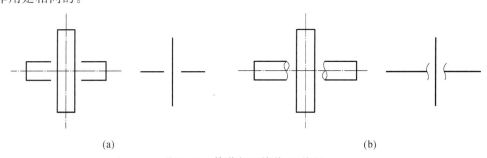

(a)　　　　　　　　　　　　　　　　(b)

图 1-36　管道断开的单、双线图

3. 两路管道的交叉

在管道施工图中经常出现交叉管道,这是两路或两路以上管道的投影相交所致。在平面图中,如果两路管道投影出现交叉,高的管道不论是用双线还是用单线表示,因为没有其他管道遮挡,它都显示完整;低的管道因有高的管道的遮挡,在单线图中要用断开画法表示,在双线图中既可用断开画法表示,也可用虚线表示,如图 1-37(a)、图 1-37(b)所示。

在单、双线图同时存在的平面图中,如果大管(双线)高于小管(单线),那么小管的投影在与大管投影相交的部分用虚线表示,如图 1-37(c)所示;如果小管高于大管,则小管的投影显示完整,不存在虚线,如图 1-37(d)所示。若图 1-37 所示是立面图,那么原来在平面图中是高管的应成为前管,原来是低管的则成为后管,如图 1-38 所示。

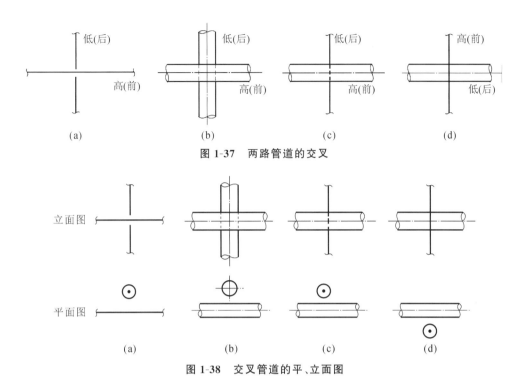

图 1-37   两路管道的交叉

图 1-38   交叉管道的平、立面图

两路管道的投影交叉以任意其他角度交叉时（只要不是两管平行），上述画法及原理同样适用。

4. 多路管道的交叉

图 1-39 所示是由 a,b,c,d 四根管道投影相交所组成的平面图。当图中小口径管道（单线表示）与大口径管道（双线表示）的投影相交时，如果小口径管道高于大口径管道，则小口径管道显示完整并画成粗实线，可见 a 管高于 d 管；如果大口径管道高于小口径管道，那么小口径管道被大口径管道遮挡的部分应用虚线表示，也就是 d 管高于 b 管和 c 管。同理，可知 c 管既低于 a 管，也低于 d 管，但高于 b 管。也就是说，a 管为最高管，d 管为次高管，c 管为次低管，b 管为最低管。

若图 1-39 所示是立面图，那么 a 管是最前面的管子，d 管为次前管，c 管为次后管，b 管为最后面的管子。

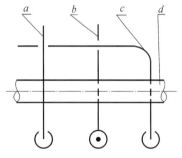

图 1-39   多路管道的交叉

5. 管道的积聚

1）直管积聚

根据投影积聚原理可知，一根直管积聚后的投影用双线图形式表示就是一个小圆，用单线图形式表示则为一个点。

2）弯管积聚

直管弯曲后就成了弯管，通过对弯管的分析可知，弯管是由直管和弯头两部分组成的。直管积聚后的投影是个小圆，与直管相连接的弯头，在拐弯前的投影也积成小圆，并且同直管积聚小圆的投影重合。

如果先看到横管弯头的背部,那么在平面图上显示的仅仅是弯头背部的投影,与它相连接的直管部分虽积聚成小圆圈,但被弯头的投影遮盖,故呈半个小圆的虚线,如图 1-40(b)双线图部分所示。

平面图中,图 1-40(a)所示弯头用单线表示时,先看到立管的管口,后看到横管的弯头,这时应把立管画成一个圆心带点的小圆圈,代表横管的直线画到小圆边;图 1-40(b)所示弯头用单线表示时,要把立管画成小圆圈,代表横管的直线则画至圆心。

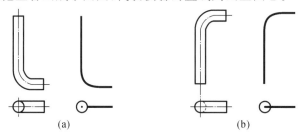

图 1-40　弯管的积聚

3) 管道与阀门积聚

直管与阀门连接,直管在平面图上积聚成小圆并与阀门内径投影重合,如图 1-41 所示。在单线图里如果仅仅只看到阀门的平面投影,小圆的圆心处应该没有圆点。如果表示阀门的小圆当中有一点,即表示螺纹阀门与直管相连接,而且直管在阀门之上先看到。如果直管在阀门的下面,那么在平面图上只能看到阀门的投影。直管的投影积聚后,完全同阀门的内径的投影重合。

弯管与阀门连接,弯管拐弯后在平面图上积聚成小圆,与阀门内径投影重合,如图 1-42 所示。由于先看到 90°弯头的背部,再看到螺纹阀门,因此在单线图里,应画出弯头的单线图样,再画出阀门手柄。如果弯管在阀门的下面,在正立面图中,先看到阀门,后看到弯管,根据投影的积聚原理,可以想象出其正立面图,这时不论是阀门还是弯管都显示完整无缺。而在平面图上,由于积聚的原因,只能看到横管的一部分,横管的另一部分被阀门遮盖。

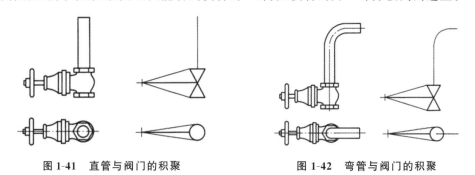

图 1-41　直管与阀门的积聚　　　　　图 1-42　弯管与阀门的积聚

6. 管道的重叠

1) 管子的重叠形式

长短相等、直径相同(或接近)的两路管子,如果叠合在一起的话,它们的投影就完全重合,反映在投影面上好像是一路管子的投影,这种现象称为管子的重叠。图 1-43 所示是一组 U 形管的单、双线图,在平面图上由于两根弯曲的横管重叠,看上去好像是一根弯管的投影。

多根管子的投影重合后也是如此,图 1-44 所示是由四根成排横支管组成的管路的单、双线图,在平面图上看到的却是最上面一根弯管的投影,其余三根横支管的投影都与最上面一根弯管的投影重叠了。

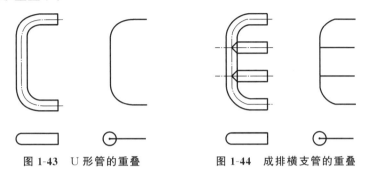

图 1-43　U 形管的重叠　　　　　　图 1-44　成排横支管的重叠

2) 两路管道的重叠表示方法

为了识读方便,对重叠管道的表示往往用折断显露的方法来表示。当投影中出现两路管子重叠时,人为假想地将前(上)面的管子中间折断一段(用折断符号表示),并将已折断的管子移走,这样便显露出后(下)面的管子,用这样的方法就能把两路或多路重叠管道显示清楚。在管道工程图中,这种表示管道的方法,称为折断显露法。图 1-45 所示是两根管径相同、标高相同的管道的平面图。用折断符号表示 1 号管道已折断并移走。用折断符号表示的管道在前,用折断显露法显露出的中间管道在后,这时我们可以清楚地看出 1 号管道在前,中间显露的 2 号管道在后。

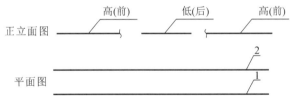

图 1-45　两根管道重叠的表示方法

图 1-46(a)所示是弯管和直管两根管道的平面图。作为 1 号管道的弯管在前,作为 2 号管道的直管在后。假如两管同标高,在画立面图时,一般是让弯管和直管稍微断开 3～4 mm,断开处可加折断符号,也可不加折断符号,表示弯管和直管在同一标高上,但不在同一轴线上。因为是人为假想地把管子断开移走,在实际施工安装中,管子并不断开更不移走。

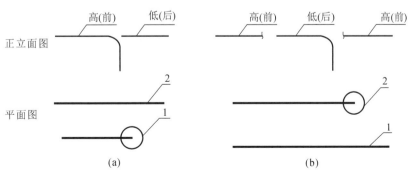

(a)　　　　　　　　　　　　(b)

图 1-46　折断显露法表示的直管和弯管的重叠

图 1-46(b)所示,作为 1 号管道的直管在前,作为 2 号管道的弯管在后,在同标高的情况下,一般是用折断符号人为地将直管中段折断,并将折断部分的管子移走,显露出后面的弯管,这样便于算量,也便于施工。

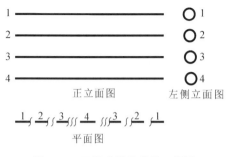

图 1-47　四根成排管道的三视图

3) 多路管道的重叠表示方法

分析图 1-47 所示平、立面图可知,这是四根管径相同、长短相等、间隔相等、由高向低、平行排列的管道。如果仅看平面图,不看管道编号的标注,很容易误认为是一路管道,但对照立面图就能知道这是四根重叠的管道。编号自上而下分别为 1,2,3,4。如果用折断显露法来表示四根重叠管道,就可以清楚地看到 1 号为最高管,2 号为次高管,3 号为次低管,4 号为最低管,如图 1-48 所示。

运用折断显露法画管道图时,折断符号的画法也有明确的规定,只有折断符号为对应表示时,才能理解为原来的管道是相连通的。例如,一般折断符号如用短「形的一个弯曲表示,那么管道的另一端相对应的也必定是一个弯曲,如用两个弯曲表示时,相对应的也是两个弯曲,以此类推,不能混淆,如图 1-48 所示。

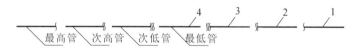

图 1-48　用折断显露法表示的平面图

任务 4　管道正投影图识读分析

一、识读的步骤和方法

1. 看视图、想形状

拿到管道的正投影图后,先要弄清它是用哪几个视图来表示这些管道形状和走向的,再看平面图与立面图、立面图与侧面图、侧面图与平面图这几个视图之间的关系是怎样的,然后想象出这些管道在空间的大概走向。

2. 对线条、找关系

管道的空间大概走向想象出后,各个视图之间相互关系可利用对线条(即对投影关系)的方法,找出各视图之间对应的投影关系,尤其是折断、断开、交叉、积聚和重叠管道之间的投影关系。

3. 合起来、想整体

看懂了诸视图的各部分形状后,再根据它们相应的投影关系综合起来想象,对各路管道形成一个完整的认识。这样,就可以在脑子里把整个管道的立体形状、空间走向完整地勾画出来。

二、管道补画第三视图

补画第三视图是提高看图能力的一种重要方法。根据已知的两个视图,补画出新的第三视图时,必须将已知的两个视图看懂,即弄清楚视图上管道的组成和走向,才能正确地补出新的第三视图。

补画第三视图必须按照三面投影图的位置关系和投影规律"长对正、高平齐、宽相等"来补,需补视图的线条长短与已知视图的线条长短必须相符合。补画第三视图的方法和步骤是:

(1)看懂已知的两个视图,在此基础上建立起该管路的空间概念,即管路的空间走向。

(2)根据三面投影图的投影规律(即"长对正、高平齐、宽相等"关系),利用"对线条"的方法,作出相应的辅助线,然后补画出新的第三视图。换句话说"看视图、想形状;对线条、找关系;合起来、想整体"是我们补管路系统第三视图普遍采用的一种方法,如图 1-49、图 1-50所示。

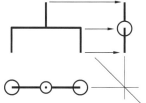

图 1-49　已知平、立面图补画侧面图

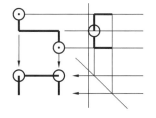

图 1-50　已知立面图和侧面图补画平面图

例 1-1　已知如图 1-51(a)所示管道投影平面图,根据投影原理,画出其在正立面和侧面上的投影图,如图 1-51(b)所示。

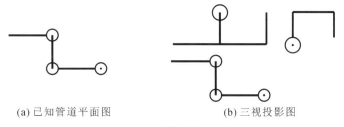

(a)已知管道平面图　　　　　　　　　(b)三视投影图

图 1-51　管道投影图全解

例 1-2　已知如图 1-52(a)所示管道标高平面图,根据投影原理,画出其在正立面和侧面上的投影图,如图 1-52(b)所示。

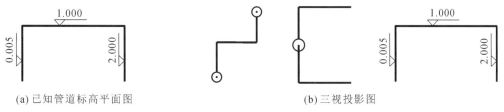

(a)已知管道标高平面图　　　　　　　　　(b)三视投影图

图 1-52　管道标高投影图全解

例 1-3　试对如图 1-53 所示摇头弯的平、立面图进行识读,建立管路的空间走向。

解　根据图 1-53 可知,摇头弯是由两个方向互成 90°的弯头组成的,也可以认为是两个任意角度弯头组成的摇头弯。

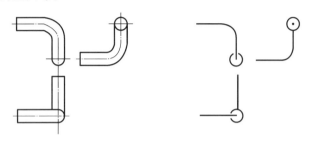

图 1-53　摇头弯的单、双线图

例 1-4　试对如图 1-54 所示来回弯的平、立面图进行识读,建立管路的空间走向。

解　根据图 1-54 可知,来回弯是一组由两个方向相反的 90°弯头组成的。另一个角度来看,来回弯除了由 90°弯头组成外,其他任意角度的方向相反的两个弯头也可组成来回弯。

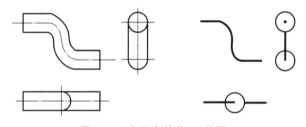

图 1-54　来回弯的单、双线图

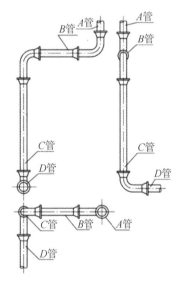

图 1-55　承插连接管路的双线图

例 1-5　试对如图 1-55 所示承插连接管路图进行识读,建立管路的空间走向。

解　根据图 1-55 所示可知,通过"看视图、想形状"我们知道,这路管道是由两段立管 A,C 和两段横管 B,D 所组成的,大致形状如英文字母 Z 的形状。这路管道的连接形式是承口(大头)和插口(小头)的连接。通过"对线条、找关系"可知,在立面图的最左方看到立管 C,它的上端由弯头同横管 B 连接,它的下端则另有弯头同横管 D 连接,此处横管 D 积聚成了一个小圆圈。在侧面图上横管 D 已完全显示清楚,而横管 B 则积聚成一个小圆圈。在立面图和侧面图上清晰看到的立管 C,在平面图上却积聚成了一个小圆圈,并与 C 管上端弯头的投影相重合,"合起来、想整体"时可知,它是由来回弯和摇头弯共同组成的管路。

例 1-6　试对如图 1-56 所示螺纹连接管路图进行识读,建立管路的空间走向。

解　根据图 1-56 所示立面图可知,三只阀门的分布呈三角形,通过"对线条"可知阀门 1 和阀门 2 在同一轴线上,所以在平面图上仅看到阀门 1,阀门 2 因为与阀门 1 投影重合已被阀门1遮掉。同理,横管 B 也被管 A 遮掉。阀门3在平面图上只能看到手柄的投影,阀体上的小圆是立管 C 积聚而成的。通过侧面图可以把立管 C 上面的阀门3的侧面观察清楚,而横管 A 和 B 上面的阀门1和阀门2的阀体则分别被立管 C 上面的两只三通所遮盖,阀体只能看到一小部分,主要看到的是阀门的手柄。

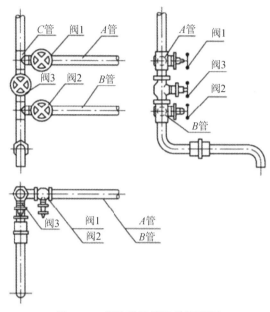

图 1-56 螺纹连接管路的双线图

例 1-7 试对如图 1-57、图 1-58 所示房屋内螺纹连接管路图进行识读,建立房屋与管路的双线图、单线图空间走向关系。

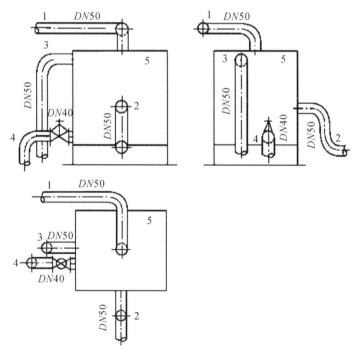

图 1-57 双线图管道平、立、侧面图

解

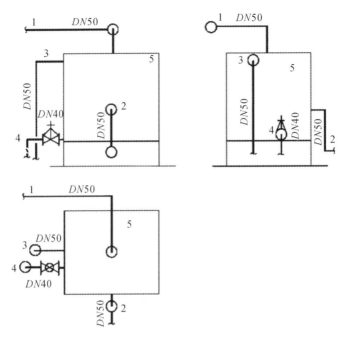

图 1-58　单线图管道平、立、侧面图

基础知识测评题

一、单项选择题（在每个小题的备选答案中，只有一个符合题意）

1. 直线在某投影面上的投影为一点，平面图形在某投影面上的投影为一直线段，这体现了投影的（　　）。

　　A. 积聚性　　　　　　B. 定比性　　　　　　C. 平行性　　　　　　D. 不可逆性

2. 在三视图的对应关系中，正立面投影 V 面与侧立面投影 W 面应（　　）。

　　A. 长对正　　　　　　B. 高平齐　　　　　　C. 宽相等　　　　　　D. 三等关系

3. 在三面投影中，下列表述正确的是（　　）。

　　A. H 面投影反映物体的长度和高度　　　　B. V 面投影反映物体的宽度和高度

　　C. W 面投影反映物体的长度和宽度　　　　D. H 面投影反映物体的长度和宽度

二、填空题

1. 根据投影中心距离投影面远近的不同，投影分为_____和_____两类。

2. 物体在侧立投影面上的投影为侧面投影，反映形体的_____和_____。

3. 平面投影的特性有_____、_____、_____、_____和_____。

4. 工程中常用的投影图有_____、_____、_____和_____。

三、运用投影原理,根据平面图(图 1-59),用"对线条"的方法,试画出其立面图(垂直管道部分长短自定)

（1）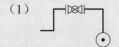　（2）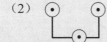　（3）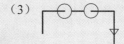

（4）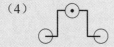　（5）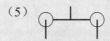　（6）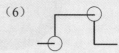

图 1-59

四、根据管道标高平面图(图 1-60),试根据投影原理画出其 V 立面(正立面)和 W 立面(侧立面)

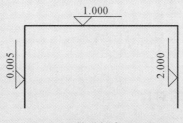

图 1-60　管道标高平面图

扫一扫看答案

项目 2 管道轴测投影

任务 1 　轴测投影认知

一、轴测图和正投影图的对比

　　工程上一般采用正投影法绘制物体的投影图,即多面正投影图。它能完整、准确地反映物体的形状和大小,且度量性好,作图简单;但立体感不强,只有具备一定读图能力的人才能看懂。看图时需要运用正投影的原理,想象出形体的形状,如图 2-1(a)所示。为了便于读图,在工程图中常用一种富有立体感的投影图来表示形体,即轴测图,如图 2-1(b)所示形体。轴测图是一种单面投影图,在一个投影面上同时反映出物体三个坐标面的形状,并接近于人们的视觉习惯,形象逼真,富有立体感。但轴测图一般不能反映出物体各表面的实形,度量性差,同时作图较复杂。在工程图中,通常采用立体感强的轴测投影图作为工程上的辅助图样,以帮助读图,便于施工。

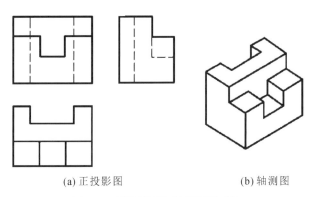

(a) 正投影图　　　　　　　　　(b) 轴测图

图 2-1　正投影图和轴测图的对比

　　管道施工图中通常采用两种图样,一种是根据正投影原理绘制的平面图、立面图和剖面图等,另一种是根据轴测投影原理绘制的管道立体图,亦称轴测图(俗称透视图或空透图)。

图 2-2 所示是一组由水池、水泵和水塔组成的三面投影图,这组输水设备是由水泵进口处的管道从水池里吸水的,然后通过水泵出口处的管道把水送到水塔里面。这路管道虽然很简单,但必须把平面图、立面图和侧面图结合起来才能看懂、看完整。由此可见,用正投影法画出的图样尽管能准确无误地反映出管道的空间走向和具体位置,但由于分散地反映在几个图面上,缺乏立体感,因此看起来既不形象又很费力。管道轴测图能把平、立面图中的管道走向在一个图面里形象、直观地反映出来。如果一个系统里有许多纵横交错的管道,轴测图就更能显示出它的独特优势。它那富有立体感的线条能清晰完整、一目了然地把整个管道系统的空间走向和位置反映出来,使施工人员很快就能建立起立体概念。

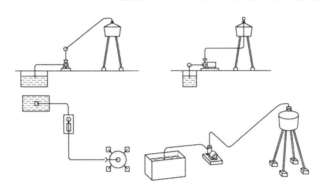

图 2-2   管道平、立、侧面图与轴测图的比较

二、轴测图的基本组成

如上所述,管道轴测图有能把平、立、侧面图的图样反映在一个图面上的特点,那么它是根据什么原理画出来的呢? 让我们先来看一个立方体的三视图。在图 2-3 中,每个视图只能反映立方体的 1,2,3 三个面中的一个面,这主要是把立方体放在三个互相垂直的投影面之间,用三组分别垂直于各投影面的平行投影线进行投影的缘故。在图 2-4 中,立方体 1,2,3 三个面能同时反映在一个图样中,因为轴测投影图是用一组平行的投射线将立方体连同三个坐标轴一起投影在一个新的投影面上。坐标轴是指在空间交于一点而又相互垂直的三条直线(即三轴)。利用这三条直线来确定物体在空间里上下、左右、前后的六个位置和具体尺寸,这就是轴测图的基本组成。

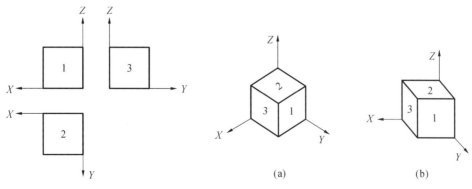

图 2-3   立方体的三视图   图 2-4   立方体的轴测投影图

　　轴测投影属于平行投影的一种，在作形体投影图时，选取适当的投影方向将物体连同确定物体长、宽、高三个尺度的直角坐标轴，用平行投影的方法一起投影到一个投影面（轴测投影面）上所得到的投影，称为轴测投影。应用轴测投影的方法绘制的投影图叫作轴测图，如图 2-5 所示。

　　轴测图根据投射线与投影面的不同位置可分为两大类：当投影方向垂直于轴测投影面时，得到的投影是正轴测图，如图 2-4（a）所示；当投影方向倾斜于轴测投影面时，得到的投影是斜轴测图，如图 2-4（b）所示。

　　管道轴测图正是根据这些原理来画的，它的缩短率就是轴测图中的线段和管子实际长度之比。正轴测图和斜轴测图又分好几种，管道工程图中常用的有正等测图和斜等测图两种。

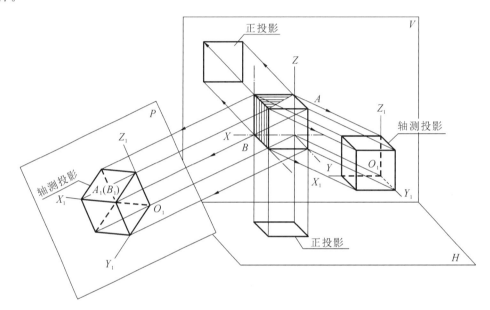

图 2-5　立方体的正投影和轴测投影

三、轴测投影的特点

　　由于轴测投影是根据平行投影原理形成的，因此轴测投影具有平行投影的特点，主要包括平行性、从属性、等比性和真实性。

1. 平行性

　　空间平行线段的轴测投影仍平行，且平行线段变形系数相等。与轴测轴平行的线段，其变形系数等于轴向变形系数。

2. 从属性

　　属于直线的点，其轴测投影必从属于直线的轴测投影。

3. 等比性

　　点分空间线段之比等于相应线段轴测投影之比。平行线段的轴测投影仍具有等比性。

4. 真实性

与轴测投影面平行的线段（或平面图形）反映实长（或实形）。

四、轴测投影术语

1. 轴测轴

OX、OY、OZ 的轴测投影 O_1X_1、O_1Y_1、O_1Z_1，称为轴测轴。

2. 轴间角

轴测轴之间的夹角 $\angle X_1O_1Y_1$、$\angle X_1O_1Z_1$、$\angle Y_1O_1Z_1$ 称为轴间角，且三个轴间角之和为 $360°$。轴间角确定了形体在轴测图中的方位。

3. 伸缩系数

O_1X_1、O_1Y_1、O_1Z_1 上的线段与坐标轴 OX、OY、OZ 上的对应线段的长度比 p、q、r，分别称为 X_1、Y_1、Z_1 轴的轴向伸缩系数。伸缩系数确定了轴测图的大小。

$$p = \frac{O_1X_1}{OX} \qquad q = \frac{O_1Y_1}{OY} \qquad r = \frac{O_1Z_1}{OZ}$$

五、轴测投影分类

根据投射方向与轴测投影面的相对位置不同，轴测图可分为正轴测投影和斜轴测投影两类。

1. 正轴测投影

正轴测投影即投射方向垂直于轴测投影面时所得到的轴测投影。

由于确定空间物体位置的直角坐标轴对轴测投影面的倾角大小不同，轴向伸缩系数也随之不同，故正轴测投影和斜轴测投影又可以细分，见表 2-1。

正轴测投影分为以下三种：

（1）正等轴测投影（正等轴测图）：三个轴向伸缩系数均相等（$p=q=r$）的正轴测投影，称为正等轴测投影（简称正等测）。

（2）正二等轴测投影（正二轴测图）：两个轴向伸缩系数相等（$p=q\neq r$ 或 $p=r\neq q$ 或 $q=r\neq p$）的正轴测投影，称为正二等轴测投影（简称正二测）。

（3）正三轴测投影（正三轴测图）：三个轴向伸缩系数均不相等（$p\neq q\neq r$）的正轴测投影，称为正三轴测投影（简称正三测）。

2. 斜轴测投影

斜轴测投影即投射方向倾斜于轴测投影面时所得到的轴测投影。

斜轴测投影分为以下三种：

（1）斜等轴测投影（斜等轴测图）：三个轴向伸缩系数均相等（$p=q=r$）的斜轴测投影，称为斜等轴测投影（简称斜等测）。

（2）斜二等轴测投影（斜二轴测图）：轴测投影面平行于一个坐标平面，且平行于坐标平面的两根轴的轴向伸缩系数相等（$p=q\neq r$ 或 $p=r\neq q$ 或 $q=r\neq p$）的斜轴测投影，称为斜二等轴测投影（简称斜二测）。

（3）斜三轴测投影（斜三轴测图）：三个轴向伸缩系数均不等（$p\neq q\neq r$）的斜轴测投影，称为斜三轴测投影（简称斜三测）。

综上所述，考虑到作图方便和直观效果，常用的是正等测、斜二测，管道工程图中还常用斜等测。

表 2-1   正轴测投影和斜轴测投影比较

特性		正轴测投影			斜轴测投影		
		投射线与轴测投影面垂直			投射线与轴测投影面倾斜		
轴测类型		等测投影	二测投影	三测投影	等测投影	二测投影	三测投影
简称		正等测	正二测	正三测	斜等测	斜二测	斜三测
应用示例	伸缩系数	$p_1=q_1=r_1=0.82$	$p_1=r_1=0.94$ $q_1=p_1/2=0.47$	视具体要求选用	视具体要求选用	$p_1=r_1=1$ $q_1=0.5$	视具体要求选用
	简化系数	$p=q=r=1$	$p=r=1,q=0.5$			无	
	轴间角	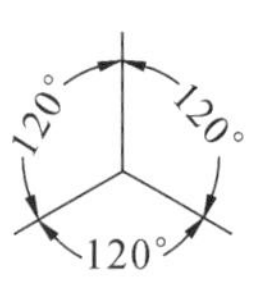 120° 120° 120°	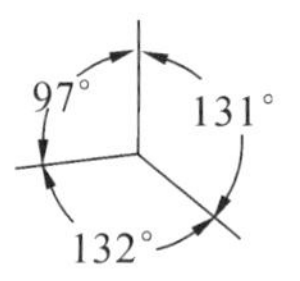 97° 131° 132°			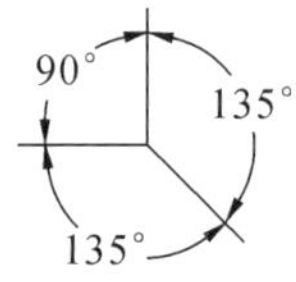 90° 135° 135°	
	例图						

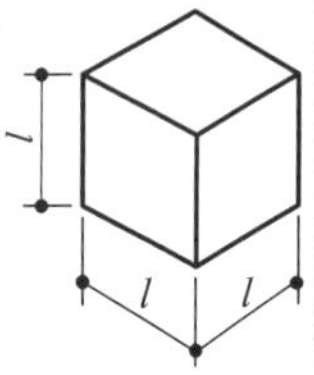

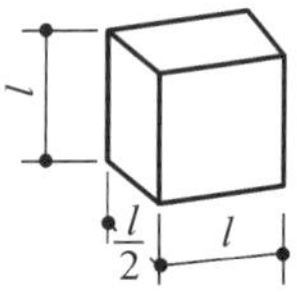

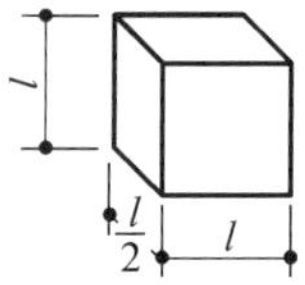

任务2   管道正等轴测图

一、正等轴测图的画法

正等轴测图中，坐标轴系的三个轴 OX、OY、OZ 与投影面 P 的夹角均相等，三个伸缩系数相等，其画法简单、立体感强，在工程上最为常用。

正等测图的三个轴间角均相等，为 120°，如图 2-6 所示。为了符合视觉习惯，一般把 O_1Z_1 轴垂直放置，另两个轴测轴与水平线呈 30°，则可以直接用三角板的 30°角画出。正等测图的三个伸缩系数理论值为 0.82，显然这非常不方便画图，使用简化系数（取简化值为 1）画出的正等轴测投影图的形状没有改变，相当于把图放大了 1.22 倍，并不影响轴测图的形状，应用更方便。

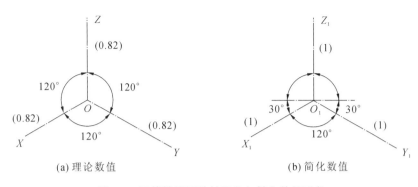

(a) 理论数值　　　　　　　　　　(b) 简化数值

图 2-6　正等轴测图的轴间角与轴向伸缩系数

画正等测图时,应先用丁字尺配合三角板作出轴测轴。一般将 O_1Z_1 轴画成铅垂线,再用丁字尺画一条水平线,在其下方用 30°三角板作出 O_1X_1 轴和 O_1Y_1 轴,如图 2-7 所示。

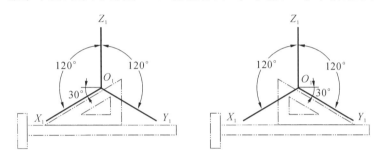

图 2-7　正等测轴测轴的画法

画形体正等轴测投影图的基本方法是坐标法,结合轴测投影的特性,针对形体形成的方式不同,进行叠加和切割等。

（1）坐标法。沿坐标轴量取形体特征点的坐标值,用以确定形体上各特征点的轴测投影位置,然后将各特征点连起来,即可得到相应的轴测图。

（2）叠加法。对于由几个基本体叠加而成的组合体,可先逐一画出各部分的轴测投影图,然后再将它们叠加在一起,得到组合体轴测投影图,这种画轴测投影图的方法称为叠加法。

（3）切割法。切割法适用于切割式的形体,作图时,先画出基本体的正等测图,然后把应该去掉的部分切去,从而得到所需要的轴测图。

（4）特征面法。当柱体的某一端面较复杂且能反映柱体的特征形状时,可用坐标法先求出特征端面的正等测图,然后沿坐标轴方向延伸成立体。这种画轴测图的方法称为特征面法,主要适用于绘制柱体的轴测图。

二、管道正等轴测图画法举例

1. 单根管道的正等轴测图

画单根管道的轴测图时,首先是分析图形,弄清这路管道在空间的实际走向和具体位置,究竟是左右走向的水平位置,还是前后走向的水平位置,或是上下走向的垂直位置。在确定这路管道的实际走向和具体位置后,就可以确定它在轴测图中与各轴之间的关系。

　　通过对图 2-8(a)中平、立面图的分析,可知这是根前后走向的水平位置的管道。画正等轴测图时,选定轴测轴,因该管道为前后走向,故其投影在 OX 轴或 OY 轴上,取管道前端点的投影在轴上的 O 点处,在 OX 轴上量取视图上的管道长(此管道长是指平、立面图中线段的长度,并非由数字标注的真正长度),即为该管道的正等轴测图,如图 2-8(b)所示。

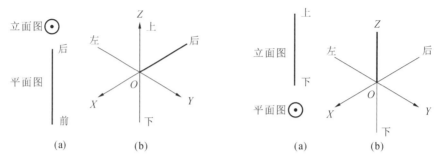

图 2-8　单根前后走向的管道正等轴测图　　图 2-9　单根上下走向的管道正等轴测图

　　同理,通过对图 2-9(a)中平、立面图的分析,显然它是上下走向的,则可在表示上下走向的 OZ 轴上表示它的长度,如图 2-9(b)所示。分析图 2-10(a)可知,它是左右走向的,则可在表示左右走向的 OX 轴或 OY 轴上表示它的长度,如图 2-10(b)所示。

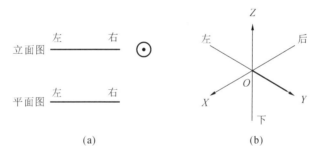

图 2-10　单根左右走向的管道正等轴测图

2. 多根管道正等轴测图

　　根据如图 2-11(a)所示三根管道的视图分析,得知是左右走向的,则可把它们表示在与 OY 轴平行的方向上。把第一根管道画在 OY 轴上,让第二、第三根管道平行于 OY 轴。图中 2 号管道与 1 号管道、2 号管道与 3 号管道的间距,在表示前后走向的 OX 轴上量取。

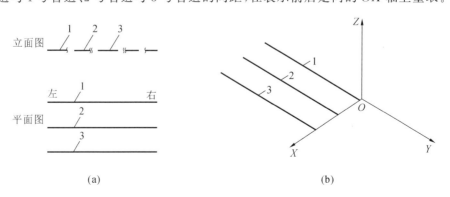

图 2-11　三根左右走向的管道正等轴测图

　　同理,通过对图 2-12(a)中平、立面图的分析,显然它们是前后走向的,则可把它们表示在与 OX 轴平行的方向上。同上,可画出它们在前后走向的正等轴测图,如图 2-12(b)所示。分析图 2-13(a)可知,它们是上下走向的,则可把它们表示在与 OZ 轴平行的方向上。同上,可画出它们在上下走向的正等轴测图,如图 2-13(b)所示。

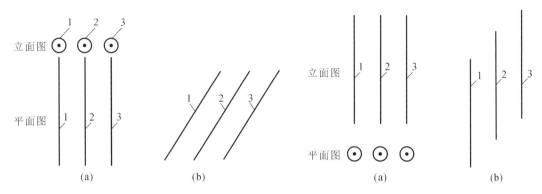

图 2-12　三根前后走向的管道正等轴测图　　　　图 2-13　三根上下走向的管道正等轴测图

　　通过对图 2-14(a)中平、立面图的分析,可知 1、2、3 号管道是左右走向的水平管道,4、5 号管道是前后走向的水平管道,而且这五路管道标高相同。在此基础上,可以确定前后走向的管道与 OX 轴是平行的,那么左右走向的管道则应和轴 OY 平行。在沿轴量尺寸时,不仅可以把尺寸量在三条轴线反方向的延长线上,也可以把尺寸量在三条轴线的平行线上。管道与管道之间的间距、编号应与平面图上间距、编号相一致,如图 2-14(b)所示。

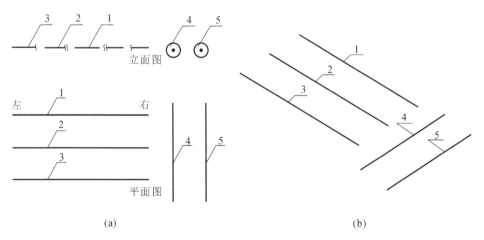

图 2-14　多根管道的正等轴测图

3. 交叉管道的正等轴测图

　　通过对图 2-15(a)两根管道交叉时平、立面图分析得知,其中一根是左右走向的水平管道,另一根是前后走向的水平管道,由于两根管道标高不同,因此在平面图上这两根管道所呈现的投影是交叉投影,其交叉角为 90°。按前面所学知识分析,取其前后走向的管道与 OX 轴一致,取左右走向的管道与 OY 轴一致,取其投影交点为两轴测轴交点 O,分四小段分别量取在平、立面图上的实长。在交叉管道的正等轴测图中,标高高的或在前面的管道应画完整,而标高低的或在后面的管道应用断开线的形式加以表示,如图 2-15(b)所示。

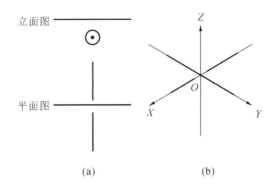

图 2-15　两根交叉管道的正等轴测图

通过对图 2-16(a)中平、立面图的分析,可知这四根管道中,2、4 号管道是左右走向的水平管道,1、3 号管道是前后走向的水平管道。由于四根管道的标高各不相同,因此在平面图上是一组投影互相交叉的图形,其交叉角为 90°。我们定 OX 轴与前后走向的水平管道一致,OY 轴则与左右走向的管道一致。沿轴量尺寸时,不仅可以把尺寸量在三条轴的平行线上,也可以把尺寸量在轴线反方向的延长线上。交叉管道轴测图中,高的或前面的管道显示完整,低的或后面的管道应根据断开原则加以断开,如图 2-16(b)所示。

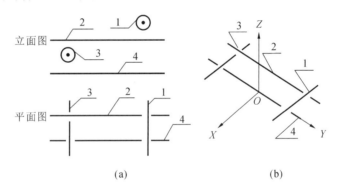

图 2-16　多根交叉管道的正等轴测图

4. 弯管的正等轴测图

通过对图 2-17(a)中平、立面图的分析,可知这只弯管(角度为 90°)可以分解成两部分,一部分是垂直部分,管口朝上,另一部分是水平部分,左右走向。通过定轴定方位,沿轴量尺寸,就可以画出这只弯管的正等轴测图。同理,用上述方法分析图 2-17(b)可知,这是一只垂直部分管口朝下的弯管。在画弯管正等轴测图时,可以把管道变向点选定在轴测轴的交点上。

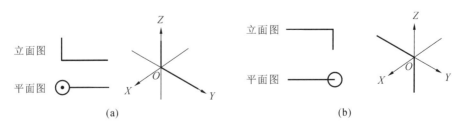

图 2-17　弯管的正等轴测图

5.正三通的正等轴测图

通过对图 2-18(a)中平、立面图的分析,这个正三通有上下走向和前后走向两部分,并 90°连接。选 OX 轴为前后向,OZ 轴为上下向,沿轴量尺寸时要考虑整个三通的走向,此走向应根据该三通在空间的实际走向和具体位置来确定。同理,可画出如图 2-18(b)所示三通的正等轴测图,从平、立面图上反映出来的三通是水平放置的。选轴时,主要考虑 OX 轴和 OY 轴,在 OZ 轴上没有三通管道。

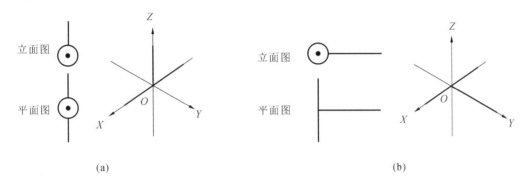

图 2-18　正三通的正等轴测图

6.管道、阀门及设备连接的正等轴测图

通过对图 2-19(a)所示热交换器及其配管、阀门的平、立面图分析而得知,两热交换器前后放置,标高相同。两热交换器均有进出口,进口在下,出口在上,总进气管从右下边来,分别进入热交换器的下口,并在其上设有阀门,出气管从热交换器上面走,并在其上也设置了阀门。画管道与设备连接的正等轴测图时,一般情况下设备只要示意性地画出外形,如管道较多可以不画设备的外形,仅画设备的管接口即可。成排设备如标高相同,应画成在同一条轴线上。具体画每段管道时,应以设备的管接口为起点,依次把管段编号,逐段朝外画出,然后依次连成整体,如图 2-19(b)所示。

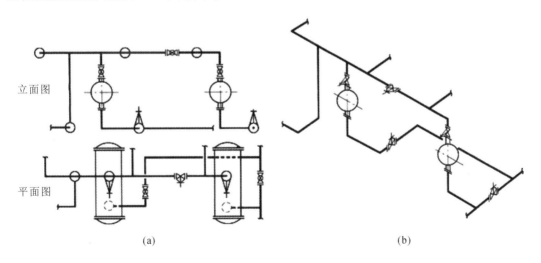

图 2-19　热交换器、管道、阀门的正等轴测图

任务 3　管道斜等轴测图

一、斜等轴测图的画法

斜轴测图是投射线 S 与投影面 P 相倾斜所形成的轴测图,通常把坐标体系的一个面与投影面 P 平行,而相应产生正面斜轴测、侧面斜轴测、水平斜轴测。我们把三个伸缩系数相等的斜轴测图称为斜等测,只有两个系数相等称为斜二测。在画斜轴测图时,为画图方便起见,一般把 OZ 轴放在垂直位置,并把坐标面 XOZ 放在平行于轴测投影面的位置。这样轴测轴 O_1X_1 轴为左右水平方向的轴,O_1Z_1 轴为垂直方向的轴,轴间角 $\angle X_1O_1Z_1 = 90°$,轴间角 $\angle X_1O_1Y_1$ 和轴间角 $\angle Y_1O_1Z_1$ 为 $135°$;三轴的轴向缩短率都是 $1:1:1$;物体上平行于坐标面 XOZ 的图形,在斜轴测图中反映实形。由此所得的斜轴测图称为斜等测图(图 2-20)。各轴及轴间角的分布如图 2-21 所示。

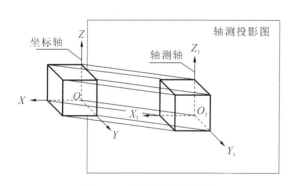

图 2-20　斜轴测图的形成

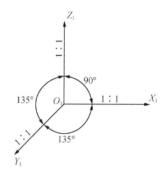

图 2-21　轴间角和轴向变化率

画斜等测图时应注意以下几点:

(1)物体上的直线画在斜等测图上仍为直线,空间直线平行某一坐标轴时,画它的轴测投影时,仍应平行于相应的轴测轴。

(2)如果空间两条直线互相平行,画在斜等测图上仍然是平行的直线。

(3)三条轴测轴的方向可以取相反方向,画图时轴测轴可以向相反方向任意延长。这样就形成上下、左右、前后六个方位。

(4)对于 OZ 轴、OX 轴和 OY 轴三轴,OZ 轴一般画成垂直(即上下方向),OX 轴一般画成东西位置(即左右方向),OY 轴一般画成南北位置(即前后方向),而且,OY 轴可以放在与 OZ 轴成 $135°$ 的另一侧位置上,如图 2-22 所示。

(5)画平行于坐标面 XOZ 的圆的斜等测图时,只要作出圆心的轴测图后,按实形画圆就可以了。而当画平行于坐标面 XOY,YOZ 的圆的斜等测图时,其轴测投影一般为椭圆。

画斜等测管道轴测图时,基本上也根据这几条原则,但管道投影的复杂性和表现形式的特殊性决定了管道轴测图的复杂性和特殊性。

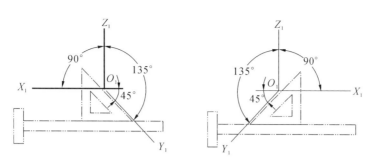

图 2-22　斜等测轴测轴的画法

二、管道斜等轴测图画法举例

1. 单根管道的斜等轴测图

画单根管道的轴测图时,首先是分析图形,弄清这路管道在空间的实际走向和具体位置,究竟是左右走向水平放置,还是前后走向水平放置,还是上下走向垂直放置。在确定了这路管道的实际走向和具体位置后,就可以确定它在轴测图中各轴之间的关系。

通过对图 2-23(a)中平、立面图的分析,可知这是根前后走向的水平放置的管道。画斜等测图时,选定轴测轴,因该管道为前后走向,故其投影在 OY 轴上,由于 X 轴、Y 轴、Z 轴三轴的简化数值都是 $1:1:1$,从 O 点起在 OY 轴上用圆规或钢直尺在平面图上直接量取线段的实长,如图 2-23(b)所示。

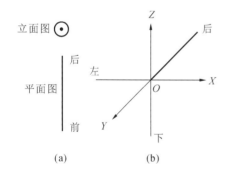

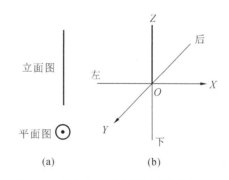

图 2-23　单根前后走向的管道斜等轴测图　　图 2-24　单根上下走向的管道斜等轴测图

同理,通过对图 2-24(a)中平、立面图的分析,得知该管道为上下垂直走向,则从 O 点起在 OZ 轴上直接量取在立面图上的实长,如图 2-24(b)所示。通过对图 2-25(a)中平、立面图的分析,可知该管道为左右水平走向,则从 O 点起在 OX 轴直接量取在平、立面图上的实长,如图 2-25(b)所示。

2. 多根管道的斜等轴测图

通过对如图 2-26(a)所示三根管道平、立面图分析可知,显然它们是左右走向的,标高相同,故其投影在 OX 轴方向上。以其中 2 号管道的实长在 OX 轴上量取,1 号、3 号管道平行于它,其间距在表示前后走向的 OY 轴上量取,其斜等轴测图如图 2-26(b)所示。

通过对图 2-27(a)中平、立面图的分析,可知 1、2、3 号管道是左右走向的水平管道,4、5

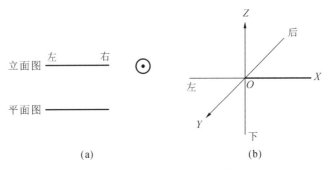

图 2-25　单根左右走向的管道斜等轴测图

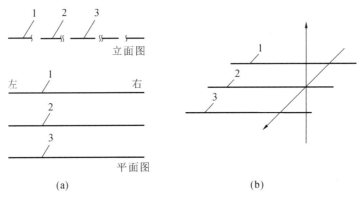

图 2-26　三根左右水平走向的管道斜等轴测图

号管道是前后走向的水平管道,而且这五路管道标高相同。在此基础上,可以确定 OX 轴是左右走向,OY 轴为前后走向,在沿轴量尺寸时,不仅可以把尺寸量在三条轴线反方向的延长线上,也可以把尺寸量在三条轴线的平行线上,管道与管道之间的间距、编号应同平面图上间距、编号一致,如图 2-27(b)所示。

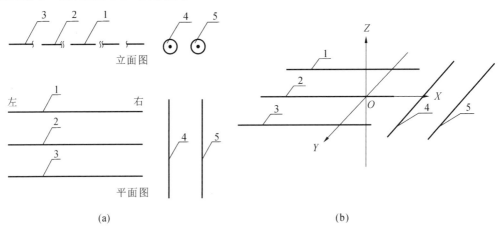

图 2-27　多根管道的斜等轴测图

3. 交叉管道的斜等轴测图

通过对如图 2-28(a)所示两根管道平、立面图分析可知,其中一根是左右走向的水平管道,另一根是前后走向的水平管道,由于两根管道标高不同,因此在平面图上这两根管道所呈现的投影是交叉投影,其交叉角为 90°。按前面所学知识分析,取其前后走向的管道与 OY 轴一致,取左右走向的管道与 OX 轴一致,取其投影交点为两轴测轴交点 O,分四小段分别量取在平、立面图上的实长。在交叉管道的斜等轴测图中,高的或前面的管道应显示完整,标高低的或后面的管道应用折断线断开表示,如图 2-28(b)所示。

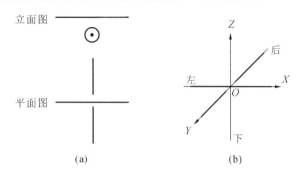

图 2-28 两根交叉管道的斜等轴测图

通过对图 2-29(a)所示平、立面图的分析,可知这四根管道中,2、4 号管道是左右走向的水平管道,1、3 号管道是前后走向的水平管道。由于四根管道标高各不相同,因此在平面图上是一组投影互相交叉的图形,其交叉角为 90°;我们定 OY 轴与前后走向的水平管道一致,OX 轴则与左右走向的管道一致。沿轴量尺寸时,不仅可以把尺寸量在三条轴的平行线上,也可以把尺寸量在轴线反方向的延长线上。交叉管道轴测图中,高的或前面的管道显示完整,低的或后面的管道应根据断开原则加以断开,如图 2-29(b)所示。

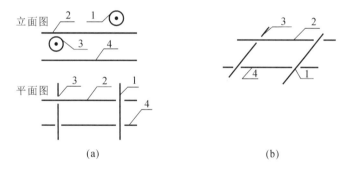

图 2-29 多根交叉管道的斜等轴测图

4. 弯管的斜等轴测图

通过对图 2-30(a)中平、立面图的分析,可知这只水平放置弯管(角度为 90°)可以分解成两部分,一部分是前后走向的水平部分,另一部分是左右走向的水平部分。以轴测轴交点 O 分别在 X 轴向、Y 轴向量取左右、前后走向的各一小段,就可以画出这只弯管的斜等轴测图。其他位置摆法的弯管斜等轴测图画法请参照正等轴测图画法。

5. 正三通的斜等轴测图

通过对图 2-31(a)中平、立面图的分析,可知这个正三通的主管走向是前后向,支管走向是上下向。画斜等轴测图时,从轴测轴交点 O 起分别在 X 轴向、Y 轴向、Z 轴向量取三通在平、立面图上的前后、上下走向的三个小段,就可以画出这个正三通的斜等轴测图,如图 2-31(b)所示。

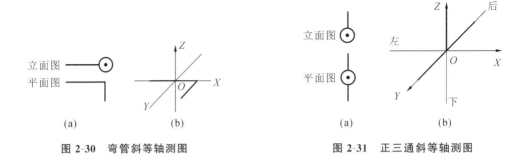

图 2-30   弯管斜等轴测图   图 2-31   正三通斜等轴测图

6. 管道、设备及阀门连接的斜等轴测图

通过对图 2-32(a)所示热交换器及其配管、阀门的平、立面图分析而得知,两热交换器前后放置,标高相同。两热交换器均有进出口,进口在下,出口在上,总进气管从右下边来,分别进入热交换器的下口,并在其上设有阀门,出气管从热交换器上面走,并在其上也设置了阀门。画管道与设备连接的斜等轴测图时,以 X 轴为左右向的轴,Y 轴为前后向的轴,Z 轴为上下向的轴,如图 2-32(b)所示。同时可以对比分析一下正等轴测图与斜等轴测图的特点,找出异同。

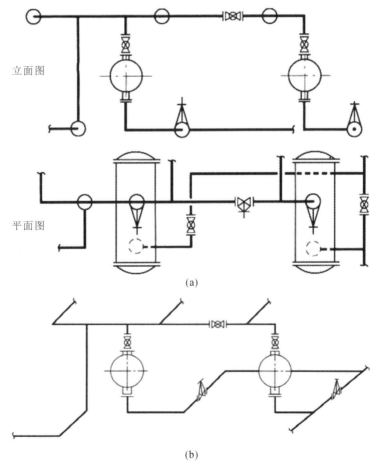

图 2-32   热交换器、管道、阀门的斜等轴测图

基础知识测评题

一、试把摇头弯的平、立面图（图 2-33）画成正等轴测图（在每小题里上图为立面图，下图为平面图）

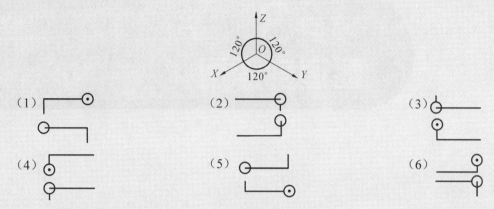

图 2-33　摇头弯的平、立面图

二、试把下列平、立面图（图 2-34）画成正等轴测图（在每小题里上图为立面图，下图为平面图）

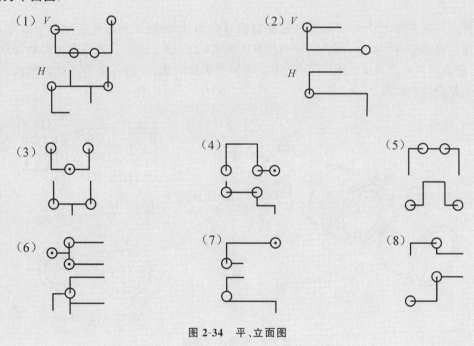

图 2-34　平、立面图

扫一扫看答案

项目 3
管道剖面图

管道的剖面图,是用一个假想平面沿管道直径切开,再把剖切平面前面部分拿走,对剖切平面后面部分进行投影,画出断面的投影图而得,如图 3-1 所示。剖面图和断面图的区别在于:断面图只画出截面的图形,而剖面图不但要画出断面图,而且要画出剖切平面后方未被切到部分的投影。

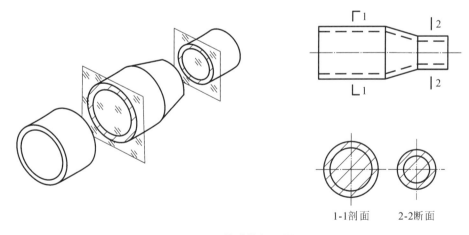

1-1剖面　　　　2-2断面

图 3-1　管道的剖面图

一、单根管道的剖面图

单根管道的剖面图,并不是用剖切平面沿着管道的中心线剖切开后所得的投影。其特点是利用剖切符号既能表示剖切位置线又能表示投射线方向,表达管道的某个方向的投影面。

分析图 3-2 所示 90°弯头的平面图上的剖切符号,可以得知 1-1 这组剖切符号,主要是把 90°弯头的投射线方向用箭头表现了出来,从三视图投影角度来看,1-1 剖面图就是立面图; 而 2-2 剖面显示的图样就是弯管的左侧面图;对 3-3 剖面图来说,它显示的图样就是弯管的 右侧面图。

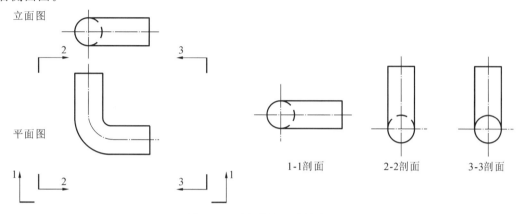

图 3-2　90°弯管剖面图的表示

同理,分析图 3-3 所示同径正三通的平面图上的三组剖切符号,可以得知 1-1 剖面为同 径正三通的立面图;2-2 剖面为同径正三通的左侧面图;3-3 剖面为同径正三通的右侧面图。

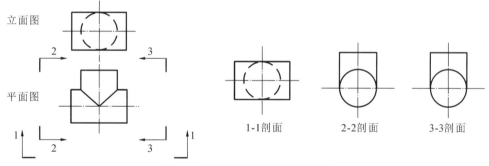

图 3-3　同径正三通剖面图的表示

由于摇头弯是由两个方向互成 90°的弯头组成的,通过分析图 3-4 所示摇头弯的平面图 上的剖切符号,可以得知 1-1 剖面为摇头弯的立面图,2-2 剖面为摇头弯的左侧面图,3-3 剖 面为摇头弯的右侧面图。

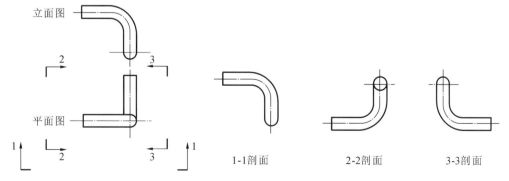

图 3-4　摇头弯的剖面图表示

　　某组管道是由来回弯和三通组合成的。分析图 3-5 所示平面图上的剖切符号,并按箭头所指方向投影,可以得知 *A-A* 剖面为管道的立面图(主视图),*B-B* 剖面为管道的左侧面图(左视图)。各视图在排列上其位置关系显得灵活,没有三视图位置关系那么严格。

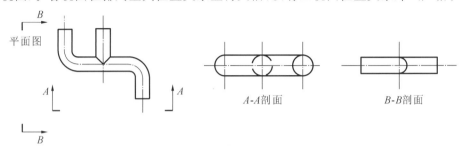

图 3-5　来回弯和三通组合管道剖面图的表示

二、多根管道间的剖面图

　　在两根或两根以上的管道之间,假想用剖切平面切开,然后把剖切平面前面部分的管道移去,而对保留下来的后面部分管道投影,这样得到的投影图,称为管道间的剖面图。如图 3-6(a)所示,1 号管道由来回弯组成,管道上安有阀门,而 2 号管道由摇头弯组成,管道右端有大小头,它们在平面图上表示较为清楚,而在立面图上较难表示清楚,为了表明 2 号管道,便在 1 号和 2 号管道之间进行剖切。通过剖切把位于剖切平面之前带阀门的 1 号管道移去,然后对剩下的摇头弯(2 号管道)进行投影,得到Ⅰ-Ⅰ剖面图,如图 3-6(b)所示。

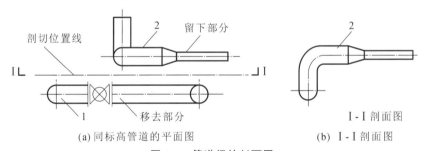

(a)同标高管道的平面图　　　　　　(b)Ⅰ-Ⅰ剖面图

图 3-6　管道间的剖面图

　　管道的平面图上,这两路管道看起来还比较清楚,但立面(图 3-7)看起来就不够清楚了,主要是因为 1 号和 2 号管道标高相同,管道投影重叠所致。为了使 2 号管道能看得更清楚,就需要把 1 号管道移开,让 2 号管道无任何遮挡地单独显示出来。为此,在 1 号和 2 号管道之间加一组剖切符号,假想在这两路管道之间进行剖切。

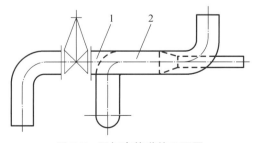

图 3-7　同标高管道的立面图

通过剖切把剖切位置线前面带阀门的1号管道移走,仅剩下摇头弯这路2号管道,投射线方向用箭头表示,经重新投影后,管道看起来就清楚多了。因在Ⅰ-Ⅰ剖面上所反映出的图样实际上就是2号管道的立面图,确切地讲是根据看图需要筛选过的立面图。

三、管道断面的剖面图

用一假想的剖切平面在管道断面上切开,把人与剖切平面之间的管道部分移去,对剩下部分进行投影所得到投影图,称为管道断面的剖面图。

分析如图 3-8(a)所示三根管道平面图,在Ⅱ-Ⅱ剖切符号处按箭头方向进行投影,得到的剖面图如图 3-8(b)所示。1号管道剖切后阀门这部分管道属于移去部分,摇头弯部分则是留下的部分,反映在剖面图上为一个小圆下面连着方向朝左的弯管。2号管道本身是直管,所以被剖切后留下的部分是一段长度比剖切前短的直管,在剖面图上看到的图形是一个小圆。3号管道剖切后,摇头弯部分移走,带弯头的那部分管道留下,因此在剖面图上看到的是小圆连着方向朝下的弯头。同理,由一组单线图组成的三根同标高管道的平面图和剖面图如图 3-9 所示。

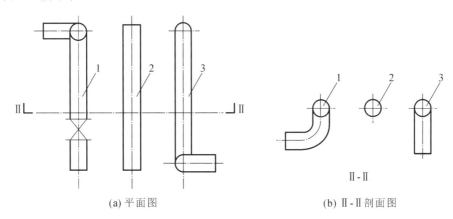

(a) 平面图　　　　　　　　(b) Ⅱ-Ⅱ剖面图

图 3-8　管道断面剖面图

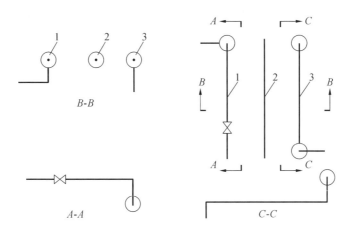

图 3-9　三根管道的剖面图

四、管道间的转折剖面图

通常来说,在管道与管道之间所进行的剖切的剖切位置线是一条直线。也有这样的情况,在这一条剖切线上只需要剖切一部分管道,而另一部分管道非留下不可,那么就需要用转折剖切的方法来解决。转折剖切就是用两个相互平行的剖切平面,在管道与管道之间进行剖切,所得到的剖面图称为转折剖面图。分析如图 3-10(a)所示四根管道的平面图,可以清楚地表示出 1 号、2 号、3 号管道,采用剖切符号 A-A(在管道工程中,管道之间按规定只允许转折剖切一次)投射后所得剖面图如图 3-10(b)所示,1 号管道上两个方向相反的三通支管就呈现在转折剖切处的切口。

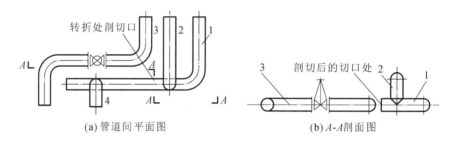

(a)管道间平面图   (b)A-A剖面图

图 3-10 四根管道间的转折剖面图

任务2 管道剖面图识读分析

分析管道剖面图的原理,可以更加清楚地识读管道剖面图,对管道剖面图的识读的具体方法归纳如下:首先按正投影法画出投影图;其次在平面图上找到所识读的剖面图的剖切符号和剖切符号的顺序号;最后结合平面图看剖面图,弄清各管道的名称、走向、标高、坡度坡向、管径大小,设备的型号、位置标高、进出管位置,其他仪表、阀门和管件规格等,还要弄清各种设备的型号及与管道连接的情况。

例 3-1 假定图 3-11(a)所示三根管道中,1 号管道离地面高度为 2.8 m,2 号管道离地面高度为 2.6 m,3 号管道离地面高度也是 2.8 m。若画成立面图,因 1 号、3 号管道标高相同,显然难以辨认。若在 1 号和 2 号管道之间标上剖切符号,根据投射线上箭头方向,剖切移走的是 1 号管道,保留的是 2 号管道。这样就能清楚地反映出 2 号和 3 号管道在垂直高度上的关系,如图 3-11(b)所示。如果管道数在三路以上,那么管道与管道之间剖切的优越性就会更充分地显示出来。

例 3-2 对图 3-12 所示冷、热水钢管组装成的淋浴器配管图进行分析,在平面图中可以看到整个管路由管子、管件和淋浴器阀组成,其管道好似一组 T 形的三通管,在管道的终端还装有供淋浴使用的莲蓬头,平面图上标有 A-A 和 B-B 两组剖切符号,也就是还有两组不同方位的剖面图样与平面图一起组成淋浴器的配管图。

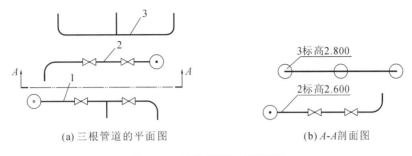

(a) 三根管道的平面图　　　　(b) A-A剖面图

图 3-11　三根管道间的剖面图

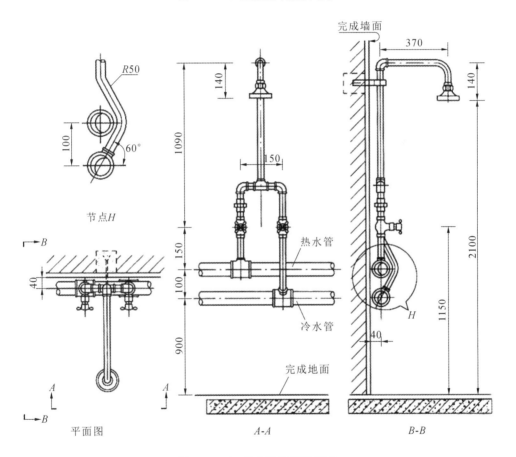

图 3-12　冷、热水淋浴器配管图

A-A 剖面图实际上就是正立面图。细斜线里有许多细微的小点,表示建筑物的地坪是钢筋混凝土结构,所谓"完成地面"表示地坪已粉光或已贴了地面瓷砖,这种地坪亦称"光地坪"。冷水横管和热水横管这两路横管不属于淋浴器本身的组成,需要另外算量和配管。冷、热水横管的开档,即"中对中"为 100 mm。连接冷水横管和热水横管的两路支管上分别装有淋浴器阀,阀中心离光地坪 1150 mm,两路支管的开档,即"中对中"为 150 mm。然后两路支管再汇聚在三通处,成一路支管直到莲蓬头,形成冷、热水的混合水。

B-B 剖面图实际上就是左侧面图。细斜线的剖面符号表示建筑物的隔断是筑墙隔断。所谓"完成墙面"表示墙面已粉光或已贴墙面瓷砖,这种墙面亦称"光墙面"。在 B-B 剖面中淋浴器上端装有一个单管立式支架,同样,在平面图上也有所显示。另外,在淋浴器的下端,在冷水横管和热水横管处有一个用细实线画出的带箭头的圆圈,并标注字母 H,这表示是节点图,主要是把淋浴器上的某个部位的节点放大,便于现场制作和施工。

例 3-3　若对图 3-13 所示两台立式冷却器组成的冷却器配管的平面图和立面图进行分析,试分别画出Ⅰ-Ⅰ、Ⅱ-Ⅱ、Ⅲ-Ⅲ剖面图。

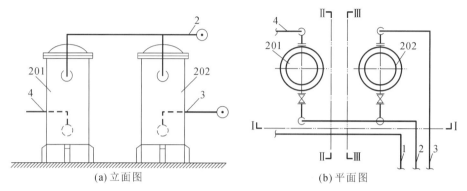

(a) 立面图　　　　　　　　　　　(b) 平面图

图 3-13　冷却器配管的平面图和立面图

立式冷却器的外形一般由封头、圆筒和支座三部分组成。为了便于拆卸和维修,封头和圆筒之间用法兰连接,冷却器上还应有冷却介质进出口的管接头和便于识读物料介质的管道。无论如何复杂的管路,只要用几个剖面图表示,都能清楚地反映出所有管道之间的相互位置关系。

在如图 3-14(a)所示Ⅰ-Ⅰ剖面图上,能清楚地看到这个装置的正立面图(1 号管道除外),201 和 202 这两台冷却器显示完整。由于 1 号管道在剖切位置线前面,根据投射线的箭头方向可知:1 号管道属移走管道,因此图样上不画出;2 号管道在这个剖面图中反映得最清楚,右上角有个圆心带点的小圆圈,它是 2 号管道在剖切位置线上切口断面的投影;3 号管道和 4 号管道有一部分被冷却器遮挡而看不见,因此用虚线表示;3 号管道上有个圆心带点的小圆圈,它是 3 号管道在剖切位置线上的切口断面的投影。

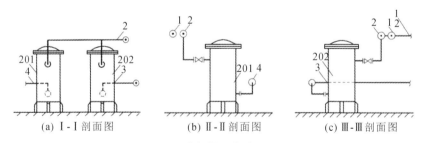

(a) Ⅰ-Ⅰ剖面图　　　(b) Ⅱ-Ⅱ剖面图　　　(c) Ⅲ-Ⅲ剖面图

图 3-14　冷却器配管的剖面图

在如图 3-14(b)所示Ⅱ-Ⅱ剖面上,左上角并排着标高相同的两个圆心带点的小圆圈,左边的小圆圈是 1 号管道,右边的小圆圈是 2 号管道,它的下面还有一段与冷却器 201 连接的弯管。由于 3 号管道在剖切位置线之外,属移走的管道,因此在Ⅱ-Ⅱ剖面图上不画出来。4 号管道看到的是一路摇头弯管道,从 201 设备的接管处往右看,一只弯头是登高向上,另一只弯头是背对读者方向朝里去。

在如图 3-14(c)所示Ⅲ-Ⅲ剖面上,右上角并排着标高相同的两个圆心带点的小圆圈,右边小圆圈是 1 号管道的断口,左边小圆圈是 2 号管道的断口。在 1 号管道小圆圈右边的管道,看上去像是一根管道的投影,实际上是 1 号和 2 号管道重合的投影,说明这两路管道在同一标高上。在 2 号管道小圆圈下面还有一段与冷却器 202 连接的弯管。3 号管道在Ⅲ-Ⅲ剖面图里显示得比较完整,从设备 202 的接管处往左看,一只弯头是向上登高,另一只弯头是背对读者方向朝里去,然后再右拐弯,画成虚线部分的管道是被冷却器遮挡的部分。此管道向右截取的长度受到Ⅲ-Ⅲ剖切符号所表示的宽度范围的限制,因此比平面图里的 3 号管道要短。

例 3-4 对图 3-15(a)所示六根管道和两台设备组成的平面图进行分析,试画出Ⅰ-Ⅰ剖面图。

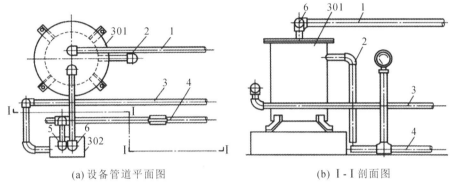

(a) 设备管道平面图　　　　　　　　　　　　(b) Ⅰ-Ⅰ剖面图

图 3-15　设备管道剖视图

根据图 3-15(a)平面图上的转折剖切符号上投射线箭头方向可知,剖切位置在 4 号管道上转折,转折处形成平直的切口断面。此外,由于投射线箭头方向没变,因此转折前和转折后的剖视方向不变,与一般立面图不同的是转折处管子的切口平直,一般不用折断符号等其他形式来表示。

在Ⅰ-Ⅰ剖面图上,1 号管道和 2 号管道显示清晰完整。3 号管道左上角有个小圆圈,它是 3 号管道的切口断面。4 号管道因受转折剖切,所以仅看到右半段带压力表的那路三通管道,左半段管道(靠设备 302 的那部分管道)在转折剖切位置线之外,属于移去部分的管道,因此在Ⅰ-Ⅰ剖面上不画出,转折处的切口是平直的。5 号管道全部在剖切位置线之外,属于全部移走的管道,因此也不画出。6 号管道前半段(靠设备 302 的那部分管道)在剖切位置线之外,因此也看不到,后半段所能看到的是一只弯头和一段短立管,而且这个弯头和短管的投影同 1 号管道弯头及短管的投影大部分重叠在一起。

基础知识测评题

一、单项选择题(在每个小题的备选答案中,只有一个符合题意)

1. 在土木工程图中有剖切位置符号及编号 ⌐3 ⌐3 ,编号 3-3 表示( )。

A. 剖面图向左投影　　　　　　　　　　B. 剖面图向右投影

C. 断面图向左投影　　　　　　　　　　D. 断面图向右投影

2. 剖面图与断面图的最明显的区别是(　　)。

A. 前者是体的投影,后者是面的投影

B. 前者的剖切平面可以发生转折而后者不允许转折

C. 二者对投射方向的标注不一样

D. 剖面图包含断面图

二、作图题

1. 根据平面图(图 3-16)用双线图形式试画出 1-1 剖面图(管道垂直部分长短自定)。

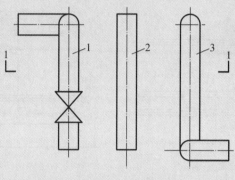

图 3-16　题 1 图

2. 根据平面图(图 3-17)用单线图形式试画出 A-A,B-B 和 C-C 剖面图(管道垂直部分长短自定)。

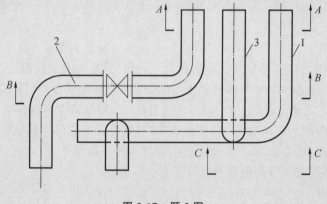

图 3-17　题 2 图

扫一扫看答案

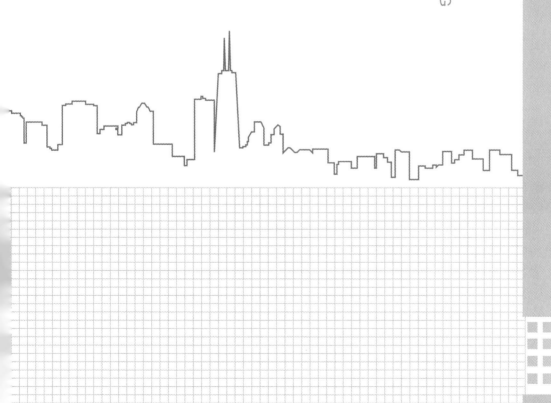

教学导航

教学项目	项目 4　室外给水排水系统	参考学时	12～20
	项目 5　建筑给水系统		
	项目 6　建筑排水系统		
	项目 7　建筑消防给水系统		
	项目 8　建筑给水排水施工图		
教学载体	多媒体教室、教学课件及教材相关内容		
教学目标	知识目标	了解建筑给水、建筑消防、建筑排水等系统的概念、分类和组成;掌握给水系统的给水方式和排水系统的排水方式;熟悉给水排水工程常用管材、配件和设备;了解给水排水管道、排水器具的安装方法;熟悉给水管道和排水管道的布置与敷设要求;熟悉建筑给水排水、消防施工图的识读;掌握建筑给水排水、消防系统的施工工艺	
	能力目标	能恰当地选择管材及对应的连接方式,能根据工程特点选择合适的消防灭火系统;能识记建筑给水排水消防系统常用图例;能看懂建筑给水排水、消防系统施工图纸,提取图纸工程信息以指导工程算量和现场安装施工	
	素质目标	1.培养学生热爱祖国大好河山、热爱祖国的灿烂文化、热爱自己国家的爱国精神,了解给水排水工程的文化传承;提高学生供水安全的意识,构建水的良性循环的环保意识,密切关注产业发展、科技创新和生态文明建设。 2.培养学生突破陈规、大胆探索、锐意进取的改革精神,勇于创新、求真务实的时代精神;掌握给水排水行业的新技术、新设备、新工艺和新方法,增强了解过去、立足现在和面向未来的全局意识。 3.培养学生以人为本、人民至上、自强不息、艰苦奋斗的工匠精神,培养学生廉洁奉公、爱岗敬业、淡泊名利、甘于奉献的职业品格,提高学生为人民服务的责任感与使命感	
过程设计	任务布置及知识引导→学习相关新知识点→解决与实施工作任务→自我检查与评价		
教学方法	项目教学法		

课程思政要点

　　我国人口基数大,水资源匮乏,需要时刻坚持"节约水资源,保持可持续发展战略"的理念。通过观看我国著名的郑国渠、都江堰、灵渠、京杭大运河、钱塘江海塘等引水工程的展示,激发学生对我国劳动人民智慧的认同感,树立民族自信心和自豪感,增强"中国自信";通过人类饮水发展史的介绍,增强学生对建筑给水排水发展简史的认知,感受建筑给水排水工程在人类发展中的重要作用,进一步增强学习兴趣;在建筑给水排水的施工过程中,将节能节水技术应用到位,将水资源的利用效率达到最大化,追求精益求精、卓越的工匠精神。培养学生节约用水的意识,思考循环用水的意义,引发对绿色建筑中节水设计的思考。

　　通过对"巴黎圣母院大火""美国米高梅旅馆火灾"等重大消防事件的了解,充分认识消防事件后果的严重性,突出建筑消防工程的重要性,认真分析建筑火灾的主要成因,培养质量意识,有效消除火灾隐患,提高消防意识,减少火灾的发生,尽量保证用户的生命财产安全,培养爱岗敬业精神。通过了解消防英雄的英勇事迹,树立榜样及敬业精神。

拍一拍

　　给水排水是生活中不可或缺的一部分,给我们的生活提供了无限的便利。同学们可以拍一拍你身边的给水排水设施,感受"水"的便利。

饮用水　　　　　　　　　　　　　　生活用水

　　消防设施无处不在,给我们的生活提供了安全可靠的环境。同学们可以拍一拍身边的消火栓,感受消火栓的守护。

消火栓图　　　　　　　　　　　救火现场

想一想

　　生活中的水从何而来?使用过的废水通过怎样的方式排出?消火栓如何发挥作用?

拓展知识链接

　　(1)《建筑给水排水设计标准》(GB 50015—2019)。

　　(2)《建筑给水排水及采暖工程施工质量验收规范》(GB 50242—2017)。

　　(3)《给水排水管道工程施工及验收规范》(GB 50268—2008)。

　　(4)《生活饮用水卫生标准》(GB 5749—2022)。

　　(5)《建筑设计防火规范(2018年版)》(GB 50016—2014)。

　　(6)《消防给水及消火栓系统技术规范》(GB 50974—2014)。

（7）《自动喷水灭火系统设计规范》（GB 50084—2017）。

（8）《自动喷水灭火系统施工及验收规范》（GB 50261—2017）。

（9）《建筑给水硬聚氯乙烯管管道工程技术规程（附条文说明)》（CECS 41—2004）。

（10）《建筑给水塑料管道工程技术规范》（GB/T 50394—2005）。

（11）《建筑与小区雨水控制及利用工程技术规范》（GB 50400—2016）。

（12）《建筑排水柔性接口铸铁管管道工程技术规程》（T/CECS 168—2021）。

（13）图集《给水排水标准图集：给水设备安装（一）》（S1 2014 年合订本）。

（14）图集《给水排水标准图集：消防设备安装》（S2 2004 年合订本）。

（15）图集《给水排水标准图集：排水设备及卫生器具安装》（S3 2010 年合订本）。

（16）图集《给水排水标准图集：室内给水排水管道及附件安装（一）》（S4 2004 年合订本）。

（17）图集《室内管道支架及吊架》（03S402）。

（18）图集《室内消火栓安装》（15S202）。

项目4 室外给水排水系统

室外给水工程是为满足城乡居民及工业生产等用水需要而建造的工程设施。经过室外给水工程、室内给水工程、室内排水工程和室外排水工程,水在人们生活中被循环使用,水循环利用流经路径如图 4-1 所示。室内给水排水工程样板如图 4-2 所示。

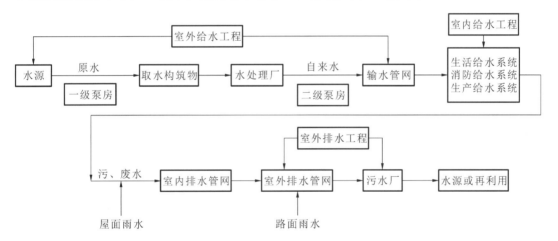

图 4-1　水循环利用流经路径示意图

图 4-2　室内给排水工程样板示意图

任务 1 室外给水排水工程规划概要

一、城市给水排水工程的范围

城市给水排水工程属市政建设工程。城市给水工程规划应从城市总体规划到详细实施方案进行综合考虑,分区分级进行规划,以适应城市对给水厂的需求,依据城市给水工程建设的近远期规划进行合理规划设计,规划内容应逐级展开和细化。其主要内容包括近远期工程规模、水质、水量、水压预测、水源选择、给水系统的选择等。近年来,随着人民生活水平的提高、科学技术的发展、工业结构的调整等,对给水工程规划提出了更高的要求。排水体制在城市的不同发展阶段和经济条件下,同一城市的不同地区,可采用不同的排水体制。经济条件好的城市,可采用分流制,经济条件差而自身条件好的可采用部分分流制、部分合流制,待有条件时再建完全分流制。

1. 城市给水工程的范围

城市给水工程的范围:一般是从水源地的一级泵房起,至建筑小区的水表井止,包括一、二级泵房,输水管网,给水处理厂和配水管网等。

2. 城市排水工程的范围

城市排水工程,按污水的性质不同,分为城市污水排水工程和城市雨水排水工程两种。

(1)城市污水排水工程的范围:一般是从建筑小区的下游最后一个污水检查井(碰头井)起,至污水出水口止,包括污水碰头井、污水排水管网、污水处理厂和污水出水口等。

(2)城市雨水排水工程的范围:一般是从建筑小区的下游最后一个雨水检查井(碰头井)起,至雨水出水口止,包括雨水碰头井、雨水排水管网和雨水出水口等。

二、建筑给水排水工程的范围

建筑给水排水工程属建筑安装工程。

1. 建筑给水工程的范围

建筑给水工程按其所处的位置不同,分为建筑小区(室外)给水工程和建筑内部(室内)给水工程两种。

(1)室外给水工程的范围:从城市给水工程的水表井起,至建筑物阀门井或水表井(位于室外)止,包括室外给水管网和阀门井(或水表井)等。

(2)室内给水工程的范围:从建筑物阀门井或水表井(位于室外)起,至室内各用水点(设备)止,包括引入管、室内管道、设备和附件等。

2. 建筑排水工程的范围

建筑排水工程,按其所处的位置和污水的性质不同,分为室外污水排水工程、室外雨水排水工程、室内(屋面)雨水排水工程和室内污水排水工程。

（1）室外污水排水工程的范围：从建筑物第一个污水检查井（位于室外）起，至下游最后一个污水检查井（碰头井）止，包括建筑物第一个污水检查井、室外污水检查井和室外污水排水管网等。

（2）室外雨水排水工程的范围：从建筑物第一个雨水检查井（位于室外）或雨水口起，至下游最后一个雨水检查井（碰头井）止，包括建筑物第一个雨水检查井或雨水口、室外雨水检查井和室外雨水排水管网等。

（3）室内（屋面）雨水排水工程的范围：一般是从雨水斗起，至建筑物第一个雨水检查井（位于室外）或雨水口止，包括雨水斗、雨水排水立管和排出管等。

（4）室内污水排水工程的范围：从室内各污水收集点（设备）起，至建筑物第一个污水检查井（位于室外）止，包括设备、室内污水排水管道和排出管等。

三、室外给水系统

1. 室外给水系统的形式

室外给水系统的形式主要分为统一给水系统、分区给水系统和循环及循序给水系统三种形式。

1）统一给水系统

为了满足整个给水区的水质均符合生活饮用水卫生标准的要求，工程上常通过统一的给水管网向各用水户供水，满足给水区的生活、生产及消防等用水的需要，这种系统称为统一给水系统。

2）分区给水系统

分区给水方式一般可分为分压给水系统、分质给水系统和分区给水系统。城市地形高差大或者各区用水压力要求相差较大时，若采用统一给水系统，势必导致低压给水区水压过高，使用不便，而且电能耗费大，此时宜采用分压给水系统，将管网分成高、低压两区供水。分区给水系统一般应用在城市中地势地形差别大或功能上有明显的划分或自然环境造成的区域分割等情形下，经过技术经济比较，也可考虑按区分别设置给水系统。

3）循环及循序给水系统

工业用水量一般较大，其中多数仅是水温升高所受的热污染而水质未受污染，可将受热的废水经过冷却降温或简单处理后，再进行使用，此种系统称为循环给水系统。循序给水系统是根据各生产车间水质和水温的要求高低进行顺序供水的方式，即先供给水质要求高、低水温的车间或生产设备，使用后水质稍受污染，但仍能够满足其他车间或生产设备的用水水质及水温的要求，而再次进入车间水系统使用。

2. 室外给水系统的组成

1）水源

给水系统按水源的不同可分为地表水源给水系统和地下水源给水系统。

（1）地表水源给水系统。

地表水源给水系统是指以地表水（江、河、湖泊、水库等）为水源的给水系统。其特点为径流量较大、汛期浑浊度较高、水温变幅大、有机污染物和细菌含量高、容易受到污染、具有明显的季节性、矿化度及硬度低。地表水源给水系统由取水头、一级泵站、沉淀池、过滤设备、消毒设备、清水池、二级泵站、输水管道、水塔和城市配水管网组成,如图 4-3 所示。

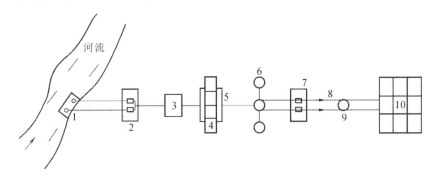

图 4-3　地表水源给水系统

1—取水头;2——级泵站;3—沉淀池;4—过滤设备;5—消毒设备;6—清水池;

7—二级泵站;8—输水管道;9—水塔;10—城市配水管网

（2）地下水源给水系统。

地下水源给水系统是指以地下水为水源的给水系统。其特点为水质清澈、水温稳定、分布面广、矿化度及硬度高、径流量小。地下水源给水系统由集水井、一级泵站、清水池、二级泵站、输水管道、水塔和城市配水管网组成,如图 4-4 所示。

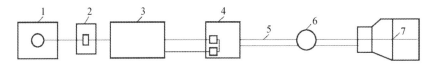

图 4-4　地下水源给水系统

1—集水井;2——级泵站;3—清水池;4—二级泵站;5—输水管道;6—水塔;7—城市配水管网

2）取水工程

取水工程的主要任务是保证给水系统取得足够的水量并符合我国用水水源的水质标准。取水工程包括选择水源和取水地点,修建取水构筑物和一级泵站。取水构筑物是指从天然水源取水而建造的构筑物,取水构筑物按构造及使用形式,可分为固定式及活动式两种。地表水的取水构筑物一般建于水源岸边。

3）净水构筑物

净水构筑物是指为净化原水而建造的构筑物和设备。其主要包括沉淀池、过滤设备、消毒设备和清水池,主要任务是将天然水(原水)进行一系列处理,使其达到符合国家生活饮用水卫生标准或生产工艺用水标准的要求。

4）输配水工程

输配水工程是将足够的水量输送和分配到各用水点,并保证足够的水压和良好的水质,其主要包括输水管道、二级泵站、配水管网、水塔或高位水箱等管网和设备,主要任务是将处理后的洁净水经过二级泵站加压输水管道和配水管网送至水塔供给用户使用。

5）配水管网布置与敷设

配水管网是指将输水管道送来的水分配给各用户的管道系统。配水管网布置应根据城市规划、用户分布以及用户对用水安全可靠性需求的程度来确定其布置形式。配水管网的布置形式一般可分为树枝状管网、环状管网和综合管网三种。

（1）树枝状管网：供水管线向供水区延伸，管线的管径随用水量的减少而逐渐缩小。树枝状管网管线长度较短、结构简单、供水直接、投资省，但供水安全可靠性较差。树枝状管网一般用于小城镇、工业区和车间给水管道布置。

（2）环状管网：指城镇配水管网通过阀门将管路连接成环状供给用户使用。环状管网管线阀门用量大、造价高，但断水影响范围小，供水较安全可靠。环状管网常用于较大城市的供水管网中或用于不能停水的工业区。

（3）综合管网：是指在城市中心区域用水量大的地区设置环状管网，而在边远地区、供水可靠性要求不高的地区设置树枝状管网的一种综合分布形式。综合管网常用于大、中型城市的供水管网中，供水安全可靠，管线布置科学合理。

6）管网附属设备

基于养护工作的需要，在管网适当位置上设置阀门、排气阀及泄水阀等。由于附属设备的造价一般较高，在便于管网使用和管网维修的情况下应尽量少采用。

四、室外排水系统

在人类的生活和生产中，水在使用的过程中均会受到不同程度的污染，因而其原有的化学成分和物理性质被改变，这样的水成为污水或者废水。污水也包括雨水及冰雪融化水。室外排水工程就是在现代化的城市及工业企业中用以收集、输送、处理和利用污水的一整套市政建设设施。排水管网的任务是收集和输送城镇生活污水、工业废水和大气降水，以保障城镇的正常生产与生活活动。

1. 室外排水系统的组成

城市排水系统是由城市污水排水系统、雨雪水排水系统以及工业废水排水系统组成。

1）污水排水系统

污水排水系统是由城市污水管道、城市污水检查井、小区室外污水排水管道、小区污水泵站及压力管道、小区污水检查井及碰头井、建筑化粪池、城市污水处理厂和污水出水口等组成的。

2）雨雪水排水系统

雨雪水排水系统是由城市雨水排水管道、城市雨水检查井、小区雨水排水管道、小区雨水检查井、雨水口、雨水沉淀池、雨水过滤设备、中水贮水池、中水管道等组成的。

3）工业废水排水系统

工业废水排水系统是由厂区废水排水管道、厂区废水检查井、厂区废水泵站及压力管道、厂区废水处理站、废水出水口和厂区废水处理后循环管道等组成的。

2. 室外排水系统的形式

室外排水系统主要有合流制和分流制两种排水形式。新建住宅小区建议采用生活污水与雨水分流的排水系统。采用合流制排水的小区和城市排水系统应逐步进行管网改造，早日实现分质分流排水，以利于后期的污水处理。

1）合流制

合流制排水系统是将生活污水、工业废水和雨水用同一个管渠排出的系统。合流制排

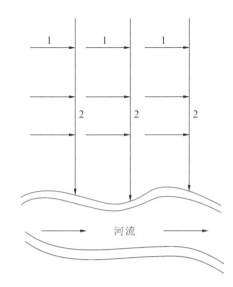

图 4-5   直排式合流制排水系统

1—合流支管；2—合流干管

水系统一般包括三种形式：直排式合流制、截流式合流制和完全合流制。最早出现的合流制排水系统是将排出的混合污水不经处理直接就近排入水体，这种排放方式为直排式合流制，如图 4-5 所示。由于污水未经无害化处理直接排入水体，受纳水体受到严重污染。现在一般可采取在临河岸边设置溢流井，在晴天和初降雨时，所有污水不从溢流井溢出，全部由截流干管截流至污水处理厂，随着降雨历时的增加，雨水径流增加，当污水的流量超过截流干管的输水能力后，则有一部分污水经溢流井溢出，排入水体。这种污水排放方式称为截流式合流制，如图 4-6 所示。针对截流式合流制排水系统对水体还存在着污染、对污水处理厂处理能力有冲击的问题，也可建设蓄水贮存池，将雨天溢流入河道的雨、污混合水，用蓄水池暂时存起来，待到晴天时再送到污水处理厂进行无害化处理，这样既能保证污水处理厂的处理负荷，又能保障污水不直接排入水体，此种方法称为完全合流制。但这种办法需要建设较大的蓄水池，增加了管网的造价。

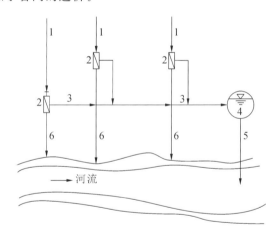

图 4-6   截流式合流制排水系统

1—合流干管；2—溢流井；3—截流干管；4—污水处理厂；5—排水口；6—溢流干管

2）分流制

分流制排水系统是将生活污水、工业废水和雨水分别采用各自独立的分质排水管网的系统。其中，用以排出生活污水、工业废水的系统称为污水排水系统，用以排出雨水的系统称为雨水排水系统。因此，分流制排水系统根据排出雨水方式的不同，可分为完全分流制和不完全分流制，如图 4-7 所示。具有完整的污水排水系统和雨水排水系统是完全分流制排水系统。不完全分流制排水系统只有污水排水系统而未建雨水排水系统，城市发展初期多采用不完全分流制排水系统。雨水的排出可沿天然地面、街道边沟、沟渠等排出。随着城市化步伐的加快，经济的不断发展，将逐步改造不完全分流制系统，使其向完全分流制系统转变。

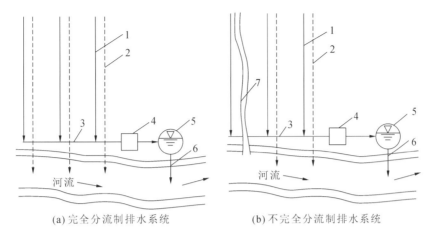

(a) 完全分流制排水系统　　　　(b) 不完全分流制排水系统

图 4-7　分流制排水系统

1－污水干管；2－雨水干管；3－污水主干管；4－排水总泵站；5－污水处理厂；6－处理水排放口；7－渠道

3. 排水管网系统的布置形式

排水系统在平面上的布置，应综合考虑城市、居住区和工业企业的地形、地貌，污水处理厂的位置，河流情况，以及污水的种类、污染程度等因素，因地制宜地进行。排水干管的布置形式可采用两种基本布置形式，即正交式和平行式。

1）正交式

正交式指排水干管与地形等高线垂直相交，而主干管与等高线平行敷设。正交式适用于地形平坦，略向一边倾斜的城市。其优点是可使排水长度较短，最大地利用地形坡度，管径小。这种形式在原来的合流管道中多有应用，但因为直接排入河流，存在污染环境的问题，因此，现阶段在雨水排水管道布置中广泛应用，污水中一般不允许采用此种方式。

2）平行式

平行式指当地形坡度较大时，为不使管内流速较大，常将排水干管的走向布置为与等高线基本平行，而主干管则与等高线基本垂直的布置形式。平行式布置适应于城市地形坡度很大时，可以减小管道的埋深，避免设置过多的跌水井，以改善干管的水力条件。

在进行城市污水管道的规划设计时，先要在城市总平面图上进行管道系统平面布置，也称定线。主要内容有确定排水区界，划分排水流域，选择污水处理厂和出水口的位置等。平面布置的正确合理，可为设计阶段奠定良好基础，并节省整个排水系统的投资。

污水管道平面布置，一般按先确定主干管、再定干管、最后定支管的顺序进行。排水管道在敷设时，应尽量在满足管距短、埋深浅的条件下，使最大区域的污水按照重力流排放；管道应尽可能以平行地面的自然坡度埋设，以减小管道埋深；地形平坦处的小流量管道应以最短路线与干管相接；当管道埋深达到最大允许值时，如再继续挖深则增加施工的难度且不经济，应考虑设置污水泵站中途提升，同时应力求减少泵站的数量。

4. 城市雨水排水管线的布置

雨水管道系统包括雨水口、雨水管线、检查井、出水口等构筑物。其中雨水口是收集地面径流的构筑物，雨水径流通过雨水箅子进入井室，井室内有一连接管将雨水汇入雨水管道。

1）雨水口的布置

合理布置雨水口，以保证路面雨水排出通畅。雨水口的布置应根据地形及汇水面积确定，一般在道路交叉口的汇水点、低洼地段等均应设置雨水口。雨水口设在汇水面的低洼处，顶面标高应低于地面 10～20 mm。雨水口担负的汇水面积不应超过其集水能力，且最大间距不宜超过 40 m。雨水收集宜采用具有拦污截污功能的成品雨水口。

2）雨水管线的布置

雨水支管应布置在地势低的一侧，且应与道路平行，宜设在道路边的绿地或人行道下，不宜设在快车道下，应防止雨水漫至人行道，妨碍交通；雨水干管的布置，避免与其他管线发生过多交叉，可以暗沟浅埋；雨水管线尽量以重力流最短距离布设，但当管道遇水源地或第二防护带时，雨水管应绕道排至水源地下游；雨水管网力求正交式布置，使雨水管渠尽量以最短的距离重力流排入附近的池塘、河流、湖泊等水体中，即分散式多出口的方式。

3）海绵城市系统

海绵城市，是新一代城市雨洪管理概念，也可称为"水弹性城市"，国际通用术语为"低影响开发雨水系统构建"。我国《海绵城市建设技术指南——低影响开发雨水系统构建（试行）》中对海绵城市的概念进行了明确定义：海绵城市是指城市能够像海绵一样，在适应环境变化和应对自然灾害等方面具有良好的"弹性"，下雨时吸水、蓄水、渗水、净水，需要时将蓄存的水"释放"并加以利用。海绵城市资源综合利用示意图如图 4-8 所示。

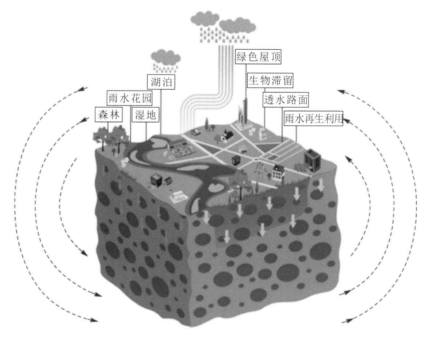

图 4-8　海绵城市资源综合利用示意图

我国海绵城市建设取得了巨大成效，在改善城市洪水现象的同时，改善了城市居住环境。"十三五"期间，全国海绵城市建设取得了巨大成效，在改善城市内涝现象的同时提升了城市的人居环境。

随着时代的发展，水资源越来越匮乏，雨水回收利用成为一种既经济又实用的水资源开发方式。雨水收集流程如图 4-9 所示。下雨时集水、蓄水、渗水、净水，需要时将蓄存的水

"释放"并加以利用。

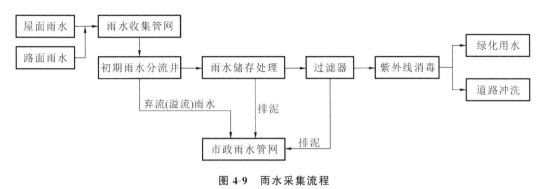

图 4-9　雨水采集流程

　　"蓄"即把雨水留下来,尊重自然的地形地貌,使降雨得到自然散落。如果不合理的人工建设破坏了自然地形地貌,使得短时间内雨水汇集过于集中,就形成了内涝,所以要把降雨蓄起来,以达到调蓄和错峰的目的。目前地下蓄水样式多样,常用的形式有两种:蓄水模块和地下蓄水池。"滞"的主要作用是延缓短时间内形成的雨水径流量。例如,通过微地形调节,让雨水慢慢地汇集到指定地点,用时间换空间。"净"是指通过土壤、植被、绿地系统等的渗透,对水质进行净化。因此,雨水蓄留后,经过净化处理,可以回用到城市中。"排"是指通过排水防涝设施与天然水系河道相结合,地面排水与地下雨水管渠相结合的方式来实现一般排放和超标雨水排放,避免内涝等灾害。有些城市因为降雨过多导致内涝,这就必须采取人工措施,把雨水排掉。

任务2　室外给水排水工程图识图

　　室外给水排水工程图主要有平面图、断面图和节点图三种图样。

一、室外给水排水平面图

　　室外给水排水平面图表示室外给水排水管道的平面布置情况。某室外给水排水平面图如图 4-10 所示,图中表示了给水管道、污水排水管道和雨水排水管道三种管道的布置情况。

　　图中标示了三种管道:一是给水管道,二是污水排水管道,三是雨水排水管道。下面分别对以上 3 种管道进行识读。

1. 给水管道的识读

　　从图 4-10 上可以看出,给水管道设有 6 个节点、6 条管道。6 个节点中,J_1 为水表井,J_2 为消火栓井,$J_3 \sim J_6$ 为阀门井。6 条管道中,第 1 条是干管,由 J_1 向西至 J_6 止,管径由 $DN100$ 变为 $DN75$;其余 5 条为支管,其中 J_2 向北至 XH 止,管径为 $DN100$;其余管径为 $DN50$。

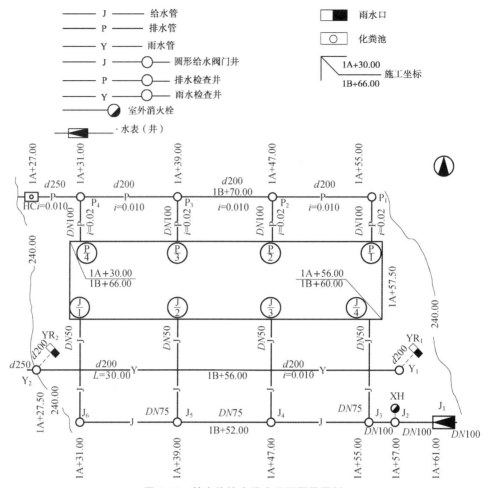

图 4-10　某室外给水排水平面图及图例

2. 污水排水管道的识读

从图 4-10 上可以看出,污水排水管道设有 4 个污水检查井、1 个化粪池、4 条排出管、1 条排水干管。4 个污水检查井,由东向西分别是 P_1,P_2,P_3,P_4;化粪池为 HC。4 条排出管由东向西分别布置,管径均为 $DN100$,$L=4.00$ m,$i=0.02$。

3. 雨水管道的识读

从图 4-10 可以看出,雨水管道设有两个雨水口、两个雨水检查井、两条雨水支管和一条雨水干管。两个雨水口是 YR_1 和 YR_2;两个雨水检查井是 Y_1 和 Y_2。两条雨水支管中,雨水支管 1:由 YR_1 向西南 45°方向至 Y_1 止,管径为 $d200$;雨水支管 2:由 YR_2 向西南 45°方向至 Y_2 止,管径为 $d200$。雨水干管:由 Y_1 向西至 Y_2,管径为 $d200$,$L=30.00$ m,$i=0.010$。

二、室外给水排水管道断面图

室外给水排水管道断面图分为给水排水管道纵断面图和给水排水管道横断面图两种,其中,常用给水排水管道纵断面图。室外给水排水管道纵断面图是室外给水排水工程图中的重要图样,它主要反映了室外给水排水平面图中某条管道在沿线方向的标高变化、地面起伏、坡度、坡向、管径和管基等情况。在进行管道纵断面图的识读时,应首先看是哪种管道的纵断面图,然后看该管道纵断面图中有哪些节点;在相应的室外给水排水平面图中查找该管道及其相应的各节点;在该管道纵断面图的数据表格内查找其管道纵断面图中各节点的有关数据。图 4-11、图 4-12、图 4-13 是某室外给水排水平面图 4-10 的给水、污水排水和雨水管道的纵断面图。

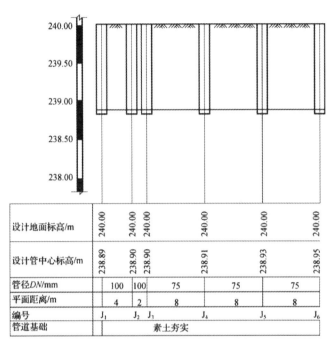

设计地面标高/m	240.00	240.00	240.00	240.00	240.00	240.00
设计管中心标高/m	238.89	238.90	238.90	238.91	238.93	238.95
管径DN/mm		100	100	75	75	75
平面距离/m		4	2	8	8	8
编号	J₁	J₂	J₃	J₄	J₅	J₆
管道基础	素土夯实					

图 4-11 给水管道纵断面图

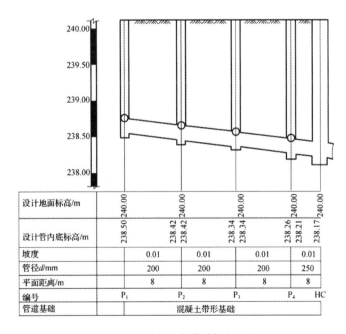

设计地面标高/m	240.00	240.00	240.00	240.00	240.00
设计管内底标高/m	238.50	238.42	238.42	238.34	238.34	238.26	238.21	238.17
坡度		0.01	0.01	0.01	0.01
管径d/mm		200	200	200	250
平面距离/m		8	8	8	8
编号	P₁	P₂	P₃	P₄	HC
管道基础	混凝土带形基础				

图 4-12 污水排水管道纵断面图

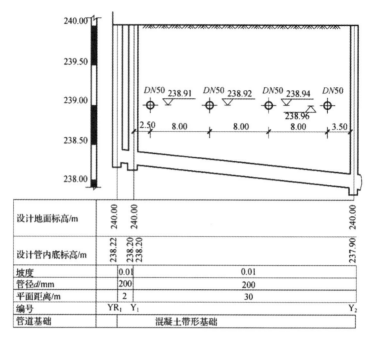

图 4-13 雨水管道纵断面图

1. 室外给水管道纵断面图的识读

图 4-11 是图 4-10 中给水管道的纵断面图。该图标示节点 J_1 至节点 J_6 的纵断面,共 6 个节点,其中节点 J_1 的设计地面标高为 240.00 m,设计管中心标高为 238.89 m,管径为 $DN100$;节点 J_6 的设计地面标高为 240.00 m,设计管中心标高为 238.95 m,管径为 $DN75$。其余各节点及其有关数据如图 4-11 中的数据表格所示。

2. 室外污水排水管道纵断面图的识读

图 4-12 是图 4-10 中污水排水管道的纵断面图。该图标示点 P_1 至节点 HC 共 5 个节点,其中节点 P_1 的设计地面标高为 240.00 m,设计管内底标高为 238.50 m,管径为 $d200$;节点 HC 的设计地面标高为 240.00 m,设计管内底标高(左侧)为 238.17 m,管径为 $d250$。其余各节点及其有关数据如图 4-12 中的数据表格所示。

3. 室外雨水管道纵断面图的识读

图 4-13 是图 4-10 中雨水管道的纵断面图。该图标示节点 YR_1 至节点 Y_2 共 3 个节点,其中节点 YR_1 的设计地面标高为 240.00 m,设计管内底标高为 238.22 m,管径为 $d200$;节点 Y_1 的设计地面标高为 240.00 m,设计管内底标高为 238.20 m,管径为 $d200$;节点 Y_2 的设计地面标高为 240.00 m,设计管内底标高(左侧)为 237.90 m,管径为 $d200$(左侧)。其余有关数据如图 4-13 中的数据表格所示。另外,在节点 Y_1 至 Y_2 之间雨水管道的上面有 4 个管径均为 $DN50$ 的给水引入管的断口,每个给水引入管断口的管中心标高,从左至右依次为 238.91,238.92,238.94,238.96 m。

三、室外给水排水节点图

由于在室外给水排水平面图中,对检查井、消火栓井和阀门井以及其内的附件、管件等均不作详细表示,因此,应绘制相应的节点图,以反映本节点的详细情况。

室外给水排水节点图分为给水管道节点图、污水排水管道节点图和雨水管道节点图三种图样。通常需要绘制给水管道节点图,而当污水排水管道、雨水管道的节点比较简单时,可不绘制其节点图。在进行室外给水管道节点图识读时,可以将室外给水管道节点图与室外给水排水平面图中相应的给水管道图对照着看,或由第一个节点开始,顺次看至最后一个节点。

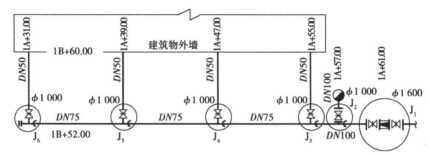

图 4-14　给水管道节点图

图 4-14 是图 4-10 中给水管道的节点图。该图标示节点 J_1 至节点 J_6 共 6 个节点,其中节点 J_1 为城市给水管道的水表井,井内设有 $DN100$ 的法兰式水表一块,$DN100$ 的法兰式闸阀两个。节点 J_2 是室外消火栓的阀门井,井内设有 $DN100$ 的法兰式闸阀一个和 $DN100 \times 100 \times 100$ 的单盘给水铸铁三通一个;井外设有 $DN100$ 的地上消火栓一个。节点 J_3,J_4,J_5 为阀门井,井内设有 $DN80 \times 80 \times 50$ 的钢三通一个和 $DN50$ 的内螺纹式闸阀一个。节点 J_6 为阀门井,井内设有 $DN80 \times 80 \times 50$ 的钢三通一个、钢盲板(堵板)一片和 $DN50$ 的内螺纹式闸阀一个。

基础知识测评题

一、给水系统的组成及各工程设施的作用是什么?

二、室外排水系统有哪几种形式? 由哪几部分组成?

三、简述室外给水、排水系统的安装工艺。

四、管网布置有哪两种基本形式? 各适用于何种情况及其优缺点?

五、给水管网布置应满足哪些基本要求？

六、图 4-15 中有哪几种管道？圆形给水阀门井有几个？圆形污水检查井有几个？从 J_3 至 J_6 的水平距离是多少米？

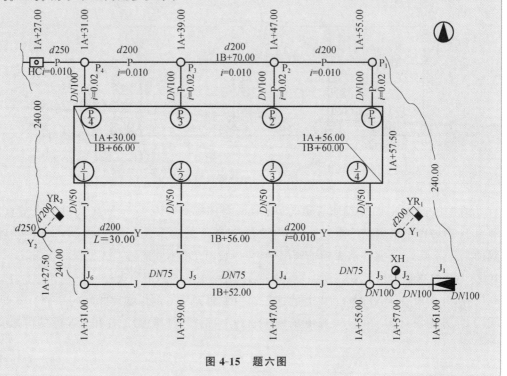

图 4-15　题六图

扫一扫看答案

项目 5 建筑给水系统

任务 1　建筑给水系统的分类及组成

一、建筑室内给水系统的分类

建筑室内给水系统按照供水对象的不同可划分为生产给水系统、消防给水系统、生活给水系统三类。

（1）生产给水系统。生产给水系统主要是解决生产车间内部的用水,对象范围比较广,如设备的冷却、产品及包装器皿的洗涤或产品本身所需的用水。

（2）消防给水系统。消防给水系统是指城镇的民用建筑、厂房及用水进行灭火的仓库,按国家对有关建筑物的防火规定所设置的给水系统,它主要提供扑救火灾用水。

（3）生活给水系统。生活给水系统是供给人们日常生活用,如饮用、烹饪、盥洗、淋浴等的给水系统,水质必须严格符合 2023 年 4 月 1 日实施的《生活饮用水卫生标准》(GB 5749—2022)。而其他如清洁卫生洗涤、冲洗卫生器具的生活用水,可以用非饮用水卫生标准的水,但为节省投资、便于管理,通常也将符合饮用水卫生标准的水用于洗涤或冲洗卫生器具。

实际上,并不是每幢建筑物都必须设置三种独立的给水系统,可以按水质、水压、水量的要求,结合建筑外部给水系统情况并考虑技术、经济和安全条件,可以相互组成不同的共用给水系统,如组成"生活—消防"给水系统或"生产—消防"给水系统及"生活—生产—消防"给水系统。只有大型的建筑或重要物资仓库才需要单独的消防给水系统。

二、建筑室内给水系统的组成

室内给水系统是将城镇给水管网的水引入室内,经配水管送至生活、生产和消防用水设备,并满足各用水点对水量、水压和水质要求的冷水供应系统,如图 5-1 所示。

（1）引入管。对一幢单独的建筑物而言,引入管是穿过建筑物承重墙或基础,将水自室

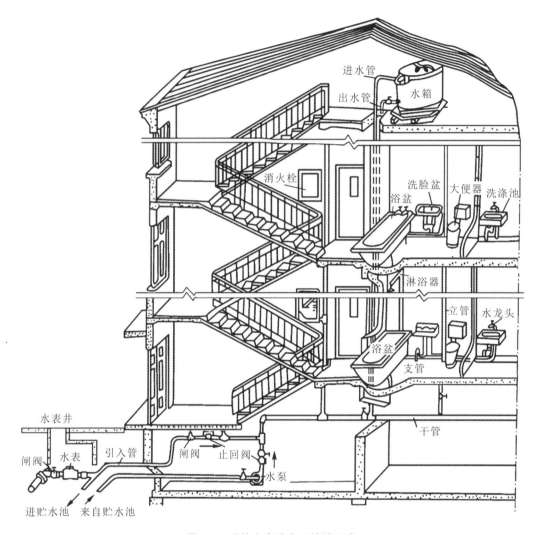

图 5-1 建筑室内给水系统的组成

外给水管引入室内给水管网的管段总进水管,也称进户管。

(2)水表节点。水表节点是引入管上装设的水表及其前后设置的阀门、泄水装置的总称。阀门用于修理和拆换水表时关闭管网;泄水装置主要用于系统检修时放空管网中的水、检测水表精度及测定进户点压力值。为了使水流平稳地流经水表,确保其计量准确,在水表前后应有符合产品标准规定的直线管段。

水表节点一般设在水表井中,如图 5-2 所示。温暖地区的水表井一般设在室外;在寒冷地区,为避免水表被冻裂,可将水表设在供暖房间内。在建筑内部的给水系统中,除了在引入管上安装水表外,住宅建筑每户的进户管上均应安装分户水表。

(3)给水管道。给水管道包括水干管、立管、横管和支管等,将水输送到各个供水区域和用水点。

(4)给水附件。给水附件是指在管道系统中用于调节水量、水压,控制水流方向,以及切断水流,便于检修管道、仪表和设备的各类阀门,如截止阀、闸阀及各式配水龙头等。

(5)加压和储水设备。室外给水管网水量、压力不足或室内对安全供水、水压稳定性有要求时,需在给水系统中设置水泵、气压给水设备和水池、水箱等各种加压储水设备。

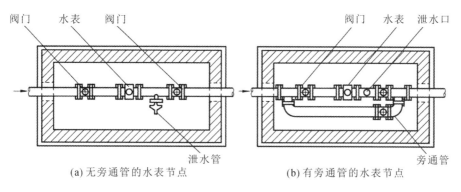

(a) 无旁通管的水表节点　　　　　(b) 有旁通管的水表节点

图 5-2　水表节点

任务 2　建筑室内给水系统的给水方式

给水方式即指室内内部给水系统的供水方案。合理的供水方案应综合工程涉及的各项因素采用综合评判法确定,技术因素包括供水可靠性、水质对城市给水系统的影响、节水节能效果、操作管理、自动化程度等;经济因素包括基建投资、年度经常费用、现值等;社会和环境因素包括对室内立面和城市观瞻的影响、对结构和基础的影响、占地面积、对环境的影响、建设难度和建设周期、抗寒防冻性能、分期建设的灵活性、对使用带来的影响等。

在初步确定给水方式时,对层高不超过 3.5 m 的民用建筑,室内给水系统所需的压力 P(自室外地面算起),可用以下经验法估算:1 层($n=1$)为 100 kPa;2 层($n=2$)为 120 kPa;3 层($n=3$)及以上每增加 1 层,增加 40 kPa,即 $P=120+40\times(n-2)$ kPa,其中 $n>2$。

1. 直接给水方式

一般市政(室外)给水管网的压力为 0.4 MPa,其一天中的任何时刻水量、水压均能满足建筑供水要求。直接把室外管网的水引到建筑内各用水点,称为直接给水方式,如图 5-3 所示,主要特点:简单,经济,无能耗,易管理,但水量、水压受室外给水管网的影响较大,室内各用水点的压力受室外水压波动的影响。

2. 设水箱的给水方式

当室外给水管网水压在用水高峰期不足或者室内供水要求水压稳定,且建筑具备设置高位水箱的条件时,采用单设水箱的给水方式。如图 5-4(a)所示,用水低峰时,可利用室外给水管网水压直接供水并向水箱进水,使水箱贮备水量;用水高峰时,室外管网水压不足,则由水箱向室内给水系统供水,从而达到系统各供水点压力稳定的目的。

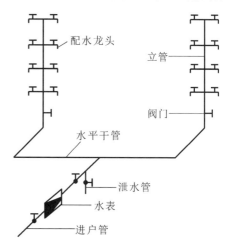

图 5-3　直接给水方式

当室外给水管网水压偏高或不稳定时,为保证室内给水系统的良好工况或满足稳压供水的要求,也可采用设水箱的给水方式。如图 5-4(b)所示为室外管网直接给水方式,即管网直接将水输入水箱,由水箱向室内给水系统供水。缺点:设置了高位水箱不利于抗震,还给建筑物的立面处理带来困难。

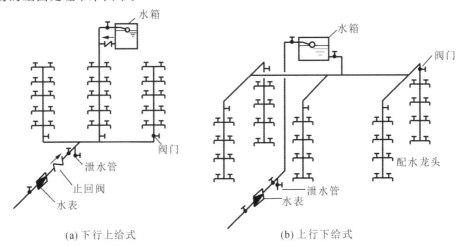

(a) 下行上给式　　　　　　　　(b) 上行下给式

图 5-4　设水箱的给水方式

3. 设水泵的给水方式

设水泵的给水方式宜在室外给水管网的水压经常不足时采用。当室内用水量大且较均匀时,可用恒速水泵供水;当室内用水不均匀时,宜采用一台或多台水泵变速运行供水,以提高水泵的工作效率。为充分利用室外管网压力,节省电能,当水泵与室外管网直接连接时,应设旁通管,如图 5-5(a)所示。当室外管网压力足够大时,可自动开启旁通管的止回阀直接向室内供水。

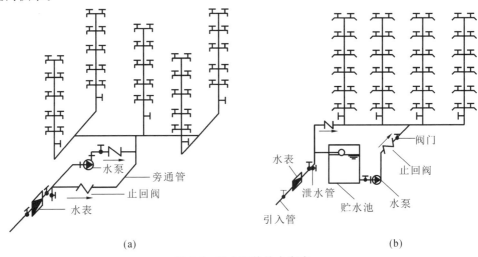

(a)　　　　　　　　　　　　(b)

图 5-5　设水泵的给水方式

水泵直接从室外管网抽水,会使外网压力降低,影响附近用户用水,严重时还可能造成外网负压,在管道接口不严密时,其周围土壤中的渗漏水会吸入管网,污染水质。当采用水泵直接从室外管网抽水时,必须征得供水部门的同意,并在管道连接处采取必要的防护措施,以免污染水质。为避免上述问题,可在系统中增设贮水池,采用水泵与室外管网间接连接的方式,如图 5-5(b)所示。

4. 设水泵和水箱联合给水方式

当建筑用水的可靠性要求高,室外管网的水量足、水压经常不足、室内用水不均匀,且室外管网允许直接抽水时,采用设水泵和水箱的联合给水方式。如图 5-6 所示,该给水方式的优点是水泵能及时向水箱供水,可缩小水箱的容积,又因有水箱的调节作用,水泵出水量稳定,能保持在高效区运行。

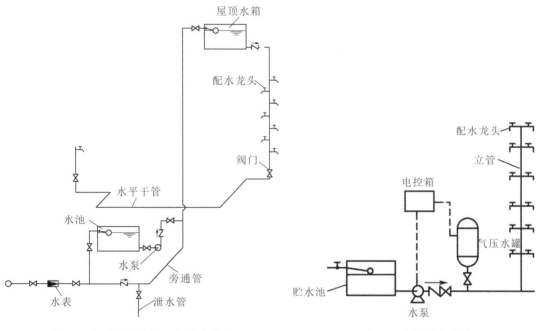

图 5-6 设水泵和水箱联合给水方式   图 5-7 气压给水方式

5. 气压给水方式

当建筑室外管网压力经常不稳,且不宜设置高位水箱稳压时,采用设气压给水装置的给水方式。气压水罐的作用相当于高位水箱,但其位置可根据需要设置在高处或低处。该给水方式宜在室外给水管网压力低于或经常不能满足室内给水管网所需水压,室内用水不均匀,且不宜设置高位水箱时采用,如图 5-7 所示。

6. 分区给水方式

当室外给水管网的压力只能满足室内下层供水要求时,可采用分区给水方式,如图 5-8 所示。室外给水管网水压线以下楼层为低区,由外网直接供水;水压线以上楼层为高区,由升压贮水设备供水。可将两区的一根或几根立管相连,在分区处设阀门,以备低区进水管发生故障或外网压力不足时,打开阀门由高区水箱向低区供水。

高层建筑竖向分区给水方式可分为串联分区给水方式、并联分区给水方式和减压分区给水方式。

1)串联分区给水方式

串联分区给水方式如图 5-9(a)所示,分区设置高位水箱,水泵分散设置在各区的楼层之

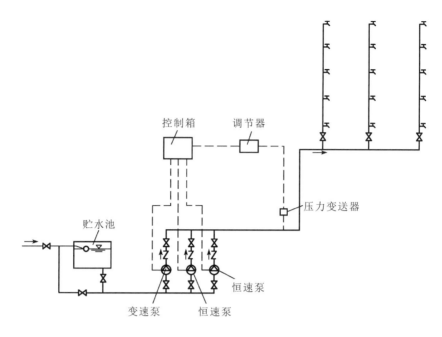

图 5-8　分区给水方式

中,下一区的高位水箱兼作上一区的贮水池。低区水泵由水池吸水,压送到低区的高位水箱,向低区供水;高区水泵由低区的高位水箱吸水,压送到高区的高位水箱,向高区供水。各区水泵的扬程和流量按本区需要设计,不需要高压泵和高压管道,使用效率高,能源消耗较小,且水泵压力均衡,扬程较小,水锤影响小,设备和管道较简单,投资较省。但水泵和水箱占用楼层的使用面积,有振动和噪声干扰;若低区发生事故,则高区供水将会中断;水泵分散布置会给维护管理带来不便。这种方式在分区较多的高层建筑中普遍使用。

2)并联分区给水方式

并联分区给水方式如图 5-9(b)所示,各分区独立设置水箱和水泵,水泵集中布置在建筑底部,各区水泵独立向各区的水箱供水,互不干扰,供水安全可靠,水泵效率高,能源消耗较小。水箱分散设置,各区水箱容积小,有利于结构设计。由于高区设置独立管道,需要高压水泵和管道,设备费用增加,水箱容积虽然减小,但仍占用楼层的使用面积。这种给水方式在分区较少的高层建筑中应用广泛。

3)减压分区给水方式

建筑物的用水由设置在底层的水泵一次提升至屋顶总水箱,再由此水箱依次向下区减压供水,分为减压水箱给水方式和减压阀给水方式。

减压水箱给水方式是在每个分区设置高位水箱,由屋顶水箱分送至各分区水箱,由各分区水箱供水,分区水箱起到减压作用,如图 5-9(c)所示。减压水箱给水方式所需水泵台数少,管道简单,投资较省,设备布置集中,维护管理简单。但下区供水受上区供水限制,供水可靠性不如并联分区给水方式。屋顶水箱容积大,对建筑的结构和抗震不利。当建筑物高度大、分区较多时,下区减压水箱中浮球阀承压过大,易造成关闭不严的现象;上区某些管道部位发生故障时,将影响下区的供水。这种给水方式一般用于高度不太高、分区较少、地下室泵房面积较小、当地电费较便宜的高层建筑。

减压阀给水方式是利用减压阀替代减压水箱,节省楼层建筑的使用面积,缺点是水泵运行费用较高,如图 5-9(d)所示。这种给水方式一般用于分区较少、水压要求不太高的高层建筑。

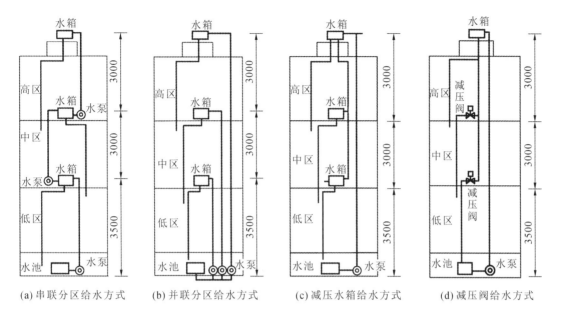

(a)串联分区给水方式   (b)并联分区给水方式   (c)减压水箱给水方式   (d)减压阀给水方式

图 5-9　分区给水方式

7. 分质给水方式

根据不同用途所需的不同水质分别设置独立的给水系统,这种给水方式称为分质给水方式,如图 5-10 所示。饮用水给水系统供给饮用、烹饪、盥洗等生活用水,水质符合《生活饮用水卫生标准》(GB 5749—2022);杂用水给水系统水质较差,仅符合《城市污水再生利用 城市杂用水水质》(GB/T 18920—2020),只能用于室内冲洗便器、绿化、洗车等用水。

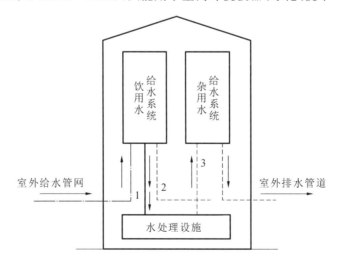

图 5-10　分质给水方式

1—生活废水;2—生活污水;3—杂用水

任务 3 建筑给水管材、管道及附件

一、常用管材规格的表示

1. 公称直径

管道工程中，管子、管件、管路附件种类繁多，为使管道系统元件具有通用性和互换性，必须对管子、管件和管路附件实行标准化，而公称直径就是各种管道元件的通用口径，又称公称通径或公称尺寸。对于阀门等管子附件和内螺纹管子配件，公称直径等于其内径，对于有缝钢管，公称直径既不是管子内径，也不是管子外径，只是管子的名义直径。公称直径相同的管子外径相同，但因工作压力不同而选用不同的壁厚，所以其内径可能不同。公称直径用符号 DN 表示，如 $DN100$ 表示公称直径为 100 mm。

建筑给排水系统按用途分为给水管材和排水管材；按材质分为金属管材和非金属管材。管材管径规格表示方法有以下几种：

(1) 无缝钢管除采用公称直径表述外，通常用"外径 $D \times$ 壁厚 δ"表示，如 $D133 \times 4$ 或 $\phi133 \times 4$，即表示该管外径为 133 mm、壁厚为 4 mm。

(2) 镀锌钢管、铸铁管及其管件的规格通常用符号 DN 表示其公称直径。公称直径是一种标准化直径，又叫名义直径，它既不是内径，也不是外径，如，$DN15$、$DN25$ 等。

(3) 钢筋混凝土（或混凝土）管的管径宜以内径 d 表示。

(4) 各种新型复合管材及其塑料管（PVC 管、UPVC 管、PP-R 管、PE 管）通常用符号 dn 表示公称外径。

2. 公称压力、试验压力、工作压力

1) 公称压力

管内介质温度为 20 ℃时，管子或附件所能承受的以耐压强度（MPa）表示的压力称为公称压力，用 PN 表示。管道的压力等级划分为低压（$0 < P \leqslant 1.6$ MPa）、中压（1.6 MPa $< P \leqslant 10$ MPa）和高压（10 MPa $< P \leqslant 42$ MPa）。蒸汽管道 $P \geqslant 9$ MPa 且工作温度大于或等于 500 ℃时为高压。

2) 工作压力

工作压力是指管子及附件在介质最高温度时的允许压力，用 P 及允许最高温度除以 10 的数值表示。如介质最高温度为 250 ℃时的工作压力，符号以 P_{25} 表示。工作压力主要用于限制输送介质的最高温度。

3) 试验压力

试验压力是指试验时管子及附件必须能够经受的最小压力，用 P_s 表示。P_s 是根据不同介质按规范规定的数值，一般 $P_s = (1.25 \sim 2)PN$。

综上所述，公称压力是管子及附件在标准状态下的强度标准，在管道选材时可作为比较依据，在一般情况下，可根据系统输送介质的参数按公称压力直接选择管道及附件，无须再

进行强度计算。当介质工作温度超过 200 ℃时，管子及附件的选择应考虑因温度升高引起的强度降低，必须满足系统正常运行和试验压力的要求。试验压力、工作压力之间的关系见表 5-1。

表 5-1　碳素钢管和附件公称压力、试验压力与工作压力

公称压力 $PN/$ MPa	试验压力 $P_s/$ MPa	介质工作温度/℃						
		200	250	300	350	400	425	450
		最大工作压力 $P/$MPa						
		P_{20}	P_{25}	P_{30}	P_{35}	P_{40}	P_{42}	P_{45}
0.1	0.2	0.1	0.1	0.10	0.07	0.06	0.06	0.05
0.25	0.4	0.25	0.23	0.20	0.18	0.14	0.14	0.11
0.4	0.6	0.4	0.37	0.33	0.29	0.26	0.23	0.18
0.6	0.9	0.6	0.55	0.50	0.44	0.38	0.35	0.27
1.0	1.5	1.0	0.92	0.82	0.73	0.64	0.58	0.45
1.6	2.4	1.6	1.50	1.30	1.20	1.00	0.90	0.70
2.5	3.8	2.5	2.30	2.00	1.80	1.60	1.40	1.10
4.0	6.0	4.0	3.70	3.30	3.00	2.80	2.30	1.80
6.4	9.6	6.4	5.90	5.20	4.30	4.10	3.70	2.90
10.0	15.0	10.0	9.20	8.20	7.30	6.40	5.80	4.50

注：表中略去了公称压力为 16、20、25、32、40、50 MPa 六个级别。

3. 管道标注

1）尺寸单位

管子公称直径一律以毫米为单位，标高、坐标以米为单位，小数点后取三位数，其余的尺寸一律以毫米为单位，只注数字，不注单位。

2）标注方法

管道标注方法见图 5-11 和图 5-12。

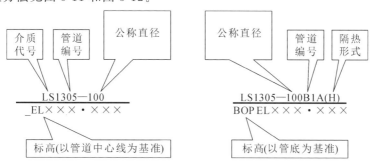

图 5-11　管道标高标注方法

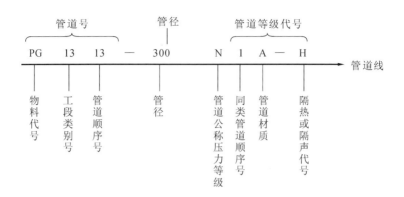

图 5-12　管道标注方法

4. 常用阀门标注

阀门型号通常由 7 个单元组成,分别表示阀门类型、驱动方式、连接形式、结构形式、阀座密封圈或衬里材料、公称压力及阀体材料,如图 5-13 所示。

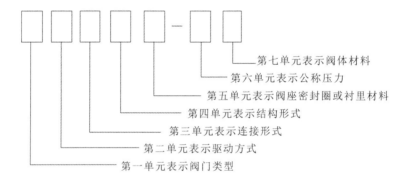

图 5-13　阀门型号表示方法

(1)第一单元"阀门类型"代号,用汉语拼音第一个字母表示,如表 5-2 所示。

表 5-2　第一单元"阀门类型"代号

阀门类型	闸阀	截止阀	节流阀	隔膜阀	球阀	旋塞	止回阀	蝶阀	疏水阀	安全阀	减压阀
代号	Z	J	L	G	Q	X	H	D	S	A	Y

(2)第二单元"驱动方式"代号,用阿拉伯数字表示,如表 5-3 所示。

表 5-3　第二单元"驱动方式"代号

驱动方式	蜗轮传动的机械驱动	正齿轮传动的机械驱动	伞齿轮传动的机械驱动	气动驱动	液压驱动	电磁驱动	电动机驱动
代号	3	4	5	6	7	8	9

(3)第三单元"连接形式"代号,用阿拉伯数字表示,见表 5-4 所示。

表 5-4 第三单元"连接形式"代号

连接形式	内螺纹	外螺纹	法兰	法兰	法兰	焊接
代号	1	2	3	4	5	6

注:① 法兰连接代号3仅用于双弹簧安全阀。
② 法兰连接代号5仅用于杠杆式安全阀。
③ 弹簧安全阀及其他类别阀门系法兰连接时,采用代号4。

（4）第四单元"结构形式"代号,用阿拉伯数字表示,常见阀门结构形式如表5-5所示。

表 5-5 第四单元"结构形式"代号

阀门类别	代号									
	1	2	3	4	5	6	7	8	9	0
闸阀	明杆楔式单闸板	明杆楔式双闸板	—	明杆平行式双闸板	暗杆楔式单闸板	暗杆楔式双闸板	—	暗杆平行式双闸板	—	—
截止阀、节流阀	直通式（铸造）	角式（铸造）	直通式（铸造）	角式（铸造）	直流式	—	—	无填料直通式	压力计用	—
隔膜阀	直通式	角式	—	—	直流式					
球阀	直通式（铸造）	—	直通式（铸造）							
旋塞	直通式	调节式	直通填料式	三通填料式	四通填料式	油封式	三通油封式	液面指示器用	—	
止回阀	直通升降式（铸造）	立式升降式	直通式（铸造）	单瓣旋启式	多瓣旋启式	—	—			
蝶阀	旋转偏心轴式	—	—	—	—	—	—	—	—	杠杆式
疏水器	—	—	—	—	钟形浮子式		—	脉冲式	热动力式	—
减压阀	外弹簧薄膜式	内弹簧薄膜式	膜片活塞式	波纹管式	杠杆弹簧式	气热薄膜式				
弹簧安全阀	封闭微启式	封闭全启式	封闭带扳手微启式	封闭带扳手全启式			带扳手微启式	带扳手全启式		带散热器全启式
杠杆式安全阀	单杠杆微启式	单杠杆全启式	双杠杆微启式	双杠杆全启式						

（5）第五单元"密封圈或衬里材料"代号,用汉语拼音第一个字母表示,如表5-6所示。

表 5-6　第五单元"密封圈或衬里材料"代号

密封圈或衬里材料	铜	耐酸钢或不锈钢	渗氮钢	巴氏合金	硬质合金	铝合金	橡胶	硬橡胶
代号	T	H	D	B	Y	L	X	J
密封圈或衬里材料	皮革	聚四氟乙烯	酚醛塑料	尼龙	塑料	衬胶	衬铅	搪瓷
代号	P	SA	SD	NS	S	CJ	CQ	TC

注：密封圈系由阀体上直接加工出来的，其代号为 W。

（6）第六单元为阀门的"公称压力"，用 PN 表示，单位是 MPa，用横线与前面分开。

（7）第七单元"阀体材料"代号，用汉语拼音第一个字母表示，如表 5-7 所示。

表 5-7　第七单元"阀体材料"代号

阀体材料	灰铸铁	可锻铸铁	球墨铸铁	硅铁	铜合金	铝合金
代号	Z	K	Q	G	T	B
阀体材料	碳钢	铬铝合金钢	铬镍钛钢	铬镍细钛钢	铬铝钒合金钢	铝合金
代号	C	I	P	R	V	L

注：对于 $PN \leqslant 1.6$ MPa 的灰铸铁阀门或 $PN \geqslant 2.5$ MPa 的碳钢阀门，则省略本单元。

5. 管道支架标注

水平向管道的支架标注定位尺寸，垂直向管道的支架标注支架顶面或支承面的标高。在管道布置图中每个管架应标注一个独立的管架编号。管架编号由 5 个部分组成，如图 5-14 所示。

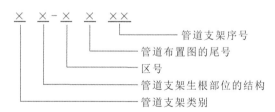

图 5-14　管道支架标注

（1）管道支架类别及代号，见表 5-8。

表 5-8　管道支架类别及代号

序号	管架类别	代号	序号	管架类别	代号
1	固定架	A	5	弹簧吊架	S
2	导向架	G	6	弹簧支座	P
3	滑动架	R	7	特殊架	E
4	吊架	H	8	轴向限位架	T

（2）管道支架生根部位的结构及代号，见表 5-9。

表 5-9　管道支架生根部位的结构及代号

序号	管道支架生根部位的结构	代号	序号	管道支架生根部位的结构	代号
1	混凝土结构	C	4	设备	V
2	地面基础	F	5	墙	W
3	钢结构	S			

二、常用给水管材

建筑给水管材有金属管、非金属管(塑料管)、复合管三大类,如图 5-15 所示。其中,聚乙烯管、聚丙烯管、铝塑复合管是目前建筑给水推荐使用的管材。

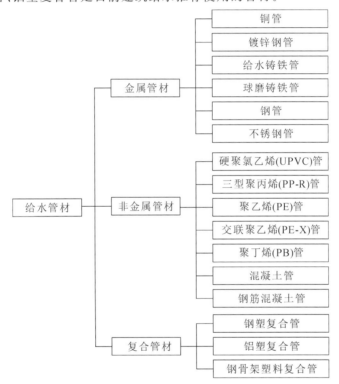

图 5-15　常见给水管材分类

1. 金属管

建筑给水常用的金属管主要有钢管、不锈钢管、铜管等,如图 5-16 所示。

(a) 无缝钢管　　　(b) 焊接钢管　　　(c) 不锈钢管　　　(d) 铜管

图 5-16　常用金属管

1）钢管

常用钢管按制造方法可分为无缝钢管和焊接钢管两种,如图5-16(a)和图5-16(b)所示。

(1)无缝钢管。一般当工作压力大于0.6 MPa时,采用无缝钢管。无缝钢管强度高,广泛用于压力较高的工业管道工程。

(2)焊接钢管。焊接钢管又称有缝钢管,按焊缝的形式可分为螺旋缝焊接钢管和直缝焊接钢管。螺旋缝焊接钢管的强度比直缝焊接钢管高。双面螺旋缝焊接钢管用于输送石油和天然气等。直缝焊接钢管的强度较低,主要用于输送水、水蒸气和煤气等低压流体。

焊接钢管按是否镀锌分为普通焊接钢管(黑铁管)和镀锌焊接钢管(白铁管)。镀锌钢管的优点是强度高、承压能力大、抗震性和防腐蚀性能好,其中热浸(内外)镀锌焊接钢管广泛用于生活、消防给水管道和煤气管道,故又称为水煤气管。焊接钢管的连接方法有螺纹(丝扣)连接、焊接、法兰连接和卡箍连接。对于普通焊接钢管,当$DN \leqslant 32$ mm时,采用螺纹连接;当$DN > 32$ mm时,采用焊接。镀锌钢管不采用焊接,当$DN \leqslant 100$ mm时,采用螺纹连接,套丝扣时破坏的镀锌层表面及外露螺纹部分应做防腐处理(刷油漆);当$DN > 100$ mm时,采用法兰或沟槽连接,镀锌钢管与法兰的焊接处应二次镀锌。

2）不锈钢管

不锈钢管具有机械强度高、坚固、韧性好、耐腐蚀性强、热膨胀系数小、卫生性能好、外表美观、安装维护方便、经久耐用等优点,适用于建筑给水特别是管道直饮水及热水系统,如图5-16(c)所示。管道可采用焊接、螺纹连接、卡压式连接、卡套式连接等连接方式。

3）铜管

铜管具有耐温、延展性好、承压能力大、化学性质稳定、线性膨胀系数小等优点,但价格较高,一般适用于高级住宅的冷、热水系统,如图5-16(d)所示。铜管一般采用螺纹连接(专用接头)或焊接,当管径小于22 mm时,宜采用承插式或套管式焊接,承口应迎介质流向安装;当管径大于或等于22 mm时,宜采用对口焊接。

图5-17　给水铸铁管

4）给水铸铁管

铸铁管是由含碳量大于2%的灰口铁浇铸而成的,又称为生铁管,如图5-17所示。与钢管相比,给水铸铁管具有耐腐蚀性强、使用寿命长、价格低等优点。其缺点是性脆、重量大、长度小。生活给水管管径大于150 mm时,可采用给水铸铁管;管径大于或等于75 mm的埋地生活给水管道宜采用给水铸铁管。给水铸铁管或非镀锌焊接钢管也可用于生产和消防给水管道。给水铸铁管连接采用承插式连接或法兰连接,承插接口方式有胶圈接口、黏接口、膨胀水泥接口、石棉水泥接口等。

2. 非金属管

目前较常用的非金属管有塑料管、混凝土管和钢筋混凝土管。其中塑料管包括硬聚氯乙烯(UPVC)管、聚乙烯(PE)管、交联聚乙烯(PE-X)管、聚丁烯(PB)管等。

1）塑料管

塑料管具有质轻、化学稳定性好、耐腐蚀、管壁光滑、水流阻力小、安装方便等优点,在建筑给水排水系统中应用广泛。目前,三型聚丙烯管(PP-R管)广泛用于室内冷水给水系统,硬聚氯乙烯管（UPVC管）广泛用于排水系统。交联聚乙烯管（PE-X 管）、耐热增强型聚乙烯管（PE-RT 管）等的使用温度可达 95 ℃。常用塑料管的连接方式和主要用途见表 5-10。

表 5-10 常用塑料管的连接方式和主要用途

名称	连接方式	主要用途
PP-R 管	热熔连接、法兰连接、专用接头螺纹连接	生活冷水给水管道和热水管道
UPVC 管	黏结、法兰螺纹连接	生活排水管道
PE-X 管	用专用配件连接，当与金属管件连接时，宜将聚乙烯（PE）管件作为外螺丝，将金属管件作为内螺纹	低温水暖系统

（1）聚丙烯（PP）管。

普通聚丙烯材质的缺点是耐低温性能差，在 5 ℃ 以下因脆性太大而难以正常使用，通过共聚合的方式可以使聚丙烯性能得到改善。改进性能的聚丙烯管有三种：均聚聚丙烯（PP-H，一型）管、嵌段共聚聚丙烯（PP-B，二型）管和无规共聚聚丙烯（PP-R，三型）管。

无规共聚聚丙烯管（PP-R 管）是一种最轻的热塑性塑料管，如图 5-18 所示。优点是强度高、韧性好、保温效果好、流体阻力小、施工安装方便。PP-R 管的公称压力最高为 2.0 MPa（冷水）和 1.0 MPa（热水），按长期工作压力分为 Ⅰ 型（0.4 MPa）、Ⅱ 型（0.6 MPa）和 Ⅲ 型（0.8 MPa）。PP-R 管常用热熔连接，与金属管件、阀门等的连接应使用专用配件连接，如图 5-19 所示，不得在管上套丝。目前国内产品规格为 $DN20 \sim DN110$，不仅可用于冷、热水系统，还可用于纯净饮用水系统。管道

图 5-18 无规共聚聚丙烯管（PP-R 管）

之间采用热熔连接，管道与金属管件可以通过带金属嵌件的聚丙烯管件用丝扣或法兰连接。

（2）聚乙烯（PE）管。

聚乙烯管包括高密度聚乙烯（HDPE）管和低密度聚乙烯（LDPE）管，如图 5-20 所示。聚乙烯管的特点是重量轻、韧性好、耐腐蚀、耐低温性能好，运输及施工方便，具有良好的柔性和抗蠕变性能，在建筑给水系统中广泛应用。目前国内产品规格为 $DN16 \sim DN160$，最大可达 $DN400$。聚乙烯管的连接可采用电熔、热熔、橡胶圈柔性连接，工程上主要采用熔接。

交联聚乙烯（PE-X）管具有强度高、韧性好、抗老化（使用寿命达 50 年以上）、温度适应范围广（-70～110 ℃）、无毒无菌、安装维修方便、价格适中等优点。目前国内产品规格为 $DN10 \sim DN32$，主要用于室内热水供应系统。管径≤25 mm 的管道与管件采用卡套式连接，管径≥32 mm 的管道与管件采用卡箍式连接，如图 5-21 所示。

（3）聚丁烯（PB）管。

聚丁烯管质软、耐磨、耐高温、耐低温，无毒无害，耐久性好，重量轻，施工安装简单，公称压力可达 1.6 MPa，能在 -20～95 ℃ 条件下安全使用，适用于冷、热水系统。聚丁烯管与管件连接有三种方式，即铜接头夹紧式连接、热熔式插接和电熔合连接，如图 5-22 所示。

2）混凝土管和钢筋混凝土管

混凝土管和钢筋混凝土管，优点是造价较低，维护费用低，但不能耐酸碱，抗腐蚀性能差，承受压力低，常用于市政排水管道和雨水管道，一般采用承插连接，如图 5-23 所示。

| 截止阀 | 内螺纹三通 | 90°弯头 | 挂墙弯头 | 短脚管卡 |

| 外螺纹三通 | 活接头 | 管帽 | 四通 | 内螺纹弯头 |

| 外螺纹活接头 | 45°弯头 | 异径套管 | 外螺纹接头 | 正三通 |

| 同径直通 | 异径直通 | 内螺纹直接头 | 外螺纹弯头 |

图 5-19　PP-R 管管材配件

PE管材结构

热熔对接的PE管

法兰连接的PE管

图 5-20　高密度聚乙烯管（HDPE 管）

图 5-21　PE-X 管

图 5-22　聚丁烯（PB）管

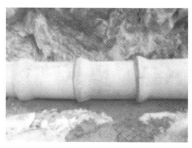

图 5-23　钢筋混凝土管

3. 复合管

复合管是以金属管为基础,内、外焊接聚乙烯、交联聚乙烯等非金属材料成型的。复合管具有金属管和非金属管的优点。目前,市场上较普遍的复合管有铝塑复合管、钢塑复合管和涂塑钢管等。

1)铝塑复合管(PE-AL-AE 或 PEX-AL-PEX)

铝塑复合管是中间为一层焊接铝合金,内、外各有一层聚乙烯,通过挤出成型工艺制造的新型复合管材,如图 5-24 所示,它既保持了聚乙烯管和铝管的优点,又避免了各自的缺点。铝塑复合管的优点是可以弯曲,弯曲半径等于 5 倍直径;耐温性能强,使用温度范围为 $-100\sim110$ ℃;耐高压,工作压力可以达到 1.0 MPa 以上。管件连接主要采用夹紧式铜接头,可用于室内冷、热水系统,目前的规格为 $DN14\sim DN32$。

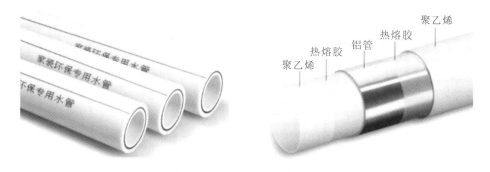

图 5-24　铝塑复合管的结构

2)钢塑复合管

钢塑复合管是在钢管内壁衬(涂)一定厚度的塑料层复合而成的,依据复合管基材的不同,可分为衬塑复合管和涂塑复合管两种,如图 5-25 所示。钢塑复合管具备了金属管材强度高、耐高压、能承受较强外来冲击力和塑料管材的耐腐蚀、不结垢、导热系数低、流体阻力小等优点。钢塑复合管可采用沟槽、法兰或螺纹连接的方式,同原有的镀锌管系统完全相容,应用方便,但需在工厂预制,不宜在施工现场切割。

3)涂塑钢管

涂塑钢管是在钢管内壁融熔一层厚度为 $0.5\sim1.0$ mm 的聚乙烯(PE)树脂、乙烯-丙烯酸共聚物(EAA)、环氧(EP)粉末、无毒聚丙烯(PP)或无毒聚氯乙烯(PVC)等有机物而构成的钢塑复合型管材,如图 5-26 所示。它不但具有钢管的高强度、易连接、耐水流冲击等优点,还克服了钢管遇水易腐蚀、污染、结垢及塑料管强度不高、消防性能差等缺点,设计寿命可达 50 年。涂塑钢管的主要缺点是安装时不得进行弯曲；在进行热加工和电焊切割等作业时，切割面应使用生产厂家配有的无毒常温固化胶涂刷。

图 5-25　钢塑复合管

图 5-26　涂塑钢管

复合管的连接宜采用冷加工方式（热连接方式容易造成塑料内衬的伸缩变形和熔化），一般有螺纹、卡套、卡箍等连接方式。在实际工程中，生活给水管道应选用耐腐蚀和连接方便的管材，一般可采用塑料管、塑料和金属的复合管、镀锌钢管等。消火栓给水管的管材应采用钢管，自动喷水灭火系统的消防给水管应采用热浸镀锌钢管，热水供应系统的管材一般采用镀锌钢管、塑料管、塑料复合管等，埋地给水管道可采用塑料管和有衬里的球墨铸铁管等。

三、给水管道连接方式及配件

在管道施工中，为了满足所需要的长度或者改变管径、管路转方向、接出支路管线及封闭管路等要求，采用的切割管道的主要方法有人工锯割（钢管、塑料管）、管钳切割（电气配管、塑料材质）、砂轮盘切割和盘锯切割等，严禁采用气割。砂轮盘切割是现场最高效的管道切割方式，但要注意的是复合管不能使用砂轮盘切割，应采用人工锯割或盘锯切割（转速低于 800 r/min），以防止产生热熔胶而影响管材的质量。配件根据制作材料的不同，可分为铸铁配件、钢质配件和塑料配件；根据接口形式的不同，可分为螺纹连接配件、法兰连接配件和承插连接配件。常用的连接方式及其适用范围见表 5-11。常用钢管螺纹连接配件及连接方式如图 5-27 所示。

表 5-11　管道常用的连接方式及其适用范围

管道连接方式	管道连接方式说明	适用范围
螺纹连接	螺纹压紧密封填料（生料带或油麻丝）的连接方式	普通钢管（$DN \leqslant 32$ mm）、镀锌钢管（$DN \leqslant 100$ mm）、钢（衬）塑复合管（$DN \leqslant 80$ mm）
法兰连接	法兰盘间衬垫片后，用螺栓拉紧密封面的连接方式	需经常拆卸的管段（管道和设备的连接、管道和法兰阀门的连接）或较大口径的管道与管道的连接
沟槽连接	在管端部分压凹槽，接口部位外套橡胶密封圈，外用卡箍固定，对橡胶密封圈施加一定压力的连接方式	镀锌钢管（$DN > 100$ mm）、钢（衬）塑复合管（$DN > 80$ mm）

续表

管道连接方式	管道连接方式说明	适用范围
卡压连接/卡套接头	用外力将管件与管道表面压合,形成压力密封的机械连接方式	不锈钢管(卡压连接)、铝(钢)塑管(卡套接头)
焊接连接	管道直接对焊或承插焊的连接方式	$DN>32$ mm 的普通钢管(电焊)、铜管(氧-乙炔气焊)
热熔连接	对结合面加热至熔融(电熔或热熔),并施加外力使其结合的连接方式	PP-R 管(电熔承插连接、电熔对接)
承插连接/抱箍连接	铸铁管刚性接口(石棉水泥接口、膨胀水泥接口、青铅接口)和柔性接口(法兰胶圈接口、橡胶抱箍接口)	
胶水黏结	用胶水将管道黏合密封的连接方式	UPVC 管

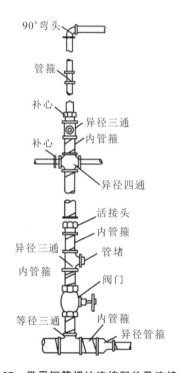

图 5-27　常用钢管螺纹连接配件及连接方式

　　管箍用来连接两根直径相等的直管,常用管箍连接配件如图 5-28 所示。异径管箍俗称大小头,用来连接两根管径不同的直管,作为变径用。活接头俗称由任,安装在阀门附近或需要经常拆卸的其他直管上。补心俗称内外丝,用于管径由大变小或由小变大的接口处。根母用于锁紧外丝,常与长丝、管箍配套使用,可代替活接头。90°弯头用于连接两根等径的直管,使管道拐直角弯。45°弯头用于连接两根等径的直管,使管道方向改变 45°。异径弯头使管道在改变方向时改变管径。等径三通用于连接三根直径相同的直管,使管道分支。异径三通用于管道分支时变径。等径四通在管道呈十字形等径分支时用。异径四通在管道呈十字形变径分支时用。管堵用于堵塞配件的一端或管道的预留口。

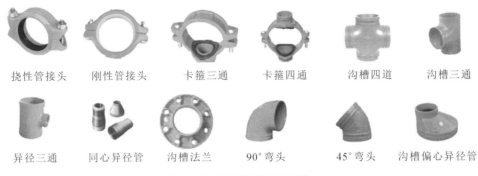

| 挠性管接头 | 刚性管接头 | 卡箍三通 | 卡箍四通 | 沟槽四道 | 沟槽三通 |

| 异径三通 | 同心异径管 | 沟槽法兰 | 90°弯头 | 45°弯头 | 沟槽偏心异径管 |

图 5-28　常用管箍连接配件

四、给水管道用附件

1. 控制附件

控制附件指调节控制水流及水压的设备,给水系统中主要指阀门。阀门是用来控制管道内介质输送的一种机械定型产品,按压力分为低压、中低、高压三种阀门;按输送介质可分为水、蒸汽、油类、空气等几种阀门;按温度可分为低温阀门和高温阀门等;按材质可分为铸铁阀门、铸钢阀门、锻钢阀门、不锈钢阀门、塑料阀门等;按连接形式又分为螺纹阀门和法兰阀门等。

常用阀门如图 5-29 所示,选用时应主要考虑装设的目的、口径、水温及水质情况、工作压力、阻力、造价及维修保养等问题。

| 明杆闸阀 | 暗杆闸阀 | 截止阀 | 对夹式蝶阀 | 球阀 | 提升式旋塞阀 |

| 单项节流阀 | 紧急关闭阀 | 安全阀 | 浮球阀 | 多功能阀 | 泄压阀 |

| 旋启式止回阀 | 升降式止回阀 | 消声止回阀 | 缓闭止回阀 | 活塞式减压阀 | 膜片式减压阀 |

图 5-29　常用阀门

1）闸阀

一般管径大于 70 mm 时采用闸阀,闸阀又分为明杆闸阀和暗杆闸阀两种。此阀全开时水流呈直线通过,阻力小,但水中有杂质落入阀座后,阀门关闭不严,易产生磨损和漏水现象,进而缩短阀门使用寿命。闸阀可安装在管道或设备的任意位置。

2）截止阀

截止阀结构简单,造价较低,密封性好,维修方便,但水流阻力较大,适用于管径小于或等于 50 mm 的管道。安装时,有严格的方向限制,应按阀体上箭头的指示方向安装,一般为低进高出。

3）蝶阀

阀板在 90°放置范围内可起调节流量和关断水流的作用,具有体积小、质量轻、启闭灵活、关闭严密、水头损失小等优点,但密闭性较差,不易关严。适用于室外管径较大的给水管或室外消火栓系统的主干管。

4）安全阀

安全阀是保证系统和设备安全的阀件。为了避免管网和其他用水设备中压力超过所规定的范围而使管网、各种用水器具以及密闭水箱受到破坏,须装安全阀。安全阀一般分为弹簧式和杠杆式两种。

5）浮球阀

浮球阀是一种可以自动进水、自动关闭的阀门,多装在水池或水箱内,用于控制水位。当水箱充水到设计最高水位时,浮球随着水位浮起,关闭进水口;当水位下降时,浮球下落,进水口开启,向水箱充水。浮球阀口径一般为 15～100 mm。

6）止回阀

止回阀用来阻止水流的反向流动,又称单向阀或逆止阀,具有严格的方向性,不允许装反。止回阀具有限制压力管道中的水流朝一个方向流动,防止管道内的介质倒流的作用。常用的止回阀有两种:升降式止回阀和旋启式止回阀。升降式止回阀装于水平或垂直管道上,水头损失较大,只用于小管径;旋启式止回阀一般直径较大,在水平、垂直管道上均可装设。

7）减压阀

减压阀使介质通过收缩的过流断面而产生节流,节流损失会使介质的压力减低,从而使通过的介质压力降低成为所需的低压介质。安装时需注意,减压阀均应安装在水平管道上,并且有严格的方向性,应保证阀体上的箭头方向与介质流向一致,不得装反。

2. 配水附件

配水附件用以调节和分配水量,主要指水龙头。装在卫生器具及用水点的各式水龙头如图 5-30 所示。

普通式配水龙头　　　　旋塞式配水龙头　　　　盥洗龙头　　　　　混合龙头

冷、热水单柄水龙头　　　　　　电子感应水龙头

图 5-30　常用配水附件

1）配水龙头

球形阀式配水龙头：装在洗涤盆、活水盆、盥洗槽上的龙头均属此类，且均属于普通式配水龙头。水流通过此种龙头时阻力较大。

旋塞式配水龙头：设在压力不大的给水系统上。这种龙头旋转90°即完全开启，可短时获较大流量，又因水流呈直线通过水龙头，故阻力较小，但启闭迅速，易产生冲击，适用于浴室、洗衣房、开水间等处。

2）盥洗龙头

盥洗龙头设在洗脸盆上专供冷水或热水用，有长脖式、鸭嘴式等形式。

3）混合龙头

混合龙头是用以调节冷、热水的龙头，适用于盥洗、洗涤、沐浴等。此外，还有小便斗龙头、消防龙头、电子自动龙头、红外线龙头、皮带龙头、自控水龙头等。

3.常用水表

水表是一种计量承压管道中流过水量累积值的仪表。按计量原理分为流速式水表和容积式水表；按显示方式可分为就地指示式水表和远传式水表。目前，建筑内部给水系统中广泛使用的是流速式水表。流速式水表是根据管径一定时，通过水表的水流速度与流量成正比的原理制成的。流速式水表按叶轮的构造不同，分为旋翼式（又称叶轮式）和螺翼式两种。旋翼式水表的叶轮转轴与水流方向垂直，阻力较大，起步流量和计量范围较小，多为小口径水表，用以测量小流量，如图5-31（a）所示。螺翼式水表叶轮转轴与水流方向平行，阻力较小，起步流量和计量范围比旋翼式水表大，适用于测量大流量，如图5-31（b）所示。

(a)旋翼式水表　　(b)螺翼式水表　　(c)远传式水表　　(d)IC卡智能水表

图5-31　常用水表类型

随着科学技术的发展，本着"三表"（水表、电表、热量表）出户及住宅智能化管理的原则，水表的设置方案由传统的户内计量向户外表井及远传自动计量方式转变，如图5-31（c）所示。IC卡智能民用水表、IC卡智能工业水表及远程抄表系统已在现代民用建筑和工业建筑中使用，收到了良好的效果，如图5-31（d）所示。

4.其他附件

给水系统常用的其他附件包括管道过滤器、倒流防止器、水锤消除器、排气阀、排泥阀、可曲挠橡胶接头、伸缩器等，如图5-32所示。

1）管道过滤器

管道过滤器利用扩容原理，除去液体中含有的固体颗粒，安装在水泵吸水管、进水总表、住宅进户水表、自动水位控制阀等阀件前，保护设备免受杂质的冲刷、磨损、淤积和堵塞，保证设备正常运行，延长设备的使用寿命。

2）倒流防止器

倒流防止器也称防污隔断阀，由两个止回阀中间加一个排水器组成，用于防止生活饮用水管道发生回流污染。倒流防止器与止回阀的区别是，止回阀只是引导水流单向流动的阀门，不是防止倒流污染的有效装置；倒流防止器具有止回阀的功能，而止回阀则不具备倒流防止器的功能，管道设倒流防止器后，不需再设止回阀。

3）水锤消除器

水锤消除器的作用是在高层建筑物内消除因阀门或水泵快速开、关所引起的管路中压力骤然升高的水锤危害，减少水锤压力对管道及设备的破坏，可安装在水平、垂直甚至倾斜的管路中。

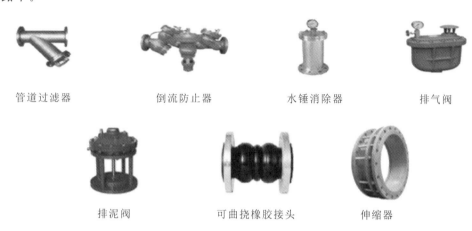

管道过滤器　　　　　倒流防止器　　　　　水锤消除器　　　　　排气阀

排泥阀　　　　　可曲挠橡胶接头　　　　　伸缩器

图 5-32　给水系统常用的其他附件

任务 4　建筑室内给水管道工程施工工艺

一、室内给水管道的布置和敷设

1. 给水管道布置原则

给水管道管网布置的总原则：缩短管线、减少阀门、安装维修方便、确保供水安全和建筑物的正常使用、不影响美观。

1）确保供水安全和良好的水利条件，力求经济合理

从配水平衡和供水可靠考虑，给水引入管宜从建筑物用水量最大处和不允许断水处引入。当建筑物内卫生器具布置比较均匀时，应在建筑物中央位置引入，以缩短管网向最不利点的输水长度，减少管网的水头损失。引入管一般设置一条，当建筑物不允许间断供水时，应从室外环状管网不同管段引入，引入管不少于两条。若必须同侧引入时，两条引入管的间距不得小于 10 m，并在两条引入管之间的室外给水管上装阀门，如图 5-33 所示。

给水引入管与排水管的水平净距离不得小于 1 m。室内给水与排水管道平行敷设时，两管间的最小水平净距不得小于 0.5 m；交叉敷设时，垂直净距不得小于 0.15 m。给水管应铺在排水管上面，若给水管必须铺在排水管下面时，给水管应加套管，其长度不得小于排水管管径的 3 倍。室内埋地管道安装至外墙外应不小于 1.5 m，管口应及时封堵。给水水平管

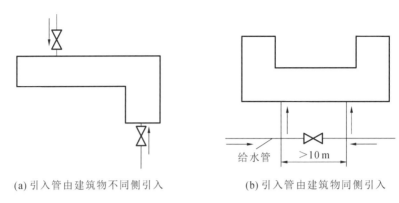

(a) 引入管由建筑物不同侧引入   (b) 引入管由建筑物同侧引入

图 5-33   引入管引入方式

道应有 2‰～5‰的坡度坡向泄水装置。管道穿过楼板、屋面,应预留孔洞或预埋套管,预留孔洞尺寸应为管道外径加 40 mm;管道在墙体内暗敷设管槽时,管槽宽度应为管道外径加 30 mm,且管槽的坡度应与管道坡度一致。管道安装宜按照先地下后地上、先大管径后小管径的顺序进行。

对于 $DN>80$ mm 的引入管,当其埋地敷设时,应采用给水铸铁管;当其架空敷设时,应采用非镀锌钢管或给水铸铁管。对于 $DN\leqslant80$ mm 的引入管,不论是埋地敷设还是架空敷设,都采用镀锌钢管。引入管的位置及埋深应满足设计要求。引入管的埋深不得小于当地冻土线深度的要求。引入管穿越承重墙或基础时,应按设计要求预留孔洞,孔洞的大小为管径加 200 mm。管道装妥后,管道与孔洞之间的空隙应用黏土或聚氨酯发泡填实,外抹防水水泥砂浆,以防止室外雨水渗入,具体做法如图 5-34 所示。

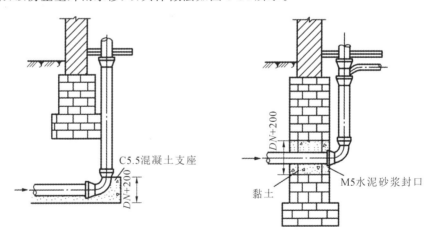

图 5-34   引入管穿越建筑物基础的工法

2) 保护管道不受损坏

给水埋地管道应避免布置在可能受重物压坏处。管道不得穿越生产设备基础,如遇特殊情况必须穿越时,应与有关专业协商处理。管道也不宜穿过伸缩缝、沉降缝,若需穿过,应采取保护措施。常用的措施有:在管道或保温层外皮上、下留有不小于 150 mm 的净空;柔性连接法,如图 5-35 所示,即用橡胶软管或金属波纹管连接沉降缝、伸缩缝两边的管道;丝扣弯头法,如图 5-36 所示,在建筑沉降过程中,两边的沉降差由丝扣弯头的旋转来补偿,适用于小管径的管道;活动支架法,在沉降缝两侧设立支架,使管只能垂直位移,不能水平横向位移,以适应沉降、伸缩的应力。为防止管道腐蚀,管道不允许布置在烟道、风道、电梯井和排水沟内,不允许穿越大、小便槽,当立管距大、小便槽端部不超过 0.5 m 时,在大、小便槽端部应有建筑隔断措施。

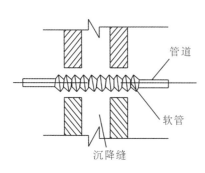
图 5-35　墙体两侧柔性连接法

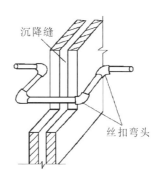
图 5-36　丝扣弯头法

3）不影响生产安全和建筑物的使用

为避免管道渗漏造成配电间电气设备故障或短路,管道不能从配电间通过,不得穿越变(配)电间、电梯机房、大中型计算机房等遇水会损坏设备和引发事故的房间;也不能布置在妨碍生产操作和交通运输处或遇水能引起燃烧、爆炸或损坏的设备、产品和原料上;不宜穿过橱窗、壁柜等设施;不宜在机械设备上方通过。布置管道时其周围要留有一定的空间,以满足安装、维修的要求,给水管道与其他管道和建筑结构的最小净距见表 5-12。需进入检修时的管道井,其工作通道净宽度不宜小于 0.6 m;管道井应每层设外开检修门。

表 5-12　给水管道与其他管道和建筑结构的最小净距

给水管道名称		室内墙面/ mm	地沟壁和其他 管道/mm	梁、柱、 设备/mm	排水管		备注
					水平净距/mm	垂直净距/mm	
引入管					≥1000	≥150	在排水管上方
横干管		≥100	≥100	≥50,且此 处无接头	≥500	≥150	在排水管上方
立管	$DN<32$	≥25					
	$DN=32\sim50$	≥35					
	$DN=75\sim100$	≥50					
	$DN=125\sim150$	≥60					

2. 给水管道的布置形式

根据给水干管的位置可分为下行上给式、上行下给式和环状式等几种布置形式。

1）下行上给式

水平干管敷设于底层走廊或地下室顶棚下,也可直接埋在地下。水平干管向上接出立管和支管,自下而上供水。直接给水管道的布置就是这种形式。

2）上行下给式

水平干管敷设在顶棚或吊顶内,高层建筑敷设在设备层中。立管由干管向下分出,自上而下供水。单设水箱给水管道的布置就是这种形式。

3）环状式

环状式分水平干管环状式和立管环状式两种。水平干管环状式是将给水干管布置成环状；立管环状式是将给水立管布置成环状。此形式多用于大型公共建筑及不允许断水的场所。

3. 给水管道的敷设方式

1）敷设形式

根据建筑对卫生、美观方面的要求不同，可分为明装和暗装两种。

（1）明装。

管道的明装是指管道在室内沿墙、梁、柱、天花板下、地板旁暴露敷设。管道的明装造价低，便于安装维修，但是存在不美观、凝结水、积灰、妨碍环境卫生等方面的缺点。

（2）暗装。

暗装管道敷设在地下室天花板下或吊顶内，或在管道井、管道设备层和公共管沟内隐藏敷设。暗装的优点是不影响房间的整洁美观，卫生条件好，不占房屋空间，适用于标准较高的高层建筑、宾馆、医院等。在工业企业中的某些精密仪器或电子元件车间等处，要求室内洁净无尘时，给水管道也采用暗装。随着人们生活水平的提高，家庭住宅也多采用暗装。暗装的缺点是造价高，施工维护管理不方便等。给水管道除单独敷设外，还应顾及排水、供暖、通风、空调和供电等其他建筑设备工程管线的布置和敷设。考虑到安全、施工、维护等要求，当平行或交叉设置时，对管道间的相互位置、距离、固定方法等应综合有关要求统一处理。

暗装给水管道的敷设要求如下：

① 不得直接敷设在建筑物结构层内；干管和立管应敷设在吊顶、管道井、管廊内，支管宜敷设在楼（地）面的垫层内或沿墙敷设在管槽内。

② 敷设在垫层或墙体管槽内的给水管宜采用塑料、复合管材或耐腐蚀的金属管材。

③ 敷设在垫层或墙体管槽内的管道不得有卡套式或卡环式接口，柔性管道宜采用分水器向各卫生器具配水，中途不得有连接配件，两端接口应明露。

2）给水管道的敷设要求

（1）埋地敷设的给水管道应避免布置在可能受重物压坏处。管道不得穿越生产设备基础，在特殊情况下必须穿越时，应采取有效的保护措施。

（2）当室内冷、热水管上下平行敷设时，冷水管应在热水管的下方。卫生器具的冷水连接管应在热水连接管的右侧。

（3）给水管道不宜穿越伸缩缝、沉降缝和变形缝。如必须穿越，应设置补偿管道伸缩和剪切变形的装置。

（4）塑料给水管道在室内宜暗装。明装时，立管应布置在不易受撞击处，如不能避免，应在管外加保护措施。

3）给水管道的防护

（1）防腐。

明装和暗装的金属管道都要采取防腐措施，以延长管道的使用寿命。明装的热镀锌钢管应刷银粉两道（卫生间）或调和漆两道；明装铜管应刷防护漆；球墨铸铁管外壁应喷涂沥青和喷锌防腐，内壁衬水泥砂浆防腐。埋地铸铁管宜在管外壁刷冷底子油一道、石油沥青两道;埋地钢管(包括热镀锌钢管)宜在外壁刷冷底子油一道、石油沥青两道外加防护层(当土壤的腐蚀性能较强时可采取加强级或特加强级防腐措施)。钢塑复合管埋地敷设时,外壁防腐同普通钢管(外壁有塑料层除外);薄壁不锈钢管埋地敷设时,管外壁或管沟应采取防腐措施,当管外壁为薄壁不锈钢材料时,应防止管材与水泥直接接触(管外加防腐套管或外敷防腐胶带);薄壁铜管埋地敷设时应采用覆塑铜管。

(2)防冻、防露。

在有可能结冻的房间、地下室及管道井、管沟等地方敷设生活给水管道时,为保证冬季安全使用应有防冻保温措施。金属管的保温厚度应根据计算确定,但不能小于 25 mm,保温层的做法参考对应规范。在湿热的气候条件下,或在空气湿度较高的房间内敷设给水管道时,由于管道内的水温较低,空气中的水分会凝结成水附着在管道表面,严重时还会产生滴水。这种管道结露现象不但会加速管道的腐蚀,还会影响建筑的使用,如使墙面受潮、粉刷层脱落,影响墙体质量和建筑美观。在采用金属给水管会出现结露的地区,塑料给水管同样也会出现结露,仍需做保冷层。防结露措施与保温方法相同。

(3)防振。

当管内的水流速度过大时,启闭水龙头和阀门易出现水击现象,引起管道附件振动,这不但会损坏管道附件,造成漏水,还会产生噪声。为防止损坏管道和产生噪声,在设计时应控制管内的水流速度;尽量减少使用电磁阀或速闭型水栓;在住宅建筑进户管的阀门后宜装设家用可曲挠橡胶接头进行隔振;在管道支(吊)架内衬垫减振材料,以减小噪声的传播。

4. 管道支架的安装

1)管道支架的分类

管道的支承结构叫支架,管道标高、坡度的保持依赖于支架的合理设置,是管道系统的重要组成部分。根据管道支架对管道制约作用的不同分为固定支架和活动支架。按支架自身构造情况的不同分为托架和吊架两种。管道支(吊)架的形式有立管管卡、托架和吊环等,具体构造如图 5-37 所示。

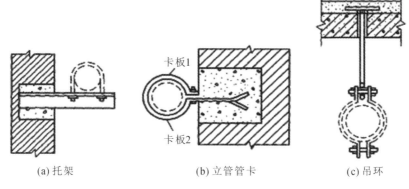

(a) 托架　　　　(b) 立管管卡　　　　(c) 吊环

图 5-37　管道支(吊)架的形式

(1)固定支架。

固定支架与管道之间不会产生相对位移,将管道固定在确定的位置上,使管道只能在两个固定支架之间胀缩,以保证各分支管路的位置一定。一般考虑到自然补偿、伸缩器补偿的要求,在确定固定支架安装位置时应符合表 5-13 的规定。

表 5-13　固定支架的最大间距　　　　　　　　　单位:m

公称直径/mm	15	20	25	32	40	50	65	80	100	125	150	200	250	300
方形伸缩器	—	—	30	35	45	50	55	60	65	70	80	90	100	115
套筒伸缩器	—	—	—	—	—	—	—	—	45	50	55	60	70	80

（2）活动支架。

活动支架是允许管道发生轴向位移的支架（图 5-38）。活动支架包括滑动支架、导向支架和滚动支架等。滑动支架和导向支架是为了使管道在支架上滑动时不致偏移管道轴线而设置的,它们一般设置在补偿器、铸铁阀门两侧或其他只允许管道做轴向移动的地方。滚动支架分为滚柱支架和滚珠支架两种,是用滚动摩擦代替滑动摩擦,以减少管道热伸缩时的摩擦力的支架。滚柱支架用于直径较大而无横向位移的管道和介质温度较高、管径较大而无横向位移的管道。在确定活动支架安装位置时应符合表 5-14 的规定。

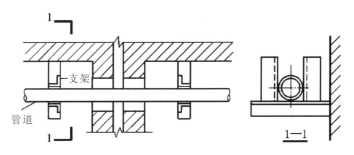

图 5-38　活动支架法

表 5-14　活动支架的最大间距　　　　　　　　　单位:m

钢管活动支架的最大间距														
公称直径/mm	15	20	25	32	40	50	70	80	100	125	150	200	250	300
保温管	2.0	2.5	2.5	2.5	3.0	3.0	4.0	4.0	4.5	6.0	7.0	7.0	8.0	8.5
不保温管	2.5	3.0	3.5	4.0	4.5	5.0	6.0	6.0	6.5	7.0	8.0	9.5	11	12

塑料管及复合管道支架的最大间距													
管径/mm	12	14	16	18	20	25	32	40	50	63	75	90	110
立管	0.5	0.6	0.7	0.8	0.9	1.0	1.1	1.3	1.6	1.8	2.0	2.2	2.4
水平管　冷水管	0.4	0.4	0.5	0.5	0.6	0.7	0.8	0.9	1.0	1.1	1.2	1.35	1.55
水平管　热水管	0.2	0.2	0.25	0.3	0.35	0.4	0.5	0.6	0.7	0.8			

钢管管道支架的最大间距											
公称直径/mm	15	20	25	32	40	50	65	80	100	125	150	200
垂直管	1.8	2.4	2.4	3.0	3.0	3.0	3.5	3.5	3.5	3.5	4.0	4.0
水平管	1.2	1.8	1.8	2.4	2.4	2.4	3.0	3.0	3.0	3.5	3.5	

（3）弹性吊架。

弹性吊架应用于伸缩性和振动性较大的管道及设备。

2）支架的安装方法

支架的安装包括支架构件的预制加工和现场安装两个部分。支架构件多为标准件,现场安装支架常用的方法有栽埋法、膨胀螺栓法、射钉法、预埋焊接法、抱柱法等。

(1) 栽埋法。

墙上有预留孔洞的,可将支架横梁埋入墙内,埋设前应清除洞内的碎砖及灰尘,并用水将洞内浇湿,用 M5(1∶6) 水泥砂浆填塞,插栽支架角钢(注意应将支架末端劈成燕尾状),用碎石捣实挤牢,如图 5-39(a)所示。支架墙洞要填得密实饱满,墙洞口要凹进 3～5 mm,不得有砂浆外流现象,当砌体未达到设计强度的 75％时,不得安装管道,否则应采取加固措施。

(2) 预埋焊接法。

预埋件形式依设计而定,在预制或现浇钢筋混凝土时,应控制好位置、标高及钢板面与模板面的平行度,要求固定牢靠。当支架在预埋铁件上焊接时,应先将铁件上的污物清除干净;焊接应牢固,不应出现漏焊、气孔、裂纹、夹渣、焊瘤等各种焊接缺陷,如图 5-39(b)所示。这种方法适用于在不宜打洞的钢筋混凝土构件上安装支架横梁。如有特殊需要,应经结构设计人员同意方准施工。

(3) 抱柱法。

抱柱法是用型钢和螺栓把柱子夹起来,如图 5-39(c)所示。抱柱法适用于沿柱敷设管道、在混凝土或木结构上安装支架而不能钻孔或打洞的情况,也是在未预埋钢板的混凝土柱上安装横梁的补救方法。其具体做法是:把柱上的坡度线用水平尺引至柱的两侧面,弹出水平线作为抱柱托架端面的安装标高线,用两根双头螺栓把托架紧固于柱子上。

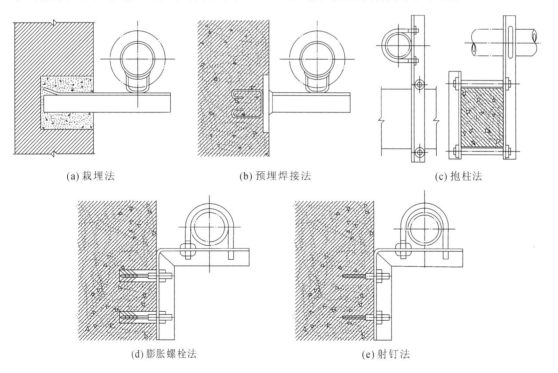

(a) 栽埋法　　　　　　(b) 预埋焊接法　　　　　　(c) 抱柱法

(d) 膨胀螺栓法　　　　　　(e) 射钉法

图 5-39　常用支(吊)架的安装详图

(4) 膨胀螺栓法和射钉法。

在没有预留孔洞和预埋钢板的砖墙或混凝土构件上,可以用射钉或膨胀螺栓紧固支架。

根据支架在墙、柱上的安装位置用电钻钻孔或用射钉枪射入射钉,钻孔深度与膨胀螺栓相等,孔径与膨胀螺栓套管外径相等;射钉直径为8～12 mm。当采用膨胀螺栓法时,在清除孔洞内的碎屑后,装入套管或膨胀螺栓,将支架横梁安装在螺栓上,拧紧螺母使螺栓的锥形尾部胀开,如图5-39(d)所示。采用射钉法可直接套上角形横梁,用螺母紧固,如图5-39(e)所示。使用射钉枪时应严格掌握操作要领,注意安全。

3) 管道支(吊)架安装

(1) PP-R管安装时,必须按不同管径设置管卡或吊架,位置应正确,埋设要牢固平整,管卡与管道接触应紧密,但不得损伤管道表面。

(2) 采用金属管卡或支、吊架时,与管道接触部分应加塑料或橡胶软垫。在金属管配件与聚丙烯管道连接接触部位,管卡应设在金属配件一侧,并应采取防止接口松动的技术措施。采用铜管垂直或水平安装的,支架间距应符合规定。

(3) 敷设的管道设有伸缩节时,应按固定点要求安装固定支架。

符合下列规定:楼层高度小于或等于5 m时,每层必须安装1个支架;楼层高度大于5 m时,每层不得少于2个支架。管卡安装高度,宜距地面为1.5～1.8 m,2个以上管卡应匀称安装,同一房间管卡应安装在同一高度上。

二、建筑给水管道的施工工艺

1. 给水管道安装工艺流程

安装准备→预制加工→引入管安装→干管安装→立管安装→支管安装→管道试压→管道冲洗与消毒→管道防腐与保温。室内给水管道及配件安装工艺流程图如图5-40所示。

2. 给水管道的安装

建筑内给水管道的安装宜按照先地下后地上、先大管径后小管径、先主管后支管的顺序进行;管道交叉发生矛盾时,应小管让大管、给水管让排水管、支管让主管。

1) 安装准备

认真熟悉图纸,制订切实可行的施工方案,根据施工方案确定的施工方法和技术交底的具体措施做好准备工作。

2) 预制加工

按设计图纸画出有管道分路、管径、变径、预留管口及阀门位置等内容的施工草图,在实际安装的结构位置做上标记,分段量出实际安装的准确尺寸,记录在施工草图上,然后按草图测得的尺寸进行预制加工(断管、套螺纹、上零件、调直、校对,按管段分组编号)。

3) 引入管安装

挖管沟的施工方法与挖室外管沟类似,管沟两边各留300 mm的工作面,管与管的间距应符合要求。埋地干管应有2‰～5‰的坡度坡向室外泄水装置,引入管的底部装泄水阀或管堵,以利于管道系统试验及冲洗时排水。管道敷设完毕后,在甩出地面的接口处做盲板或管堵,进行试水打压,打压合格后回填。室内埋地管道的埋设深度不宜小于300 mm。

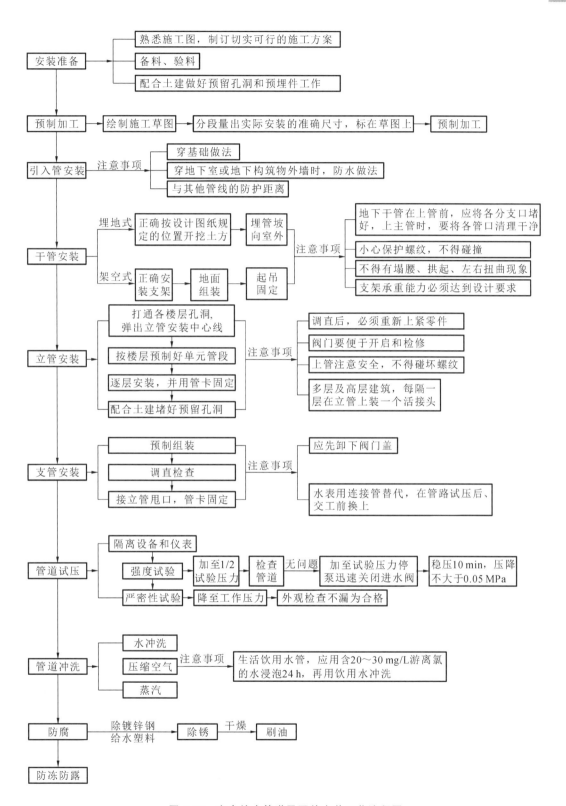

安装准备 → 熟悉施工图，制订切实可行的施工方案
安装准备 → 备料、验料
安装准备 → 配合土建做好预留孔洞和预埋件工作

预制加工 → 绘制施工草图 → 分段量出实际安装的准确尺寸，标在草图上 → 预制加工

引入管安装 → 注意事项 → 穿基础做法
引入管安装 → 注意事项 → 穿地下室或地下构筑物外墙时，防水做法
引入管安装 → 注意事项 → 与其他管线的防护距离

干管安装 → 埋地式 → 正确按设计图纸规定的位置开挖土方 → 埋管坡向室外
干管安装 → 架空式 → 正确安装支架 → 地面组装 → 起吊固定
注意事项 → 地下干管在上管前，应将各分支口堵好，上主管时，要将各管口清理干净
注意事项 → 小心保护螺纹，不得碰撞
注意事项 → 不得有塌腰、拱起、左右扭曲现象
注意事项 → 支架承重能力必须达到设计要求

立管安装 → 打通各楼层孔洞，弹出立管安装中心线
立管安装 → 按楼层预制好单元管段
立管安装 → 逐层安装，并用管卡固定
立管安装 → 配合土建堵好预留孔洞
注意事项 → 调直后，必须重新上紧零件
注意事项 → 阀门要便于开启和检修
注意事项 → 上管注意安全，不得碰坏螺纹
注意事项 → 多层及高层建筑，每隔一层在立管上装一个活接头

支管安装 → 预制组装
支管安装 → 调直检查
支管安装 → 接立管甩口，管卡固定
注意事项 → 应先卸下阀门盖
注意事项 → 水表用连接管替代，在管路试压后、交工前换上

管道试压 → 隔离设备和仪表
管道试压 → 强度试验 → 加至1/2试验压力 → 检查管道 → 无问题 → 加至试验压力停泵迅速关闭进水阀 → 稳压10 min，压降不大于0.05 MPa
管道试压 → 严密性试验 → 降至工作压力 → 外观检查不漏为合格

管道冲洗 → 水冲洗
管道冲洗 → 压缩空气
管道冲洗 → 蒸汽
注意事项 → 生活饮用水管，应用含20～30 mg/L游离氯的水浸泡24 h，再用饮用水冲洗

防腐 → 除镀锌钢给水塑料 → 除锈 → 干燥 → 刷油

防冻防露

图5-40　室内给水管道及配件安装工艺流程图

4）干管安装

建筑给水干管的安装有埋地式和架空式两种形式。给水干管的安装应按照先装支架后装管道的原则进行。

（1）埋地式干管。

应在回填土夯实后再次开挖管沟至管底标高,并且管道穿墙处已预留孔洞或已安装套管。按照设计图样确定干管的位置、标高,并开挖土方至适宜的深度;检查预留洞口尺寸和套管规格、坐标、标高。埋地管道应有 2‰～5‰ 的坡度坡向给水入口处,以便于检查维修时泄空管内的水。管沟内的管道应尽量单层敷设,以便于安装和检修;若为双层或多层敷设时,一般将管径较小、阀门较多的管子安放在上层。直接埋地的管道,应先做防腐再行安装;试压合格后方可隐蔽。

（2）架空式干管。

架空式干管的安装必须在安装层的结构顶板完成,沿管线安装位置的模板及杂物清理干净后进行。按照设计图样确定干管安装位置、标高、坡度。栽好支架后,待埋固砂浆的强度达到要求方可在上面安装管道。从总进入口开始操作,按编号将预制好的管道依次排开,清扫管腔后依次进行吊装。吊装上的管子应先用支架上的卡环固定,然后再进行紧固连接。若干管是铸铁管时,安装前还应将承口内侧和插口外侧端头的沥青除掉,并将承口朝来水方向顺序排列,连接的对口间隙应不小于 3 mm。给水干管应在支架安装时保证使管道具有 2‰～5‰ 的坡度,以利于冲洗和排空;与其他管道同沟或共架敷设时,给水管道应在热水管、蒸汽管的下面,在冷水管或排水管的上面。

5）立管安装

立管的安装、试压应在主体结构完成后、墙壁抹灰前进行。

（1）确定立管中心线位置。

复核预留孔洞的尺寸、位置是否正确,管中心线是否垂直,并在墙上划线。立管需穿过现浇楼板时应预留孔洞。孔洞为正方形时,其边长与管径的关系要试验匹配;孔洞为圆孔时,孔洞尺寸一般比管径大 50～100 mm。

（2）埋设立管卡。

建筑物层高≤5 m 时,每层必须安装 1 个管卡;层高＞5 m 时,每层不得少于 2 个管卡。管卡安装高度为 1.5 ～1.8 m,2 个以上管卡应均匀安装,同一房间内管卡应安装在同一高度上。

（3）预制组装立管。

立管的预制应以楼层管段长度为单元进行。根据尺寸对管子下料,在地面按照管道连接顺序预制、组装、检查调直后编号并运到现场进行安装。

（4）安装立管。

安装前先清除立管上横支管处的封堵物和泥沙等,然后按立管上的编号从一层干管甩头处往上逐层进行安装。安装好后进行检查,保证立管的垂直度和管道距墙的尺寸符合设计要求,使其正面和侧面都在同一垂直线上,最后收紧管卡。

立管明装时,每层从上至下统一吊线安装卡件,将预制好的立管按编号分层排开,顺序安装。立管阀门安装应便于操作和修理。安装完后用线坠吊直找正,配合土建堵好楼板洞。

立管暗装时,竖井内立管安装的卡件宜在管井口设置型钢,上下统一吊线安装卡件。在墙内安装立管时需在结构施工中预留管槽,立管安装后吊直找正,用卡件固定。支管的甩口应露明并加好临时丝堵。

6)支管安装

(1)支管明装时,将预制好的支管从立管甩口依次逐段进行安装,有阀门时应将阀门盖卸下再安装,根据管道长度适当加好临时固定卡,核定不同卫生器具的冷热水预留口高度、位置是否正确,找平找正后栽支管卡件,去掉临时固定卡,上好临时丝堵。支管如装有水表应先装上连接管,试压后在交工前拆下连接管,安装水表。

(2)支管暗装确定支管高度后画线定位,剔出管槽,将预制好的支管敷设在槽内,找平找正定位后用钩钉固定。卫生器具的冷热水预留口要做在明处,加好丝堵。

7)管道试压

给水管道在隐蔽前应做好单项水压试验,其工作压力不大于 0.6 MPa。管道系统安装完后进行综合水压试验,水压试验时放净空气,充满水后进行加压。

(1)向管道系统注水。

水压实验是以水为介质,可用自来水,也可用未被污染、无杂质、无腐蚀性的清水为介质。向管道系统注水时,水压试验的充水点和加压装置,一般应选在系统或管段的较低处,以利于低处进水、高点排气。当注水压力不足时,可采取增压措施。

(2)向管道系统加压。

管道系统注满水后,启动加压泵使系统内水压逐渐升高,先升至工作压力,停泵观察。当各部位无破裂、无渗漏时,再将压力升至试验压力,其试验压力应不小于 0.6 MPa。生活饮用水和生产、消防合用的管道,试验压力应为工作压力的 1.5 倍,但不得超过 1.0 MPa。管道试压强度合格标准是在试验压力下,10 min 内,压力降不大于 0.05 MPa。然后将试验压力缓慢降至工作压力,再做较长时间观察,此时全系统的各部位仍无渗漏,则管道系统的严密性为合格。只有强度试验和严密性试验均合格时,水压试验才算合格。

8)管道冲洗与消毒

管道在试压完成后即可进行冲洗,冲洗应用自来水连续进行,应保证有充足的流量。冲洗时,应把已安装的水表拆下,并加以短管代替。对于室内饮用给水管道,应先进行管路的冲洗,再进行管路的消毒,最后用饮用水冲洗。进行消毒处理时,先将漂白粉放入桶内加以溶解,然后以每升水中含 20~30 mg 游离氯的水灌满管道,浸泡 24 h 以上,再用饮用水冲洗,并经有关部门取样检验,直至合格为止,如实填写冲洗记录,并办理验收手续,存入工程技术档案内。

9)管道防腐与保温

给水管道敷设与安装的防腐均须按设计要求及国家验收规范施工,所有型钢支架及管道镀锌层破损处和外露螺纹要补刷防锈漆。给水管道明装暗装的保温有三种形式:管道防冻保温、管道防热损失保温、管道防结露保温。其保温材质及厚度均按设计要求,质量达到国家规范标准,如表 5-15 所示。

表 5-15　管道的保温做法

序号	类别	保温材料	保温做法
1	防结露的给水管做绝缘保温	自熄聚氨酯软管套，$DN \leqslant 100, \delta = 10$ mm；$DN \geqslant 125, \delta = 15$ mm	外缠玻璃丝布带，再刷两道防火漆
2	环境温度 <4 ℃ 的场所给水管、中水管等做防冻保温	LMGF 复合管壳内层硅酸铝、外层憎水岩棉管壳，$DN \leqslant 200, \delta = 70$ mm；$DN \geqslant 250, \delta = 90$ mm	外缠玻璃丝布带，再刷乳胶漆两道
3	管道井及吊顶内的生活热水管及热水循环管做隔热保温	自熄聚氨酯软管套，$DN \leqslant 40, \delta = 20$ mm；$DN \geqslant 50, \delta = 30$ mm	外缠玻璃丝布带，再刷两道防火漆

基础知识测评题

一、填空题

1. 管材根据制造工艺和材质的不同有很多品种,按材质可分为金属管材、_____、复合管材等。

2. 外径为 219 mm,壁厚为 6 mm 的焊接钢管的规格表示为_____。

3. 给水引入管应由不小于_____的坡度坡向室外给水管网或坡向阀门井、水表井,以便检修时排放存水。

4. 建筑室内给水管网的敷设方式分为明装和_____。

5. 常用阀门中,靠介质流动自行开启或关闭,以防止介质倒流的阀门是_____。

6. 管道常用的连接方式有螺纹连接、焊接连接、法兰连接、承插连接、_____、_____、_____。

7. 建筑给水方式有_____、_____、_____、_____等。

8. 常用给水附件分为_____和_____。

9. 管道的布置形式有_____、_____和_____。

10. $D20 \times 4.0$ 表示_____。

11. 生活给水管道在交付使用前必须_____和_____,并经有关部门取样检验,符合国家_____方可使用。

二、判断题

1. 管径为 200 的铸铁管的表示方法为 $DN200$。 （ ）

2. 直径为 12 mm 的圆钢，其规格表示为 $\phi12$。 （ ）

3. 镀锌钢管可以采用焊接方式连接。 （ ）

4. 法兰连接就是用螺栓将管道两个管口的法兰拉紧，使其紧密结合起来。（ ）

5. 焊接连接方式在管道检修、更换管道时比较方便。 （ ）

6. 为了增加螺纹连接的严密性，在连接前应按螺纹方向缠以适量的麻丝或者胶带等。 （ ）

7. 刚性防水套管适用于管道穿墙处承受振动、管道有伸缩变形或有严密防水要求的构（建）筑物，如和水泵连接的管道穿墙。 （ ）

8. 城市给水管网引入建筑的水，如果与水接触的管道材料选择不当，将直接污染水质。 （ ）

9. 室内给水横干管宜有 0.002～0.005 的坡度坡向给水立管。 （ ）

10. 水表节点是安装在引入管上的水表及其前后设置的阀门和泄水装置的总称。
（ ）

三、选择题

1. PP-R 管外径为 25 mm，壁厚为 2.5 mm，以下哪种表达规格表达方式是正确的？（ ）

A. $DN25$ B. $D25\times2.5$ C. $\phi25\times2.5$ D. $dn25\times2.5$

2. 以下哪一种阀门在管路中处于全开或全闭的状态？（ ）

A. 闸阀   B. 球阀   C. 蝶阀   D. 止回阀

3. 混凝土管管道连接一般采用（ ）。

A. 焊接连接   B. 承插连接   C. 套管连接   D. 机械连接

4. 下列哪种管材不属于非金属管材？（ ）

A. 钢筋混凝土管   B. PVC 管   C. PE 管   D. 铝塑复合管

5. Y 型过滤器通常安装在减压阀、泄压阀、水表或其他设备的（ ）。

A. 出口端   B. 进口端   C. 进口或出口端   D. 进口和出口端

6. 公称直径为 50 mm 的镀锌钢管书写形式为（ ）。

A. $dn50$ B. $DN50$ C. $\varphi50$ D. $d50$

7. 水箱或水池的进水管上应装设（ ），起自动进水、自动关闭水流的作用。

A. 止回阀   B. 安全阀   C. 浮球阀   D. 节流阀

8. 建筑给水硬聚氯乙烯管道系统的水压试验必须在粘接连接安装（ ）h 后进行。

A. 24   B. 36   C. 48   D. 以上均不对

9. 当要阻止水流反向流动时，应在管道上装（ ）。

A. 闸阀   B. 截止阀   C. 止回阀   D. 以上均正确

10. 管道的埋设深度，应根据（ ）等因素确定。

A. 冰冻情况   B. 外部荷载   C. 管材强度   D. 以上均正确

11. 以下关于引入管的描述说法错误的是（　　）。

A. 建筑物用水量最大处引入　　　　　　B. 建筑物不允许断水处引入

C. 通常采用埋地暗敷的方式引入　　　　D. 通常采用明敷的方式引入

12. 将建筑内部给水管网与外部直接相连，利用外网水压供水，此系统是（　　）。

A. 设水箱的给水系统　　　　　　　　　B. 直接给水系统

C. 设水泵的给水系统　　　　　　　　　D. 设水池的给水系统

13. 在高层建筑中为避免低层承受过大的静水压力而采用的供水方式为（　　）。

A. 分质给水方式　　　B. 分区给水方式　　　C. 分压给水方式　　　D. 分量给水方式

四、简答题

1. 建筑设备工程中常用的金属、非金属、复合管材有哪些，其规格如何标示？

2. 常用的管材连接方式有哪些，各适用哪些管材？

3. 建筑设备中常用的金属型材有哪些，其规格如何标示？

4. 建筑设备中常用的阀门有哪些，其阀门类别、驱动方式、连接方式代号表示的意义是什么？

5. 建筑设备中常用的仪表有哪些？

6. Y型过滤器、阻火圈的作用是什么？

7. 建筑给水系统的组成及各部分的作用是什么？

8. 简述建筑内部给水管道的布置要求和给水管道安装工艺流程。

9. 简述高层建筑常用的给水方式。

10. 简述四种给水方式的基本形式及其优缺点。

扫一扫看答案

项目 6
建筑排水系统

任务 1　建筑排水系统的分类及组成

一、建筑排水系统的分类

建筑内部排水系统分为生活污(废)水排水系统、工业污(废)水排水系统和屋面雨雪水排水系统三大类。

1) 生活污(废)水排水系统

生活污(废)水排水系统用于排出居住建筑、公共建筑以及工厂生活间的污(废)水。人们在日常生活中排出的盥洗、洗涤水称为生活废水,排出的粪便污水称为生活污水。生活废水经过处理后,可作为中水,用来冲洗厕所、浇洒绿地或道路、冲洗汽车等;生活污水须经过化粪池处理后,方可排入室外排水管道。

2) 工业污(废)水排水系统

工业污(废)水排水系统用于排出工业生产过程中产生的污(废)水,由于工业生产门类繁多,所排出的污(废)水性质也极为复杂,按其污染的程度分为生产污水排水系统和生产废水排水系统。生产污水是指被污染的工业废水以及水温过高、排放后造成热污染的工业废水,如化工工业中所产生的废水。生产废水是指未受污染或轻微污染以及水温稍有升高的工业废水,如冷却水应回收循环使用,洗涤水可回收重复利用。

3) 屋面雨雪水排水系统

屋面雨雪水排水系统是用来收集排出房屋屋面上的雨水和融化的雪水的排水系统。

建筑内部的排水系统可分为分流制排水体制和合流制排水体制。在选用哪一种排水体制时,应根据污废水的性质、污染程度、排水量的大小并结合建筑外部排水体制和污水处理设施的完善程度以及综合利用与处理的要求等因素来确定。

二、建筑室内排水系统

建筑室内排水系统的组成应满足以下三个基本要求:首先,要能够迅速通畅地将污(废)水排到室外;其次,排水管道系统气压稳定,有毒有害气体不进入室内,能保证室内环境卫生;最后,管线布置合理,工程造价低。为满足以上要求,建筑室内排水系统一般由污(废)水收集器、排水管道系统、通气管道系统、清通设备、抽升设备、污(废)水局部处理构筑物等部分组成,如图 6-1 所示。

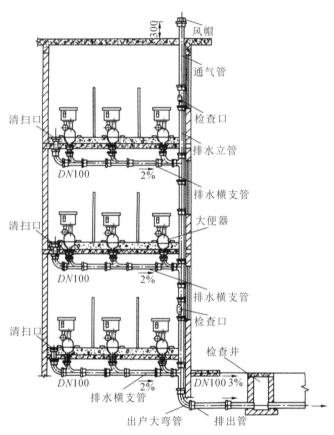

图 6-1 排水系统的组成

1. 污(废)水收集器

污(废)水收集器是用来收集污(废)水的器具,包含卫生器具、生产生活设备排水及雨水斗等。

2. 排水管道系统

排水管道系统包括器具排水管(含存水弯)、横支管、立管、干管和排出管。

1) 器具排水管

器具排水管位于建筑内部排水系统的起点,经过存水弯和排水短管流入横支管、横干管,最后排入室外排水管网。器具排水管上设有水封装置,其构造一般有 P 形和 S 形两种,安装方式如图 6-2 所示,以防止排水管道中的有害气体进入室内。

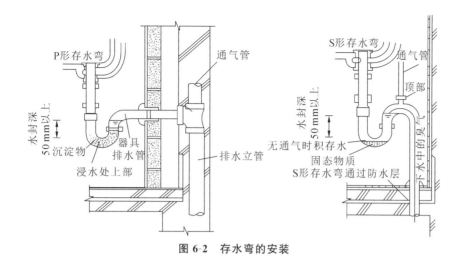

图 6-2　存水弯的安装

　　建筑内部排水管网接纳的排水量不均匀,排水历时短,高峰流量时可能充满整个管道断面,而大部分时间管道内可能没有水。管内水面和气压不稳定,水气容易掺和。当水流由横支管进入立管时,流速急骤增大,流速越大,水气混合越严重;当水流由立管进入排出管时,流速急骤减小,水气迅速分离。尤其高层建筑,流速变化更为剧烈。

　　存水弯是设置在卫生器具排水管上和生产污(废)水收集器的泄水口下方的排水附件。在弯曲段内存有 $50\sim100$ mm 深的水,称为水封。其作用是利用一定高度的静水压力抵抗排水管内气压变化,隔绝和防止排水管道内所产生的难闻有害气体、可燃气体、细菌微生物、蚊虫等通过卫生器具进入室内而污染室内环境。

　　水封高度与管内气压变化、水蒸发率、水量损失、水中杂质的含量及密度有关,不能太大也不能太小。水封高度太大,污水中固体杂质容易沉积在存水弯底部,堵塞管道;水封高度太小,管内气体容易克服水封的静水压力进入室内。

水封破坏原因分析

　　2)排水横支管

　　将器具排水管送来的污水转送到排水立管的水平排水管称为排水横支管。排水横支管应有一定的坡度坡向立管,尽量不拐弯,直接与立管相连。污(废)水由立管进入排出管后,排出管中的水流状态可分为急流段、水跃后段、逐渐衰减段,如图 6-3 所示。急流段流速大、水浅、冲刷能力强。急流末端由于管壁阻力使流速减小、水深增加而形成水跃。在水流继续向前运动过程中,因管壁阻力,水的动能减小,水深逐渐减小,趋于均匀流。

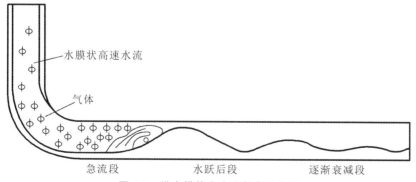

图 6-3　排出横管中水流状态示意图

3）排水立管

排水立管承接各楼层横支管流入的污水,然后再排入排出管。为了保证排水通畅,立管的管径不得小于 50 mm,也不能小于任何一根与其相连的横支管管径。

4）排水干管

排水干管是连接两根或两根以上排水立管的总的排水横管。在一般的建筑中,排水干管是埋地敷设,在高层建筑中,排水干管设置在地下室或专门的设备层中。

5）排 出 管

排出管即室内污水出户管,它是室内与室外排水系统的连接管道。排出管与室外排水管道连接处应设置排水检查井。污水一般先进入化粪池,再经过检查井排入室外排水管道。

3. 通气管道系统

通气管道系统是指与大气相通仅用于通气而不排水的管道,它的作用是使水流通畅,稳定排水管道内的气压,防止水封被破坏,排除管道内的臭气和有害气体。

对于层数不多、卫生器具较少的建筑物,仅设排水立管上部延伸出屋顶的通气管(简称伸顶通气管);对于层数较多的建筑物或卫生器具设置较多的排水系统,应设辅助通气管及专用通气管。辅助通气系统通常包括专用通气立管、主通气立管、副通气立管、环形通气管、器具通气管、安全通气管等,如图 6-4 所示。通气管顶部应设通气帽,防止杂物进入管道。冬季采暖室外计算温度低于 $-15\ ^{\circ}\mathrm{C}$ 的地区,应设镀锌铁皮风帽,高于 $-15\ ^{\circ}\mathrm{C}$ 的地区应设铅丝球。

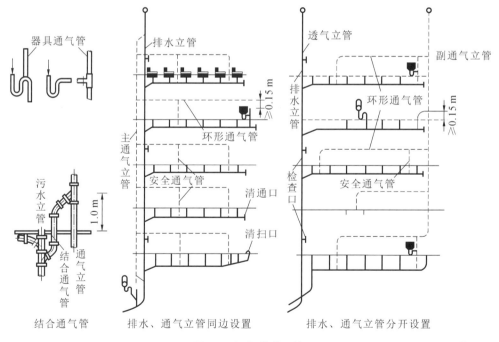

图 6-4　通气管道系统

4. 清通设备

为了清通室内排水管道,应在排水管道的适当部位设置清扫口、检查口和室内检查井等。

高层排水系统分析

5. 抽升设备

一些高层民用建筑、公共建筑的地下室以及地下人防工程和其他用
水设备的房间的排水管道,当污水难以利用自流排至建筑外部时,就需要设置污水抽升设备
增压排水,保证排水系统正常使用。建筑内部污水抽升常用的设备有潜水泵、液下泵和卧式
离心泵。

6. 污(废)水局部处理构筑物

当建筑内部的污、废水未经处理而未达到国家排放标准时,不允许直接排放到市政排水
管网,必须设置污(废)水局部处理构筑物,有隔油池、化粪池、沉淀池、中和池以及含毒污水
的局部处理设备。隔油池构造示意图如图 6-5 所示,化粪池构造示意图如图 6-6 所示。对汽
车洗车房、厨房等排出的含有较多泥沙、油污的废水,应设沉淀池去除水中的泥沙,其构造如
图 6-7 所示。

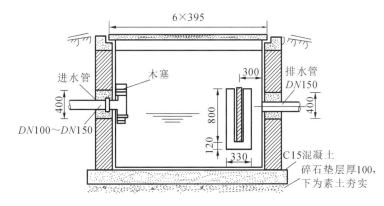

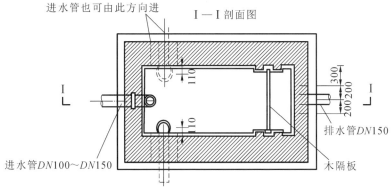

图 6-5　隔油池构造示意图

三、屋面雨雪水排放系统

为了及时有效有组织地排除屋面上的雨雪水,建筑物就必须设置完整的雨雪水排水系
统。屋面雨雪水排水系统可分为外排水系统和内排水系统,其中外排水系统又分为檐沟外
排水系统和天沟外排水系统。

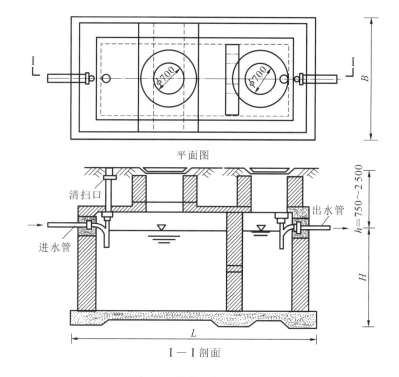

图 6-6   化粪池构造示意图

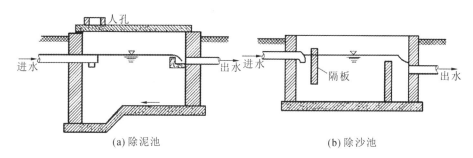

(a)除泥池   (b)除沙池

图 6-7   沉淀池剖面示意图

1. 外排水系统分类及构造

1)檐沟外排水系统

檐沟外排水系统又称为水落管外排水系统,它由檐沟、雨水斗、水落管(雨水立管)等组成,如图 6-8 所示。雨水降落到屋面上流入檐沟,经雨水斗流入水落管,排至建筑外部散水,流经雨水口、雨水井至地下排水系统。檐沟外排水系统适用于一般居住建筑、屋面面积较小的公共建筑和小型单跨厂房等屋面雨水的排除。

檐沟常用镀锌铁皮或混凝土制成。目前水落管常选用排水铸铁管,承插连接石棉水泥接口和 UPVC 塑料排水管连接。有些建筑还选用镀锌钢管卡箍连接。水落管的管径通常选用 $DN100$、$DN150$,间距为 8~12 m,水落管的布置间距应根据当地暴雨程度、屋面积水面积以及水落管的通水能力来确定。

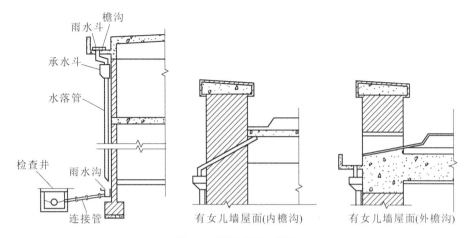

图 6-8 檐沟外排水系统

2）天沟外排水系统

天沟外排水系统由天沟、雨水斗、雨水立管等组成，如图 6-9 所示。雨水由屋面汇集于天沟，然后沿天沟流到沟端的雨水斗，经雨水立管排至地面或建筑外部雨水管沟。这种排水系统适用于长度不超过 100 m 的多跨工业厂房，以及厂房内不允许布置雨水管道的建筑。

天沟外排水系统应以建筑的伸缩缝或沉降缝作为屋面分水线，坡向两侧，以防止天沟通过伸缩缝或沉降缝而漏水。天沟的流水长度，应结合天沟的伸缩缝布置，一般不超过 50 m，其坡度不小于 3‰。为防止天沟末端积水，应在女儿墙、山墙上或天沟末端设置溢流口，溢流口应比天沟上檐低 50～100 mm，以保证在偶然超过设计暴雨强度的雨水量的情况下也能正常安全排水。

天沟可采用矩形、三角形、梯形或半圆形，应根据屋面实际情况来确定。排水立管和排出管可选用普通排水铸铁管承插连接石棉水泥接口，也可采用柔性抗震排水铸铁管承插法兰橡胶圈接口，还可采用 UPVC 塑料排水管承插粘接。

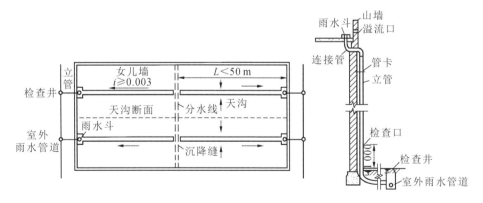

图 6-9 天沟外排水示意图及连接点详图

2. 内排水系统分类及构造

内排水系统是屋面设有雨水斗（图 6-10）、室内排水设有雨水管道的雨水排水系统。内排水系统常用于跨度大、特别长的多跨工业厂房，及屋面设天沟有困难的壳形、有天窗的厂房。建筑立面要求高的高层建筑和寒冷地区的建筑，不允许在外墙设置雨水立管时，也应考虑采用内排水系统。内排水系统可分为单斗和多斗排水系统,敞开式和密闭式内排水系统。

图 6-10   各种样式的雨水斗

（1）单斗排水系统一般不设悬吊管,雨水经雨水斗流入室内的雨水排水立管排至室外雨水管渠。

（2）多斗排水系统中设有悬吊管,雨水由多个雨水斗流入悬吊管,再经雨水排水立管排至室外雨水管渠,如图 6-11 所示。

（3）敞开式内排水系统。雨水经排出管进入室内普通检查井,属于重力流排水系统。其特点是,因雨水排水中负压抽吸会夹带大量的空气,若设计和施工不当,突降暴雨时会出现检查井冒水现象,但可接纳与雨水性质相近的生产废水。

（4）密闭式内排水系统。雨水经排出管进入用密闭的三通连接的室内埋地管,属于压力流排水系统。其特点是,当雨水排泄不畅时,室内不会发生冒水现象,但不能接纳生产废水。对于室内不允许出现冒水的建筑,一般宜采用密闭式排水系统。

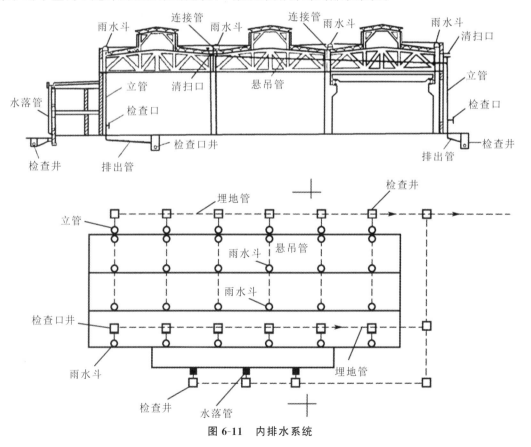

图 6-11   内排水系统

3.重力流排水系统

重力流排水系统可承接不同标高的雨水排水管网。檐沟外排水系统、敞开式内排水系统和高层建筑屋面雨水管系统都宜按重力流排水系统设计。重力流排水系统应采用重力流排水型雨水斗,雨水排放依靠重力自流,水流夹带空气进入整个雨水排水系统,其排水负荷和状态应符合表 6-1 的要求。

表 6-1　重力流排水型雨水斗具备的排水负荷和状态

DN/mm	75		100		150
进口形状	平算形	柱球形	平算形	柱球形	
排水负荷/(L·s^{-1})	2	6	3.5	12	26
排水状态	自由堰流				

4.压力流排水系统

压力流(虹吸式)排水系统,通过专用的雨水斗(虹吸式雨水斗、压力流雨水斗)和管道系统将雨水充分汇集到排水管中,排水管中的空气被完全排空,雨水自由下落时管道内产生负压,使雨水的下落达到最大的流速和流量。单斗压力流排水系统应采用 65 型和 79 型雨水斗;多斗压力流排水系统应采用多斗压力流排水型雨水斗,其排水负荷和状态应符合表 6-2 的要求。压力流排水系统广泛应用于大型厂房、展览馆、机场、运动场、高层裙房等跨度大、结构复杂的屋面。

表 6-2　多斗压力流排水型雨水斗应具备的排水负荷和状态

DN/mm	50	75
排水负荷/(L·s^{-1})	6	12
排水状态	雨水斗淹没泄流的斗前水位≤4 cm	

5.混合式排水系统

大型工业厂房的屋面形式复杂,为了及时有效地排出屋面雨水,往往同一建筑物采用几种不同形式的雨雪水排水系统,分别设置在屋面的不同部位,由此组成屋面雨雪水混合式排水系统。

任务 2　建筑排水管材、管道及附件

一、排水管材

建筑排水常用管材有排水塑料管、柔性抗震排水铸铁管、排水铸铁管、钢管、带釉陶土管等。

1.塑料管

塑料管有硬聚氯乙烯管(UPVC)、聚丙烯管(PP)、聚丁烯管(PB)和工程塑料管(ABS)

等。UPVC管分为普通管、芯层发泡管、空壁螺旋消声管等,适用于建筑高度不大于100 m的生活污水系统和雨水系统。其优点是耐腐蚀性强,质量轻,阻力小,价格低,质地坚硬;缺点是维修困难,无韧性,排水噪声大。

现代居民住宅优先选用硬聚氯乙烯塑料管,排放带酸、碱性废水的实验楼、教学楼应选用硬聚氯乙烯塑料管,对防火要求高的建筑物还要设置阻火圈或防火套管。硬聚氯乙烯塑料管常采用承插粘接,也可采用橡胶密封圈柔性连接、螺纹连接或法兰连接等连接方式,图6-12为常用的几种塑料排水连接配件。排水塑料管规格见表6-3。

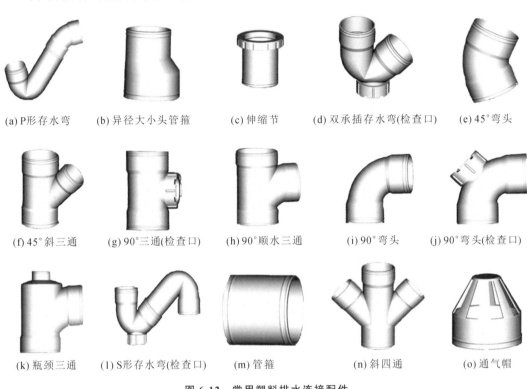

(a) P形存水弯	(b) 异径大小头管箍	(c) 伸缩节	(d) 双承插存水弯(检查口)	(e) 45°弯头
(f) 45°斜三通	(g) 90°三通(检查口)	(h) 90°顺水三通	(i) 90°弯头	(j) 90°弯头(检查口)
(k) 瓶颈三通	(l) S形存水弯(检查口)	(m) 管箍	(n) 斜四通	(o) 通气帽

图 6-12　常用塑料排水连接配件

表 6-3　建筑排水用硬聚氯乙烯塑料管规格

公称直径/mm	40	50	75	100	150
外径/mm	40	50	75	110	160
壁厚/mm	2.0	2.0	2.3	3.2	4.0
参考质量/(kg·m^{-1})	0.341	0.431	0.751	1.535	2.803

2. 柔性抗震排水铸铁管

随着高层和超高层建筑迅速兴起,一般以石棉水泥或青铅为填料的刚性接头排水铸铁管已不能适应高层建筑各种因素引起的变形。尤其是有抗震要求的地区的建筑物,对重力排水管道的抗震要求已成为最值得重视的问题。对于高度超过100 m的高耸超高层建(构)筑物,排水立管应采用柔性接口。在地震设防8度的地区或当排水立管高度在50 m以上时,则应在立管上每隔两层设置柔性接口。在地震设防9度的地区,立管、横管均应设置柔性接口。

柔性抗震排水铸铁管按其接口外形特点分为 A 型和 W 型两种。A 型柔性接口采用法兰橡胶圈密封,螺栓紧固,具有较好的曲挠性、伸缩性、密封性及抗震性能,施工方便,抗震性能好,适用于高层和超高层建筑及地震区的室内排水管道,也可用于埋地排水管,如图 6-13 所示。但是 A 型接口承插接头部位需要的安装空间较大,且管体较笨重、耗用钢材较多,成本较高。W 型柔性接口采用卡箍连接,如图 6-14 所示。W 型管箍是带肋不锈钢卡箍,内衬橡胶圈柔性连接,抗震性能高、密封性能好,允许接口在一定范围内摆动而不会渗漏。

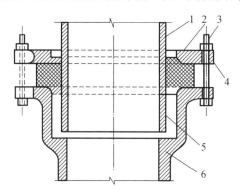

图 6-13　A 型法兰胶圈接口
1—给水铸铁管;2—密封橡胶圈;3—紧固螺栓;4—法兰压盖;5—插口接口处;6—排水铸铁管承口

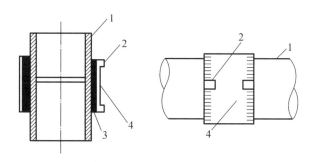

图 6-14　W 型柔性排水铸铁管接头
1—排水铸铁管;2—卡箍螺栓;3—橡胶圈;4—不锈钢带

3. 排水铸铁管

排水铸铁管是建筑排水系统目前常用的管材,有排水铸铁承插口直管、排水铸铁双承直管等种类。其常用管件有弯头、弯管、三通、四通、存水弯、管箍等。

排水铸铁管直管长度一般为 1.0～1.5 m,管径一般为 50～200 mm。排水铸铁管耐腐蚀性能强、强度高、噪声小、抗震防火、安装方便,特别适用于高层建筑。排水铸铁管连接方式分为承插式和卡箍式,承插式连接常用的接口材料有石棉水泥接口、膨胀水泥接口、青铅接口;卡箍式连接采用橡胶抱箍接口和法兰胶圈接口。石棉水泥接口、膨胀水泥接口和青铅接口属于刚性接口,如图 6-15 所示,其抗震性差、施工程序复杂,现已较少使用。

4. 钢管

钢管的管径一般为 32、40、50 mm,因此用于管径小于 50 mm 的排水管道中,一般用作洗脸盆、小便器、浴盆等卫生器具与排水横支管间的连接短管。工厂车间内振动较大的地点也可采用钢管代替铸铁管,但应注意其排出的工业废水不能对金属管道有腐蚀性。

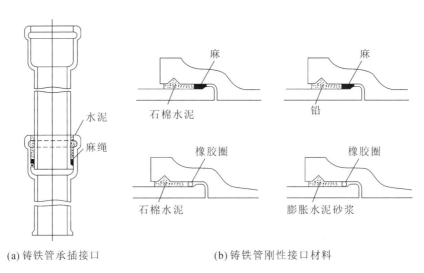

(a) 铸铁管承插接口　　　　　(b) 铸铁管刚性接口材料

图 6-15　承插式连接

5. 带釉陶土管

带釉陶土管耐酸碱、耐腐蚀,主要用于腐蚀性工业废水的排放。室内生活污水埋地管也采用陶土管。

二、排水管道附件

建筑排水系统常用附件包括地漏、存水弯、检查口、清扫口、通气帽等。

1. 地漏

地漏主要用于排除地面积水。通常设置在地面易积水或需经常清洗的场所,如浴室、卫生间、厨房、阳台等场所,家庭还可用作洗衣机排水口,如图 6-16 所示。地漏一般用铸铁或塑料制成,有带水封和不带水封两种,布置在不透水地面的最低处,地漏在排水口处盖有箅子,箅子顶面应比地面低 5~10 mm,水封深度不得小于 50 mm,在施工中其周围地面应有不小于 1% 的坡度坡向地漏,切记。

2. 存水弯

存水弯是设置在卫生器具排水管上和生产污(废)水收集器泄水口下方的排水附件(坐便器除外),存水弯中的水柱高度 h 称为水封高度,一般为 50~100 mm。其原理是利用一定高度的静水压力来抵抗排水管内气压变化,隔绝和防止排水管道内产生的难闻有害气体、可燃气体及小虫等通过卫生器具进入室内而污染环境。存水弯分为 P 形和 S 形两种,如图 6-17 所示。

3. 检查口

检查口是一个带压盖的开口短管,拆开压盖即可进行疏通工作。检查口设置在主管上,建筑物除最高层、最低层必须设置外,每隔一层设置一个。检查口一般距地面 1~1.2 m,并应高出该层卫生器具上边缘 15 cm,如图 6-18 所示。

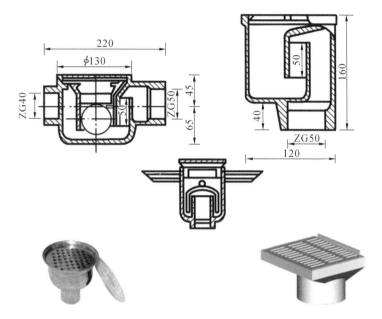

图 6-16　地漏

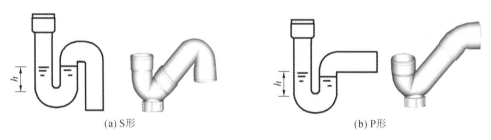

(a) S形　　　　　　　　　　　(b) P形

图 6-17　存水弯

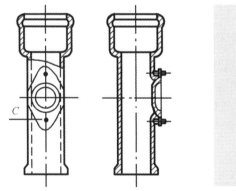

图 6-18　检查口

4. 清扫口

当悬吊在楼板下面的污水横管上有两个及两个以上的大便器或三个及三个以上的卫生器具时,应在横管的始端设清扫口,如图 6-19 所示。清扫口顶面宜与地面相平,也可采用带螺栓盖板的弯头、带堵头的三通配件作清扫口。为了便于拆装和清通操作,横管始端的清扫口与管道相垂直的墙面距离不得小于 0.15 m;采用管堵代替清扫口时,管堵与隔面的净距离不得小于 0.4 m。

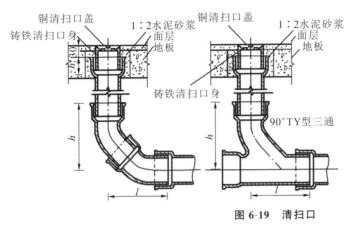

图 6-19　清扫口

5. 通气帽

通气帽设在通气管顶端,其形式一般有两种,如图 6-20 所示。

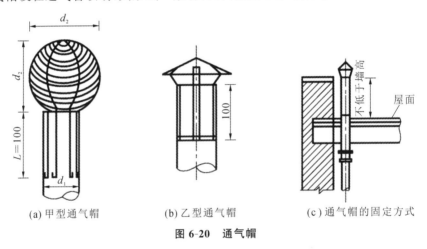

(a) 甲型通气帽　　　(b) 乙型通气帽　　　(c) 通气帽的固定方式

图 6-20　通气帽

甲型通气帽采用 20 号钢丝按顺序编绕成螺旋形网罩,称为圆形通气帽,适用于气候较温暖的地区;乙型通气帽是采用镀锌薄钢板制作而成的伞形通气帽,适用于冬季采暖室外温度低于 −12 ℃的地区,以避免潮气结霜封闭钢丝网罩而堵塞通气口的现象。

任务 3　建筑排水管道的布置与敷设

一、建筑室内排水管道的特点与布置原则

1. 室内排水管道的特点

排水系统的污废水中可能含有各种固体杂质,因此管道内实际上是气、水、固三相流动。

一般情况下,固体杂质所占的排水体积比较小,为简化分析,可认为排水管道内为气、水两相流动。

1）水量气压变化幅度大

各种卫生器具排放污水的状况各不相同,但一般规律是:排水历时短,瞬间流量大,高峰流量时可能充满整个管道断面,流量变化幅度大。因此,管道不是始终充满水,而是流量时有时无、时小时大,管道内在大部分时间可能没有水或者只有很小的流量。管道内水面和气压不稳定,水和气很容易掺和在一起。

2）水流速度变化大

在建筑内部污水排放的过程中,水流方向和速度大小不断地发生改变,而且变化幅度很大。建筑内部横管与立管交替连接,当水流由横管进入立管时,水流在重力作用下加速下降,气、水混合;当水流由立管进入排水横干管时,水流突然改变方向,流速骤然减小,发生气水分离现象。

3）事故危害大

室内污废水中含有的部分固体杂质,容易使管道排水不畅、发生堵塞,造成污水外溢。此时,有毒有害气体可能会排入室内,使室内空气恶化,直接危害人体健康。

鉴于此,排水管道系统的水流运动很不稳定,压力变化大,排水管中的水流物理现象对排水管的正常工作影响很大,因此在设计室内排水管道系统时,需要对建筑内部排水管道中的水气流动现象进行认真的研究,以保证排水系统的安全运行,同时尽量使管线短、管径小、造价低。

2. 室内排水管道布置原则

排水管道布置应力求简短,少拐弯或不拐弯,避免堵塞,如图 6-21 所示。应遵循以下原则:排水管道不得布置在遇水会引起爆炸、燃烧或损坏的原料、产品和设备的地方;排水管不穿越卧室、客厅,不穿行在食品或贵重物品储藏室、变电室、配电室,不穿越烟道等;排水管道不宜穿越容易引起自身损坏的地方,如建筑沉降缝、伸缩缝、重载地段和冰冻地段;排水塑料管应避免布置在地热源附近,塑料排水管应根据其管道的伸缩量设置伸缩节;建筑塑料排水管穿越楼层、防火墙、管道井井壁时,应按要求设置阻火装置。

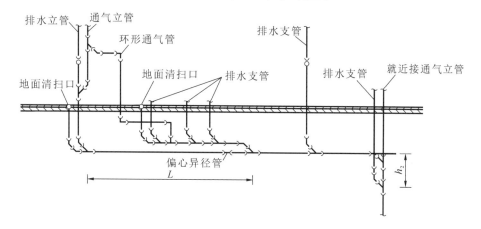

图 6-21　排水支管、排水立管与横干管连接

二、建筑室内排水管道的布置与敷设

1. 排出管与排水干管的布置与敷设

排水干管应根据卫生器具的位置和管道布置的要求而敷设。底层排水干管一般敷设在地沟内或直接埋在地下,一层以上的排水横管可用吊环悬吊在屋顶下明装,在穿越建筑物承重墙或基础时,应预留孔洞,预留孔洞尺寸见表6-4。排水横管应有一定的坡度坡向排水立管,应尽量减少转弯。与排水立管的连接处应采用斜三通或顺水三通,以防堵塞。排出管一般埋设在土壤内,也可敷设在地沟里。在高层建筑或小高层建筑中,排出管常敷设在地下室房屋顶下,排出管的长度随建筑外部检查井的位置而定,一般检查井中心至建筑物外墙距离不小于3 m,不大于10 m。

表 6-4　排水管道穿过承重墙或基础处预留孔洞的尺寸　　　　　　单位:mm

直径 D	50～75	>100
洞口尺寸(高×宽)	300×300	$(D+300)×(D+200)$

布置与敷设排出管和排水干管时应注意以下几点:

(1) 排水立管与排出管端部的连接,宜采用两个45°弯头或弯曲半径不小于4倍管径的90°弯头。

(2) 排出管以最短的距离排出室外,尽量避免在室内转弯。

(3) 排出管在穿越承重墙和基础时,应预留孔洞。预留孔洞的尺寸应使管顶上部的净空不小于建筑物的沉降量,且不得小于0.15 m。

(4) 埋地管不得布置在可能受重物压坏处或穿越生产设备的基础。

(5) 排水管穿过地下室墙或地下构筑物的墙壁处,应采取防水措施。

(6) 当明装的塑料横干管穿越防火分区隔墙时,管道穿越墙体的两侧应设置阻火圈或长度不小于500 mm的防火套管。

(7) 湿陷性黄土地区的排出管应设在地沟内,并应设检漏井。

(8) 排水塑料管道支架、吊架的最大间距应符合表6-5的规定。

表 6-5　排水塑料管道支架、吊架最大间距

管径/mm	50	75	110	125	160
立管/m	1.2	1.5	2.0	2.0	2.0
横管/m	0.5	0.75	1.10	1.30	1.60

2. 排水立管的布置与敷设

排水立管明装时一般设在墙角处或沿墙、沿柱垂直布置,与墙、柱的净距离为15～35 mm。暗装时,排水立管常布置在管井中;排水管道与其他管道共同埋设时,最小水平距离为1～3 m,最小竖向净距为0.15～0.2 m。布置与敷设排水立管时应注意以下几点:

(1) 立管应靠近杂质最多、最脏及排水量最大的排水点处设置,以便尽快地接纳污水,减少管道堵塞机会。排水立管的布置应减少不必要的转折和弯曲,尽量作直线连接。

（2）立管不得穿越卧室、病房等对卫生、噪声要求较高的房间，也不宜靠近与卧室相邻的内墙。

（3）立管宜靠近外墙，以减少埋地管长度，便于清通和维修。

（4）立管应设检查口，其间距不大于 10 m，但底层和最高层必须设检查口，检查口距地面 1.0 m。

（5）塑料立管明装且其管径大于或等于 110 mm 时，在立管穿越楼层处应采取防止火灾贯穿的措施，设置防火套管或阻火圈。塑料立管与家用灶具边缘净距不得小于 0.4 m。

（6）排水管埋地时，应有一个保护深度，防止排水管被重物压坏。其保护深度不得小于 0.4～1.0 m。

（7）排水立管穿过实心楼板时应预留孔洞，并应外加套管，预留孔洞时注意使排水立管中心与墙面有一定的操作距离。排水立管中心与墙面距离及楼板留洞尺寸见表 6-6。

表 6-6　排水立管中心与墙面距离及楼板预留孔洞尺寸　　　　单位：mm

管径	50	75	100	125～150
管中心与墙面距离	100	110	130	150
楼板留洞尺寸	100×100	200×200	200×200	300×300

（8）靠近排水立管底部的排水支管连接，应符合下列要求：

① 最低排水横支管与立管连接处距排水立管管底的垂直距离不得小于表 6-7 的规定。

表 6-7　最低排水横支管与立管连接处距排水立管管底的最小垂直距离　　　单位：m

立管连接卫生器具	垂直距离	
	仅设伸顶通气管	设通气立管
≤4	0.45	按配件最小安装尺寸确定
5～6	0.75	
7～12	1.20	
13～19	3.00	0.75
≥20	3.00	1.20

注：单根排水立管的排出管宜与排水立管相同管径。

② 排水支管连接在排出管或排水横干管上时，连接点距立管底部下游的水平距离不得小于 1.5 m。

③ 横支管接入横干管竖直转向管段时，连接点距转向处以下不得小于 0.6 m。

④ 下列情况下底层排水支管应单独排至室外检查井或采取有效的防反压措施：一是当靠近排水立管底部的排水支管的连接不能满足①、②的要求时。二是在距排水立管底部 1.5 m 距离之内的排出管、排水横管有 90°水平转弯管段时。

⑤ 当排水立管采用内螺旋管时，排水立管底部宜采用长弯变径接头，且排出管管径宜放大一号。

3. 排水横支管的布置与敷设

排水横支管常敷设在楼板下明装，用弯头或三通与排水横管或立管连接。三通应采用斜三通或顺水三通。除卫生器具本身有水封之外，排水支管上应安装存水弯。布置与敷设时应注意以下几点：

（1）排水横支管不宜太长，尽量少转弯，每根支管连接的卫生器具不宜太多。

（2）横支管不得穿过沉降缝、烟道、风管。

（3）架空横支管不得穿过生产工艺或卫生有特殊要求的生产厂房、食品或贵重商品仓库、通风室和变电室。

（4）管径大于或等于110 mm的塑料横支管当采用明装且与暗设立管相连时，在墙体贯穿部位应设置阻火圈或长度不小于300 mm的防火套管，且防火套管的明露部分长度不宜小于200 mm。

（5）横支管不得布置在遇水易引起燃烧、爆炸或损坏的原料、产品和设备上面，也不得布置在食堂、饮食业的主、副食操作烹调的上方。

（6）横支管距楼板和墙应有一定的距离，以便于安装和检修。

（7）当横支管悬吊在楼板下，并有2个及2个以上大便器或3个及3个以上卫生器具时，横支管顶端应升至上层地面并设置清扫口。

（8）塑料的污水横支管、横干管、器具通气管、环形通气管和汇合通气管上无汇合管件的直线段大于2 m时，应设伸缩节，且伸缩节之间最大间距不得大于4 m。

三、屋面雨水排水管道的布置与敷设

1. 外排水系统的布置与敷设

屋面雨水外排水系统中都应设置雨水斗。雨水斗是一种专用装置，有平箅形和柱球形两种。柱球形雨水斗有整流格栅，主要起整流作用，避免排水过程中形成过大的旋涡而吸入大量的空气，可迅速排除屋面雨水，同时拦截树叶等杂物。阳台、花台、供人们活动的屋面及窗井处，采用平箅形雨水斗。

1）檐沟外排水系统

檐沟外排水系统常采用重力流排水形雨水斗。在同一建筑屋面，雨水排水立管不少于2根。排水立管应采用UPVC排水塑料管和排水铸铁管，最小管径可用DN75，下游管段管径不得小于上游管段管径，距离地面以上1 m处须设置检查口并固定在建筑物的外墙上。

2）天沟外排水系统

天沟外排水系统属于单斗压力流形式，由天沟雨水斗和排水立管组成。雨水斗应采用压力流排水型，设置在伸出山墙的天沟末端。排水立管可采用UPVC承压塑料管和承压铸铁管，最小管径可用DN100，下游管段管径不得小于上游管段管径，距离地面以上1 m处设置检查口，排水立管固定应牢固。

天沟应以建筑物伸缩缝或沉降缝为屋面分水线，设置在其两侧。天沟连续长度应小于50 m，坡度太小易积水，坡度太大会增加天沟起端屋顶垫层，一般采用不大于0.003且不小于0.006的坡度。斗前天沟深度不小于100 mm；天沟不宜过宽，以满足雨水斗安装尺寸为宜。天沟断面多为矩形和梯形，为能顺利排除超出重现期降雨量的降雨，天沟端部应设有溢流口，溢流口比天沟上檐低50～100 mm。

2. 内排水系统的布置与敷设

内排水系统由天沟、雨水斗、连接管、悬吊管、立管、排出管、埋地干管和检查井组成。重力流排水系统的多层建筑宜采用建筑排水塑料管,高层建筑和压力流雨水管道宜采用承压塑料管和金属管。单斗或多斗系统可按重力流或压力流设计,大屋面工业厂房和公共建筑宜按多斗压力流设计。雨水斗设置间距应经计算确定,并应考虑建筑结构,沿墙、梁、柱布置,便于固定管道。雨水斗的造型与外排水系统相同。多斗重力流和多斗压力流排水系统雨水斗的横向间距宜为 12~24 m,纵向间距宜为 6~12 m。当采用多斗排水系统时,同一雨水斗应在同一水平面上,且一根悬吊管上的雨水斗不宜多于 4 个,最好对称布置,雨水斗不能设在排水立管顶端。

内排水系统采用的管材与外排水系统相同,而工业厂房屋面雨水排水管道也可采用焊接钢管,但其内、外壁应作防腐处理。

1)敞开式内排水系统

敞开式内排水系统中的连接管是上部连接雨水斗、下部连接悬吊管的一段竖向短管,其管径一般与雨水斗相同,且大于等于 100 mm。连接管应牢靠地固定在建筑物的承重结构上,下端宜采用顺水连通管件与悬吊管相连接。为防止因建筑物层间位移、高层建筑管道伸缩造成雨水斗周围屋面被破坏,在雨水斗连接管下应设置补偿装置,一般宜采用橡胶短管或承插式柔性接口。悬吊管是上部与连接管、下部与排水立管相连接的管段,通常是顺梁或屋架布置的架空横向管道,其管径按重力流和压力流计算确定,但应大于或等于连接管的管径,且不小于 300 mm,坡度不小于 5‰。连接管与悬吊管、悬吊管与立管之间的连接管件采用 45°或 90°三通为宜。

在埋地管转弯、变径、变坡、管道汇合连接处和长度超过 30 m 的直线管段上均应设检查井,检查井井深应不小于 0.7 m,井内管顶平接,并做高出管顶 200 mm 的高流槽。为了有效分离出雨水排出时吸入的大量空气,避免敞开式内排水系统埋地管系统上检查井冒水,应在埋地管起端几个检查井与排出管之间设排气井,使排出管排出的雨水流入排气井后与溢流墙碰撞消能,大幅度降低流速,使得气水分离,水再经整流格栅后平稳排出,分离出的气体经放气管排放到一定空间,如图 6-22 所示。

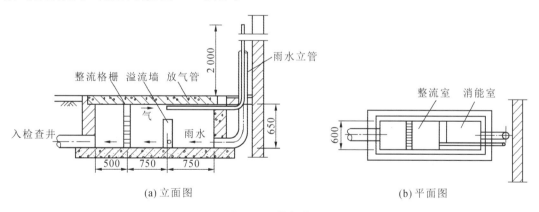

图 6-22　排气井

2)密闭式内排水系统

密闭式内排水系统由天沟、雨水斗、连接管、悬吊管、雨水立管、埋地管组成,其设计选型、布置和敷设与敞开式相同。密闭式内排水系统属于压力流,不设排气井,埋地管上检查口设在检查井内,即检查口井。

任务 4　建筑室内排水管道工程施工工艺

一、室内排水管道的安装施工工艺

1. 室内排水管道安装工艺流程

排水管道安装一般自下至上分层进行,先安装排出管,再安装排水立管、排水横管、立支管,最后安装卫生器具。

室内排水管道安装工艺流程:安装准备→预制加工→埋地排水管道安装→隐蔽排水管道闭水试验及验收→排水立管安装→各楼层排水横管安装→卫生器具支管安装→排水系统闭水试验→通球试验。室内排水管道及配件安装工艺流程如图 6-23 所示。

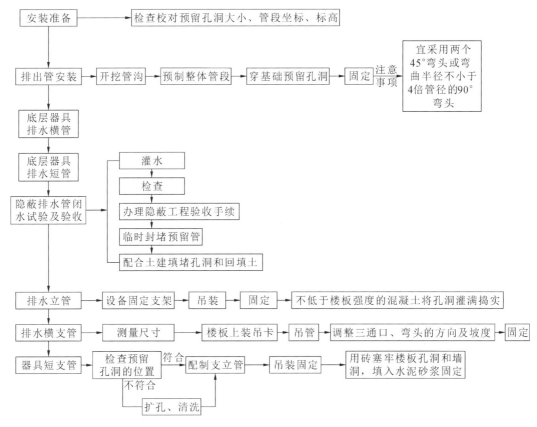

图 6-23　室内排水管道及配件安装工艺流程图

2. 与土建装饰工程相衔接

1) 材料准备

对于管材、管件及附属制品等,在进入施工现场时应认真检查,管材应标有规格、生产厂的名称和执行的标准号,管件上应有明显的商标和规格。接口材料有水泥、石棉、膨胀水泥、石膏、氯化钙、油麻、耐酸水泥、青铅、塑料胶粘剂、塑料焊条、碳钢焊条。胶粘剂应标有生产厂名称、生产日期和有效期,并应有出厂合格证和说明书,且必须符合设计及规范要求。其他材料及其施工设施一并准备好。

2)安装工程准备

在土建主体结构工程施工过程中,应做好管道穿越楼板、墙、管井井壁等结构的预留孔洞和预埋套管的工作。

(1)给水排水立管等楼板处加设套管,套管管径应比对立管道直径大1～2号;套管下端应与楼板平齐,上端应伸出地面50 mm。排水管安装完成后应配合土建支模用膨胀水泥砂浆封堵,钢套管与管道间用石棉绳或沥青油麻绳封填,上面用沥青油膏(防水油膏)嵌缝、抹平、打实,如图6-24、图6-25所示。排水管穿墙(管井)及封堵的施工工艺与排水管道穿楼板的施工工艺类似。

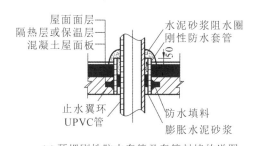
(a)预埋刚性防水套管及套管封堵的详图

(b)刚性防水套管

(c)水泥砂浆阻水圈

图6-24　排水管穿屋面封堵做法

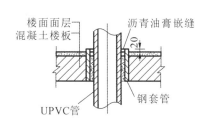
(a)排水管穿楼板预埋钢套管及封堵做法详图

(b)穿楼板预埋钢套管

(c)钢套管

图6-25　排水管穿楼板封堵做法

塑料排水管道的器具排水管穿楼板时,不需要安装套管,但要预埋止水翼环。通常工艺是:第一步在支模板时固定止水节并封堵好;第二步将止水节随现浇板浇筑成整体;第三步在止水节上方接上(黏结)预留的卫生洁具排水口(点),如图6-26所示。

(2)卫生间地面应配合土建做冷防水,冷防水完毕后应做闭水试验,注水有一定饱有量,且48 h内不渗不漏,方可进行地面上卫生器具及管道安装。

(3)卫生间内饰面应镶嵌瓷砖,瓷砖可在卫生器具安装前镶嵌,但卫生器具安装位置处应预留安装面。卫生器具排水横支管敷设于地面上,应配合土建砌筑250～300 mm一步台阶。

(4)地面排水管道安装完毕后,以炉渣填实,再撒一薄层干灰后用水泥砂浆抹面,镶嵌地面砖,地面应做1%的坡度,坡向积水坑。

图 6-26　卫生洁具下水口穿楼板做法

3. 排水管道的安装

1）排出管的安装

在施工中,一般排出管在室外伸出建筑散水外边缘 0.2 m 或外墙外 1.5 m;室内一般延至一层立管检查口,排出管的安装要满足以下要求。

(1)排出管与室外排水管道一般采用管顶平接,其水流转角不小于 90°,若排出管采用跌水连接且跌落差大于 0.3 m,其水流转角不受限制。

(2)排出管穿越承重墙或基础时,根据图纸要求并结合实际情况,应预留洞口,其洞口尺寸为:管径为 50～75 mm 时,留洞尺寸为 300 mm×300 mm;管径大于等于 100 mm 时,留洞尺寸为(d+300) mm×(d+200) mm,且管顶上部净空不得小于建筑物的沉降量,且不小于 0.15 m。按预留口位置测量尺寸,绘制加工草图,根据草图量好管道尺寸,进行断管。

(3)排出管安装并经位置校正和固定后,应妥善封填预留孔洞,其做法是用不透水材料(如沥青油麻或沥青玛蹄脂)封填严实,并在内外两侧用 1:2 水泥砂浆封口。

(4)排出管要保证有足够的覆土厚度,以满足防冻、防压要求。对湿陷性黄土地区,排出管应做检漏沟。

2）排水干管的安装

根据设计图纸要求的坐标标高预留槽洞或预埋套管。埋入地下时,按设计坐标、标高、坡向、坡度开挖槽沟并夯实。排水干管的管长应以已安装好的排出管斜三通及 45°弯头承口内侧为量尺基准,确定各组成管段的管段长度,经比量法下料、打口预制。采用托、吊管安装时,应按设计坐标、标高、坡向做好托、吊架。施工条件具备时,将预制加工好的管段按编号运至安装部位进行安装。各管段粘接连接时也必须按粘接工艺依次进行。干管安装完后应做闭水试验。

地下埋设管道应先用细砂回填至管道上表面 100 mm,上覆过筛土,夯实时勿碰损管道。托、吊管粘牢后再按水流方向找坡度,最后将预留口封严和堵洞。

3）排水立管的安装

立管安装应在主体结构安装完成后,作业不相互交叉影响时进行。按设计要求设置固定支架或支承件后,再进行立管的吊装。安装立管时(先把竖井内的模板及杂物清理干净,并做好防坠措施),一般先将管段吊正,再安装伸缩节;然后将管端插入伸缩节承口橡胶圈中,用力应均匀,不可摇动挤入,避免橡胶圈顶歪;最后找正、找直,并测量顶板距三通口中心尺寸是否符合要求;无误后即可堵洞,并将上层预留伸缩节封严,由土建浇筑不低于楼板标号的细石混凝土用于堵洞。

塑料排水立管应每层设一个伸缩节,具体位置规定见表 6-8 和图 6-27;横干管设伸缩节应根据设计伸缩量确定;横支管上合流配件至立管超过 2 m 则应设伸缩节。但伸缩节之间的距离不得超过 4 m。管端插入伸缩节处预留的间隙应为:夏季 5～10 mm;冬季 15～20 mm。

表 6-8　立管伸缩节的设置规定

序号	条件	伸缩节位置
1	立管穿越楼层处为固定支承且排水支管在楼板之下接入时	水流汇合管件之下
2	立管穿越楼层处为固定支承且排水支管在楼板之上接入时	水流汇合管件之上
3	立管穿越楼层处为不固定支承时	水流汇合管件之上或之下
4	立管上无排水支管接入时	按间距要求设于任何部位

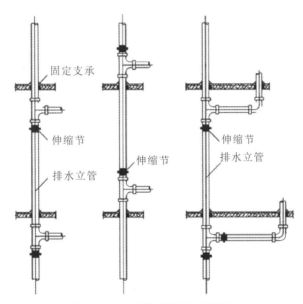

图 6-27　立管伸缩节的位置设定

　　高层建筑内明敷管道,当设计要求采取防止火灾贯穿措施时,应设置防火套管及阻火圈。立管明敷且管径不小于 110 mm 时,在楼板穿越部位应设置阻火圈或长度不小于500 mm 的防火套管,如图 6-28 所示。

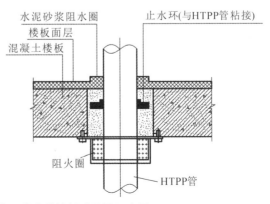

图 6-28　塑料排水立管穿越楼板时设置阻火圈

4）排水横支管的安装

排水横支管安装应在墙体砌筑完毕,并已弹出标高线,墙面抹灰工程已完成后进行。施工场地及施工用水、电等临时设施能满足施工要求,管材、管件及配套设备等核对无误,并经检验合格。

排水横支管安装时,对塑料排水管支(吊)架间距不得大于表6-9规定。塑料排水管横管须设置伸缩节,具体位置应符合设计要求。横支管上合流配件至立管的直线管段超过2 m时,应设伸缩节,且伸缩节之间的最大间距不得超过4 m。伸缩节应设于水流汇合配件的上游端部。

表 6-9　塑料排水管支(吊)架最大间距

管径/mm	50	75	110	125	160
立管/m	1.2	1.5	2.0	2.0	2.0
横管/m	0.5	0.75	1.10	1.30	1.60

5）器具短支管的安装

核查建筑物地面、墙面的做法和厚度,找出预留口坐标、标高,然后按准确尺寸修整预留洞口。分部位实测尺寸做记录,并预制加工、编号。粘接支管时,必须将预留管口清理干净,再进行粘接。粘牢后找正、找直。最后进行闭水试验。

4. 排水管道安装后闭水试验

排水管道安装后,按规定必须进行闭水试验。凡属隐蔽暗装管道的,必须按分项工序进行闭水试验。卫生器具及设备安装后,必须进行通水试验,且应在油漆粉刷最后一道工序前进行。

二、屋面雨水排水管道及附件安装

1. 雨水管道及管件

(1)重力流雨水系统。重力流雨水系统由雨水斗、连接管、悬吊管、雨水立管、排出管、埋地管组成。悬吊管应采用铸铁管或塑料管,且铸铁管的坡度不小于1%,塑料管坡度不小于5%;雨水立管一般采用铸铁管或塑料管;埋地管一般采用混凝土管、钢筋混凝土管或陶土管。

(2)压力流雨水系统。压力流雨水系统一般由雨水斗、管道、管配件、管道固定装置组成。压力流雨水系统的管材及管件,可采用高密度聚乙烯(HDPE)管。

2. 雨水管道安装技术要求

(1)室内的雨水管道安装后应作闭水试验,灌水高度必须跟每根立管上部的雨水斗平齐。检验方法:闭水试验持续1 h,不渗不漏。这样做主要是为了保证工程质量,因为雨水管有时是满管流,需要具备一定的承压能力。

(2)雨水管道如采用塑料管,其伸缩节安装应符合设计要求,间距不大于4 m。塑料排水管要求每层设伸缩节,作为雨水管也应按设计要求安装伸缩节。雨水管道不得与生活污水管道相连接。这样要求主要是防止雨水管道满水后倒灌到生活污水管,破坏水封造成污染并影响雨水顺利排出。

（3）连接管是连接雨水斗和悬吊管的一段竖向短管；一般与雨水斗同径，但不宜小于100 mm，连接管应牢固固定在建筑物的承重结构上，下端用斜三通与悬吊管连接。

（4）悬吊管连接雨水斗和排水立管。根据悬吊管连接雨水斗的数量可分为单斗悬吊管和多斗悬吊管。悬吊管一般沿桁架或梁敷设，并牢固地固定在其上。悬吊式雨水管道的敷设坡度不得小于 3‰；其管径不小于连接管管径，也不应大于 300 mm。连接管与悬吊管、悬吊管与立管间宜采用 45°斜三通或 90°三通连接；悬吊式雨水管道的检查口（或带法兰堵口的三通）的间距不得大于表 6-10 的规定。

表 6-10 悬吊管的检查口间距

项次	悬吊管直径/mm	检查口间距/m
1	≤150	≤15
2	≥200	≤20

（5）立管接纳悬吊管或雨水斗流来的水流。立管宜沿墙、柱安装，一般为明装，若建筑或工艺要求暗装时，可敷设于墙槽或管井内，但必须考虑安装和检修方便，立管上应装设检查口，检查口中心距地面宜为 1.0 m。立管的管径不得小于与其连接的悬吊管的管径。

（6）排出管是将立管雨水引入检查井的一段埋地管。排出管有较大坡度，其管径不得小于立管管径。排出管在检查井中与下游埋地管管顶平接，水流转角不得小于 135°。当排出管穿越地下室墙壁时，应有防水措施。排出管穿越基础墙处应预留孔洞，洞口尺寸应保证建筑物沉陷时不压坏管道，在一般情况下，管顶宜有不小于 150 mm 的净空。

（7）埋地管是接纳各立管流来的雨水，敷设于室内地下的横管，其作用是将雨水引至室外，其最小管径不得小于 200 mm，最大管径不宜大于 600 mm。埋地管不得穿越设备基础及其他可能受水发生危害的构筑物，埋地雨水管道的最小坡度应符合表 6-11 的规定。连接管、悬吊管和立管一般用 UPVC 管、铸铁管（石棉水泥接口），如管道有可能受到振动或生产工艺有特殊要求时，可采用钢管、焊接接口，外涂防锈油漆。埋地管一般采用非金属管道，如混凝土管、钢筋混凝土管、UPVC 管或加筋 UPVC 管等。

表 6-11 埋地雨水管道的最小坡度

项次	管径/mm	最小坡度/(‰)	项次	管径/mm	最小坡度/(‰)
1	50	20	4	125	6
2	75	15	5	150	5
3	100	8	6	200~400	4

3. 雨水斗

雨水斗的作用为汇集屋面雨水，使流过的水流平稳、畅通并截留杂物，防止管道阻塞。为此，要求选用导水畅通、排水量大、斗前水位低和泄水时渗水量小的雨水斗，且有整流格栅装置。图 6-29 所示为虹吸式雨水斗在屋面的安装示意图。雨水斗的连接应固定在屋面承重结构上。雨水斗边缘与屋面相连处应严密不漏。连接管管径不得小于 100 mm，设计另有要求时应遵循设计要求。雨水斗布置的位置要考虑集水面积比较均匀和便于与悬吊管及雨水斗立管的连接，以确保雨水能畅流流入。布置雨水斗时，应以伸缩缝或沉降缝作为屋面排水分水线，否则应在该缝的两侧各设一个雨水斗。在防火墙处设置雨水斗时，应在该墙的两侧各设一个雨水斗。雨水斗的间距一般应根据建筑结构的特点(如柱子的布置等)决定,一般间距采用 12～24 m。雨水斗与天沟连接处,应做好防水,避免雨水由该处漏入房间内。

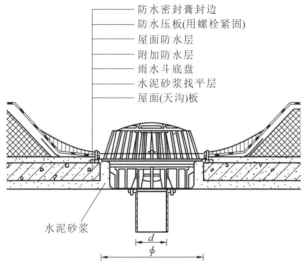

图 6-29 虹吸式雨水斗在屋面的安装示意图

三、室内卫生器具安装

卫生器具是室内排水系统的重要组成部分,是收集、排出生活及生产各类污水或废水的设备。卫生器具通常用陶瓷、搪瓷、不锈钢、塑料等材料制成。布置卫生器具时,应根据厨房、卫生间、公共厕所的平面位置,房间面积的大小,卫生器具数量与单件尺寸,有无管道竖井和管槽等条件,以满足使用方便、容易清洁、管线短、转弯少等要求综合考虑。卫生器具按用途可分为三大类:便溺用卫生器具(包括大便器、小便器等),盥洗、淋浴用卫生器具(包括洗脸盆、盥洗槽、浴盆、沐浴器等),洗涤用卫生器具(包括洗涤盆、污水盆等)。各类卫生器具的安装高度详见表 6-12。

表 6-12 卫生器具的安装高度

项次	卫生器具名称		卫生器具安装高度/mm		备注
			居住、公共建筑	幼儿园	
1	污水盆(池)	架空式	800	800	—
		落地式	500	500	—
2	洗涤盆(池)		800	800	自地面至器具上边缘
3	洗脸盆、洗手盆(有塞、无塞)		800	500	
4	盥洗槽		800	500	
5	浴盆		480	—	
6	蹲式大便器	高水箱	1800	1800	自台阶面至高水箱底
		低水箱	900	900	自台阶面至低水箱底

续表

项次	卫生器具名称		卫生器具安装高度/mm		备注
			居住、公共建筑	幼儿园	
7	坐式大便器	高水箱	1800	1800	自地面至高水箱底
		低水箱　虹吸喷射式	470	370	自地面至低水箱底
8	小便器	挂式	600	450	自地面至受水部分上边缘
9	小便槽		200	150	自地面至台阶面
10	大便槽冲洗水箱		≥2000	—	自台阶面至水箱底

卫生器具安装工艺流程：安装准备→卫生洁具及配件检验→卫生洁具安装→卫生洁具配件预装→卫生洁具安装→卫生洁具与墙、地的缝隙处理→卫生洁具外观检查→通水试验。

1. 便溺用卫生器具

1）大便器

大便器有坐式、蹲式和大便槽三种类型。坐式大便器多适用于住宅、宾馆类建筑，其他类型大便器多适用于公共建筑。坐式大便器简称坐便器（图6-30），有直接冲洗式、虹吸式、冲洗虹吸联合式、喷射虹吸式和旋涡虹吸式等多种，当前广泛应用的是虹吸式冲洗方式。

蹲式大便器有高水箱、低水箱、自闭式冲洗阀、脚踏自闭式冲洗阀等类型，其中最常用的还是高水箱蹲式大便器，安装图如图6-31所示。自闭式冲洗阀蹲式大便器广泛应用于集体宿舍、公共卫生间等场所，安装图如图6-32所示。

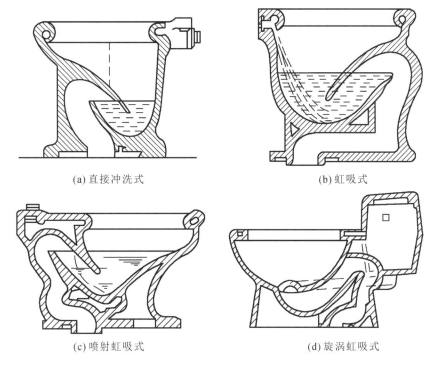

(a) 直接冲洗式　　　　　　　　　　(b) 虹吸式

(c) 喷射虹吸式　　　　　　　　　　(d) 旋涡虹吸式

图6-30　坐便器

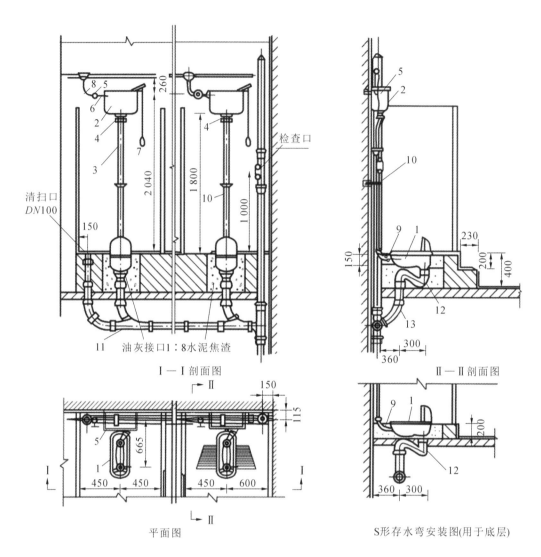

图 6-31　高水箱蹲式大便器安装图（埋地安装）

1—蹲式大便器；2—高水箱；3—冲洗管 DN32；4—冲洗管配件；5—角式截止阀 DN15；6—浮球阀配件；

7—拉链；8—弯头 DN15；9—橡皮碗；10—单管立式支架；11—45°斜三通 100 mm×100 mm；

12—存水弯 DN100；13—弯头 DN100

2）小便器

小便器有挂式、立式和小便槽三种，小便器的冲洗设备可以采用手动冲洗阀、自动冲洗水箱两种形式。在大型公共建筑、学校、集体宿舍的男卫生间，由于同样的设置面积要求容纳更多人使用，故一般设置小便器。图 6-33 所示为挂式小便器安装图；图 6-34 所示为立式小便器安装图。

2.盥洗、沐浴用卫生器具

1）洗脸盆

洗脸盆按结构形状可分为长方形、半圆形、三角形和椭圆形等类型；按安装方式可分为墙挂式、柱脚式、台式等，图 6-35 所示为墙挂式洗脸盆安装图。

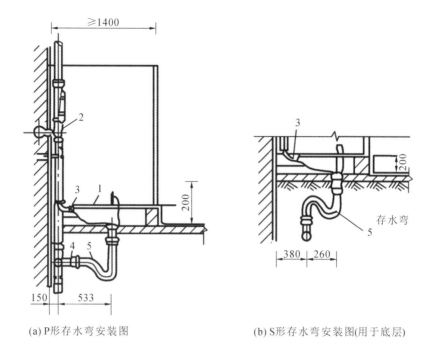

(a) P形存水弯安装图　　　　(b) S形存水弯安装图(用于底层)

图 6-32　自闭式冲洗阀蹲式大便器安装图
1—蹲式大便器;2—自闭式冲洗阀;3—胶皮碗;4—TY 型三通;5—存水弯

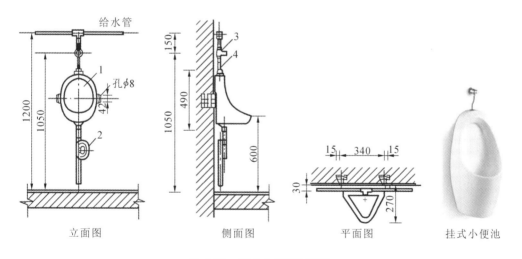

立面图　　　　　侧面图　　　　　平面图　　　　　挂式小便池

图 6-33　挂式小便器安装图
1—挂式小便器;2—存水弯;3—角式截止阀;4—短管

2）盥洗槽

盥洗槽多用于卫生标准要求不高的公共建筑和集体宿舍等场所。盥洗槽为现场制作的卫生设备,常用材料为瓷砖、水磨石等。有靠墙设的长条形盥洗槽和置于卫生间中间的圆形盥洗槽之分,图 6-36 为盥洗槽安装图。

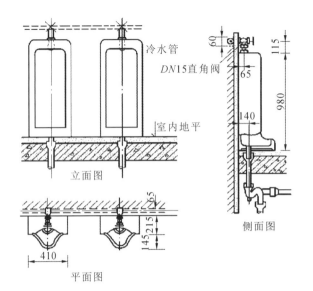

立式小便池

图 6-34　立式小便器安装图

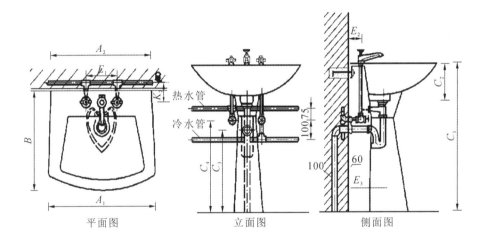

图 6-35　墙挂式洗脸盆安装图

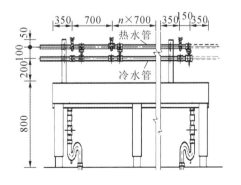

图 6-36　盥洗槽安装图

3）浴盆

浴盆设在住宅、宾馆等建筑物的卫生间内及公共浴室内,浴盆外形一般有长方形、方形、椭圆形等。浴盆一般设有冷、热水龙头或混合水龙头,并配有固定或活动式淋浴喷头,图 6-37所示为浴盆安装图。

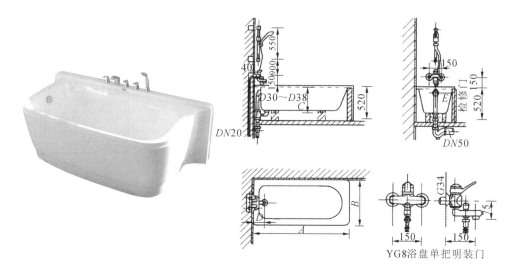

图 6-37 浴盆安装图

4）淋浴器

淋浴器一般设置在工业企业生活间、集体宿舍及旅馆的卫生间、体育场卫生间和公共浴室内。淋浴器具有占地面积小、使用人数多、设备利用率高、耗水量小等优点。按配水阀和装置不同分为普通式、脚踏式、光电式等,图 6-38 所示为淋浴器安装图。

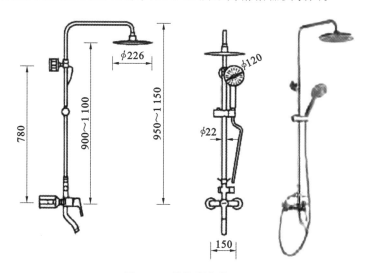

图 6-38 淋浴器安装图

3.洗涤用卫生器具

1）洗涤盆

洗涤盆广泛用于住宅厨房、公共食堂等场所,图 6-39 所示为洗涤盆安装图。洗涤盆要求具有清洁卫生、使用方便等优点,多为陶瓷、搪瓷、不锈钢和玻璃制器。洗涤盆可分为单格、双格和三格等,按安装方式,洗涤盆又可分为墙挂式、柱脚式和台式。

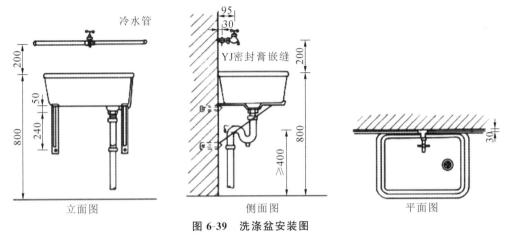

图 6-39　洗涤盆安装图

2) 污水盆

污水盆一般设于公共建筑的厕所或盥洗室内,如图 6-40 所示,供洗涤清扫工具、倾倒污(废)水用。一般用水磨石制作或者用砖砌镶嵌瓷砖,多为落地式。

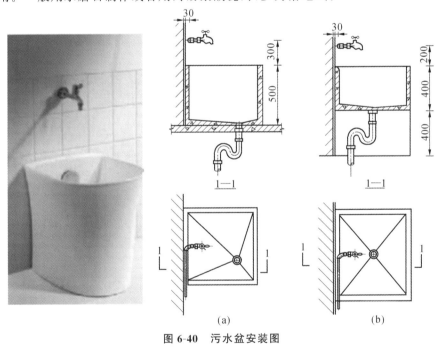

图 6-40　污水盆安装图

4. 卫生器具安装质量检验

(1) 排水栓和地漏的安装应平正、牢固、低于排水地面,且周围无渗漏。地漏水封高度不得小于 50 mm。

检验方法:试水观察检查。

(2) 卫生器具交工前应做闭水试验和通水试验。

检验方法:满水后检查各连接件,不渗不漏为合格;通水试验时排水畅通为合格。

（3）有饰面的浴盆，应留有通向浴盆排水口的检修门。

检验方法：观察检查。

（4）卫生器具及器具排水管道安装的允许偏差和检验方法见表6-13和表6-14。

表 6-13　卫生器具安装的允许偏差和检验方法

项次	项目		允许偏差/mm	检验方法
1	坐标	单独器具	10	拉线、吊线和尺量检查
		成排器具	5	
2	标高	单独器具	±15	
		成排器具	±10	
3	器具水平度		2	用水平尺和尺量检查
4	器具垂直度		3	吊线和尺量检查

表 6-14　卫生器具排水管道安装的允许偏差及检验方法

项次	检查项目		允许偏差/mm	检验方法
1	横管弯曲度	每1 m长	2	用水平尺检查
		横管长度≤10 m,全长	<8	
		横管长度>10 m,全长	10	
2	卫生器具的排水管口及横支管的纵横坐标	单独器具	10	用尺量检查
		成排器具	5	
3	卫生器具的接口标高	单独器具	±10	用水平尺和尺量检查
		成排器具	±5	

基础知识测评题

一、填空题

1.建筑内部排水系统根据接纳污、废水的性质，可分为 _____、_____、_____ 和 _____。

2.室内排水系统由 _____、_____、_____、_____、_____ 和 _____ 组成。

3.为疏通建筑内部排水管道，保障排水通畅，需设置清通设备，在横管上设 _____，在立管上设 _____。

4.屋面雨水的排除方式按雨水管道的位置分为外排水系统、_____ 和 _____。

5. 存水弯分为_____和_____。

6. 地漏的水封高度不小于_____mm。

7. 为了防止管道受机械损坏,排出管的最小埋深为:混凝土、沥青混凝土地面下埋深不小于_____m,其他地面下埋深不小于_____m。

8. 排水支管与卫生器具相连时,除_____和_____外均应设置存水弯。

9. 排水体制分为_____和_____。

二、判断题

1. 民用建筑中的地下室、地下铁道等建筑物内的污、废水不能自流排至室外时必须设置污水提升设备。   (   )

2. 水表节点是指引入管上装设的水表。   (   )

3. 不允许断水的车间及建筑物,给水引入管应设置至少1条。   (   )

4. 室外给水管道与污水管道交叉时,给水管道应敷设在污水管道上面。(   )

5. 北方地区排水管道管顶埋深一般在冰冻线以下敷设。   (   )

6. 分质给水是指根据用户对水量要求不同而分开供应相应用水的给水方式。

                                                        (   )

7. 化粪池是生活废水局部处理的构筑物。   (   )

8. 清扫口设置在立管上,每隔一层设一个。   (   )

9. 建筑内部合流排水是指建筑中两种或两种以上的污、废水合用一套排水管道系统进行排出。   (   )

10. 室内排水管道均应设伸顶通气管。   (   )

11. 雨水内排水系统都宜按重力流排水系统设计。   (   )

12. 检查口可设在排水横管上。   (   )

13. 设伸缩节的排水立管,立管穿越楼板处固定支撑时,伸缩节不得固定。(   )

三、选择题

1. 对平屋顶可上人屋面,伸顶通气管应伸出屋面(   )m。

A. 2.0   B. 1.5   C. 0.6   D. 1.0

2. 凡连接有大便器的排水管管径不得小于(   )mm。

A. 50   B. 75   C. 100   D. 150

3. 检查口的设置高度规定离地面为(   )m,并应高出该层卫生器具上边缘0.15 m。

A. 1.0   B. 1.2   C. 1.5   D. 2.0

4. 在连接(   )大便器的塑料排水横管上宜设置清扫口。

A. 一个及一个以上   B. 二个及二个以上
C. 三个及三个以上   D. 四个及四个以上

5. 立管在穿过楼板时需设置套管,安装在卫生间和厨房内的套管,顶部应高出装饰面(   )mm。

A. 50   B. 30   C. 20   D. 10

6.除坐式大便器之外,连接卫生器具的排水支管上应装设(　　)。

A.检查口　　　　　B.闸阀　　　　　　C.存水弯　　　　　D.通气管

7.排水立管在底层和楼层转弯时,应设置(　　)。

A.检查口　　　　　B.检查井　　　　　C.闸阀　　　　　　D.伸缩节

8.高层建筑(　　)因静水压力大,所以要分区。

A.给水　　　　　　B.排水　　　　　　C.给水和排水　　　D.以上均不对

9.排水立管与排出管宜采用(　　)连接。

A.两个45°弯头　　B.90°弯头　　　　C.乙字管　　　　　D.以上均不对

10.为疏通建筑内部排水管道保障排水通畅,需设置清通设备,以下哪项不属于清通设备?(　　)

A.清扫口　　　　　B.地漏　　　　　　C.检查口　　　　　D.检查井

11.下列哪项不属于卫生器具?(　　)

A.大便器　　　　　B.地漏　　　　　　C.水封　　　　　　D.弯头

四、简答题

1.简述建筑内部排水系统的组成。

2.排水通气管有哪几种?

3.简述建筑内部排水系统的安装工艺。

4.高层建筑常用的排水系统有哪些?

5.简述雨水系统的分类及其组成。

6.一个完整的建筑排水系统由哪几部分组成?

7.简述排水管道布置的原则。

8.通气管有哪些作用?

9.存水弯的作用是什么?

10.室内给水排水工程设计应完成哪些图纸?各图纸分别反映哪些内容?

扫一扫看答案

项目 7
建筑消防给水系统

任务 1 室外消火栓灭火系统

室外消火栓系统是设置在建筑物外面消防给水管网上的供水设施,主要供消防车从市政给水管网或室外消防给水管网取水实施灭火。室外消火栓系统也可以直接连接水带、水枪,是扑救火灾的重要消防设施之一。

一、室外消防给水系统方式

室外消防给水可以采用高压或临时高压消防给水系统,也可以采用低压消防给水系统,如果采用高压或临时高压消防给水系统,管道的压力应保证用水总量达到最大,且水枪在任何建筑的最高处时,水枪的充实水柱仍不小于 10 m;如果采用低压消防给水系统,管道的压力应保证灭火时最不利点消火栓的水压不小于 10 m 水柱(从室外地面算起)。

二、室外消防给水管网的设置要求

室外消防给水管道的最小直径不应小于 100 mm。建筑室外消防给水管网应布置成环状,以增加供水的可靠性。在建设初期或室外消防用水量不超过 15 L/s 时,室外消防给水管网可布置成枝状;但对于高层建筑,室外消防给水管网应布置成环状。环状管网的输水干管及向环状管网输水的输水管均不应少于 2 条,并宜从 2 条市政给水管道上引入,当其中 1 条发生故障时,其余的干管应仍能保证供应 100%的生产、生活、消防用水量。环状管网应用阀门分成若干独立段,皆设在下游侧,每段管网内消火栓的数量不宜超过 5 个,如图 7-1 所示。

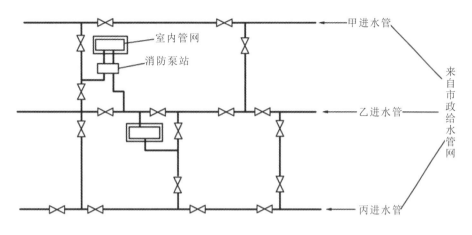

图 7-1　室外环网及消防阀门设置示意图

三、室外消火栓的布置要求

室外消火栓的保护半径不应超过 150 m,室外消火栓的间距不应超过 120 m;消火栓的布置情况如图 7-2 所示,为了确保消火栓的可靠性,已考虑到相邻消火栓若受火灾威胁不能使用,其他消火栓仍能保护任何部位。建筑外部消火栓的数量应按建筑外部消防用水量计算决定,每个消火栓的出水量应按 10~15 L/s 计算(每辆消防车用水量)。室外消火栓应沿道路设置,当道路宽度超过 60 m 时,宜在道路两边设置,并宜靠近十字路口;消火栓距路边不应超过 2 m,距建筑物不宜小于 5 m,但不宜大于 40 m。

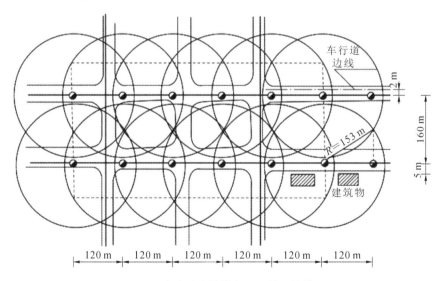

图 7-2　室外消火栓的布置及其保护情况

室外消火栓分为地上式、地下式、直埋式三种,如图 7-3 所示。地上式消火栓应设置 1 个 $DN150$ 或 $DN100$ 的栓口和 2 个 $DN65$ 的栓口,因部分露出地面,目标明显,操作方便,适用于气温较高的地区。寒冷地区可采用地下式消火栓,应设置有 1 个 $DN100$ 和 2 个 $DN65$ 的栓口,隐蔽性强,不影响城市美观,受破坏情况少,还可防冻,但容易被建筑物和停放的车辆等埋、占、压,故要求设置明显标志。

(a) 地上式　　　　　　(b) 地下式　　　　　　(c) 直埋式

图 7-3　室外消火栓实物图

任务 2　室内消火栓灭火系统

按照我国《建筑设计防火规范(2018 年版)》(GB 50016—2014)规定,下列场所应设置室内消火栓系统,且管径不应小于 $DN65$。

(1) 建筑占地面积大于 300 m² 的厂房和仓库;

(2) 高层公共建筑和建筑高度大于 21 m 的住宅建筑;当设置室内消火栓系统确有困难时,可只设置干式消防竖管和不带消火栓箱的 $DN65$ 的室内消火栓。

(3) 体积大于 5000 m³ 的车站、码头、机场的候车(船、机)建筑、展览建筑、商店建筑、旅馆建筑、医疗建筑和图书馆建筑等单、多层建筑;

(4) 特等、甲等剧场,超过 800 个座位的其他等级的剧场和电影院等以及超过 1200 个座位的礼堂、体育馆等单、多层建筑;国家级文物保护单位的重点砖木或木结构的古建筑;

(5) 建筑高度大于 15 m 或体积大于 10 000 m³ 的办公建筑、教学建筑和其他单、多层民用建筑。

上述低层建筑物,一旦发生火灾,虽然能利用消防车从室外消防给水系统取水加压,能够有效地直接扑灭建筑物火灾,但是建筑物室内仍然应设消火栓系统,其目的在于有效地控制和扑救室内初期火灾。但存有与水接触能引起燃烧爆炸的物品的建筑和室内无生产、生活给水管道,室外消防用水取自储水池且建筑体积不大于 5000 m³ 的其他建筑也可不设置室内消火栓系统。同时耐火等级为一、二级且可燃物较少的单、多层丁、戊类厂房(仓库),耐火等级为三、四级且建筑体积不大于 3000 m³ 的丁类厂房和建筑体积不大于 5000 m³ 的戊类厂房(仓库),粮食仓库、金库、远离城镇且无人值班的独立建筑,可不设置室内消火栓系统。

一、室内消防给水管道的布置

室内消防给水管道是保证消防系统用水的主要渠道之一,因此必须做到供水安全可靠。

当室内消火栓超过 10 个且室内消防用水量大于 15 L/s 时,室内消防管道应布置成环状。为确保外网的全部消防供水用量,室内消防给水管道至少应有两条进水管与室外环状管网连接。建筑室内消防给水系统应设置成独立的环状管网,如图 7-3 所示,不仅水平管道呈环状,空间管道也要呈环状。环状管网的进水管和区域高压或临时高压给水系统的进水管不应少于两条,应确保其中一条发生故障时,另一条进水管仍能保证全部消防用水量和水压的要求。室内消防竖管的直径不应小于 DN100,室内消防给水管道应用阀门分成若干独立段。对于单层厂房(仓库)和公共建筑,因检修而停止使用的消火栓不应超过 5 个;对于多层民用建筑和其他厂房(仓库),室内消防给水管道上阀门的布置应保证检修管道时关闭的竖管不超过 1 根,但设置的竖管超过 3 根时,可关闭 2 根。消防管道上的阀门应保持常开,并应有明显的启闭标志或信号。

二、室内消火栓系统的组成

室内消火栓系统通常由消防水源、消防给水管道系统(引入管、水平干管、立管、支管等)、消防给水设备(消防水箱、消防水泵、水泵接合器)和消火栓箱(消火栓、消防水龙带、消防水枪、消防卷盘等)四部分组成,如图 7-4 所示。

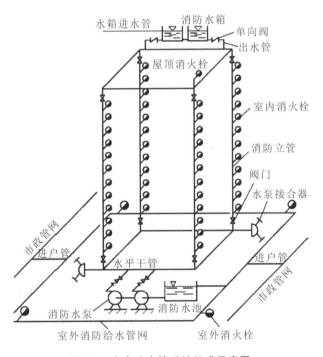

图 7-4 室内消火栓系统组成示意图

1. 消防水源

消防水源可由城市市政给水管网、天然水源、消防水池供给。消防水池用于无室外消防水源的情况,可设于室外地下,也可设在室内地下室,可与生活或生产储水池合用,也可单独设置。

2. 消防给水管道系统

消防管网是消火栓系统重要组成部分,主要有引入管、水平干管、立管、支管等,一般布置成环状,并设有阀门;其作用是将水供给消火栓,并且必须满足消火栓在消防灭火时所需水压和水量要求。民用建筑的消防给水系统应与生活给水系统分开设置。

3. 消防给水设备

消防给水设备是建筑消防给水系统的重要组成部分,其主要任务是为建筑消防系统储存并提供足够的消防水量和水压,确保建筑消防给水系统供水的安全、可靠。消防给水设备通常包括高位消防水箱、消防水泵、消防增压稳压设备、消防水泵接合器等。

1) 消防水箱

消防水箱对扑救初期火灾起着重要作用,为确保供水可靠性,应采用重力自流供水方式。消防水箱宜与生活(或生产)高位水箱合用,以保证水箱内水质良好。水箱安装高度应满足室内最不利消火栓所需的水压要求,且应储存 10 min 的消防用水量。消防水箱可采用热浸镀锌钢板、钢筋混凝土、不锈钢板等建造。

图 7-5　消防水泵实物图

2) 消防水泵

消防水泵的性能应满足消防给水系统所需流量和压力的要求,应设置备用泵,且应采用自灌式吸水,如图 7-5 所示。消防水泵的吸水管不应少于两条,当其中一条损坏或检修时,其余吸水管应仍能通过全部消防给水设计流量;消防水泵的输水干管应设置不少于两条,与消防给水环状管网连接,必须设置按钮、水流指示器等远距离启泵装置,并在火场断电时能正常工作。

3) 消防增压稳压设备

对于采用临时高压消防给水系统的高层或多层建筑物,当所设置消防水箱的高度满足不了系统最不利点灭火设备所需的水压要求时,应在建筑消防给水系统中设置增压稳压设备。根据在系统中的设置位置,消防增压稳压设备可分为上置式和下置式。上置式消防增压稳压设备的优点是配用的稳压泵扬程低,气压水罐底充气压力小,承压低;下置式增压稳压设备的优点是可以保证灭火设备所需的水压,而且气压水罐的安装高度不受限制,可设置在建筑物的任何部位。

4) 消防水泵接合器

水泵接合器是连接消防车向室内消防给水系统加压供水的装置,一端由消防给水管网水平干管引出,另一端设置在消防车易于接近的地方。水泵接合器由本体、弯管、闸阀、止回阀、泄水阀及安全阀等组成。其中闸阀在管路上作为开关使用,平时常开;止回阀的作用是防止水倒流;安全阀用来保证管路水压不大于 1.6 MPa,以防超压造成管路爆裂;泄水阀是供排泄管内余水之用,防止冰冻破坏,避免水锈腐蚀。

消防水泵接合器根据安装形式可以分地上式(SQS)、地下式(SQX)、墙壁式(SQB)三种类型。地上式水泵接合器本身与接口高出地面,目标显著,使用方便;地下式水泵接合器安装在建筑物附近的专用井中,不占地方且不易遭到破坏,特别适用于寒冷地区;墙壁式水泵接合器安装在建筑物的外墙上,墙壁上只露出两个接口和装饰标牌,目标清晰,美观,使用方便。消防水泵接合器的技术参数见表 7-1,其型号规格的描述如图 7-6 所示。

表 7-1　消防水泵接合器的技术参数

产品名称	型号规格	接口型号	公称直径/mm	安装方式	公称压力/MPa	适用介质
地下式消防水泵接合器	SQX100-1.6W	KWS65	100	法兰连接	1.6	水或泡沫液
	SQX150-1.6	KWS80	150			
地上式消防水泵接合器	SQS100-1.6W	KWS65	100			
	SQS150-1.6	KWS80	150			
墙壁式消防水泵接合器	SQB100-1.6W	KWS65	100			
	SQB150-1.6W	KWS80	150			

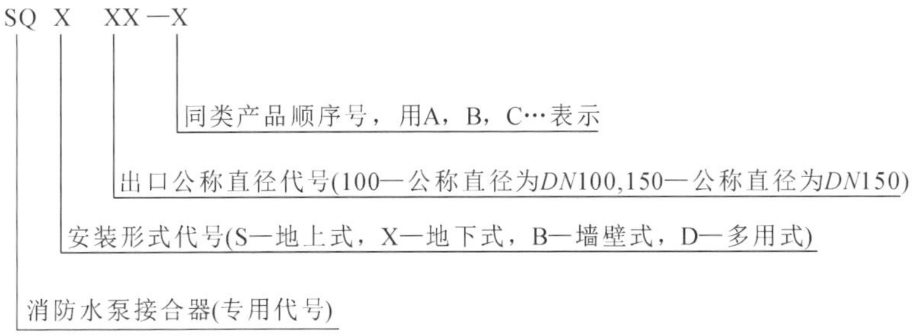

SQ X XX—X

同类产品顺序号,用A,B,C…表示

出口公称直径代号(100—公称直径为DN100,150—公称直径为DN150)

安装形式代号(S—地上式,X—地下式,B—墙壁式,D—多用式)

消防水泵接合器(专用代号)

图 7-6　消防水泵接合器型号规格的描述

图 7-7　室内成套消火栓箱实物图

4. 消火栓箱

消火栓箱安装在建筑物内的消防给水管道上,集室内消火栓、消防水枪、消防水带、消防软管卷盘及消防按钮等于一体,具有给水、灭火、控制、报警等功能,如图 7-7 所示。消火栓箱通常用铝合金、冷轧板、不锈钢制作,外装玻璃门,门上设有明显的标志。消火栓箱根据安装方式可分为暗装、半明装、明装,常见规格为 800 mm×650 mm×200 mm,按水龙带的安装方式可分为挂置式、盘卷式、卷置式和托架式四种,如图 7-8 所示。

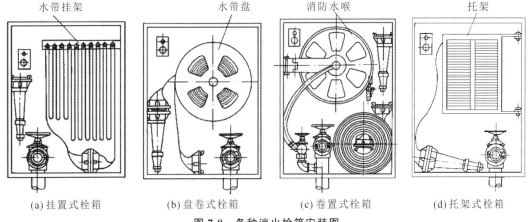

(a)挂置式栓箱　　(b)盘卷式栓箱　　(c)卷置式栓箱　　(d)托架式栓箱

图 7-8　各种消火栓箱安装图

室内消火栓箱应布置在建筑物各层明显、易于取用和经常有人出入的地方,如楼梯间、走廊、大厅、车间的出入口、消防电梯的前室等处。消火栓阀门中心装置的高度距地面1.1 m,出水方向宜向下或与设置消火栓的墙面呈90°。室内消火栓的布置,应保证两股水柱能同时达到室内任何部位。但对于建筑高度小于或等于24 m、体积小于或等于5000 m³的库房,保证一股水柱达到室内任何部位即可。

1)室内消火栓

室内消火栓由一种带内扣接口的球形阀门组成,阀门一端与消防立管相连,一端与水龙带相连,有单阀和双阀之分;单阀消火栓又分单出口和双出口,双阀消火栓为双出口。其实物图如图7-9所示。单出口消火栓有SN65、SN50两种规格,SN65有减压型、旋转型等;双出口消火栓只有SN65一种规格,有减压型、单阀双出口型、双阀双出口型等。高层建筑的室内消火栓由于高程差别大,最下部的消火栓可能超压,因此需要在消火栓前安装减压孔板或者使用减压稳压消火栓。

(a) 单阀单出口型　　　　　(b) 单阀双出口型　　　　　(c) 双阀双出口型

图7-9　室内消火栓实物图

2)消防水枪

消防水枪是灭火的射水工具,它由管牙接口、枪体和喷嘴等主要零部件组成,其外形如图7-10所示。消防水枪一般用铜或铝合金材料制成,它的作用在于产生灭火需要的充实水柱。室内一般采用直流式水枪,喷嘴口径有13 mm、16 mm、19 mm三种。

3)消防水带

消防水带用于连接水枪和消火栓阀,两端带有消防接口,可与消火栓、消防泵(车)配套,用于输送水或其他液体灭火剂,也称水龙带,如图7-11所示。工程中常用的消防水带的材料有帆布和帆布衬胶两种,与室内消火栓配套使用的消防水带口径有DN50、DN65两种,长度有15 m、20 m、25 m、30 m四种。

4)消防软管卷盘

消防软管卷盘又称水喉,如图7-12所示。它一般安装在室内消火栓箱内,由DN25的小口径消火栓、内径19 mm的水带和口径不小于6 mm的消防卷盘喷嘴组成,可以单独设置,也可以与消火栓一起设置,是供一般人员自救初期火灾的消防设施。

图7-10　消防水枪实物图　　　　图7-11　消防水带实物图　　　　图7-12　消防软管卷盘实物图

5）其他组成

室内消火栓系统除了消火栓、消防水带、消防水枪、消防卷盘外，一般还有消防按钮、挂架等。挂架主要用来悬挂消防水带。消防按钮是设置在消火栓箱内的手动按钮，主要用来发出报警信号及启动消防水泵。消防按钮安装在便于操作的墙上时，距地高度为 1.3～1.5 m。

三、室内消火栓的布置

室内消火栓系统是建筑应用最广泛的一种消防设施，它既可以供火灾现场人员使用来扑救初期火灾，又可供消防队员扑救建筑的大火。高层民用建筑室内消防给水管网应与生活给水系统分开独立设置。

1. 室内消火栓的布置要求

（1）除无可燃物的设备层之外，需设置室内消火栓的建筑物，其各层均应设置消火栓。单元式、塔式住宅的消火栓宜设置在楼梯间的首层和各层楼层休息平台上，当设 2 根消防立管确有困难时，可设 1 根消防立管，但必须采用双阀双出口消火栓。干式消火栓立管应在首层靠出口部位设置，以便于消防车供水管道的快速接入。

（2）消防电梯间前室内应设置消火栓。

（3）室内消火栓应设置在位置明显且易于操作的部位。栓口离地面或操作基面高度宜为 1.1 m，其出水方向宜向下或与设置消火栓的墙面呈 90°角；栓口与消火栓箱内边缘的距离不应影响消防水龙带的连接。

（4）冷库内的消火栓应设置在常温穿堂或楼梯间内。

（5）室内消火栓的间距应由计算确定。高层厂房（仓库）、高架仓库和甲（乙）类厂房中室内消火栓的间距不应大于 30 m；其他单层和多层建筑中室内消火栓的间距不应大于 50 m。

（6）同一建筑物内应采用统一规格的消火栓、水枪和水龙带。每条水龙带的长度不应大于 25 m。

（7）室内消火栓的布置应保证每一个防火分区同层有 2 支水枪的充实水柱同时到达任何部位。建筑高度小于等于 24 m 且体积小于等于 500 m³ 的多层仓库，可采用 1 支水枪充实水柱到达室内任何部位。

（8）高层厂房（仓库）和高位消防水箱静压不能满足最不利点消火栓水压要求的其他建筑，应在每个室内消火栓处设置直接启动消防水泵的按钮，并应有保护设施。

（9）室内消火栓栓口处的出水压力大于 0.5 MPa 时，应设置减压设施；静水压力大于 1 MPa时，应采用分区给水系统。

（10）设有室内消火栓的建筑，如为平屋顶时，宜在平屋顶上设置试验和检查用的消火栓。

2. 水枪的充实水柱

充实水柱是指靠近水枪的一段密集不分散的射流，充实水柱长度是直流水枪灭火时的有效射程，是水枪射流中在 26～38 mm 直径圆断面内、包含全部水量 75%～90% 的密实水柱长度。根据防火要求，从水枪射出的水流应具有射到着火点和足够冲击扑灭火焰的能力。火灾发生时，火场能见度低，要使水柱能喷到着火点，防止火焰的热辐射和着火物下落烧伤消防人员,消防人员必须距着火点有一定的距离,因此要求水枪的充实水柱应有一定长度,如图 7-13 所示。

水枪的充实水柱应经计算确定,甲(乙)类厂房、层数超过 6 层的公共建筑和层数超过 4 层的厂房(仓库),不应小于 10 m;高层厂房(仓库)、高架仓库和体积大于 25000 m³ 的商店、体育馆、影剧院、会堂、展览建筑、车站、码头、机场建筑等,不应小于 13 m;其他建筑不宜小于 7 m。

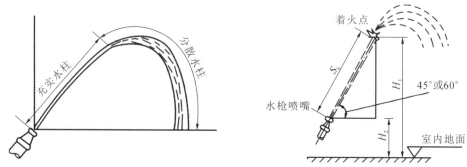

图 7-13　水枪的充实水柱

3. 消火栓的布置间距

消火栓的保护半径是指某种规格的消火栓、水枪和一定长度的消防水带配套后,并考虑消防人员使用该设备并有一定安全保护条件下,以消火栓为圆心,消火栓能充分发挥其作用的半径。消火栓的保护半径经计算确定,且高层工业建筑、高架库房、甲(乙)类厂房的室内消火栓的间距不应超过 30 m;其他单层和多层建筑的室内消火栓的间距不应超过 50 m。

当室内宽度较小,只有一排消火栓,且要求有一股水柱达到室内任何部位时,消火栓可按图 7-14(a)布置;当室内只有一排消火栓,且要求有两股水柱同时达到室内任何部位时,消火栓可按图 7-14(b)布置;当房间较宽,需要布置多排消火栓,且要求有一股水柱达到室内任何部位时,消火栓可按图 7-14(c)布置;当室内需要布置多排消火栓,且要求有两股水柱达到室内任何部位时,消火栓可按图 7-14(d)布置。

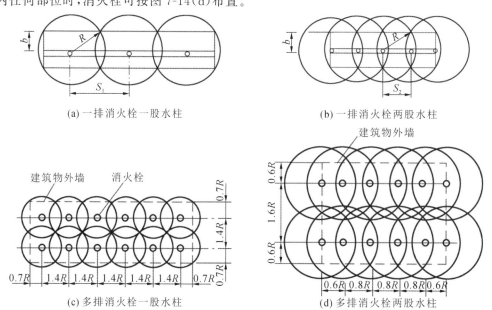

图 7-14　室内消火栓布置间距

四、室内消火栓系统给水方式

根据室外消防系统提供的水量、水压及建筑物的楼层高度,室内消火栓系统的给水方式可分为以下五种。

1. 无加压泵和水箱的直接给水方式

当建筑物高度不大,室外给水管网的水压和流量在任何时间均能满足室内最不利点消火栓的设计水压和流量要求,消火栓打开即可用时,可以采用无加压泵和水箱的直接给水方式,如图7-15所示。

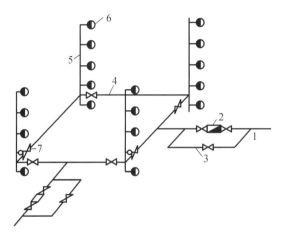

图7-15　无加压泵和水箱的直接给水方式

1—进水管;2—水表;3—旁通管及其阀门;4—干管;
5—立管;6—室内消火栓;7—消防阀门

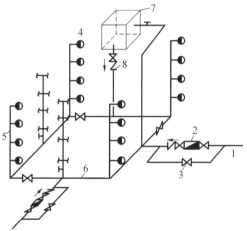

图7-16　单设水箱的室内给水方式

1—进水管;2—水表;3—旁通阀;4—室内消火栓;
5—立管;6—干管;7—水箱;8—止回阀

2. 单设水箱的室内给水方式

单设水箱的室内给水方式适用于室外给水管水压在一天内变化较大,但能满足火灾初期10 min的室内消防用水量的情况,如图7-16所示。

3. 有加压泵和水箱的给水方式

有加压泵和水箱的给水方式适用于室外给水管网的水压不能满足室内消火栓系统所需水压,且一类建筑(住宅除外)的消防水箱最不利点消火栓的静水压低于0.07 MPa(建筑高度超过100 m的高层建筑,静水压不低于0.15 MPa)的情况,如图7-17所示。消防水箱的补水由生活或生产泵供给,消防水泵的扬程按室内最不利点消火栓的水压计算。消防水泵采用自灌式启动,并保证在火灾初期5 min内启动供水。

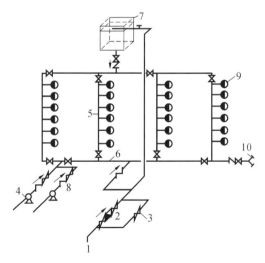

图7-17　有加压泵和水箱的给水方式

1—进水管;2—水表;3—旁通阀;4—水泵;5—立管;
6—干管;7—水箱;8—止回阀;9—室内消火栓;
10—水泵接合器

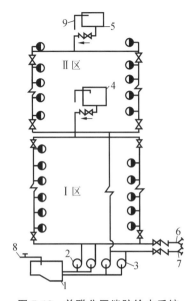

图 7-18 并联分区消防给水系统

1—水池;2—Ⅰ区消防水泵;3—Ⅱ区消防水泵;

4—Ⅰ区水箱;5—Ⅱ区水箱;

6—Ⅰ区水泵接合器;7—Ⅱ区水泵接合器;

8—水池进水管;9—水箱进水管

4.不分区的消火栓给水方式

对于建筑高度大于 24 m 但不超过 50 m 的高层建筑,以及室内消火栓接口处静水压力不超过 1.0 MPa 的工业建筑与民用建筑,其室内消火栓给水系统仍可由消防车通过水泵接合器向室内管网供水,可以采用不分区的消火栓给水方式。

5.分区的消火栓给水方式

当建筑物高度超过 50 m,消火栓接口处静水压力大于 1.0 MPa 时,消防车难以协助灭火,室内消火栓给水系统应采用分区供水。分区供水方式可分为并联给水、串联给水和减压给水三种。

并联分区的消防水泵集中于底层,管理方便,系统独立设置,互不干扰,但在高区的消防水泵扬程较大,管网承受的压力较大,如图 7-18 所示。串联分区的消防水泵设置于各区,各水泵的压力相近,无须高压泵及耐高压管,但管理分散,上区供水受下区限制,高区发生火灾时下面各区水泵联动逐级向上供水,供水安全可靠性差,如图 7-19 所示。当消火栓接

口处的出水压力大于 0.5 MPa 时,应采用减压给水方式,如图 7-20 所示。

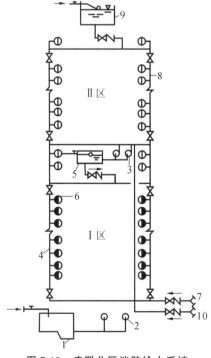

图 7-19 串联分区消防给水系统

1—水池;2—Ⅰ区消防水泵;3—Ⅱ区消防水泵;4—Ⅰ区管网;

5—Ⅰ区水箱;6—消火栓;7—Ⅰ区水泵接合器;8—Ⅱ区管网;

9—Ⅱ区水箱;10—Ⅱ区水泵接合器

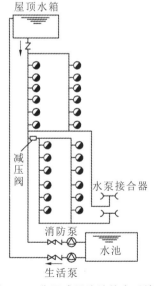

图 7-20 分区减压消防给水系统

任务3　自动喷水灭火系统

自动喷水灭火系统是指火灾发生时,喷头封闭元件能自动开启进行喷水灭火,同时发出报警信号的一种消防系统。这种灭火系统具有很高的灵敏度和灭火成功率,是扑灭初期火灾非常有效的一种灭火系统,但这种系统的管网及附属设备比较复杂,造价较高。根据资料统计,自动喷水灭火系统扑灭初期火灾的成功率在97%以上,因此,在火灾频率高、火灾危险等级高的建筑物中设置自动喷水灭火系统是非常必要的。

一、自动喷水灭火系统的分类及工作原理

根据系统中所使用的喷头形式不同,自动喷水灭火系统可分为闭式自动喷水灭火系统和开式自动喷水灭火系统两大类。每种自动喷水灭火系统都有其适用范围,具体见表7-2。闭式自动喷水灭火系统有湿式自动喷水灭火系统、干式自动喷水灭火系统、干湿式自动喷水灭火系统、预作用自动喷水灭火系统。开式自动喷水灭火系统有水幕灭火系统、雨淋灭火系统和水喷雾灭火系统。

表 7-2　各种类型自动喷水灭火系统的适用范围

系统类型		适用范围
闭式系统	湿式自动喷水灭火系统	因管网及喷头中充水,故适用于环境温度为 4~70 ℃ 的建筑物
	干式自动喷水灭火系统	系统报警阀上部管道充满有压气体,故适用于环境温度低于 4 ℃ 及高于 70 ℃ 的建筑物
	干湿式自动喷水灭火系统	适用于供暖期不少于 120 天的供暖地区中不供暖的建筑物
	预作用自动喷水灭火系统	适用于高级宾馆、重要办公楼、大型商场等不允许因误喷而造成水渍损失的建筑物,也适用于干式系统适用的场所
开式系统	雨淋水灭火系统	适用于严重危险级的建筑物、构筑物
	水幕灭火系统	可起到冷却、阻火、防火带作用,故适用于建筑需要保护或防火隔断的部位
	水喷雾灭火系统	水喷雾主要起冷却、窒息、冲击乳化的稀释作用,故适用于飞机制造厂、电气设备、石油化工厂等

1. 闭式自动喷水灭火系统

闭式自动喷水灭火系统是在火场达到一定温度时,能自动地将喷头打开,扑灭和控制火势并发出火警信号的给水系统。

1）湿式自动喷水灭火系统

湿式自动喷水灭火系统由闭式喷头、湿式报警阀、报警装置、管网及供水设施等组成,如图 7-21 所示,该系统在准工作状态时报警阀前后管道内始终充满着压力水。

湿式自动喷水灭火系统的工作原理如图 7-22 所示,当火灾发生时,建筑物内温度上升,导致湿式自动喷水灭火系统的闭式喷头温感元件感温爆破或熔化脱落,喷头喷水;喷水造成报警阀上方的水压小于下方的水压,于是阀板开启,向洒水管网供水,同时部分水流沿报警器的环形槽进入延迟器、压力继电器及水力警铃等设施,发出火警信号,启动消防水泵等设施供水。

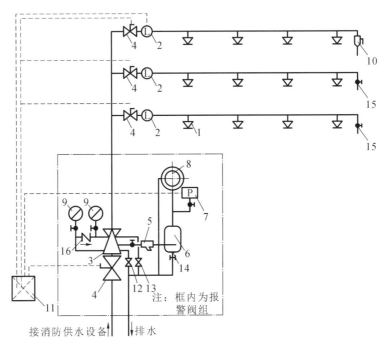

图 7-21　湿式自动喷水灭火系统

1—闭式喷头;2—水流指示器;3—湿式报警阀;4—信号阀;5—过滤器;6—延迟器;7—压力继电器;8—水力警铃;9—压力表;
10—末端试水装置;11—火灾报警控制器;12—泄水阀;13—试验阀;14—节流器;15—试水阀;16—止回阀

湿式自动喷水灭火系统适用于室内温度为 4～70 ℃的建筑物内。该系统的优点是结构简单、使用方便、可靠、便于施工、容易管理、灭火速度快、控火效率高、比较经济、适用范围广,生产中优先选用湿式自动喷水灭火系统。其缺点是用于扑救初期火灾时容易受障碍物的阻挡而不能顺利到达起火部位,所以不能控制进入猛烈燃烧阶段的火灾。

2）干式自动喷水灭火系统

干式自动喷水灭火系统由闭式喷头、干式报警阀组、水流指示器或压力开关、供配水管道、重启设备及供水设施等组成,如图 7-23 所示。在准工作状态时,报警阀上部的配水管道内充满有压气体,报警阀下部充满压力水。

干式自动喷水灭火系统的工作原理与湿式自动喷水灭火系统的工作原理相似,如图 7-24所示。火灾发生时,闭式喷头的闭锁装置熔化脱落,配水管网排气充水,水流指示器报告起火区域,报警阀组启动消防水泵,完成系统启动,实施灭火。

干式自动喷水灭火系统适于在室内温度低于 4 ℃或高于 70 ℃的建筑环境内使用。特

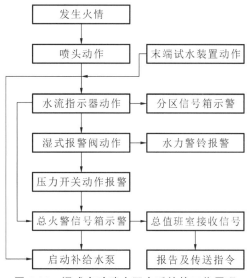

图 7-22　湿式自动喷水灭火系统的工作原理

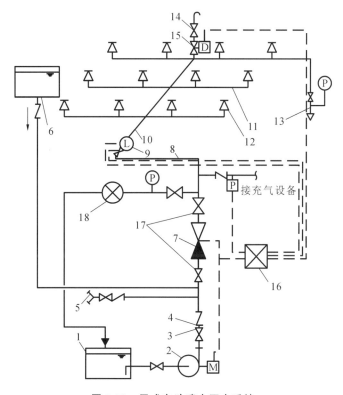

图 7-23　干式自动喷水灭火系统

1—水池;2—水泵;3—闸阀;4—止回阀;5—水泵接合器;6—消防水箱;7—干式报警阀组;8—配水干管;
9—水流指示器;10—配水管;11—配水支管;12—闭式喷头;13—末端试水装置;14—快速排气阀;
15—电动阀;16—报警控制器;17—控制阀;18—流量计;P—压力表;M—驱动电机;L—水流指示器

点是不怕冻,不怕环境温度高,能有效减少水渍造成的严重损失。与湿式系统相比,干式系统多增设一套充气设备,一次性投资高、平时管理较复杂、灭火速度较慢。

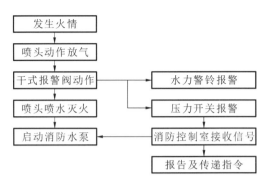

图 7-24　干式自动喷水灭火系统的工作原理

3）预作用自动喷水灭火系统

预作用自动喷水灭火系统由闭式喷头、水流指示器、预作用报警阀组及管道和供水设施等组成，如图 7-25 所示。准工作状态时，配水管道内不充水，而充以有压或无压的气体；火灾发生时，感烟（感温、感光）探测器报警并同时发出信息开启报警信号，报警信号延迟 30 s 证实无误后，自动启动预作用阀门并向管网中自动充水，转为湿式自动喷水灭火系统，完成预作用。

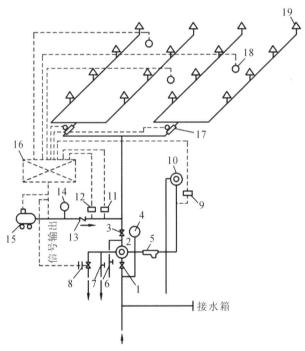

图 7-25　预作用自动喷水灭火系统

1—总控制阀；2—预作用阀；3—检修闸阀；4—压力表；5—过滤器；6—截止阀；7—手动开启截止阀；8—电磁阀；
9—压力开关；10—水力警铃；11—压力开关；12—低压报警压力开关；13—止回阀；14—压力表；
15—空压机；16—火灾报警控制箱；17—水流指示器；18—火灾探测器；19—闭式喷头

当火灾温度继续升高达到一定温度时，闭式喷头的闭锁装置脱落，喷头即开始自动喷水灭火。预作用自动喷水灭火系统依靠配套使用的火灾自动报警系统启动，能够适当改善干式自动喷水灭火系统因为充水排气过程而造成的系统启动灭火滞后现象。预作用自动喷水灭火系统适于在室温低于 4 ℃或高于 70 ℃，或不允许有水渍损失的建筑环境内使用。

2. 开式自动喷水灭火系统

开式自动喷水灭火系统由火灾探测自动控制传动系统、自动控制成组作用阀门系统、带开式喷头的自动喷水灭火系统三部分组成。按其喷水形式的不同,可分为雨淋灭火系统、水幕灭火系统和水喷雾灭火系统。

1）雨淋灭火系统

雨淋灭火系统由开式喷头、雨淋报警阀组及管道和供水设施等组成,其中雨淋报警阀装置可以是光感、烟感、温感元件,如图 7-26 所示。在准工作状态时,配水管道内无水;当建筑物发生火灾时,由火灾自动报警系统或传动管控制,在自动开启雨淋报警阀和启动供水泵后,配水管道向开式喷头供水。

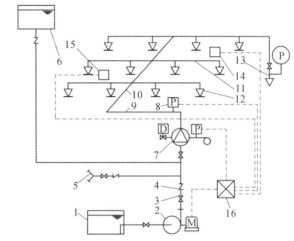

图 7-26　雨淋灭火系统

1—水池;2—水泵;3—闸阀;4—止回阀;5—水泵接合器;6—消防水池;
7—雨淋报警阀组;8—压力继电器;9—配水干管;10—配水管;
11—配水支管;12—开式喷头;13—末端试水装置;14—感烟探测器;
15—感温探测器;16—报警控制器

该系统具有出水量大、灭火及时的优点,适用于火灾蔓延快、危险性大的建筑物或部位。如超过 1200 个座位的影剧院、超过 2000 个座位的会堂舞台、建筑面积超过 400 m² 的演播室、建筑面积超过 500 m² 的电影摄影棚等。

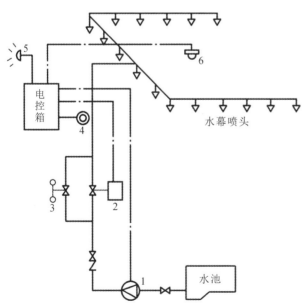

图 7-27　水幕灭火系统

1—水泵;2—电动阀;3—手动阀;4—电钮;5—警铃;6—火灾探测器

2）水幕灭火系统

水幕灭火系统由开式喷头或水幕喷头、雨淋报警阀组或感温雨淋阀组,以及水流报警装置(水流指示器或压力开关)等组成,如图 7-27 所示。水幕系统与雨淋式灭火系统原理相同。火灾发生时,由火灾探测器感知火灾,启动控制阀,系统通过水幕喷头喷水,进行阻火、隔火,并对防火隔断物进行冷却。水幕灭火系统不具备直接灭火的能力,而是利用密集喷洒所形成的水帘或水墙(或配合防火卷帘)来阻断烟气和火势的蔓延,属于暴露防护系统。该系统一般安装在舞台口、防火卷帘,以及需要设水幕保护的门、窗、孔、洞等处。水幕直接将水喷向被保护对象。

3）水喷雾灭火系统

水喷雾灭火系统通过专用的水雾喷头将水流分解为细小的水雾滴来灭火。灭火时，细小的水雾气化可以获得最佳的冷却效果；另外，水雾滴喷到燃烧的物体表面时，可以在物体表面形成乳化层。这些特性都是一般自动喷水灭火系统所不具有的，但是由于水喷雾灭火系统要求系统有较高的压力和较大的水量，因此其使用范围受到一定限制。

二、自动喷水灭火系统的主要组成

自动喷水灭火系统由喷头、报警阀、水流报警设备、管道系统、供水设备和供水水源等组成。

1. 喷头

喷头是自动喷水灭火系统的关键部件，担负着探测火灾、启动系统和喷水灭火的任务，是将有压的水喷洒成细小水滴进行洒水的设备。按喷头是否有堵水支撑结构分为两类：喷头喷水口有堵水支撑的称为闭式喷头；喷头喷水口无堵水支撑的称为开式喷头。

1）闭式喷头

闭式喷头是一种直接喷水灭火的组件，是带热敏感元件及其密封组件的自动喷头。该热敏感元件可在预定温度范围下动作，使热敏感元件脱离喷头主体，并按规定的形状和水量在规定的保护面积内喷水灭火。它的性能好坏直接关系着系统的启动快慢和灭火、控火效果。

按热敏感元件划分，闭式喷头有玻璃球喷头和易熔合金喷头两种类型，如图 7-28 所示。普通闭式喷头选型具体使用条件见表 7-3。

(a) 玻璃球喷头　　　　　　(b) 易熔合金喷头

图 7-28　闭式喷头实物及构造图

表 7-3　普通闭式喷头选型

喷头类型		适用的场所	测水盘朝向	喷水量分配	注意事项
易熔合金喷头		外观要求不高，且腐蚀性不大的工厂、仓库和民用建筑			一般性居住、办公用建筑中尽量用快速响应喷头取代；特别是在人口密集而疏散困难的场所，以及高级住宅或超过 100 m 的超高层住宅喷水灭火系统中必须选用快速响应喷头
玻璃球喷头	普通型	适用于有可燃性吊顶的房间	向上或向下皆可	向上喷射时，40%～60%洒向地面	
	直立型	无吊顶场所且配水支管布置在梁下时	只能向上	向下喷射量占60%～80%	
	下垂型	管路要求隐蔽有吊顶场所	只能向下	全部洒向地面	
	边墙型	走廊、通道等狭窄处，以及住宅、宾馆、办公室等布置下垂型喷头有困难的场所	向上或水平	40%～60%喷向喷头前方，15%喷在后方	

（注：宾馆、商店、餐厅等有美观要求且具有腐蚀性的场所——对应玻璃球喷头适用的场所）

　　按溅水盘的形式和安装位置,分为普通型、下垂型、直立型、边墙型、吊顶型等洒水喷头,如图 7-29 所示。

(a) 普通型　　(b) 下垂型　　(c) 直立型　　(d) 边墙型　　(e) 吊顶型

图 7-29　不同类型闭式喷头实物图

2) 开式喷头

　　开式喷头既无感温元件,也无密封组件,喷水动作由阀门控制。按用途和洒水形状的特点,开式喷头可分为开启式喷头、水幕式喷头、喷雾式喷头三种,如图 7-30 所示。

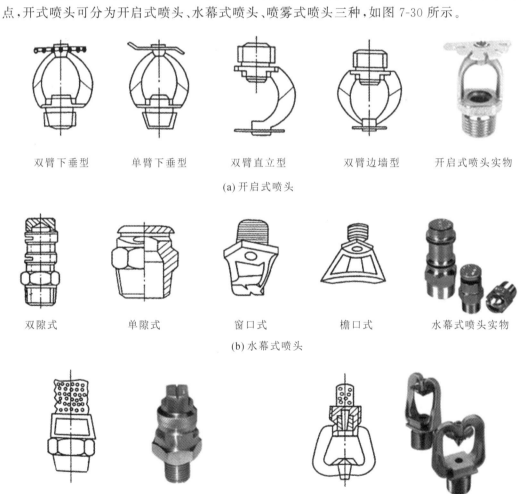

双臂下垂型　　单臂下垂型　　双臂直立型　　双臂边墙型　　开启式喷头实物

(a) 开启式喷头

双隙式　　单隙式　　窗口式　　檐口式　　水幕式喷头实物

(b) 水幕式喷头

高速喷雾式喷头　　　　　　中速喷雾式喷头

(c) 喷雾式喷头

图 7-30　开式喷头

① 开启式喷头就是无释放机构的洒水喷头,常用于雨淋灭火系统,按安装形式可分为直立型与下垂型,按结构形式可分为单臂和双臂两种。

② 水幕式喷头喷出的水呈均匀的水帘状,起阻火、隔火作用。水幕式喷头有各种不同的结构形式和安装方法。

③ 喷雾式喷头喷出的水滴细小,其喷洒水的总面积比一般的洒水喷头大几倍,因此吸热面积大、冷却作用强,同时其水雾受热气化所形成的大量水蒸气对火焰有窒息作用。喷雾式喷头主要用于水雾系统。

2.报警阀

报警阀(也称为控制信号阀)的作用是开启和关闭管网的水流,传递控制信号至控制系统并启动水力警铃直接报警。报警阀分湿式、干式和雨淋式三种类型,如图 7-31 所示。

(a)湿式报警阀　　　　　　(b)干式报警阀　　　　　　(c)雨淋式报警阀

图 7-31　报警阀实物图

1) 湿式报警阀

湿式报警阀是湿式自动喷水灭火系统的一个重要组成部件,主要由湿式阀、延迟器及水力警铃等组成,主要用于湿式自动喷水灭火系统上,在其立管上安装。其作用是接通或切断水源;输送报警信号启动水力警铃报警;防止水倒回到供水源。

2) 干式报警阀

干式报警阀主要用于干式自动喷水灭火系统上,在其立管上安装。干式自动喷水灭火系统在喷头未动作以前,在干式报警阀以后的系统管道内充的是加压空气或氮气,且气压一般为水压的 1/4。

3) 雨淋式报警阀

雨淋式报警阀主要用于雨淋系统、预作用喷水灭火系统、水幕系统和水喷雾灭火系统。

3.水流报警设备

1) 水力警铃

水力警铃主要用于湿式自动喷水灭火系统中,宜装在报警阀附近(连接管不宜超过 6 m)。当报警阀打开消防水源后,具有一定压力的水流冲击叶轮打铃报警。水力警铃不得由电动报警装置取代,如图 7-32(a)所示。

2) 水流指示器

水流指示器也主要用于湿式自动喷水灭火系统中,如图 7-32(b)所示。当某个喷头开启喷水或管网发生水量泄漏时,管道中的水产生流动,引起水流指示器中桨片随水流而动作,接通延时电路 20～30 s 之后,继电器触点吸合,发出区域水流电信号,送至消防控制室。通常水流指示器安装于各楼层的配水干管或支管上。

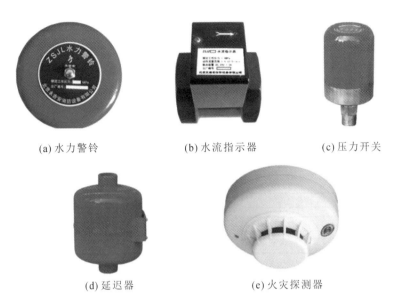

(a) 水力警铃   (b) 水流指示器   (c) 压力开关

(d) 延迟器   (e) 火灾探测器

图 7-32　水流报警装置

3) 压力开关

压力开关[图 7-32(c)]垂直安装于延时器和水力警铃之间的管道上,在水力警铃报警的同时,依靠警铃内水压的升高自动接通继电器触点,完成电动警铃报警,向消防控制室传送电信号或启动消防水泵。

4) 延迟器

如图 7-32(d)所示,延迟器是一个罐式容器,安装于报警阀和水力警铃(或压力开关)之间,用来防止水压波动引起报警阀开启而导致的误报。报警阀开启后,水流须经 30 s 左右充满延迟器后方可冲打水力警铃。

5) 火灾探测器

目前常用的火灾探测器是感烟、感温探测器。感烟探测器是利用火灾发生地点的烟雾浓度进行探测,感温探测器是通过火灾引起的温升进行探测。火灾探测器通常布置在房间天花板下面,如图 7-32(e)所示。

任务4　建筑消防管道工程施工工艺

一、室内消火栓系统安装工艺

1. 室内消防给水管道的安装工艺流程(图 7-33)

1) 安装准备

认真熟悉图纸,根据施工方案、技术、安全交底的具体措施选用材料,测量尺寸,绘制草图,预制加工。检查预埋件和预留洞是否准确。安排合理的施工顺序,避免工种交叉作业干扰,影响施工。

2）预制加工

按设计图样画出有管道分路、管径、变径、预留管口、阀门位置等内容的施工草图,在实际安装的结构位置做上标记,按管段分组编号。

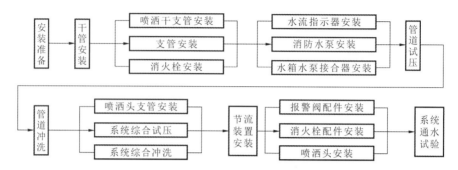

图 7-33　室内消防给水管道的安装工艺流程

3）干管安装

消火栓系统干管安装应根据设计要求使用管材,按压力要求选用碳素钢管或无缝钢管。$DN100$ 以下采用丝扣连接,$DN100$ 及以上采用沟槽连接。管道在焊接前应清除接口处的浮锈、污垢及油脂。将承口内侧插口、外侧端头的沥青除掉,承口朝来水方向顺序排列,连接的对口间隙应不小于 3 mm。管道对口焊缝上不得开口焊接支管,焊口不得安装在支架位置上。管道拐弯和始端处应支撑顶牢,防止捻口时轴向移动,穿墙处不得有接口(丝接或焊接),管道穿过伸缩缝处应有防冻措施。

4）立管安装

立管底部的支吊架要牢固,以防止立管下坠。立管明装时,每层楼板要预留孔洞,立管可以随结构穿入,以减少立管接口。

5）支管安装

支管明装时将预制好的支管从立管甩口依次逐段进行安装,有阀门的,应将阀门盖卸下再安装,根据管道长度适当加好临时固定卡,上好临时丝堵。支管暗装时首先确定支管高度后画线定位,剔出管槽,将预制好的支管敷设在槽内,找平找正定位后用钩钉固定,加好丝堵。

6）消火栓箱的安装

在土建墙体砌筑粉刷完成后,由设备安装人员和土建施工人员配合完成消火栓箱的安装工作。

消火栓箱安装分为明装、暗装和半暗装,如图 7-34 和图 7-35 所示。安装时应根据设计要求和施工现场的实际情况确定安装方式;在一般建筑物内,消防给水管道采用统一规格的管道明装。无论采用何种安装方式,均需把消火栓安装在消火栓箱内,自下而上顺序安装,横平竖直,并及时固定好管道支架,且消火栓栓口应朝外,不应安装在门轴侧。箱内的消火栓栓口中心距安装地面的安装高度为 1.1 m,消火栓阀门中心距箱侧面为 140 mm,距箱后内表面为 100 mm。

7）管道试压

管道系统安装完后,应按设计要求对管网进行强度、严密性试验,以验证其工程质量。

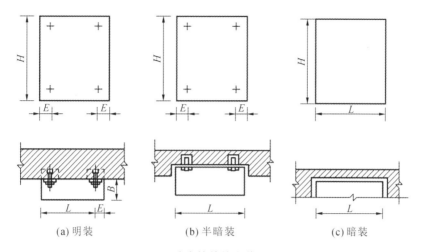

(a) 明装　　　　　　(b) 半暗装　　　　　　(c) 暗装

图 7-34　消火栓箱的安装平面图

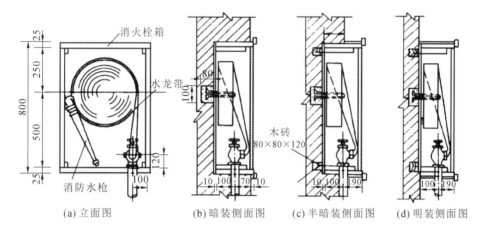

(a) 立面图　　(b) 暗装侧面图　(c) 半暗装侧面图　(d) 明装侧面图

图 7-35　消火栓箱的安装立面图

管网的强度、严密性试验一般采用水压进行试验。水压试验的测试点应设在系统管网的最低点,注水时应注意将管内的空气排净,并缓慢升压。

8) 管道冲洗

消火栓在安装后应分段进行冲洗。冲洗的顺序应按干管、立管、支管进行。冲洗直到进、出水色泽一致为合格,冲洗洁净后办理验收手续。

9) 系统通水调试

消防系统通水调试应达到消防部门测试规定条件。系统通水应达到工作压力要求,选系统最不利点消火栓做试验,通过水泵接合器及消防水泵加压,消火栓喷放压力均应满足设计要求。

2. 室内消火栓系统的质量检验

(1) 消火栓水龙带与水枪和快速接头绑扎好后,应根据消火栓箱构造将水龙带挂放在箱内的挂钉、托盘或支架上。

检验方法:观察检查。

(2) 箱式消火栓的安装应符合下列规定:栓口应朝外,并不应安装在门轴侧;栓口中心距地面为 1.1 m,允许偏差为±20 mm;阀门中心距箱侧面为 140 mm,距箱后内表面为 100 mm,允许偏差为±5 mm;消火栓箱体安装的垂直度允许偏差为 3 mm。

检验方法:观察和尺量检查。

(3)室内消火栓系统安装完成后应取屋顶层(或水箱间内)试验消火栓和首层取两处消火栓做试射试验,达到设计要求为合格。

检验方法:实地试射检查。

(4)消防水泵接合器应安装在便于消防车接近的人行道或非机动车行驶地段,距室外消火栓或消防水池的距离宜为 15~40 m。地下消防水泵接合器应采用铸有"消防水泵接合器"标志的铸铁井盖,并在附近设置指示其位置的永久性固定标志。

检查方法:采用观察法全数检查。

(5)墙壁式消防水泵接合器的安装应符合设计要求。设计无要求时,其安装高度距地面宜为 0.7 m;与墙面上的门、窗、孔、洞的净距离不应小于 2.0 m,且不应安装在玻璃幕墙下方。

检查方法:观察检查和尺量检查。

(6)地下式消防水泵接合器的安装,应使进水口与井盖底面的距离不大于 0.4 m,且不小于井盖半径。

检查方法:尺量检查。

(7)特殊工序或关键控制点的控制如表 7-4 所示。

表 7-4　特殊工序或关键控制点的控制

序号	特殊工序/关键控制点	主要控制方法
1	材料检验	检查材质证明、产品合格证、主要系统组件检测报告及消防部门颁发的市场准入证
2	管道强度与严密性试验	现场观察和检查试验记录
3	消火栓试射	观察检查
4	水泵试运转	现场观察和检查试运转记录
5	系统调试	现场观察和检查调试记录

3. 成品保护

(1)消防管道安装完毕后,严禁攀登碰撞重压,防止接口松脱而漏水。

(2)消火栓箱内应清理干净,按规定摆放整齐,箱门关好,不准随意开启乱动。

(3)室内进行装饰粉刷时,应对消火栓箱和管道进行遮盖保护,以防止污染或损坏。

二、自动喷水灭火系统安装工艺

1. 建筑室内设置自动喷水灭火系统的要求

(1)采用临时高压给水系统的自动喷水灭火系统,应设依靠重力供水的消防水箱,同时设单向阀,并应在报警阀前接入系统管道。对于轻、中危险级建筑,出水管管径不应小于

80 mm;对于严重危险级和仓库级建筑,出水管管径不应小于 100 mm。

(2) 自动喷水灭火系统与室内消火栓系统宜分别设置供水泵。每组水泵的吸水管不应小于 2 根,每台工作泵应设独立的吸水管,水泵的吸水管应设控制阀,出水管应设控制阀、单向阀、压力表和直径为 65 mm 的试水阀,必要时应设泄压阀。

(3) 报警阀后的配水管道不应设置其他用水设施,且工作压力不应大于 1.2 MPa。报警阀后的管道应采用经防腐处理的钢管,否则其末端应设过滤器。报警阀后的管道应采用丝扣、卡箍或法兰连接,报警阀前的管道可采用焊接。系统中管径大于或等于 100 mm 的管道,应分段采用法兰和管箍连接。水平管道上法兰间的管道长度不应大于 20 m;高层建筑中立管上法兰的距离不应跨越三个及以上楼层。净空高度大于 8 m 的场所,立管上应设法兰。

(4) 短管及末端试水装置的连接管,其管径应为 25 mm。干式、预作用、雨淋式喷水灭火系统及水幕系统,其报警阀后配水管道的容积不应大于 3000 L。干式、预作用喷水灭火系统的供气管道,采用钢管时,管径不宜小于 15 mm;采用铜管时,管径不宜小于 10 mm。

2. 自动喷水灭火系统安装工艺流程

安装准备→管网安装→管道的试压和冲洗→设备安装→水流指示器的安装→系统组件的安装→喷头的安装→末端试水装置的安装→系统通水调试。

1) 安装准备

熟悉图纸并对照现场复核管路、设备位置,检查标高是否有交叉或排列不当,检查预埋式预留件是否正确,若需临时剔凿应与设计土建协商好。安装前进场设备材料检验结果应满足施工验收规范的规定。

2) 管网安装

(1) 自动喷水灭火系统和水喷雾灭火系统应根据系统工作压力的高低选用管材,当系统的工作压力小于或等于 1.2 MPa 时,应选用热镀锌加厚焊接钢管;当系统的工作压力大于 1.2 MPa 时,应选用热镀锌无缝钢管。若选用无缝钢管时,其材质应符合国家标准《输送流体用无缝钢管》(GB/T 8163—2018)的要求。若选用热镀锌焊接钢管,其材质应符合国家标准《低压流体输送用焊接钢管》(GB/T 3091—2015)的要求。

(2) 管道的连接方式按管径划分,当 $DN \leqslant 100$ mm 时用螺纹连接,当管子与设备、法兰阀门连接时应采用法兰连接;当 $DN > 100$ mm 时可采用法兰连接或专用的沟槽管件连接。无论何种连接方式,均不得减少管道的流通面积。当选用无缝钢管时,应采用法兰连接或卡箍(沟槽)连接;当选用焊接钢管时,应采用螺纹连接、卡箍(沟槽)连接。

(3) 螺纹连接管子宜采用机械切割。管道变径时,宜采用异径接头;在管道弯头处,不得采用补芯;必须采用补芯连接时,三通上可用 1 个,四通上不得超过 2 个;公称直径大于 50 mm 的管道,不宜采用活接头。螺纹连接的密封填料应均匀附着在管道的螺纹部分,拧紧螺纹时,不得将填料挤入管道内;连接完毕,应将连接处外部清理干净。

(4) 卡箍连接(沟槽连接)如图 7-36 所示,选用的沟槽式管接头应符合原建设部标准《沟槽式管接头》(CJ/T 156—2001)的要求,其材质应为球墨铸铁,并符合国家标准《球墨铸铁件》(GB/T 1348—2019)的要求。沟槽式管件的凸边应卡进沟槽后再紧固螺栓,两边应同时紧固,紧固时若发现橡胶密封圈起皱应更换橡胶密封圈。

连接机械三通时,应检查机械三通与孔洞的间隙,各部位间隙应均匀,然后再紧固到位。

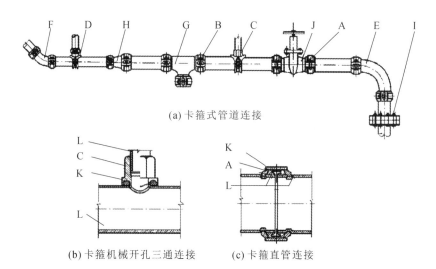

(a) 卡箍式管道连接

(b) 卡箍机械开孔三通连接　　(c) 卡箍直管连接

图 7-36　卡箍连接（沟槽连接）

A—刚性接头；B—挠性接头；C—机械开孔三通（螺纹式）；D—机械开孔三通（卡箍式）；E—90°弯头；
F—45°弯头；G—等径三通；H—异径管；I—卡箍式法兰；J—卡箍式阀门；K—橡胶密封圈；L—钢管

配水干管（立管）与配水管（水平管）连接，应采用沟槽式管接头异径三通。埋地、水泵房内的管道连接应采用挠性接头，埋地的沟槽式管接头螺栓、螺帽应做防腐处理。

（5）法兰连接可采用焊接法兰或螺纹法兰。法兰连接时，焊接法兰焊接处应二次镀锌，焊接连接的要求应符合国家标准《工业金属管道工程施工规范》（GB 50235—2010）、《现场设备、工业管道焊接工程施工规范》（GB 50236—2011）的有关规定。螺纹法兰连接应预测对接位置，清除外露密封填料后再紧固、连接。

（6）管道支架、吊架的安装应符合下列要求：

吊架与支架的位置以不妨碍喷头喷水效果为原则。管道支架、吊架与喷头之间的距离不宜小于 300 mm，与末端喷头之间的距离不宜大于 750 mm。管道支架或吊架的间距应符合表 7-5 的规定。

表 7-5　支架或吊架的最大间距

公称直径/mm	25	32	40	50	65	80	100	125	150	200	250	300
间距/m	3.5	4.0	4.5	5.0	6.0	6.0	6.5	7.0	8.0	9.5	11.0	12.0

配水支管上每一直管段、相邻两喷头之间的管段设置的吊架均不宜少于 1 个；当喷头之间距离小于 1.8 m 时，可隔段设置吊架；吊架的间距不宜大于 3.6 m；配水支管的末梢管段和邻近配水管管段上没有吊架的配水支管，其第一个管段，不论其长度如何，均应设吊架，如图 7-37 所示。

（7）管道穿过建筑物的变形缝时，应设置柔性短管；穿过墙体或楼板时应加设套管，穿墙套管应与墙壁面相平，穿楼板套管应高出楼板饰面 50 mm。管道的焊缝及连接点不得设置在套管内，套管与被套管间应用柔性的不燃材料填塞密实，并用防水油膏灌注。

3）管道的试压和冲洗

管网安装完毕后，应对其进行强度试验、严密性试验和冲洗。

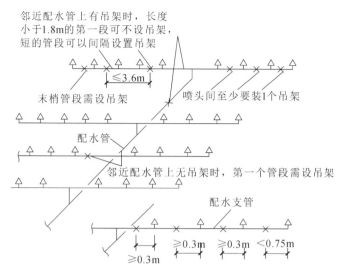

图 7-37　配水支管管段上的吊架布置

4）设备安装

（1）水泵的安装。

水泵的规格型号应符合设计要求，水泵应采用自灌式吸水，水泵基础按设计图纸施工，与消防水池刚性连接时应加减振器。加压泵可不设减振装置，但恒压泵应加减振装置，进出水口加防噪声设施，水泵出口宜加缓闭式逆止阀。水泵配管安装应在水泵定位找平正、稳后进行。

（2）高位水箱的安装。

高位水箱应在结构封顶前就位，并应做满水试验；消防出水管应加单向阀。

（3）报警阀的安装。

安装报警阀前，应确认系统的主要管网已安装完毕，首先检查待安装的报警阀的品牌、规格、型号是否符合设计图纸要求，报警阀组是否完好齐全，阀瓣启用是否灵活，阀体内有无异物堵塞等。报警阀安装前应进行渗漏试验。湿式报警阀组在进水方向安装水源控制阀，其安装位置应便于操作，并设置明显启闭标志和可靠的锁定设施。湿式报警阀安装好后，再连接延迟器、压力表等各种配件。过滤器应安装在延迟器前，排水管和试验阀应安装在便于操作的位置，如图 7-38 所示。

（4）水泵接合器的安装。

水泵接合器规格应根据设计选定，共有三种类型：墙壁型、地上型、地下型。其安装位置宜有明显标志，阀门位置应便于操作，接合器附近不应有障碍物。安全阀按系统工作压力定压，接合器应装有泄水阀。

5）水流指示器的安装

水流指示器一般安装在每层的水平配水干管上，如图 7-39 所示。水流指示器必须水平安装，以保证叶片活动灵敏。水流指示器前后应有不小于 5 倍管径长度的直管段，安装时应注意，水流方向与指示器的箭头方向一致。水流指示器不应作为自动启动消防水泵的控制装置，只能在报警中显示位置。报警阀的压力开关、水位控制开关和稳压装置的压力开关可作为自动启动消防水泵的控制装置。

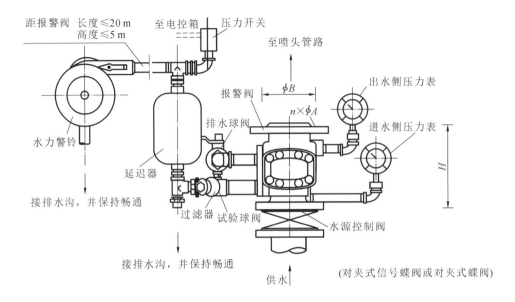

图 7-38　湿式报警阀组

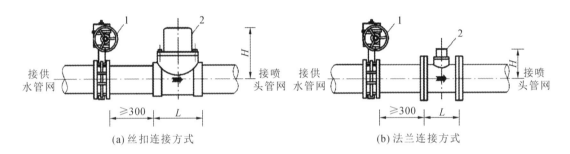

图 7-39　水流指示器的安装

1—信号蝶阀；2—水流指示器

6）系统组件的安装

（1）水力警铃的安装。

水力警铃应安装在公共通道或值班室附近的外墙上。水力警铃和报警阀的连接应采用镀锌钢管，当镀锌钢管的公称直径为 $DN15$ 时，其长度不应大于 6 m；镀锌钢管的公称直径为 $DN20$ 时，其长度不应大于 20 m。水力警铃的启动压力不应小于 0.05 MPa。

（2）信号阀和控制阀的安装。

信号阀应安装在水流指示器前的管道上，与水流指示器间的距离大于 100 mm。控制阀的规格、型号和安装位置均应符合设计要求；安装方向要正确，控制阀内应清洁、无堵塞、不渗漏；主要控制阀应加设启闭标志；隐蔽处的控制阀应在明显处设有其指示位置的标志。

（3）压力开关的安装。

压力开关应竖直安装在通往水力警铃的管道上，且不应在安装中拆装改动。

（4）排气阀的安装。

排气阀的安装应在系统管网试压和冲洗合格后进行，排气阀应安装在配水管顶部、配水管末端，且应确保无渗漏。

（5）节流装置的安装。

节流装置应安装在公称直径不小于 50 mm 的水平管段上；减压孔板应安装在管道内水流转弯处下游一侧的直管上，且与转弯处的距离不应小于管子公称直径的 2 倍。

7）喷头的安装

轻、中危险级场所中配水支管、配水管控制的标准喷头数不应超过表 7-6 的规定。喷头在安装前应在现场进行外观检验。喷头的安装应在系统管道试压、冲洗合格后进行。闭式喷头应进行密封性能试验，以无渗漏、无损伤为合格。按溅水盘的形式和安装位置，将喷头分为直立型、下垂型、边墙型和普通型四种，如图 7-40 所示。常用的闭式喷头安装方式见表 7-7。

表 7-6　轻、中危险级场所中配水支管、配水管控制的标准喷头数

公称直径 DN/mm		25	32	40	50	65	80	100
控制的标准喷头数/只	轻危险级	1	3	5	10	18	48	—
	中危险级	1	3	4	8	12	32	64

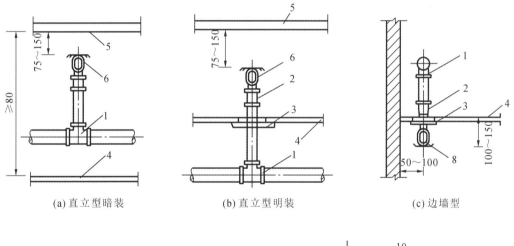

(a) 直立型暗装　　　　(b) 直立型明装　　　　(c) 边墙型

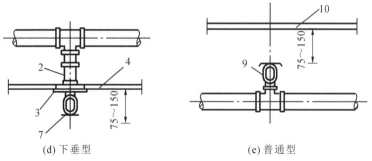

(d) 下垂型　　　　　　(e) 普通型

图 7-40　喷头的安装

1—三通；2—异径管接头；3—装饰板；4—吊顶；5—楼面或屋面板；6—直立型喷头；

7—下垂型喷头；8—边墙型喷头；9—通用型喷头；10—集热罩

表 7-7　常用的闭式喷头安装方式

系列	喷头类型	安装方式	适用场所
玻璃球封闭型	直立型喷头	喷头直立安装在配水管上方	上、下方都需要保护的场所
	下垂型喷头	喷头安装在配水管下方	上方不需要保护的场所,或者管路需要隐蔽的场所
	吊顶型喷头	喷头安装在紧靠吊顶的位置	对美观要求较高的建筑
	上、下适用型喷头	喷头既可朝上安装,也可朝下安装	上方不需要保护或者上、下方均需保护的场所
易熔合金锁片封闭型	直立型喷头	喷头直立安装在配水管上方	上、下方都需要保护的场所
	下垂型喷头	喷头安装在配水管下方	顶棚不需要保护的场所,每只喷头的保护面积比直立型喷头大
	干式下垂型喷头	喷头向下安装在配水支管上	干式和预作用自动喷水灭火系统,或者配水管处于供暖区而喷头处于冻结区的场所
	平齐装饰型喷头	喷头安装在与吊顶齐平的位置;为安装喷头,吊顶上需要有一个直径为 60 mm 的孔洞	对美观要求很高的建筑物内
	边墙型喷头	垂直式边墙型喷头向上安装在配水管上,水平式边墙型喷头水平安装在配水管上	安装空间狭小,或层高小的走廊、房间、通道

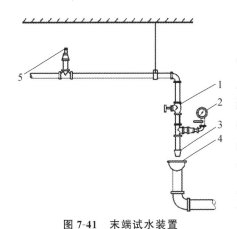

图 7-41　末端试水装置

1—截止阀;2—压力表;3—试水接头;
4—排水漏斗;5—最不利点处喷头

8)末端试水装置的安装

末端试水装置宜安装在系统管网末端或分区管网末端,如图 7-41 所示。末端试水装置的出水,应采取孔口出流的方式排入排水管道。末端试水装置一般宜设置在清洗间和管道井内,且附近应有排水管道。每个报警阀(雨淋阀除外)所带管网系统末端应设试水装置,试水装置由 DN25 的连接管、阀门、压力表和试水接头组成。其他各层或防火分区的最不利点喷头处,均应设直径为 25 mm 的试水阀。

9)系统通水调试

系统通水调试内容主要包括水源测试、消防水泵性能试验、报警阀性能试验、排水装置试验、联动试验、火灾模拟试验。

(1)消防水泵性能试验分别以自动或手动方式启动消防泵,消防水泵应在 5 min 内投入正常运行,达到设计流量和压力,其压力表指针应稳定,如图 7-42 所示。

(2)排水装置试验:开启排水装置的主排水阀,按系统最大设计灭火水量做排水试验,并使压力达到稳定;试验过程中,从系统排出的水应全部从室内排水系统排走。

(3)联动试验:感烟探测器用专用测试仪输入模拟烟信号后,应在 15 s 内输出报警和启

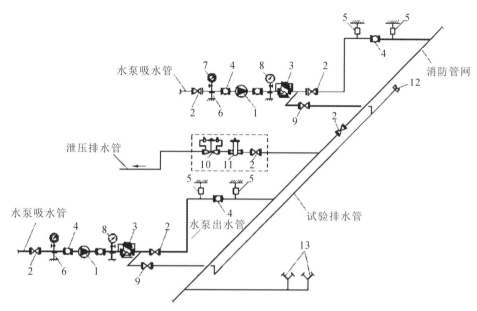

图 7-42　消防水泵管路系统图

1—消防水泵；2—阀门；3—多功能控制阀；4—可曲挠橡胶接头；5—管道吊架减振器；6—管道托架减振器；7—真空表；
8—压力表；9—试验放水阀；10—泄压装置；11—管道过滤器；12—消防水带接口；13—水泵接合器

动系统执行信号；感温探测器专用测试仪输入模拟温度信号后，在 20 s 内输出报警和启动系统执行信号；启动一只喷头或以 0.94～1.5 L/s 的流量从末端试水装置处放水，水流指示器、压力开关、水力警铃和消防水泵等及时动作并发出相应的信号。

3. 自动喷水灭火系统质量检验

（1）热镀锌钢管安装应采用螺纹、沟槽式管件或法兰连接。管道连接后不应减小过水横断面面积。

检查方法：抽查 20%，且不得少于 5 处。

（2）配水干管（立管）与配水管（水平管）连接，应采用沟槽式管件，不应采用机械三通。

检查方法：抽查 20%，且不得少于 5 处，观察检查。

（3）埋地的沟槽式管件的螺栓、螺帽应作防腐处理。水泵房内的埋地管道连接应采用挠性接头。

检查方法：全数观察检查或局部解剖检查。

（4）当管道变径时，宜采用异径接头；在管道弯头处不宜采用补芯，当需要采用补芯时，三通上可用 1 个，四通上不应超过 2 个；公称直径大于 50 mm 的管道不宜采用活接头。

检查方法：全数观察检查。

（5）管道支架、吊架的安装位置不应妨碍喷头的喷水效果。管道支架、吊架与喷头之间的距离不宜小于 300 mm；与末端喷头之间的距离不宜大于 750 mm。

检查方法：抽查 20%，且不得少于 5 处，尺量检查。

（6）配水干管、配水管应做红色或红色环圈标志。红色环圈标志，宽度不应小于 20 mm，间隔不宜大于 4 m，在一个独立的单元内环圈不宜少于 2 处。

检查方法：抽查 20%，且不得少于 5 处，采用观察检查和尺量检查。

（7）喷头安装时，溅水盘与吊顶、门、窗、洞口或障碍物的距离应符合设计要求。

检查方法:抽查 20%,且不得少于 5 处,对照图纸尺量检查。

(8) 当喷头溅水盘高于附近梁底或高于宽度小于 1.2 m 的通风管道、排管、桥架腹面时,喷头溅水盘高于梁底、通风管道、排管、桥架腹面的最大垂直距离应符合设计要求。

检查方法:尺量检查。

4. 成品保护

(1) 消防系统施工完毕后,各部位的设备组件要有保护措施,防止碰动跑水,损坏装修成品。报警阀配件及各部位的仪表等均应加强管理,防止丢失和损坏。

(2) 消防管道安装与土建及其他管道矛盾时,不得私自拆改,要与设计洽商妥善解决。喷洒头安装时不得损坏和污染吊顶装修面。

基础知识测评题

一、填空题

1. 消防供水水源主要是_____、_____、_____。

2. 消火栓系统通常是由_____、供水设备、供水管网以及_____四部分组成。

3. 室外消火栓分为_____、_____、直埋式三种。

4. 消火栓箱安装有_____和_____两种形式。

5. 自动喷水灭火系统由喷头、_____、_____、_____、_____和_____等组成。

6. 喷头按是否有堵水支撑分为_____和_____两类。

7. 消防施工图由平面图、_____、_____、_____、设备材料表等图纸组成。

8. 水泵接合器是供消防车向消防给水管网输送消防用水的预留接口,一般有_____、_____和墙壁式三种。

9. 室内消火栓箱内部一般由室内消火栓、_____、_____、消防卷盘等组成。

10. 建筑物的室内消防给水管道应布置成_____状,且至少应有_____条进水管与室外环状管网相连接,当其中一条进水管发生故障时,其余进水管应仍能供应全部消防用水量。

11. 湿式自动喷水灭火系统适用于常年室内温度在_____℃之间的建筑物内。

12. 消火栓栓口距地面高度为_____米,出水方向与墙面呈 90°。

13. 消防水泵的选用依据是_____、_____及其变化规律。

14. 自动喷水灭火系统是由_____、_____、_____等组件,以及管道、供水设施组成。

二、判断题

1. 干湿式自动喷水灭火系统中,是部分充满有压气体,部分充满有压水。　　(　　)

2. 应有不同市政给水干管上不少于两条引入管向消防给水系统供水。　　(　　)

3. 室外消火栓应设置在便于消防车使用的地点。　　(　　)

4. 室外消防给水管道的最小直径不应小于 100 mm。　　(　　)

5.水幕系统、水喷雾系统和雨淋式喷水灭火系统采用的喷头是开式喷头。（   ）

三、选择题

1.自动喷水灭火系统喷头种类很多,按喷头是否有堵水支撑分为闭式喷头和开式喷头,以下哪种喷头不属于开式喷头?（   ）。

A.开启式喷头　　　　B.水幕式喷头　　　　C.喷雾式喷头　　　　D.易熔元件喷头

2.下列哪种火灾可以用水扑灭?（   ）。

A.与水能起反应的物质　　　　　　　　B.电器火灾

C.比水轻的易燃液体　　　　　　　　　D.可燃固体

3.报警阀的作用是开启和关闭管网的流速。以下哪种不属于报警阀的类型?（   ）。

A.干式　　　　　　B.湿式　　　　　　C.雨淋式　　　　　　D.预作用式

4.以下关于自动喷水灭火系统的描述正确的是（   ）。

A.非火灾工况下,干式自动喷水灭火系统管网中充满的是压缩空气。

B.火灾发生后,湿式自动喷水灭火系统中的喷头不用更换。

C.非火灾工况下,预作用式自动喷水灭火系统管网中充满的是有压力的水。

D.火灾发生时,预作用式自动喷水灭火系统火灾探测器可以滞后于喷头动作。

四、简答题

1.简述设置消防水池或消防水箱的目的。

2.简述湿式自动喷水灭火系统的工作原理。

3.预作用自动喷水灭火系统与湿式、干式系统相比,其优点是什么?

4.水幕系统的主要作用是什么?主要用于哪些部位的保护?

5.报警阀的作用是什么?目前在自动喷水灭火系统中常用的报警阀主要有哪几种类型?

6.简述自动喷水灭火系统中水泵接合器的设置要求。

7.简述消火栓系统的安装工艺。

8.简述自动喷水灭火系统的安装工艺。

9.简述消防设备基本要求。

扫一扫看答案

项目 8 建筑给水排水施工图

任务 1　建筑给水排水施工图识图基本知识

一、建筑给水排水施工图的组成和内容

建筑给水排水施工图一般由图纸目录、设计和施工说明、平面图、系统图、施工详图和主要设备材料表等几部分组成。

1. 图纸目录

图纸目录上应标注单位工程名称、图号的编码、图纸名称及数量、图纸规格等内容。有些图纸目录将全部施工图纸进行分类编号，一般作为施工图的首页。

2. 设计和施工说明

凡是图纸中无法表达或表达不清的内容，必须用文字说明。主要内容是用必要的文字来表明工程的概况及设计者的意图，它是设计的重要组成部分。建筑给水排水系统的设计说明往往同给水排水说明一起写在一份图纸的首页或者直接写在图纸上。

3. 平面图

建筑给水排水平面图一般采用与建筑平面图相同的比例，常用比例 1:100，必要时也可绘制卫生间大样图，比例采用 1:50、1:30、1:20 等。多层建筑给水排水平面图，原则上应分层绘制。通常把给水排水系统的管道绘制在同一张平面布置图上，当管线错综复杂，在同一张平面图上表达不清时，也可分别绘制各类管道的平面布置图。

4. 系统图

系统图可分为系统轴测图和系统原理图。系统轴测图是一种立体图，是采用 45°或者 135°轴测投影原理反映管道、设备的空间位置和相互关系的图纸。系统图一般应分别绘制给水系统图和排水系统图。系统图一般采用与平面图相同的比例，必要时也可放大或缩小，不按比例绘制。轴测图中的标高均为相对标高（相对室内地面），给水管道及附件设计标高

通常指中心线标高,在绘制给水排水施工图时标注;排水管道及附件通常标注管底标高。给水排水管道及附件的表示方法均应按照《建筑给水排水制图标准》(GB/T 50106—2010)中规定的图例绘制。系统图中对用水设备及卫生器具的种类、数量和位置完全相同的支管、立管可以不重复完全绘出,但应用文字标明。

5. 施工详图(也称大样图)

凡平面布置图、系统图中局部构造,因受图面比例影响,表达不完善或不能表达,为使施工不出现失误,必须绘制施工详图。例如,卫生间大样图、地下储水池和高位水箱的工艺尺寸和接管详图、关键的管线布置图、管道节点大样图等,必须绘制施工详图。施工详图通常在标准图集中选用,当标准图集中没有时,设计人员自行绘制。

6. 设计施工说明及主要设备材料明细表和图例

为了使施工准备的材料和设备等符合设计要求,对于重要工程中的材料和设备,应编制主要设备和材料明细表,列出设备、材料的名称、规格、型号、单位、数量及附注说明等项目,将在施工中涉及的管材、阀门、仪表和设备等均列入表中。此外,施工图中还应绘制出施工中所用的图例。

二、建筑管道施工图的表示方法

工程图是设计人员用来表达设计意图的重要工具。为保证工程图的统一性和可读性,工程图的表示方法必须符合国家标准。

1. 管道线型、比例

工程图上的管道和管件采用统一的线型来表示,如管道线型中有粗实线、中实线、细实线、粗虚线、中虚线、细虚线、细点划线、折断线、波浪线等。

2. 管道类别代号

管道图中有多种管线,为了区别各种不同类型的管道,常在管道线中注上用字母表示的规定符号(通常为汉语拼音首字母大写),常见的管道类别如表8-1所示。

表 8-1 常用管道类别

序号	名称	规定符号	序号	名称	规定符号
1	生活给水管	J	7	雨水管	Y
2	排水管	P	8	消火栓管	X
3	循环冷却回水管	XH	9	废水管	F
4	中水给水管	ZJ	10	污水管	W
5	热水给水管	RJ	11	蒸汽管	Z
6	凝结水管	N	12	通气管	T

3. 常用管道工程图例

常用管道工程图例见表8-2至表8-8。

表 8-2　管道附件图例

序号	名称	图例	序号	名称	图例
1	同心异径管	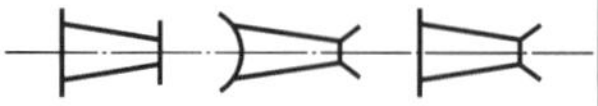	10	存水弯	
2	波纹管		11	可曲挠橡胶接头	 单球　双球
3	管道固定支架		12	立管检查口	
4	清扫口	 平面　系统	13	通气帽	 成品　蘑菇形
5	雨水斗	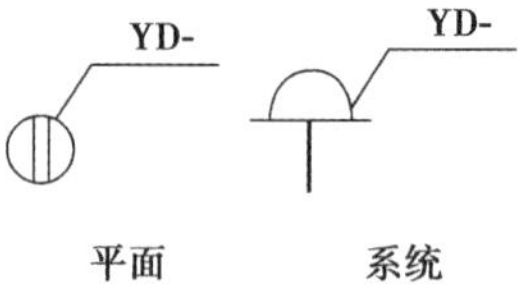 YD-　YD- 平面　系统	14	排水漏斗	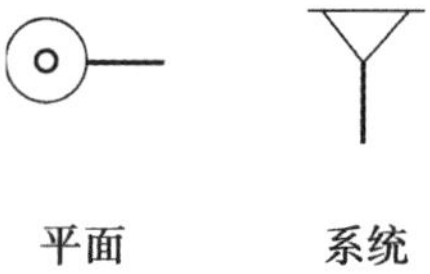 平面　系统
6	圆形地漏	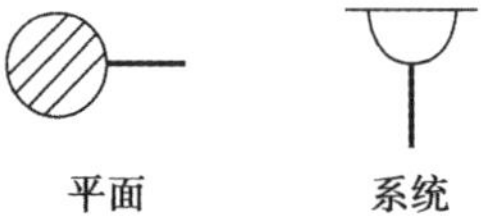 平面　系统	15	方形地漏	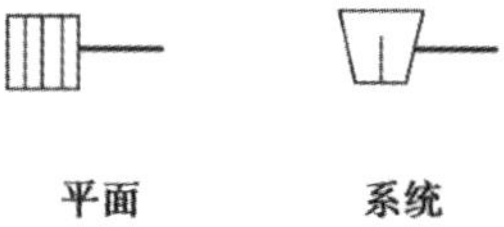 平面　系统
7	管道伸缩器	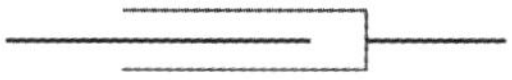	16	方形伸缩器	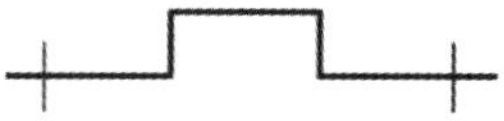
8	刚性防水套管	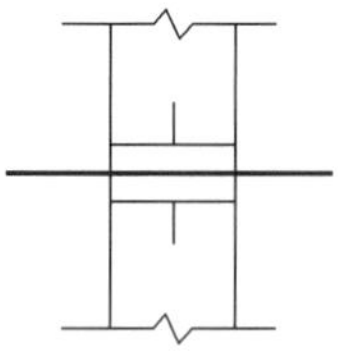	17	柔性防水套管	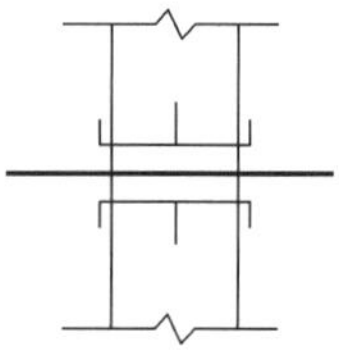
9	减压孔板		18	Y 形除污器	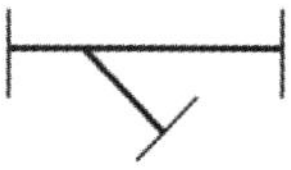

表 8-3　管道连接图例

序号	名称	图例	序号	名称	图例
1	法兰连接		6	承插连接	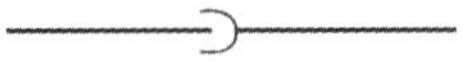
2	活接头	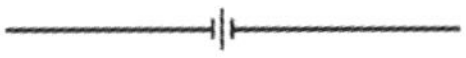	7	管堵	
3	法兰堵盖		8	盲板	
4	弯折管	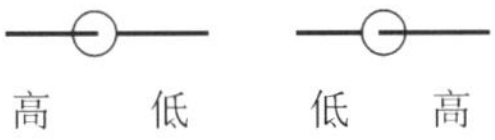 高　低　　低　高	9	管道丁字上接	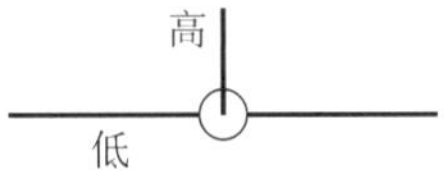 高　低
5	管道丁字下接	 高　低	10	管道交叉	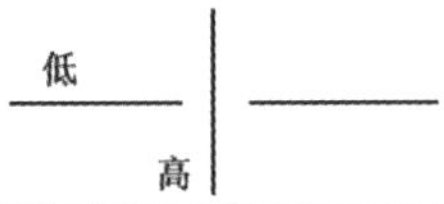 低　高

表 8-4　阀门图例

序号	名称	图例	序号	名称	图例
1	闸阀		8	温度调节阀	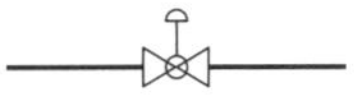
2	角阀		9	压力调节阀	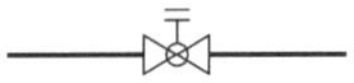
3	三通阀		10	电磁阀	
4	四通阀	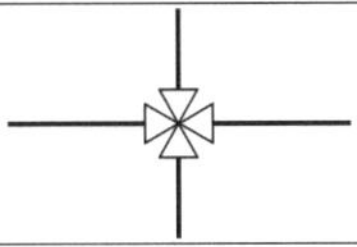	11	止回阀	
5	截止阀		12	消声止回阀	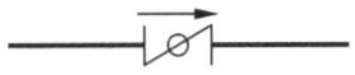
6	蝶阀	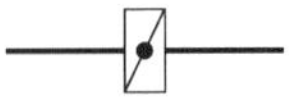	13	持压阀	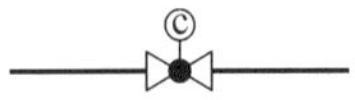
7	电动闸阀	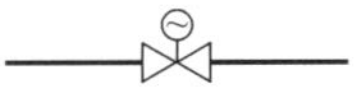	14	泄压阀	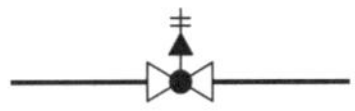

序号	名称	图例	序号	名称	图例
15	液动闸阀	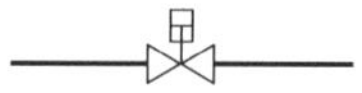	21	弹簧安全阀	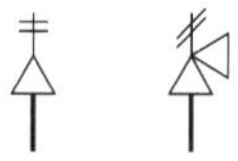
16	气动闸阀	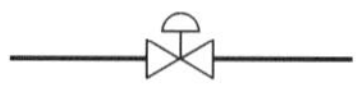	22	自动排气阀	 平面　系统
17	减压阀	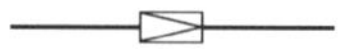	23	浮球阀	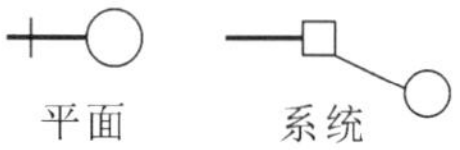 平面　系统
18	旋塞阀	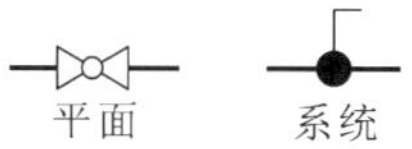 平面　系统	24	延时自闭冲洗阀	
19	球阀		25	疏水器	
20	隔膜阀	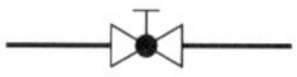			

表 8-5　给水配件图例

序号	名称	图例	序号	名称	图例
1	水嘴	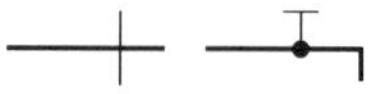 平面　系统	6	皮带水嘴	 平面　系统
2	洒水(栓)水嘴		7	化验水嘴	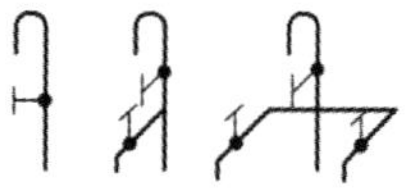
3	肘式水嘴	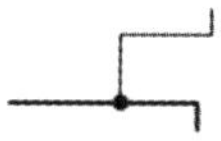	8	脚踏开关水嘴	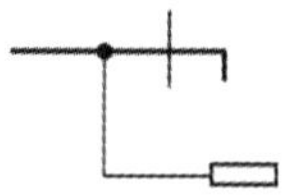
4	混合水嘴	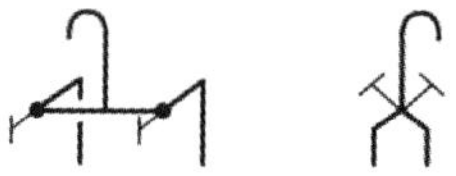	9	旋转水嘴	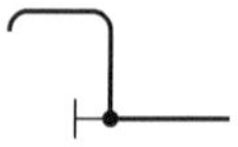
5	浴盆带喷头混合水嘴	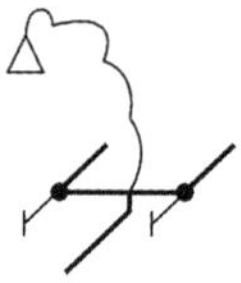	10	蹲便器脚踏开关	

表 8-6　给排水卫生设备图例

序号	名称	图例	序号	名称	图例
1	立式洗脸盆	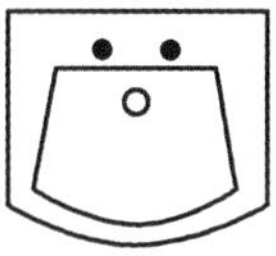	9	台式洗脸盆	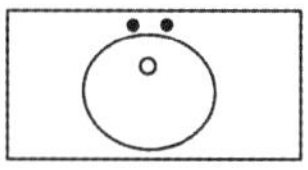
2	挂式洗脸盆	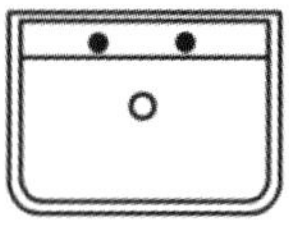	10	浴盆	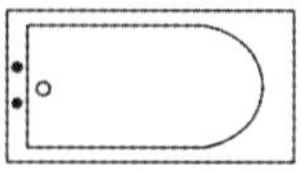
3	化验盆、洗涤盆	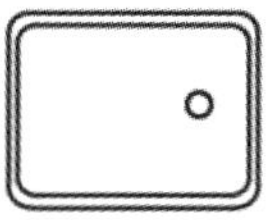	11	厨房洗涤盆	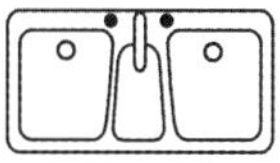
4	带沥水板洗涤盆	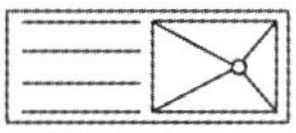	12	盥洗槽	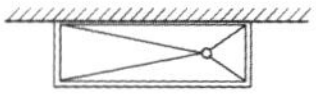
5	污水池	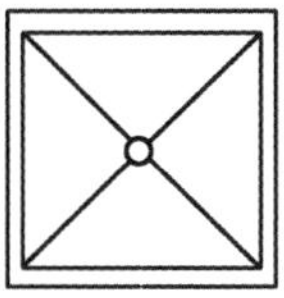	13	妇女净身盆	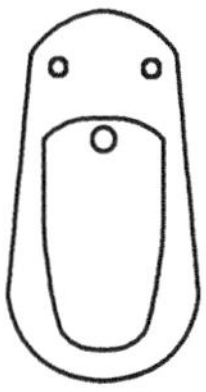
6	立式小便器	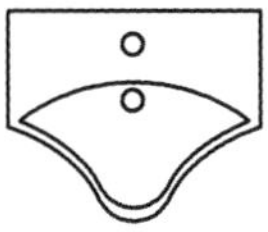	14	壁挂式小便器	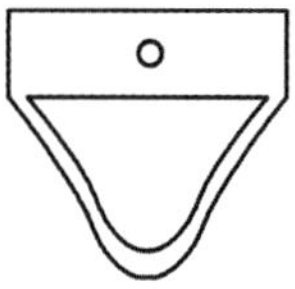
7	蹲式大便器	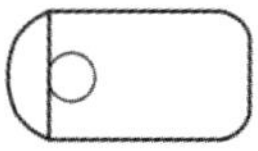	15	坐式大便器	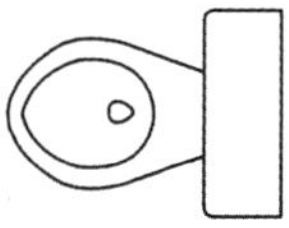
8	小便槽	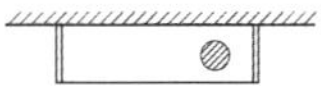	16	淋浴喷头	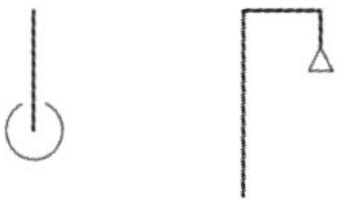

表 8-7　消防设施图例

序号	名称	图例	序号	名称	图例
1	消火栓给水管	—— XH ——	10	自动喷水灭火给水管	—— ZP ——
2	雨淋灭火给水管	—— YL ——	11	水幕灭火给水管	—— SM ——
3	水炮灭火给水管	—— SP ——	12	室外消火栓	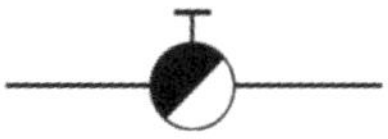
4	室内消火栓（单口）	平面　　系统	13	室内消火栓（双口）	 平面　　系统
5	水泵接合器	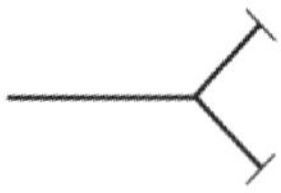	14	自动喷洒头（开式）	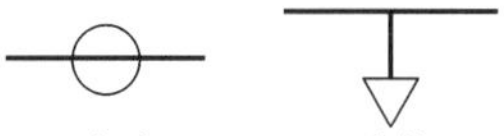 平面　　系统
6	自动喷洒头（闭式）上喷	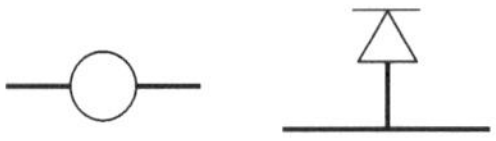 平面　　系统	15	自动喷洒头（闭式）下喷	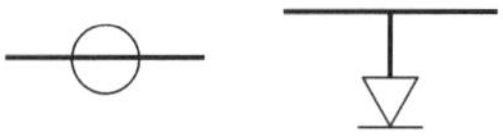 平面　　系统
7	自动喷洒头（闭式）上下喷	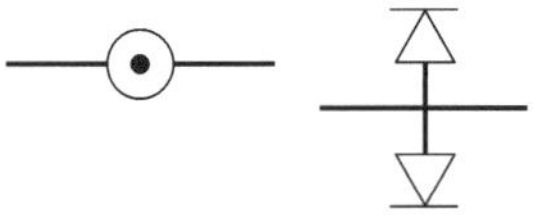 平面　　系统	16	侧墙式自动喷洒头	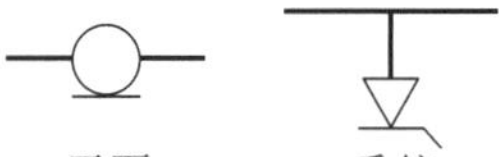 平面　　系统
8	水喷雾喷头	 平面　　系统	17	直立型水幕喷头	 平面　　系统
9	下垂型水幕喷头	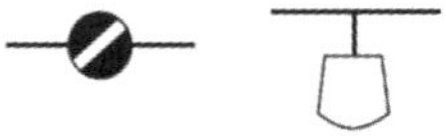 平面　　系统	18	干式报警阀	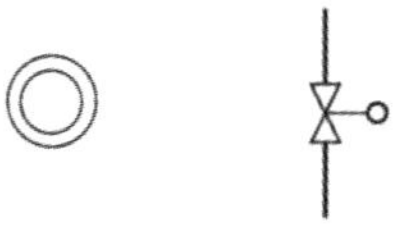 平面　　系统

续表

序号	名称	图例	序号	名称	图例
19	湿式报警阀	平面　系统	24	预作用报警阀	平面　系统
20	雨淋阀	 平面　系统	25	信号闸阀	
21	信号蝶阀	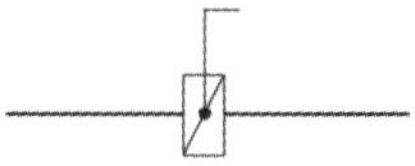	26	消防炮	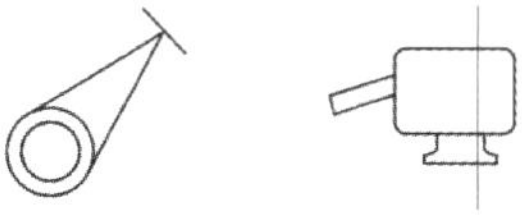 平面　系统
22	水流指示器	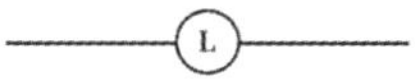 L	27	水力警铃	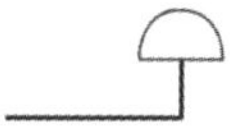
23	末端试水装置	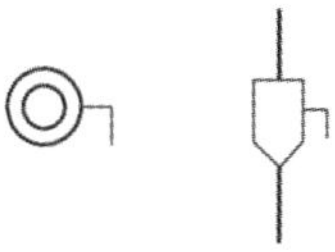 平面　系统	28	手提式或推车式灭火器	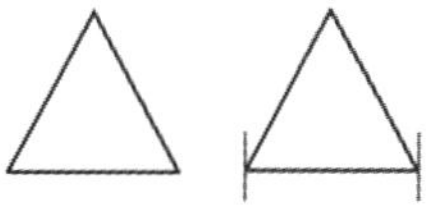 手提式　推车式

表 8-8　给水排水专业所用仪表图例

序号	名称	图例	序号	名称	图例
1	温度计		5	水表	
2	压力表		6	自动记录流量表	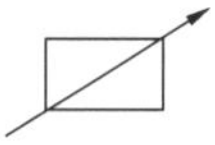
3	自动记录压力表		7	转子流量计	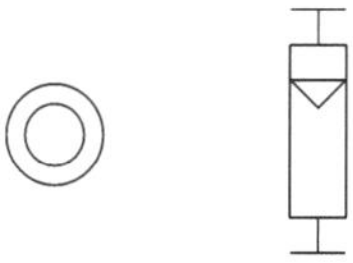 平面　系统
4	压力控制器		8	真空表	

4.管道的坡度及坡向

管道坡度用 i 表示，i 后面有等号，等号后面有坡度值；箭头的方向表示坡向，箭头朝向方表示低向，如图 8-1 所示。

图 8-1　管道的坡度及坡向的表示

1—管线；2—表示坡向的箭头

5.管道标高

1）建筑标高

（1）标高符号应以等腰直角三角形表示，按图 8-2（a）所示形式用细实线绘制，当标注位置不够时，也可按图 8-2（b）所示的形式绘制。标高符号的具体画法应符合图 8-2（c）和图 8-2（d）的规定。

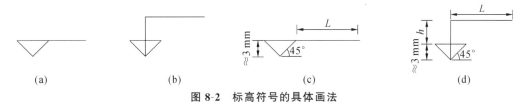

图 8-2　标高符号的具体画法

L —取适当长度注写标高数字；h —根据需要取适当高度

（2）总平面图室外地坪标高符号，宜用涂黑的三角形表示，具体画法应符合图 8-3（a）和图 8-3（b）的规定。

（3）标高符号的尖端应指至被注高度的位置。尖端宜向下，也可向上。标高数字应注写在标高符号的上侧或下侧，如图 8-3（c）所示。

（4）标高数字应以米（m）为单位，注写到小数点后第三位。在总平面图中，可注写到小数点后第二位。

（5）零点标高应注写成 ± 0.000，正数标高不注"＋"，负数标高应注"－"，如 3.000、-0.600。

（6）在图样的同一位置需表示几个不同标高时，标高数字可按图 8-3（d）的形式注写。

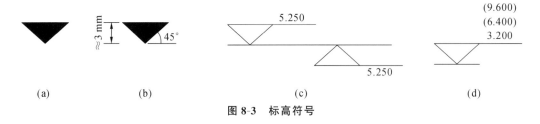

图 8-3　标高符号

2）管道标高

建筑给水排水施工图中标高表示管道和设备的安装高度，在需要标注的地方作一引出线，再在引出线上画一个带横线的三角线，并在横线上写出标高（单位为 m）。标高有相对标高和绝对标高两种，相对标高一般以建筑物底层的室内地面高为零点。室内管道和设备应标注相对标高；室外管道应标注绝对标高。沟渠、管道的起点、转角点、连接点、变坡点和交叉点等处应标注标高。压力管道宜标注管中心标高,重力流管道宜标注管内标高。标高的标注方法应符合下列规定。

(1) 在平面图中,管道标高应按图8-4与图8-5的方式标注。

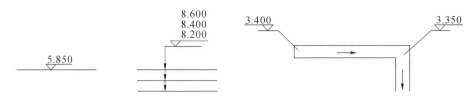

图8-4 平面图中管道标高标注法　　　　图8-5 平面图中沟渠标高标注法

(2) 在剖面图中,管道及水位的标高应按图8-6的方式标注。

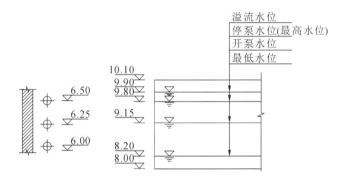

图8-6 剖面图中管道及水位标高标注法

(3) 在轴测图中,管道标高应按图8-7的方式标注。

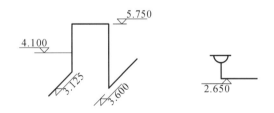

图8-7 轴测图中管道标高标注法

6. 管道管径

单根、多根管道时,管径应按图8-8、图8-9的方式标注。

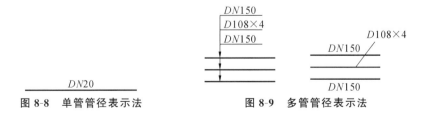

图8-8 单管管径表示法　　　　图8-9 多管管径表示法

7. 管道编号

管道编号包括系统编号和立管编号。为便于使平面图与系统图对照起见,管道应按系统加以标记和编号,给水系统以每一条引入管为一个系统,排水系统以每一条排出管或几条排出管汇集至室外检查井为一个系统,当建筑物的给水引入管或排出管的数量超过1根时,宜进行系统编号。

系统编号的表示是在直径为10～12 mm的圆圈内过中心画一条水平线,水平线上面用大写字母表示管道的类别,下面用阿拉伯数字表示编号,如图8-10所示。建筑物内给水排水立管数量超过1根时,宜对立管进行编号。标注方法:管道类别和编号之间用"-"连接,如1号给水立管注为JL-1,3号排水立管标注为PL-3,如图8-11所示。

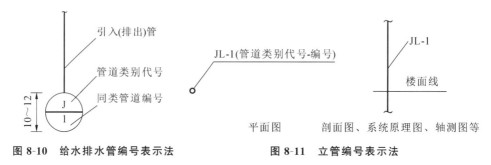

图 8-10　给水排水管编号表示法　　　　　图 8-11　立管编号表示法

三、建筑给水排水施工图识读方法

1. 按分部、分系统逐一识读

一张图纸中可能绘有给水、排水等多个分部工程,应对这些分部工程逐一识读。每个分部工程中有时又分为几个独立的系统(可用进、出口的数量区分,如J1、J2给水系统,P1、P2排水系统),应分清系统分别识读。分部工程之间、系统与系统之间均不可混读,这是识读的基本原则之一。

1)平面图的识读

平面图的识读需要弄清楚以下内容:

(1)建筑的平面布置情况,给水排水点的位置。

(2)给水排水设备和卫生器具的类型、平面位置,以及污水构筑物的位置和尺寸。

(3)各种功能管道的平面位置、走向、规格、编号、连接方式等。

(4)管道附件的平面位置、规格、种类、敷设方式等。

2)系统图的识读

给水排水平面图主要显示室内给水排水设备的水平安排和布置,而连接各管路的管道系统因其在空间转折较多,上下交叉重叠,往往在平面图中无法完整且清楚地表达,因此,需要有一幅同时能反映空间3个方向的图来表达,这种图被称为给水排水系统图,也称轴测图。轴测图主要表达以下内容:

(1)引入管、干管、立管、支管等给水管的空间走向。

(2)排水支管、排水横管、排水立管、排出管等排水管的空间走向。

(3)各种给水排水设备接管情况和标高、连接方式。

2. 对照识读

对照识读包括两层含义:其一,本专业施工图纸之间的对照识读;其二,与其他专业工种图纸之间的对照识读。

（1）识读每个系统时，应先找到管道的进、出口（对于室外管网，先明确水源位置），按总管及入口装置、干管、立管、支管、设备的顺序，先识读系统最远的一个环路（不利环路），再以干管上各个分流处（三通、四通）为起点，按分支干管、立管、支管、设备的顺序依次识读，直至将整个系统全部识读完毕。

（2）分层识读是指对设计人员所绘制的各层平面图进行分别识读，并按底层（含箱基、地下室）平面图、顶层（含设备层）平面图、楼层平面图的顺序分别识读。

（3）对复杂的给水排水工程系统（如高层建筑），宜先识读系统图，在建立起系统的整体形象的基础上，再到平面图中找安装位置，到剖面图中了解局部安装情况，到节点图和标准图中掌握细部安装要求，这样可以缩短识读时间。

3. 识图注意事项

看图时要注意从粗到细，由主到次。看安装图时也要结合土建图纸来看，这样才能对安装物体的具体位置比较清楚，及时发现图纸中存在的问题；对于需要结合现场设计施工的工程，要认真踏勘现场，尽量与实际情况结合起来。具体识图时应注意以下几个方面：

（1）首先弄清图纸中的方向和该建筑在总平面图上的位置。

（2）看图时，先看设计说明，明确设计要求。

（3）给水排水施工图所表示的设备和管道一般采用统一的图例，在识读图纸前应查找和掌握有关的图例，了解图例所代表的内容。

（4）给水排水管道纵横交叉，平面图难以表明它们的空间走向，一般采用系统图表明各层管道的空间关系及走向，识读时应将系统图和平面图对照识读，以了解系统全貌。

（5）给水系统可从管道入户起顺着管道的水流方向，经干管、立管、横管、支管到用水设备，将平面图和系统图对应着一一读遍，弄清管道的方向和分支位置，各段管道的管径、标高、坡度、坡向，管道上的阀门及配水龙头的位置和种类，管道的材质等。

（6）排水系统可从卫生器具开始，沿水流方向，经支管、横管、立管，一直查看到排出管。弄清管道的方向，管道汇合位置，各管段的管径、标高、坡度、坡向，检查口、清扫口、地漏的位置以及风帽的形式等。同时，注意图纸上表示的管路系统，有无排列过于紧密，用标准管件无法连接的情况等。

（7）结合平面图、系统图及说明看详图，了解卫生器具的类型、安装形式、设备规格型号、配管形式等，搞清系统的详细构造及施工的具体要求。

（8）识读图纸时，应注意预留孔洞、预埋件、管沟等的位置，还要根据图纸对土木建筑的要求来查看有关土木建筑施工图纸，以便施工中加以配合。

任务2　建筑给水排水施工图识读分析

一、实例一：某普通住宅楼给水排水管道工程识读分析

现以某普通住宅楼给水排水管道工程为例，介绍给水施工图的识读方法和步骤。

1. 熟悉图纸

本套施工图纸包括图纸目录、图例、设计施工说明、给水排水平面图(见图 8-12～图 8-13)、系统图(见图 8-14～图 8-16)等。

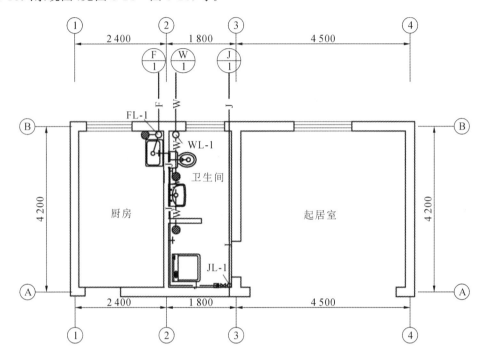

图 8-12　一层给水排水平面图

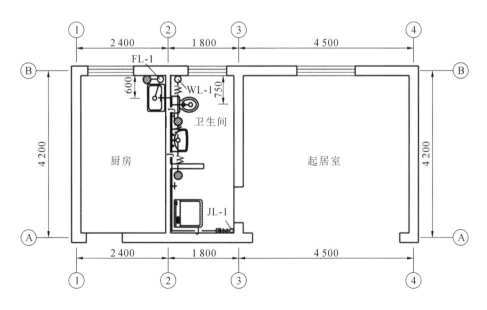

图 8-13　二层至四层给水排水平面图

2. 了解工程概况

本工程为 4 层普通住宅楼,层高为 2.80 m,室内一层地面与室外地坪高差为 0.30 m,户内有一间厨房、一间卫生间,外墙及承重墙均为240墙,厨卫隔墙为120墙。给水采用直接给水方式,户内计,给水进户管在−1.00 m标高处进入户内后通至−0.30 m处,然后水平干管接至JL-1,在立管上距每层地坪1.00 m处设三通引出分户支管,每户分户管上设有阀门1只、分户水表1只。

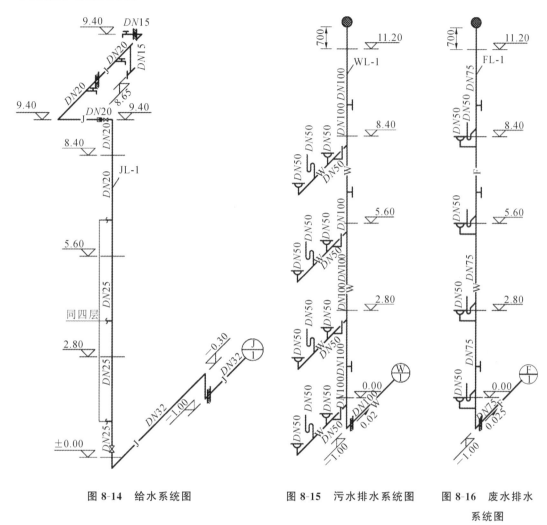

图 8-14　给水系统图　　　　图 8-15　污水排水系统图　　图 8-16　废水排水系统图

3. 熟悉设计施工说明

(1)本设计标高以米计,其余以毫米计,给水管标高指管中心,排水管标高指管内底。

(2)生活给水管采用PP-R塑料排水管,热熔连接,给水管穿楼板、墙处采用普通钢套管,钢套管比给水管公称直径大2号;排水管采用UPVC塑料排水管,胶粘连接,出屋面处做刚性防水套管。当排水管径不小于100 mm时,穿楼板处应安装阻火圈。

(3)给水管道安装完毕后,按规定压力进行水压试验;排水管道安装完毕后,按规定进行渗漏试验。

(4)卫生器具安装按国家标准图集S3施工。

(5)本说明未述及之处,按国家有关施工验收规范执行。

二、实例二:某普通住宅楼给水排水管道工程识读分析

1. 施工图纸

某办公楼底层卫生间平面图见图 8-17,二～七层卫生间平面图见图 8-18,卫生间给水系统图见图 8-19,卫生间排水系统图见图 8-20。本施工图给水系统采用镀锌钢管,螺纹连接;排水系统采用 UPVC 排水管,承插粘接。阀门选用:公称直径小于等于 DN50 时,采用 J11F-10K 型截止阀,公称直径大于 DN50 时采用 Z41T-16 型螺纹法兰闸板阀。卫生器具选用:自闭冲洗蹲式大便器,延时自闭式冲洗阀;挂斗式小便器;白瓷平面洗脸盆,采用全铜镀铬水嘴;混凝土污水池采用铝排水栓,普通冷水龙头;地漏采用塑料防臭地漏;清扫口采用塑料清扫口。

2. 识图要求

在识读建筑给水、排水施工图时,首先应查看图纸目录、设计与施工说明、设备与材料表等文字资料。

(1)看懂某办公楼底层卫生间给水引入管,排水排出管的位置及安装标高,给水排水干管、支管的走向,管径大小,立管的位置,卫生器具的种类及位置。

(2)看懂二～七层卫生间平面图给水排水干管、支管的走向,管径大小,立管的位置,卫生器具的种类及位置。

(3)看懂给水系统图,给水管道的空间走向,立管的管径及标高,引入管的管径及标高,干管及支管的管径及标高。

(4)看懂排水系统图,排水管道的空间走向,排出管的管径及标高,排水干管及支管的管径及标高。

3. 识图过程

1)给水排水平面图的识读

如图 8-17 和图 8-18 所示,在识读给水排水平面图样时,应按水流方向并结合系统图进行识读。

首先在底层卫生间平面图中,找到引入管及排出管的位置(男厕所西北角处),给水干管由西向东布置,在男、女厕所分支并向南延伸,分别向男、女厕所卫生器具供水。

男厕所卫生器具有 2 个洗脸盆、1 个污水池、2 个小便器和 3 个蹲便器,排水由南向北流入东西排水干管中;女厕所卫生器具有 2 个洗脸盆、1 个污水池和 3 个蹲便器。男女厕所排水都是由南北向排水支管流入东西向排水横管;与 6 个蹲便器排水一同通过排出管,将生活污水排到室外化粪池中。每层排水干管的最高点应设置地面清扫口 1 个。

2)给水系统图的识读

如图 8-19 所示,从给水系统图可以看出,该给水系统为下行上给式,分别向七层卫生间用水设备供水。识读图样时,应按水流方向并结合平面图进行识读。

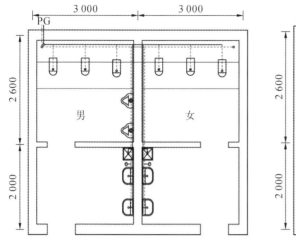

图 8-17　底层卫生间平面图（1:50）

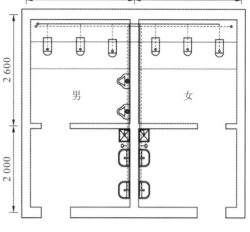

图 8-18　二～七层卫生间平面图（1:50）

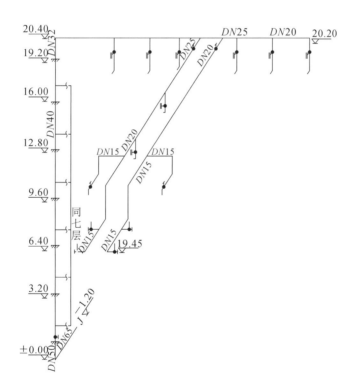

图 8-19　某办公楼卫生间给水系统图

给水引入管为 $DN65$ 镀锌钢管，在室外埋深 $-1.20\ \text{m}$，给水立管（JL）自底层 $-1.20\ \text{m}$ 至标高 $20.40\ \text{m}$。该立管出地面后安装一个 $DN65$ Z41T-16 型截止阀，分别至标高 $1.20\ \text{m}$、$4.40\ \text{m}$ 处，$7.60\ \text{m}$、$10.80\ \text{m}$、$14.00\ \text{m}$、$17.2\ \text{m}$ 处分别安装三通，在 $20.40\ \text{m}$ 处安装弯头与给水干管相连。在给水横管上安装 6 个延时自闭冲洗阀分别向男厕所 3 个蹲便器供水和女厕所 3 个蹲便器供水。

在男厕所南北支管上安装一个 $DN25$ 截止阀控制水流；在污水池上安装一个 $DN15$ 水

龙头向污水池供水;两个 $DN15$ 角阀分别向两个洗脸盆供水。在女厕所南北支管上安装一个 $DN20$ 截止阀控制水流;在污水池上安装一个 $DN15$ 水龙头向污水池供水;两个 $DN15$ 角阀分别向两个洗脸盆供水。

3）排水系统图的识读

如图 8-20 所示,从排水系统图中可以看出,排出管选用 $DN150$ 排水塑料管,在室外埋深－1.50 m。

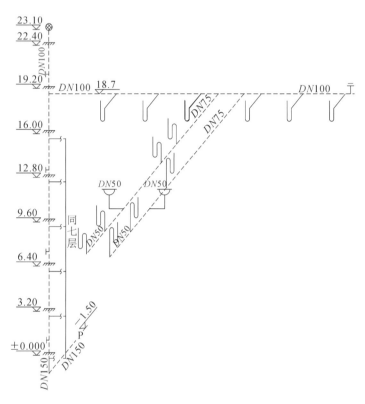

图 8-20　某办公楼卫生间排水系统图

排水立管(PL)采用 $DN150$ 的 UPVC 排水塑料管,在一层、三层、五层、七层距离地面1.000 m处设置检查口,排出管与立管在－1.500 m 标高处用两个 $DN150$ 45°弯头连接,向北排至室外化粪池中。在排水立管每层标高 2.6 m 处各安装一个顺水三通。

东西排水横管采用 $DN100$ 的 UPVC 排水塑料管,在男女厕所排水横管上分别安装 3个 P 型存水弯和一个地面清扫口。南北排水支管采用 $DN75$ 的 UPVC 排水塑料管,在男厕所排水支管上分别安装 4 个 S 型存水弯和一个地漏。在女厕所排水支管上分别安装 3 个 S型存水弯和一个地漏。七层以上的伸顶通气管,伸出屋面 700 mm,顶部装通气帽。

基础知识测评题

一、填空题

1.建筑给水排水施工图系统图中应标明管道的_____、_____,标出支管与立管的连接处,以及管道各附件的安装高度。

2.详图包括_____、_____和_____。

3.建筑给水排水工程图中标高用以表示管道安装的高度,有_____标高和_____标高两种表示方法。

二、判断题

1.建筑给水排水工程图中平面图上管道都用单线表示,沿墙敷设时不标注管道距墙的距离。　　　　　　　　　　　　　　　　　　　　　　　　　（　　）

2.建筑给水排水工程图中系统图中对用水设备及卫生器具的种类、数量和位置完全相同的支管、立管必须完全绘出并用文字标明。　　　　　　　　　　（　　）

3.建筑给水排水工程图中标高以米为单位,一般标注到小数点后3位。（　　）

4.建筑给水排水工程图中有多种管线,采用不同的线型加以区分即可。（　　）

三、选择题

1.给水排水工程图中有很多管线,一般各种管线区分采用增加字母符号的方式,给水管常用（　　）表示。

A. J　　　　　　　　B. P　　　　　　　　C. W　　　　　　　　D. Y

2.以下（　　）表示的是污水立管的编号。

A. JL-1　　　　　　B. WL-1　　　　　　C. YL-1　　　　　　D. FL-1

3.以下哪个图例表示的是圆形地漏?（　　）

A. 　　B. 　　C. 　　D.

4.以下哪个图例表示的是室内单口消火栓?（　　）

A. 　　B. 　　C. 　　D.

5.以下（　　）表示的是排水漏斗平面图图例。

A. 　　B. 　　C. 　　D.

四、简答题

1.简述给水排水工程图的组成及常用表示方法。

2.如何识读给水排水工程图?

五、某住宅楼层卫生间给水排水管道识读分析

某住宅楼层卫生间给水排水管道工程相关图如图8-21~图8-24所示。图中尺寸以mm计,标高以m计。管道安装中的生活冷水管、生活热水管及管配件均采用聚丁烯PB材质(热熔连接);墙内暗敷。卫生间主要材料名称见表8-9。排水管及管配件采用硬聚氯乙烯UPVC管(承插、粘接)。试对这套图纸进行识读。

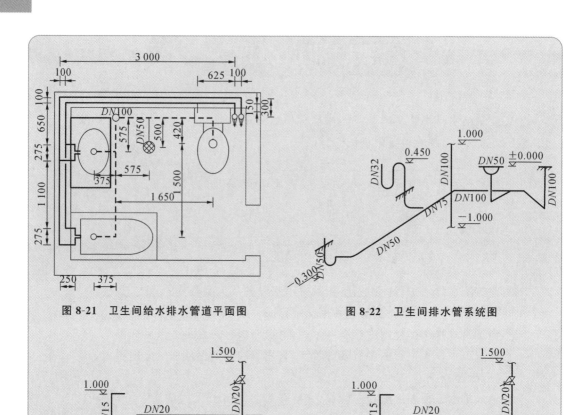

图 8-21 卫生间给水排水管道平面图

图 8-22 卫生间排水管系统图

图 8-23 卫生间生活冷水管系统图

图 8-24 卫生间生活热水管系统图

表 8-9 卫生间主要材料名称表

序号	材料名称及规格		单位	序号	材料名称及规格	单位
1	聚丁烯 PB 管(冷热)	DN20	m	7	普通浴盆(冷热水带莲蓬头)	组
2	聚丁烯 PB 管(冷热)	DN15	m	8	普通冷热水洗脸盆	组
3	硬聚氯乙烯 UPVC 管	DN100	m	9	低水箱坐式大便器	组
4	硬聚氯乙烯 UPVC 管	DN75	m	10	螺纹截止阀 J11T-16 DN20	个
5	硬聚氯乙烯 UPVC 管	DN50	m	11	塑料地漏(Ⅰ型) DN50	个
6	硬聚氯乙烯 UPVC 管	DN32	m	12	角式截止阀 DN15	个

扫一扫看答案

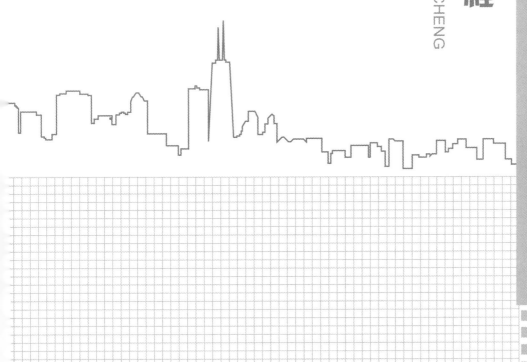

学习情境 3

建筑电气与照明系统工程

JIANZHU DIANQI YU ZHAOMING XITONG GONGCHENG

教学导航

教学项目	项目9　建筑供配电系统	参考学时	12～20
	项目10　室内配线工程		
	项目11　安全用电与建筑防雷接地系统		
教学载体	多媒体教室、教学课件及教材相关内容		
教学目标	知识目标	了解建筑电气系统基础概念、建筑供电方式、变(配)电所的组成;了解建筑照明方式和种类、照明光源和灯具;熟悉常用电气材料、建筑配电方式;熟悉建筑电气照明配电系统、防雷接地装置的组成;掌握室内外线路、照明用电器具、配电箱和防雷接地装置的施工工艺;掌握建筑电气系统施工图的识读顺序		
	能力目标	能区分不同电气材料的应用场合;能结合工程图纸判别建筑配电方式;能识记建筑电气系统常用图例;能看懂建筑电气系统施工图纸,提取图纸工程信息以指导工程算量和现场安装施工		
	素质目标	1.结合生产生活实际,使学生了解电工知识的认知方法,培养学生的学习兴趣,形成正确的学习方法。明确供配电技术的发展与国富民强的关系,使学生积极主动地学习供配电技术知识。中国的"特高压技术"领跑全球,激发学生的爱国情怀与民族自豪感。 2.能正确查阅规范及图集,培养学生具有解决实际工程问题的能力;培养学生树立质量意识、标准和规范意识,以满足专业岗位的要求。 3.培养学生具有"绿色照明"理念,节约能源、保护环境、提高照明质量;培养学生良好的职业道德、公共道德,健康的心理,乐观的人生态度,积极的社会责任感,提高学生综合素质与职业能力,培养学生安全用电意识		
过程设计	任务布置及知识引导→学习相关新知识点→解决与实施工作任务→自我检查与评价		
教学方法	项目教学法		

课程思政要点

　　中华人民共和国成立于1949年10月1日,毛泽东主席在北京天安门城楼上按动电钮,第一面五星红旗由电力驱动冉冉升起!通过分享"学习强国"的文章《70年,电力见证中国奇迹》,感受新中国成立以来,中国在各个领域铸就的"中国奇迹"。如今,中国发电量世界第一、可再生能源发电量世界第一,充分领会中国电力事业取得的辉煌成就。

　　建筑电气设备安装领域的能耗是建筑业和国家经济发展中能耗控制的重点对象。通过观看视频《大国重器(第二季)》之《造血通脉》,了解煤炭、电力、石油、天然气、新能源、可再生能源领域我国能源供给体系的新技术,体会中国在全球新一轮能源变革中的引领地位。了解建筑电气安装领域的绿色节能理念及其应用,激励学生践行建筑电气安装和国家经济发展的节能减排工作。中国电力人时刻践行着习近平总书记"绿水青山就是金山银山"的理念,点亮"美丽中国"。

拍一拍

　　电给我们的生活带来了极大的便利。灯光将我们的城市夜晚装饰得更加美丽。同学们可以拍一拍你身边的美丽灯光,感受"电"的魅力。

重庆朝天门

千厮门嘉陵江大桥

　　雷电是一种常见的自然现象,雷击往往会造成极大的危害,如杀伤人畜、引起火灾、造成建筑物倒塌等。特别是随着我国建筑行业的迅猛发展,高层建筑日益增多,如何防止雷电的危害,保证建筑物、设备及人身的安全,就显得十分重要。请同学们搜集关于"雷击事故"的新闻,思考"雷击的危害"。

雷雨天雷击现象

想一想

　　电是从哪里来的? 作为建筑物,如何防止雷击危害? 作为个人,你如何应对雷雨天?

拓展知识链接

　　(1)《供配电系统设计规范》(GB 50052—2009)。

　　(2)《20 kV 及以下变电所设计规范》(GB 50053—2013)。

　　(3)《低压配电设计规范》(GB 50054—2011)。

　　(4)《民用建筑电气设计标准》(GB 51348—2019)。

　　(5)《建筑电气工程施工质量验收规范》(GB 50303—2015)。

　　(6)《建筑电气与智能化通用规范》(GB 55024—2022)。

　　(7)《建筑电气照明装置施工与验收规范》(GB 50617—2010)。

　　(8)《建筑照明设计标准》(GB 50034—2013)。

　　(9)《建筑物防雷设计规范》(GB 50057—2010)。

　　(10)图集《常用低压配电设备安装》(04D702-1)。

　　(11)图集《电缆桥架安装》(04D701-3)。

　　(12)图集《110 kV 及以下电缆敷设》(12D101-5)。

　　(13)图集《室内管线安装(2004 年合订本)》(D301-1～3)。

项目9 建筑供配电系统

任务1 电工基础

一、电路认知

1. 电路和电路图

电路是由许多电气元件或设备为实现能量的输送和转换或者实现信号的传递和处理组合后的总称。通常说的电路,是指电流流经的路径,一个完整的电路由电源、负载、开关及保护装置和连接导线4部分组成,它们缺一不可。其电路图如图9-1所示。

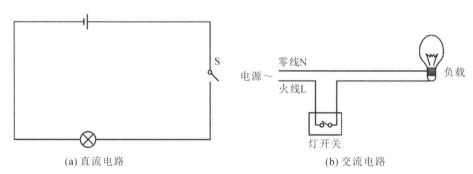

(a) 直流电路　　　　　　　　　　　　　　(b) 交流电路

图 9-1　电路的基本组成

根据电源与负载之间连接方式及工作要求的不同,电路有通路(额定工作状态)、短路、开路(断路)之分。通路就是将内外电路接通,构成闭合电路。通路指电路处于正常工作状态或额定工作状态,各种电气设备的电压、电流及功率等都在其额定范围内。短路是闭合电路的特殊形式,是电源未经负载而直接由导体构成闭合的回路。其特点是短路电流很大,会烧坏电气设备;利用短路电流产生的高温也可进行金属焊接等。开路是指整个电路的某一部分断开,电路中没有电流通过的状态,其特征是电路电流为零。开路可以是内电路的断路,也可以是外电路的断开。

通常,人们把建筑电气工程中的电力、照明等线路称为强电,把建筑物中安装的楼宇对讲系统、消防系统、广播系统、网络系统、安全防范系统等线路称为弱电。

2. 正弦交流电

大小和方向随时间作周期性变化且平均值为零的电动势、电压和电流,统称为交流电。其波形可以是正弦、三角形和矩形。图 9-2 所示是正弦交流电。

随时间按正弦规律变化的电流称为正弦电流,同样也有正弦电压、正弦电动势、正弦磁通等。正弦电流的一般表达式为

$$i(t) = I_m \sin(\omega t + \Psi)$$

频率、周期与角频率的关系为

$$f = 1/T \qquad \omega = 2\pi f$$

正弦交流电三要素:频率相同、幅值相等、相位互差 120°。这样的正弦交流电压(电流、电动势),称为三相对称电压(电流、电动势)。而单相交流电就是三相交流电中的一相,因此三相交流电可视为 3 个特殊的单相交流电组合。我国工业用电为频率 50 Hz、周期 0.02 s、角频率 314 rad/s。

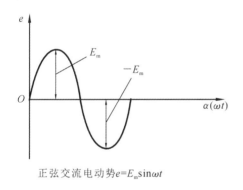

正弦交流电动势$e = E_m \sin\omega t$

图 9-2 单相正弦交流电

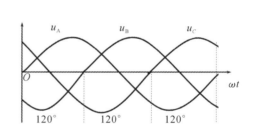

图 9-3 三相正弦交流电

3. 三相交流电

三相交流电是由 3 个大小相等、频率相同、相位彼此相差 120° 的交流电路组成的电力系统,如图 9-3 所示。其中,正序为 A−B−C,逆序为 A−C−B。其特点是 $U_A + U_B + U_C = 0$。在实际工程中,电力都是以三相交流电的形式生产、输送、分配和使用的。

为区分各电源线,常以不同的颜色区分。中线(N):用黑色或白色,在建筑内配线的中线一般用蓝色。相线:A 相线(L_1)、B 相线(L_2)和 C 相线(L_3)分别用黄、绿、红色导线。保护线(PE):用黄绿双色导线。

三相电源一般有星形连接、三角形连接两种。星形连接是将 3 个绕组的末端接在一起形成一个公共点(中性点、零点),如图 9-4 所示。

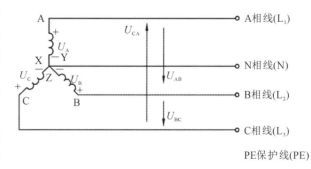

PE保护线(PE)

图 9-4 三相电源星形连接

1）相线

由三相绕组的始端 A、B、C 分
别引出 3 根线,称为相线(火线)。它们构成三相电源的星形连接形式。

2）中线

把三相绕组的末端 X、Y、Z 连接在一起成为公共点,称为中性点 N。从中性点引出一根
导线,称为中线。

3）零线

三相电源的中性点常直接接地,故中性点又称为零点,中性线又称为零线。

4）三相四线制

将三相绕组的 3 个末端连接在一起后,与 3 个始端一起向外引出 4 根供电线[1 条中性
线(零线)或接地保护线(PE 线)],这种连接方法称为三相电源的星形连接(Y 形连接),也称
为三相四线制供电(图 9-5)。

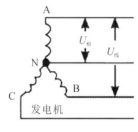
图 9-5   三相四线制供电

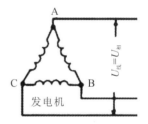
图 9-6   三相三线制供电

5）三相三线制

将三相电源中每相绕组的始端依次与另一相绕组的末端连接在一起,形成闭合回路,然
后从 3 个连接点引出 3 根供电线,这种连接方法称为三相电源的三角形连接(△连接),也称
为三相三线制供电(图 9-6)。

6）保护线

为了防止设备因漏电对人造成伤害,工程中常从中性点接地处另外引出一条导线,与设
备外壳连接,这条导线称为保护线。

三相电路在生产上应用最为广泛。发电、输配电和主要电力负载一般都采用三相制。
除三相四线制和三相三线制之外,也有三相五线制:3 条相线(火线)、1 条中性线(零线)、1
条接地保护线(PE 线);单相两线制:1 条相线(火线)、1 条中性线(零线);单相三线制:1 条
相线(火线)、1 条中性线(零线)、1 条接地保护线(PE 线)。

4. 三相负载

生活中使用的各种电器根据其特点可分为单相负载和三相负载两大类。照明灯、电扇、
电烙铁和单相电动机等都属于单相负载。三相交流电动机、三相电炉等三相用电器属于三
相负载。若三相负载的阻抗相同(幅值相等、阻抗角相等),则称为三相对称负载;否则,称为
不对称负载。三相负载有 Y 形和△形两种连接方法,各有其特点,适用于不同的场合。

三相负载的 Y 形连接方法如图 9-7(a)所示,三相交流电源有 3 根火线接头 A、B、C,一

根中性线接头 N。对于三相对称负载,只需接 3 根火线,如图 9-7(b)所示。

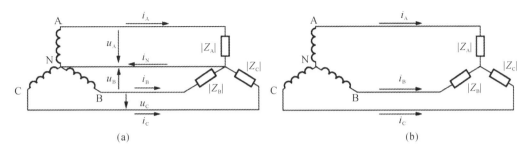

图 9-7　对称负载的 Y 形连接

三相负载的△连接方法如图 9-8 所示,三相交流电源的 3 根火线分别与负载相连,该电路没有零线,负载的额定电压为电源线电压。

在 380 V/220 V 供电系统中,三相负载的连接方式需要根据负载的额定电压来确定。如果负载的额定电压为 380 V,则可采用△形连接方式;如果负载的额定电压为 220 V,则只能采用为 Y 形连接方式。

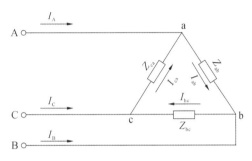

图 9-8　负载的△形连接

二、电工材料认知

电气中,常用材料主要有导电材料、绝缘材料及安装材料等。导线截面积选择过大,必定造成线路投资浪费,过小则不安全,故合理选择配电导线影响到投资,更影响线路的安全,应综合考虑。

1. 导电材料

常用导线可分为普通导线、电缆和母线。普通导线可分为裸导线和绝缘导线,导线的线芯要求导电性较好,机械强度大,质地均匀,表面光滑,无裂缝,耐热性好。导线的绝缘材料要求绝缘性能好,质地柔软且具有相当的机械强度,能耐酸、碱、油、臭氧的侵蚀。电缆是一种多芯导线,主要用来输送和分配大功率电能。母线(又称汇流排)是用来汇集和分配高容量电流的导体,有硬母线和软母线之分,35 kV 以下的高压配电装置一般用硬母线。

1)普通导线

(1)裸导线。

裸导线是不包任何绝缘或保护层的导线。裸导线可作为传输电能和信息的导线,也可用作制造电机、电器的连接线。裸导线一般用铜、铝、铜合金、铝合金以及铜包钢、铝包钢等金属材料制作,形状有圆单线、扁线和绞线几种。按照线芯的性能,可分为硬裸导线和软裸导线。硬裸导线主要用于高、低压架空电力线路输送电能;软裸导线主要用作电气装置的接线、元件的接线及接地线等。常用裸导线型号及其主要用途见表 9-1。

表 9-1　裸导线型号及其主要用途

型号	名称	导线截面/mm²	主要用途
LJ	铝绞线	10	短距离输配电线路
LGJ	钢芯铝绞线	10	高、低压架空电力线路
LGJQ	轻型钢芯铝绞线	150	高、低压架空电力线路
LGJJ	加强型钢芯铝绞线	150	高、低压架空电力线路
TJ	铜绞线	10	短距离输配电线路
TJR	软铜绞线	0.012	引出线、接地线及电气设备部件间连接用线
TJRX	镀锡软绞线	0.012	引出线、接地线及电气设备部件间连接用线

（2）绝缘导线。

绝缘导线按线芯材质分为铜芯线和铝芯线，按线芯股数分为单股和多股，按线芯结构分为单芯、双芯和多芯，按绝缘材料分为橡胶绝缘导线和塑料绝缘导线等。常用绝缘导线的型号和主要用途见表 9-2。

表 9-2　常用绝缘导线的型号、名称和用途

型号	名称	用途
BX(BLX)	铜（铝）芯橡胶绝缘线	适用于交流 500 V 及以下或直流 1000 V 及以下的电气设备及照明装置
BXF(BLXF)	铜（铝）芯氯丁橡胶绝缘线	
BXR	铜芯橡胶绝缘软电线	
BV(BLV)	铜（铝）芯塑料绝缘线	适用于各种交流、直流电气装置，电工仪表、仪器，电信设备，动力及照明线路的固定敷设
BVV(BLVV)	铜（铝）芯塑料绝缘塑料护套圆形电线	
BVVB(BLVVB)	铜（铝）芯塑料绝缘塑料护套平型电线	
BVR	铜芯塑料绝缘软电线	
BV-105	铜芯耐热 105 ℃塑料绝缘电线	
RV	铜芯塑料绝缘软电线	适用于各种交、直流电器，电工仪器，家用电器，小型电动工具，动力及照明装置的连接
RVB	铜芯塑料绝缘平型软电线	
RVS	铜芯塑料绝缘绞型软电线	
RV-105	铜芯耐热 105 ℃塑料绝缘连接软电线	
RXS	铜芯橡胶绝缘电棉纱编织绞型软电线	
RX	铜芯橡胶绝缘电棉纱编织圆形软电线	

① 塑料绝缘导线。塑料绝缘导线的绝缘层主要是氯化聚氯乙烯，如铝芯塑料绝缘线（BLV）、铜芯塑料绝缘线（BV）、铝芯塑料绝缘塑料护套线（BLVV）、铜芯塑料绝缘塑料护套线（BVV）、复合物平型软线（RFB）、铜芯玻璃丝编织橡胶线（BBX）等。绝缘导线字母代号的意义见表 9-3。

表 9-3　绝缘导线字母代号的意义

字母代号	表示意义
B	在第一位表示布线用,在第二位表示外护层为玻璃编织,在第三位表示线外形为扁平型
L	表示铝芯,没有 L 表示铜芯
V	表示塑料材质,第一位表示塑料绝缘,第二位表示塑料护套
R	表示软线
X	表示橡胶绝缘
F	表示复合物
S	表示双绞线

绝缘导线的型号表示方法如下：

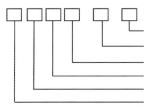

标称截面积(mm²)
额定电压(V)
绝缘材料：X-橡胶；V-塑料.
线芯材料：L-铝；T-铜(省略)；R-软质；Y-硬质
外护层材料：B-玻璃丝编织线、棉纱编织线等
产品用途：B-布线用绝缘导线

例如,BLV-500-25 表示铝芯塑料绝缘导线,额定电压为 500 V,线芯截面为 25 mm²。
线芯截面积称为标称(额定)截面积。其单位是平方毫米,用符号 mm² 表示。截面较小的有 1.0、1.5、2.5、4 mm²；截面较大的有 6、10、16、25 mm² 等,如图 9-9 和图 9-10 所示。

图 9-9　铜导线

图 9-10　铝导线

② 橡胶绝缘导线。橡胶绝缘导线的绝缘材料是天然橡胶,如铝芯橡胶绝缘线(BLX)和铜芯橡胶绝缘线(BX)。

2)电缆

电缆是一种多芯导线,即在一个绝缘软套内裹有多根互相绝缘的线芯。其基本结构由缆芯、绝缘层和保护层 3 部分组成。按用途可分为电力电缆、控制电缆、通信电缆等。电缆结构及其断面结构如图 9-11 所示。

缆芯材料通常为铜或铝。线芯的数量可分为单芯、双芯、三芯和四芯线。

电缆绝缘层的作用是将缆芯导体之间及缆芯线与保护层之间相互绝缘,要求有良好的绝缘性能和耐热性能。绝缘层用的绝缘材料分别有油浸纸、聚氯乙烯、聚乙烯和橡胶等。

保护层可分为内护层和外护层两部分。内护层保护绝缘层不受潮,并防止电缆浸渍剂

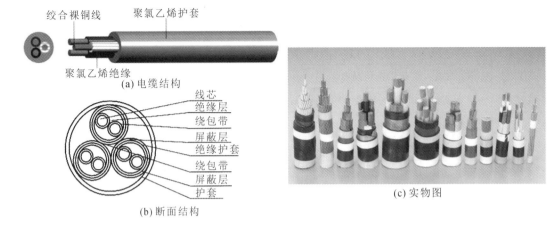

图 9-11　电缆

外流,常用铝、铅、塑料、橡套等制成。外护层保护绝缘层不受机械损伤和化学腐蚀,常用的有沥青麻护层、钢带铠装等几种。

　　电缆的型号由字母和数字组成,字母表示电缆的用途、绝缘、缆芯材料及内护套、特征等;数字表示外护套和铠装的类型。常用电力电缆的型号由 6 部分组成,各部分字母和数字的含义见表 9-4;常用电力电缆的型号及用途见表 9-5。

表 9-4　电缆的型号组成

类型、用途	绝缘层	导线材料	内护层	特性	特殊产品
一电力电缆 K一控制电缆 Y一移动电缆 P一信号电缆 S一射频电缆 H一通信电缆	Z一纸绝缘 YJ一交联聚乙烯绝缘 V一聚氯乙烯绝缘 X一橡皮绝缘 Y一聚乙烯绝缘	L一铝芯 T一铜芯 A(C)一铜包铝	V一聚氯乙烯绝缘 H一橡皮护套 Y一聚乙烯护套 Q一铅包 L一铝包	CY一充油 D一不滴油 P一干绝缘 C一重型	TH一湿热带 TA一干热带

注:ZR一阻燃;NH一耐火;WDZ一无卤低烟阻燃;WDN一无卤低烟耐火;WDZN一无卤低烟阻燃耐火。

表 9-5　常用电力电缆的型号及用途

型号		名称	用途
铜芯	铝芯		
VV	VLV	聚氯乙烯绝缘聚氯乙烯护套电力电缆	敷设在室内、沟道中及管子内,耐腐蚀,不延燃,但不能承受机械外力
VY	VLY	聚氯乙烯绝缘聚乙烯护套电力电缆	
VV22	VLV22	聚氯乙烯绝缘钢带铠装聚氯乙烯护套电力电缆	敷设在室内、沟道中、管子内及土壤中,耐腐蚀,不延燃,能承受一定机械外力,但不能承受压力
VV23	VLV23	聚氯乙烯绝缘钢带铠装聚氯乙烯护套电力电缆	
VV32	VLV32	聚氯乙烯绝缘细钢带铠装聚氯乙烯护套电力电缆	可用于垂直及高落差处,敷设在水下或土壤中,耐腐蚀,不延燃,能承受一定机械压力和拉力
VV33	VLV33	聚氯乙烯绝缘细钢带铠装聚氯乙烯护套电力电缆	

续表

型号		名称	用途
铜芯	铝芯		
YJV	YJLV	交联聚乙烯绝缘聚氯乙烯护套电力电缆	敷设于室内、隧道、电缆沟及管道中,也可埋在松散的土壤中,不能承受机械外力,但可承受一定敷设牵引力
YJY	YJLY	交联聚乙烯绝缘聚乙烯护套电力电缆	
YJV22	YJLV22	交联聚乙烯绝缘聚钢带铠装聚氯乙烯护套电力电缆	适用于室内、隧道、电缆沟及地下,直埋敷设,能承受机械外力,但不能承受大的拉力
YJV23	YJLV23	交联聚乙烯绝缘聚钢带铠装聚氯乙烯护套电力电缆	

注:在外护层代号中,第一个数字表示铠装层,第二个数字表示外护层。

(1)电力电缆。

电力电缆主要作为输电线路使用。电力电缆根据线芯的不同,常见的有铝芯电缆和铜芯电缆。例如,VV-3×35+2×16-WC 表示聚氯乙烯外护套、聚氯乙烯内护套、铜芯电缆-五芯(三芯截面积为 35 mm²、二芯截面积为 16 mm²)、墙内暗敷。ZR-YJV-3×120+2×70 0.6/1 kV 表示阻燃交联聚乙烯绝缘聚氯乙烯护套铜芯电力电缆,额定电压为 0.6/1 kV,规格为三芯 120 mm² 和二芯 70 mm²。

① 橡胶绝缘电缆。橡胶绝缘电缆柔软、富有弹性,适用于移动频繁、敷设弯曲半径小的场合,经常作为矿用电缆、船用电缆及采掘机械、X 光机上用电缆,如 BXF(BLXF)－铜(铝)芯氯丁橡胶绝缘线、BXR－铜芯橡胶绝缘软线。常用作绝缘的胶料有天然胶-丁苯胶混合物、乙丙胶、丁基胶等。

② 矿物绝缘电缆。矿物绝缘电缆作为配线使用时,国内习惯称之为氧化镁电缆或防火电缆,它是由矿物材料氧化镁粉(无机绝缘材料)作为绝缘的铜芯铜护套电缆,其结构如图 9-12所示。矿物绝缘电缆除具有良好的导电性能、机械物理性能、耐火性能之外,还具有良好的不燃性,这种电缆在火灾情况下不仅能够保证火灾延续时间内的消防供电,还不会延燃,不产生有毒烟雾,适用于户内高温或有耐火需要的场所,常应用于消防系统的照明、供电及控制系统,以及一切需要在火灾中维持通电的线路。目前,矿物绝缘电缆按结构特性可以分为刚性和柔性两种。

图 9-12　矿物绝缘电缆的结构

1—绞合铜导体;2—无机绝缘材料;3—无机纤维填充物;4—铜护套;5—外护套(可选)

刚性矿物绝缘电缆根据电压划分为轻型和重型,交流电压不超过 500 V 的为轻型;交流电压不超过 750 V 的为重型。字母代号中,B(系列代号)表示布线用绝缘电缆、T(导体代号)表示铜导体、V(护套代号)表示聚氯乙烯外护套、Z 表示重型(750V)、Q 表示轻型(500 V)。导体结构中,1H 代表单芯,L 代表多芯。

例如,BTTVZ4×(1H150),表示 4 根单芯 150 mm² 的刚性重载聚氯乙烯外护套矿物绝缘电缆;BTTQ4L2.5,表示 4 芯 2.5 mm² 的轻型轻载矿物绝缘电缆。

柔性矿物绝缘防火电缆(BBTRZ)产品的工艺结构与传统电缆完全相同,成功地弥补了氧化镁铜杆矿物绝缘电缆(BTTZ)的生产工艺导致的众多不足之处。在发达国家特别是欧盟国家中,柔性矿物绝缘防火电缆的崛起,使得刚性矿物绝缘电缆逐渐被替代。

高层住宅工程消防用设备供电干线电缆采用的是矿物绝缘电缆(BTTZ);消防设备供电支线采用的是阻燃耐火交联聚乙烯绝缘无卤低烟电力电缆(WDZN-YJY),电线采用的是阻燃耐火交联聚乙烯绝缘无卤低烟电线(WDZN-BYJ);非消防公用设备供电采用的是交联聚乙烯绝缘无卤低烟电缆(WDZ-YJY),电线采用的是交联聚乙烯绝缘无卤低烟电线(WDZ-BYJ);非消防公用设备供电电缆采用的是交联聚乙烯绝缘电缆(YJV),电线采用的是交联聚乙烯绝缘电线(BV)。电缆的绝缘水平为 0.6/1 kV;导线的绝缘水平为 0.45/0.75 kV。

③ 塑料绝缘电缆。常用的塑料有聚氯乙烯、聚乙烯和交联聚乙烯。塑料绝缘电缆结构简单、制造加工方便、质量轻、敷设安装方便,广泛用作中、低压电缆。聚氯乙烯电力电缆一般用于工作电压在 10 kV 以下的系统。聚乙烯电力电缆可用于较高电压系统,但工作温度低(最高工作温度仅为 70 ℃),目前已制成的聚乙烯电力电缆的工作电压达 285 kV。交联聚乙烯电缆的工作温度可提高到 90～130 ℃,工作电压已达 400 kV,机械强度也相应提高。

电缆敷设好后,为使其成为一个连续的线路,各线段必须连接为一个整体,这些连接点则称为接头。电缆线路末端的接头称为终端头,中间的接头称为中间头,如图 9-13 所示。接头的作用是使电缆保持密封,线路畅通,并保证电缆连接头处的绝缘等级,使其安全可靠地运行。

电力电缆接头按线芯材料可分为铝芯和铜芯;按安装场所分为户内式和户外式;按制作材料分为干包式、环氧树脂浇筑式和热缩式三类。

电缆中间头　　　　　　　　　　　电缆终端头

图 9-13　电力电缆头

a.干包式电力电缆头。干包式电力电缆头不用任何绝缘浇筑剂,而是用软"手套"和聚氯乙烯带干包成形。其特点是体积小、质量轻、工艺简单、成本低廉,适用于户内低压橡皮电力电缆。

b.环氧树脂浇筑式电力电缆头。环氧树脂浇筑式电力电缆头是由环氧树脂外壳和套管,配以出线金具,经组装后浇筑环氧树脂复合物而制成。环氧树脂是一种优良的绝缘材料,具有机械强度高、成形容易、阻油能力强和黏结性好等特点,因而获得广泛应用,主要应用于油浸纸绝缘电缆。

c.热缩式电力电缆头。热缩式电力电缆头是近几年推出的一种新型电力电缆终端头，以橡塑共混的高分子材料加工成形，然后在高能射线的作用下，使原来的线性分子结构交联成网状结构。生产时将具有网状结构的高分子材料加热到结晶熔点以上，使分子链"冻结"成定形产品。施工时，对热缩型产品加热，"冻结"的分子链突然松弛，从而自然收缩，如有被裹的物体，它就紧紧包覆在物体的外面。热缩式电力电缆头适用于 $0.5 \sim 10$ kV 交联聚乙烯电缆及各种类型的电力电缆。定额内区分户内式、户外式和终端头、中间头，并区分高压(10 kV 以下)和低压(1 kV 以下)。

（2）控制电缆。

控制电缆适用于直流和交流 50 Hz，额定电压 450/750 V、600/1 000 V 及以下的工矿企业、现代化高层建筑等远距离操作控制回路、信号回路及保护测量回路。控制电缆作为各类电器、仪表及自动装置之间的连接线，起着传递各种电气信号，保障系统安全、可靠运行的作用(见表 9-6)。控制电缆一般都有工作电压低(<1 kV)、芯数多($2 \sim 48$ 芯)、截面积小(一般缆芯截面积为 10 mm^2)的特点。为提高控制电缆抗内、外干扰的能力，主要采取屏蔽层措施，屏蔽结构有铜带绕包、铜丝编织、铝(铜)塑复合带绕包等多种形式。

表 9-6　控制电缆产品型号及敷设场合

型号	名称	敷设场合
KVV	铜芯聚氯乙烯绝缘聚氯乙烯护套控制电缆	敷设在室内、电缆沟、管道等固定场合
KVVP	铜芯聚氯乙烯绝缘聚氯乙烯护套编织屏蔽控制电缆	敷设在室内、电缆沟、管道等要求防干扰的固定场合
KVVP$_2$	铜芯聚氯乙烯绝缘聚氯乙烯护套铜带屏蔽控制电缆	敷设在室内、电缆沟、管道等要求防干扰的固定场合
KVV$_{22}$	铜芯聚氯乙烯绝缘聚氯乙烯护套钢带铠装控制电缆	敷设在室内、电缆沟、管道直埋等能承受较大机械外力的固定场合
KVVR	铜芯聚氯乙烯绝缘聚氯乙烯护套控制软电缆	敷设在室内、有移动要求、柔软、弯曲半径较小的场合
KVVRP	铜芯聚氯乙烯绝缘聚氯乙烯护套编织屏蔽控制软电缆	敷设在室内、有移动要求、柔软、弯曲半径较小、要求防干扰的场合

（3）通信电缆。

建筑通信中常用的通信电缆有双绞线、同轴电缆及光缆。

① 双绞线。双绞线(twisted pair，TP)由两根具有绝缘保护层的铜导线组成。把两根绝缘的铜导线按一定密度互相绞在一起，可降低信号干扰的程度，每一根导线在传输中辐射出来的电波会被另一根线上发出的电波抵消。双绞线一般由两根 22～26 号绝缘铜导线相互缠绕而成。

目前,双绞线可分为非屏蔽双绞线(unshielded twisted pair,UTP,也称无屏蔽双绞线)和屏蔽双绞线(shielded twisted pair,STP)两大类。这两大类又可分为 100 Ω 电缆、双体电缆、大对数电缆、150 Ω 屏蔽电缆。屏蔽双绞线电缆的外层由铝箔包裹着,如图 9-14 所示。

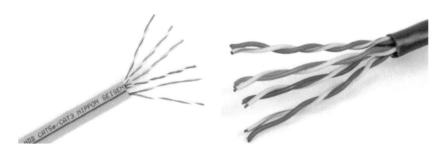

图 9-14　6 类双绞线(左)、超 5 类双绞线(右)

通信电缆中,3 类、4 类、5 类、超 5 类、6 类双绞线使用较多。表 9-7 列举了双绞线的类型和应用。

表 9-7　双绞线的类型和应用

类型	最高传输速率	主要应用	备注
3 类双绞线	10 Mbps	语音和 10 Mbps 的以太网	—
4 类双绞线	16 Mbps	语音和 100 Mbps 的局域网	—
5 类双绞线	100 Mbps	语音和 100 BASE-T 以太网	增加了绕线密度,外套一种高质量的绝缘材料
超 5 类双绞线	1000 Mbps	千兆位以太网(1000 Mbps)	—
6 类双绞线	1 Gbps	最适用于传输速率高于 1 Gbps的应用	6 类布线的传输性能远远高于超 5 类标准,它提供了 2 倍于超 5 类布线的带宽

② 同轴电缆。同轴电缆是由一根空心的外圆柱导体及其所包围的单根内导线组成的。柱体铜导体用绝缘材料隔开,其频率特性比双绞线好,因此传输速率较高。由于它的屏蔽性能好,抗干扰能力强,多用于基带传输。同轴电缆是由中心导体、绝缘材料层、网状织物构成的屏蔽层(铜网)以及外部隔离材料层(外绝缘)组成,如图 9-15 所示。同轴电缆型号标准见表 9-8。

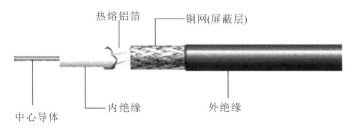

图 9-15　同轴电缆结构

表 9-8　电缆型号标准

分类代号		绝缘材料		护套材料		派生特征	
符号	含义	符号	含义	符号	含义	符号	含义
S	同轴射频电缆	Y	聚乙烯	V	聚氯乙烯	P	屏蔽
SE	对称射频电缆	W	稳定聚乙烯	Y	聚乙烯	Z	综合
SJ	强力射频电缆	F	氟塑料	F	氟塑料		
SG	高压射频电缆	X	橡皮	B	玻璃丝编制浸渍有机漆		
ST	特性射频电缆	I	聚乙烯空气绝缘	H	橡皮		
SS	电视电缆	D	稳定聚乙烯空气绝缘	M	棉纱编织		

例如,SYV-75-3-1 型电缆表示同轴射频电缆,用聚乙烯绝缘,用聚氯乙烯作护套,特性阻抗为 75 Ω,芯线绝缘外径为 3 mm,结构序号为 1。

③ 光纤。光纤即光导纤维,是一种传输光束的细而柔韧的媒质。光纤是比人的头发丝稍粗的玻璃丝,通信用光纤的外径一般为 125～140 μm。一般所说的光纤由纤芯和包层(塑料保护套管和塑料外皮)组成,如图 9-16 所示。光纤按传输模式可分为单模光纤(single mode fiber)和多模光纤(multi mode fiber)。多模光纤较粗(50 μm),传输频带较单模光纤窄,传输距离较近(几千米);单模光纤特别细(10 μm),适用于远程通信。

涂覆层　包层　纤芯

图 9-16　光纤的结构及实物

2. 绝缘材料

绝缘材料又称电介质,是一种不导电的物质。绝缘材料的主要作用是把带电部分与不带电部分及电位不同的导体相互隔开。

绝缘材料按化学性质,可分为无机绝缘材料、有机绝缘材料及混合绝缘材料。无机绝缘材料有云母、石棉、大理石、瓷器、玻璃、硫黄等,多用于电动机和电器的绝缘绕组、开关的底板及绝缘子等。有机绝缘材料有树脂、橡胶、棉纱、纸、麻、丝、塑料、石油等,多用于制造绝缘漆和绕组导线的被覆绝缘物。

1）树脂

树脂是有机凝固性绝缘材料。它的种类很多,在电气设备中应用很广。电工常用树脂有酚醛树脂、环氧树脂、聚氯乙烯、松香等。

2）绝缘油

绝缘油主要用来填充变压器、油开关,浸渍电容器和电缆等。绝缘油在变压器和油开关中,起着绝缘、散热和灭弧的作用。绝缘油的使用寿命常常受到水分、温度、金属混杂物、光线及设备的洁净程度等外界因素的影响。

3）绝缘漆

绝缘漆可分为浸渍漆、涂漆和胶合漆等。浸渍漆用于浸渍电动机和电器线圈。涂漆用于涂刷线圈和电动机绕组表面;胶合漆用于粘合各种物质。

4）橡胶和橡皮

橡胶可分为天然橡胶和人工合成橡胶。它的特点是弹性大、不透气、不透水、有良好的绝缘性能,但耐热、耐油性差,硫化后可用来制成各类电缆电线的绝缘层及电器的零部件。合成橡胶是碳硫化合物的合成物,常用的有氯丁和有机硅橡胶等,可制成电缆的防护层及导线的绝缘层等。橡皮是由橡胶经硫化处理而制成的,可分硬质橡皮和软质橡皮两类。硬质橡皮主要用来制作绝缘零部件及密封剂和衬垫等;软质橡皮主要用于制作电缆和导线绝缘层、橡皮包布和安全保护用具等。

5）电瓷

电瓷是用各种硅酸盐或氯化物的混合物制成的。其性质稳定,机械强度高,绝缘性能好,耐热性能好。电瓷主要用于制作各种绝缘子、绝缘套管、灯座、开关、插座、熔断器底座等。

6）玻璃丝

电工用的玻璃丝是用无碱、铝硼硅酸盐的玻璃纤维制成的。它可做成许多种绝缘材料,如玻璃纤维管以及电线的编织层。

7）绝缘包带

绝缘包带主要用于电线、电缆接头的绝缘。常见的有下列 3 种:

（1）黑胶布带。

黑胶布带又称黑胶带,在处理低压电线、电缆接头时作为包缠用绝缘材料。它是在棉布上挂胶、卷切而成。黑胶布带耐电性要求在交流 1000 V 电压下保持 1 min 不击穿。

（2）橡胶带。

橡胶带用于电缆接头,作包缠绝缘材料,可分为生橡胶带和混合橡胶带两种。

（3）塑料绝缘带。

采用聚氯乙烯和聚乙烯制成的绝缘胶粘带都称为塑料绝缘带。它的绝缘性能好,耐潮性和耐蚀性好,可替代橡胶带,也能作为绝缘防腐密封保护层。

3. 安装材料

常用安装材料分为金属材料和非金属材料两类,金属材料中常用的有各种类型的钢材及铝材,如水煤气管(或称厚壁钢管)、电线管(或称薄壁钢管)、角钢、扁钢、钢板、铝板等;非金属材料中常用的有塑料管、瓷管等。导线(绝缘导线)穿管使用的好处有三点:第一,导线可免受外力作用而损伤,提高安全程度,同时可延长使用年限;第二,更换导线方便;第三,暗设于建筑内,使室内更加美观。

1）常用导线配管

在室内电气工程施工中,为使电线免受腐蚀和外来机械损伤,常把绝缘导线穿入电线管内敷设;电线管有金属管和塑料管,如图 9-17 和图 9-18 所示。金属导管配线适用于室内、室外等多种场所,但对金属导管有严重腐蚀的场所不宜采用金属导管配线。建筑物顶棚内宜采用金属导管配线,穿管管径选择见表 9-9。塑料导管配线一般适用于室内场所和有酸碱腐蚀性介质的场所,但在易受机械损伤的场所不宜采用明敷设。建筑物顶棚内,宜采用难燃型

PVC 管配线。

图 9-17　金属管

图 9-18　塑料管

表 9-9　BV、BLV 塑料绝缘导线穿管管径选择表

导线截面/mm²	PVC 管(外径/mm) 导线数/根							焊接钢管(内径/mm) 导线数/根							电线管(外径/mm) 导线数/根						
	2	3	4	5	6	7	8	2	3	4	5	6	7	8	2	3	4	5	6	7	8
1.5	16					20		15					20		16				19		25
2.5	16				20			15				20			16			19		25	
4	16			20				15			20				16		19	25			
6	16	20			25			15		20			25		19	25					32
10	20	25		32				20		25		32			25		32			38	
16	25	32			40			25			32			40	25	32	38				51
25	32		40			50		25	32		40		50		32	38	51				
35	32	40		50				32		40		50			38	51					
50	40	50			60			32	40	50			65		51						
70	50		60			80		50			65		80		51						
95	50	60		80				50			65	80									
120	50	60	80		100			50			65	80									

注:管径为 51 的电线管一般不用,因为管壁太薄,弯曲后易变形。

(1) 常用的金属管有水煤气管、电线管、金属软管等。

穿线用的管子按其材质的不同有厚钢管(焊接钢管或镀锌钢管,见图 9-19),如 SC80;电线管(薄壁钢管),如 KBG20 和 JDG20 等;塑料管(硬塑料管和半硬塑料管,见图 9-20),如 PC25 和 PVC25 等;软管,如 PC25。焊接钢管多用于动力线路或底层地坪内配管,电线管多用于照明配电线路。金属软管主要适用于桥架或电机接线。

① 水煤气管。水煤气管又称厚壁钢管、焊接钢管,管壁较厚(3 mm 左右),一般用于输送水煤气及制作建筑构件(如扶手、栏杆、脚手架等),适合在内线工程中有机械外力或有轻微腐蚀气体的场所作明线敷设和暗线敷设。水煤气管按表面处理分为镀锌钢管和普通钢管

（不镀锌）；按管壁厚度不同可分为普通钢管和加厚钢管。

图 9-19　镀锌钢管和铁皮接线盒

图 9-20　PC 管和塑料接线盒

② 电线管。目前常使用的管壁厚度不大于 1.6 mm 的扣接式（KBG 管）或紧定式（JDG 管）镀锌电线管，也属于薄壁钢管。这类钢管的内外壁均涂有一层绝缘漆，适用于干燥场所的线路敷设。

a.KBG 管。扣接式薄壁钢导管简称 KBG 管。KBG 系列钢导管采用优质管材加工而成，采用双面镀锌保护。

b.JDG 管。JDG 管是一种电气线路最新型保护用导管，连接套管及其金属附件采用螺钉紧定连接（见图 9-21），无须跨接地、焊接和套丝，是明敷、暗敷绝缘电线专用保护管路的最佳选择。JDG 管分为标准型和普通型两种。标准型 JDG 管的规格有 ϕ20 mm、ϕ25 mm、ϕ40 mm 三种，管壁厚度均为 1.6 mm；普通型 JDG 管的规格有 ϕ16 mm、ϕ25 mm 两种，管壁厚度均为 1.2 mm。标准型 JDG 管适用于预埋敷设和吊顶内敷设，普通型 JDG 管仅适用于吊顶内敷设。

图 9-21　JDG 管接头和配套用的接线盒

尽管 KBG 管和 JDG 管同属于镀锌薄壁钢导管，但尚有以下区别。

一是连接方式不同。KBG 管为扣接式，JDG 管为紧定式。二是管路转弯的处理方法不同。KBG 管利用弯管接头，JDG 管使用弯管器煨弯。

③ 金属软管。金属软管又称蛇皮管，由厚度为 0.5 mm 以上的双面镀锌薄钢带加工压边卷制而成，轧缝处有的加石棉垫，有的不加。金属软管既有相当的机械强度，又有很好的弯曲性，常用于管道需要弯曲较多的场所及设备的出线口处。

（2）常用的塑料管有硬塑料管、半硬塑料管、软塑料管等。

塑料管按材质主要分为聚氯乙烯管、聚乙烯管、聚丙烯管等。其特点是常温下抗冲击性能好,耐碱、耐酸、耐油性能好,但易变形老化,机械强度不如钢管。

硬塑料管适合在腐蚀性较强的场所作明线敷设和暗线敷设。

半硬塑料管韧性大、不易破碎、耐腐蚀、质轻,刚柔结合,易于施工,适用于一般民用建筑的照明工程暗线敷设。常用的有阻燃型 PVC 工程塑料管。

软塑料管质量轻,刚柔适中,适于作电气软管。

2) 常用成型钢材

钢材料在电气工程中一般作为安装设备用的支架和基础,也可作为导体使用(如避雷针、避雷网、接地体、接地线等)。

(1) 作为导体使用的钢材料主要有扁钢、角钢和圆钢。

扁钢常用来制作抱箍、撑铁、拉铁,以及配电设备的零配件等,它分为镀锌扁钢和普通扁钢。一般使用镀锌扁钢作为导体的主要是接地引下线、接地母线等,规格以宽度(a)×厚度(d)表示,如 25×4 表示宽为 25 mm、厚为 4 mm 的扁钢。

角钢常用来制作输电塔构件、横担、撑铁、支架、电气安装底座和滑触线。角钢作为导体时主要用作接地体等。角钢按其边宽,分为等边角钢和不等边角钢。其规格以长边(a)×短边(b)×边厚(d)表示。如 L63×40×5 表示该角钢长边为 63 mm、短边为 40 mm、边厚为 5 mm。

圆钢也有镀锌圆钢和普通圆钢之分,主要用来制作各种金具、螺栓、钢索等。使用圆钢作为导体的主要是接地引下线、接地母线、避雷带等,其规格常以直径表示。

(2) 安装用的钢材料主要有角钢、槽钢、工字钢和钢板等。

槽钢一般用来制作固定底座、支撑、导轨等,其规格的表示方法与工字钢基本相同。如"槽钢 120×53×5"表示其腹板高度(h)为 120 mm、翼宽(b)为 53 mm、腹板厚(d)为 5 mm。

工字钢常用于各种电气设备的固定底座、变压器台架等。其规格是以腹板高度(h)×腹板厚度(d)表示,其型号是以腹板高(以 cm 为单位)数表示。如 10 号工字钢,表示其腹板高 10 cm。

钢板常用于制作各种电器及设备的零部件、平台、垫板、防护壳等。钢板按厚度一般分为薄钢板(也可以简称为铁皮,厚度<4 mm)、中厚钢板(厚度为 4.5~6.0 mm)、特厚钢板(厚度>6.0 mm)三种。

任务2　电力系统

一、电力系统认知

1. 电力系统的简介

电能在人们的日常生活及现代工业生产等方面起着越来越重要的作用。电能是由各种一次能源转变而来的优质、清洁的二次能源。电能的优点很多,可以方便地进行远距离传输,能够很容易地转换为其他形式的能量,易于控制、管理等。因此,电能在工业、农业、交通运输等社会生产的各个领域及社会生活的各个方面都有着广泛的应用。

电能的生产、输送、分配及使用几乎是在同一时间完成的,电能不能大量存储,需要把各个环节连接成一个整体。我们把由各种类型发电厂中的发电机、升降压变压器、输电线路和电力用户连接起来组成的一个发电、输电、变电、配电、用电的统一整体称为电力系统。电力系统的组成示意图如图 9-22 所示。动力系统、电力系统及电力网的示意图如图 9-23 所示。

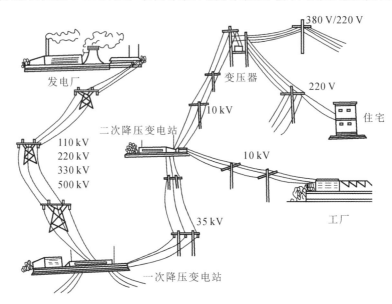

图 9-22　电力系统的组成

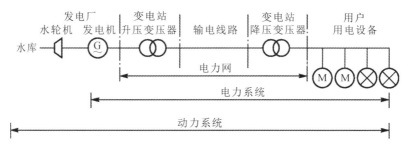

图 9-23　动力系统、电力系统及电力网的示意图

由电力系统和发电厂的动力部分构成的整体称为动力系统,它是将电能、热能的生产与消费联系起来的纽带。

电力系统是由发电机及其配电装置、变压器、输电线路、配电线路和用电设备组成的统一体,是动力系统的一部分,完成电能的生产、输送、变换、分配和使用。

各级电压的电力线路及各类变电所总称为电力网,它是电力系统的一部分,是输送电能、变换电能和分配电能的通道。

下面分别介绍电力系统的各组成部分。

1）发电厂

发电厂是将各种非电能转换为电能的工厂。根据所转换能源的不同,发电厂可分为水力发电厂、火电厂、核能发电厂、太阳能发电厂、风力发电厂、地热发电厂和潮汐发电厂等。

2）电力网

电力网的任务是将发电厂生产的电能输送、变换和分配到电力用户。电力网由变电所和各种不同电压等级的电力线路组成。电力网按其功能常分为输电网和配电网两大类。由35 kV 及以上的输电线路和与其相连的变电所组成的电力网称为输电网,它的作用是将电能远距离传输;由 10 kV 及以下的配电线路和配电所组成的电力网称为配电网,它的作用是将电能分配给各类不同的用户。电力网的电压等级很多,其中 220 V、380 V 用于低压配电线路,6 kV、10 kV 用于高压配电线路,而 35 kV 以上则用于输电线路。

3)变配电所

变配电所是接收电能、变换电压和分配电能的场所。只接收电能和分配电能,而不承担变换电压的场所,称为配电所;将交流电变换为直流电,或把直流电变换为交流电的场所,称为变电所。变电所的结构示意图如图 9-24 所示。配电是采用开关、保护电器、线路等对电能进行安全、可靠的分配。

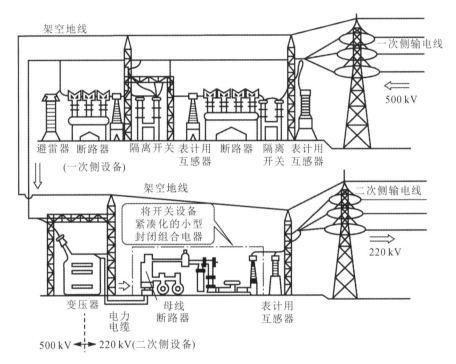

图 9-24　变电所的结构示意图

4)电力用户

在电力系统中,所有消耗电能的用户均称为电力用户。其用途可分为动力用电设备、工艺用电设备、电热用电设备和照明用电设备等。电气设备在额定电压下运行,其经济性能和技术性能均达到最佳。因此,为使其生产标准化、系列化,电气设备均应按规定的额定电压设计、制造。我国交流电网和电力设备的额定电压等级见表 9-10。

2.电力负荷的分类

根据电力负荷的性质和电力用户对供电可靠性提出的要求,民用建筑主要用电负荷可分为特级、一级、二级、三级四个级别,见表 9-11。

用电负荷分级

表 9-10　我国交流电网和电力设备的额定电压等级　　　　单位:kV

分类	电网和用电设备额定电压	发电机额定电压	电力变压器额定电压	
			一次绕组	二次绕组
低压	0.38	0.40	0.38	0.40
	0.66	0.69	0.66	0.69
高压	3	3.15	3 及 3.15	3.15 及 3.3
	6	6.3	6 及 6.3	6.3 及 6.6
	10	10.5	10 及 10.5	10.5 及 11
		13.8,15.75,18,20,22	13.8,15.75,18,20,22	
	35		35	38.5
	66		66	72.6
	110		110	121
	220		220	242
	330		330	363
	500		500	550
	750		750	820

表 9-11　民用建筑主要用电负荷分级　　　　单位:kV

用电负荷级别	用电负荷分级依据	适用建筑物示例	用电负荷名称
特级	1)中断供电将危害人身安全、造成人身重大伤亡; 2)中断供电将在经济上造成特别重大损失; 3)在建筑中具有特别重要作用及重要场所中不允许中断供电的负荷	高度 150 m 及以上的一类高层公共建筑	安全防范系统、航空障碍照明等
一级	1)中断供电将造成人身伤害; 2)中断供电将在经济上造成重大损失; 3)中断供电将影响重要用电单位的正常工作,或造成人员密集的公共场所秩序严重混乱	一类高层建筑	安全防范系统、航空障碍照明、值班照明、警卫照明、客梯、排水泵、生活给水泵等
二级	1)中断供电将在经济上造成较大损失; 2)中断供电将影响较重要用电单位的正常工作或造成公共场所秩序混乱	二类高层建筑	安全防范系统、客梯、排水泵、生活给水泵等
		一类和二类高层建筑	主要通道、走道及楼梯间照明等
三级	不属于特级、一级和二级的用电负荷	—	—

1）一级用电负荷

一级用电负荷应由两个电源供电,并应符合下列规定:

(1) 当一个电源发生故障时,另一个电源不应同时受到损坏;

(2) 每个电源的容量应满足全部一级、特级用电负荷的供电要求。

2）特级用电负荷

特级用电负荷应由 3 个电源供电,并应符合下列规定:

(1) 3 个电源应由满足一级负荷要求的 2 个电源和 1 个应急电源组成;

(2) 应急电源的容量应满足同时工作最大特级用电负荷的供电要求;

(3) 应急电源的切换时间,应满足特级用电负荷允许最短中断供电时间的要求;

(4) 应急电源的供电时间,应满足特级用电负荷最长持续运行时间的要求。

3）应急电源

应急电源应由符合下列条件之一的电源组成:

(1) 独立于正常工作电源的,由专用馈电线路输送的城市电网电源;

(2) 独立于正常工作电源的发电机组;

(3) 蓄电池组。

二、供配电系统组成

1. 配电的基本形式

1）大型民用建筑的供电

大型民用建筑的供电由于用电负荷大,电源进线一般为 35 kV,需经两次降压,第一次由 35 kV 降为 10 kV,再将 10 kV 高压配线连至各建筑物变电所,降为 380/220 V,如图 9-25 所示。

2）中型民用建筑的供电

中型电力用户(如大型综合楼用电)一般采用 10 kV 的外部电源进线供电电压,经高压配电所和 10 kV 用户内部高压配电线路馈电给各配电变电所,再将电压变换成 380/220 V 的低压电压供负载使用,如图 9-26 所示。

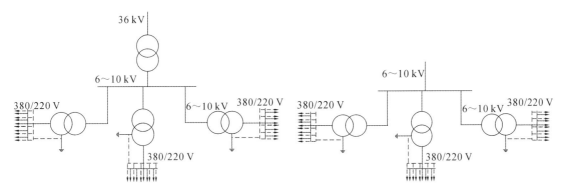

图 9-25　大型民用建筑供电　　　　　图 9-26　中型民用建筑的供电

3）小型民用建筑的供电

一般的小型电力用户（如小型住宅楼群）也采用 10 kV 的外部电源进线供电电压，通常只设一个相当于配电变电所的降压变电所，如图 9-27 所示。容量特别小的小型电力用户（小型办公楼或住宅楼）可不设专用变电所，由城市公用变电所采用低压 380/220 V 直接供电。从建筑物的配电室或配电箱至各层分配电箱及各层用户单元开关箱之间的配电系统，称为低压配电系统。

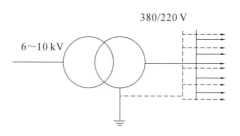

图 9-27   小型民用建筑的供电

确定低压配电系统时，应满足下述要求：一是满足供电可靠性和电压质量的要求；二是系统接线简单并要有一定的灵活性；三是操作、检修安全，检修方便；四是减少有色金属消耗，减少电能损耗，降低运行费用。低压配电一般采用 380/220 V 中性点直接接地系统。照明和电力设备一般由同一变压器供电。当电力负荷所引起的电压波动超过照明或其他用电设备电压质量要求时，可分别设置电力变压器和照明变压器。低压配电柜或低压配电箱应根据发展需要留有适当的备用回路。由建筑物外引来的电源线路，应在屋内靠近进线点便于操作维护的地方，装设进户总开关和保护设备。

2. 低压配电系统

低压配电系统是指从 6～10 kV 变电所的低压侧或市电的低压进线装置到民用建筑内部低压设备的电力线路，电压一般为 380/220 V。配电方式有以下 5 种：

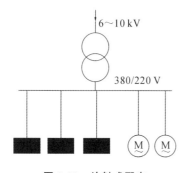

图 9-28   放射式配电

1）放射式

放射式配电方式是由总低压配电装置直接供给各分配电箱或用电设备的。这种配电方式下，前后级配电箱连接的线路是相互独立的，供电可靠性较高，故障时影响面小，配电设备集中，检修方便，电压波动相互间影响较小，但系统灵活性较差，相应的投资也较大。一般适用于用电设备大而集中、线路较短、可靠性要求较高的场所，如图 9-28 所示。

2）树干式

树干式配电方式与放射式配电方式相比，具有结构简单、投资费用少和有色金属较节省的特点，但供电可靠性较低，因此树干式供电线路多用于三级负荷。在高层建筑内，当向楼层各配电点供电时，宜采用树干式供电，可采用封闭式母线，灵活方便，如图 9-29 所示。

3）链接式

链接式配电是树干式的一种形式，与树干式不同的是其线路分支点设在配电箱内，由配电箱内的总开关上端引至下一配电箱。

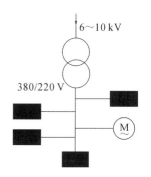

图 9-29   树干式配电

链接式的优点是线路上无分支点，适合穿管敷设，节省有色金属；缺点是供电可靠性差。它适用于暗敷设线路、供电可靠性要求不高的小容量设备，一般链接的设备不宜超过 4 台，总容量不宜超过 10 kW。

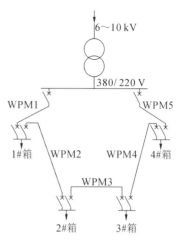

4）环形式

由电源引出两条干线，为各自线路上的设备供电，最后通过联络线形成一个环形，称为环形式配电方式，其形式如图 9-30 所示。这种供电方式可以提高配电的可靠性，WPM3 为两条干线的联络线，当干线 WPM2 发生故障需要检修时，断开干线 WPM2 两端的断路器，迅速接通 WPM3 两端的断路器，能使 2♯配电箱恢复供电。

5）混合式

在实际应用中，放射式、树干式和环形式往往是混合使用，应根据安全可靠、经济合理的原则进行优化组合。

图 9-30　环形式

3. 高层民用建筑的低压配电方式

高层民用建筑的低压配电系统，一般应将电力和照明分成两个系统，所有消防装置应自成配电系统。对于高层建筑中容量较大的集中负荷或重要负荷，应采用放射式配电方式，由变电所的低压母线直接向其用电设备供电。

对于高层建筑中各层的照明、风机等均匀分布的负荷，采用分区树干式向各楼层供电。树干式配电的分区层数，可根据用电负荷的性质、用电负荷密度、管理等条件来确定，对普通高层住宅楼可适当增加分区层数。图 9-31 所示为高层民用建筑常用的低压配电干线示意图。图 9-32 所示为高层民用建筑常用的低压配电室接线示意图。

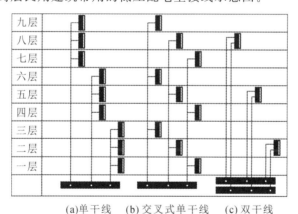

(a)单干线　　(b)交叉式单干线　　(c)双干线

图 9-31　高层民用建筑常用的低压配电干线示意图

4. 低压配电级数要求

从建筑物低压电源引入处的总配电装置（第一级配电点）开始至最末端分配电盘为止，配电级数一般不宜多于三级，每一级配电线路的长度不宜大于 30 m。如果从变电所的低压配电装置算起，则配电级数一般不宜多于四级，总配电长度一般不宜超过 200 m，每条供电干线的负荷计算电流不宜大于 200 A。三级配电系统示意图如图 9-33 所示。

低压供电系统包括从低压电源引入端至总柜（箱）的进线，由总配电箱配出的干线及从末端配电箱至用电设备的支线等。总配电箱应设置在靠近电源处；分配电箱应设置在用电设备或负荷相对集中的区域，分配电箱与开关箱的距离不得超过 30 m；开关箱与其控制的

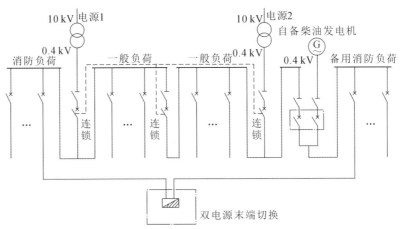

图 9-32　高层民用建筑常用的低压配电室接线示意图

固定式用电设备的水平距离不宜超过 3 m。低压电源一般采用地下电缆或架空线引入,具体用何种方式引入建筑物,应由市电外线的敷设方式及建筑工程的要求决定。低压供电系统的主接线,主要依据建设单位的要求,由设计者按负荷容量、负荷用途类别和负荷供电级别确定。

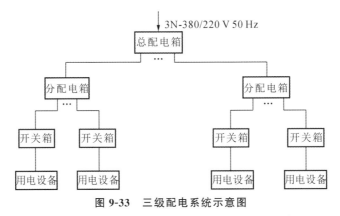

图 9-33　三级配电系统示意图

三、变配电工程的电气设备

变配电工程就是对变配电系统中的变配电设备进行检查、安装的施工过程。变配电设备是变电设备和配电设备的总称,由变压器、配电装置两大部分组成,其主要作用是变换电压和分配电能。变电设备主要是变压器等,配电装置主要有控制电器、保护电器、测量电器、载流导体等。

1. 电力变压器

电力变压器是用来变换电压等级的设备,是变电所设备的核心。其功能是变换电压和传输电能,将一次侧电能通过电磁能量转换的方式传输到二次侧,同时根据应用的需要将电压升高或降低,完成电能的输送和分配。

电力变压器按用途分有升压变压器(使电力从低压升为高压,然后经输电线路向远方输送)、降压变压器(使电力从高压降为低压,再由配电线路对近处或较近处负荷供电)。电力变压器按相数分有单相变压器、三相变压器。建筑物内变电所一般采用三相变压器。

建筑供配电系统中的配电变压器均为三相变压器，分为油浸式和干式。环氧树脂浇筑干式变压器（简称干变）的主要特点是耐热等级高、可靠性高、安全性好、无爆炸危险、体积小、质量轻，因此在国内高层建筑中，10 kV 电压等级的变压器普遍采用干式变压器。

干式变压器的绕组置于气体（空气或六氟化硫气体）中，或是浇筑环氧树脂绝缘。它们大多在部分配电网内用作配电变压器，目前已可制造到 35 kV 级，其应用前景很广。变压器的型号标识分两部分，前部分由汉语拼音字母组成，代表变压器的类别、结构特征和用途，后一部分由数字组成，表示产品的容量（kV·A）和高压绕组电压（kV）等级。变压器的型号标识及含义表示如下。

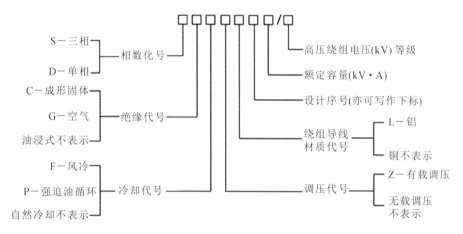

2. 高压一次设备

变配电工程中，承担传输和分配电能到各用电场所的线路称为一次电路或主电路，一次电路中所有电气设备称为一次设备。6～10 kV 及以下供配电系统中常用的高压一次设备有高压断路器、高压负荷开关、高压隔离开关、高压熔断器、高压配电柜等。

1）高压断路器

高压断路器是配电装置中最重要的控制和保护设备，用以接通和切断负荷电流。断路器一般与隔离开关配合使用，"刀闸操作"原则是：断开电路时，先断断路器，后拉隔离开关；接通电路时，先合隔离开关，后合断路器。高压断路器按其采用的灭弧方式不同可分为油断路器、空气断路器、六氟化硫断路器、真空断路器等。其中使用最广泛的是油断路器，在高层建筑内则多采用真空断路器。高压断路器分为户外式和户内式。高压断路器的型号标示和含义如下。

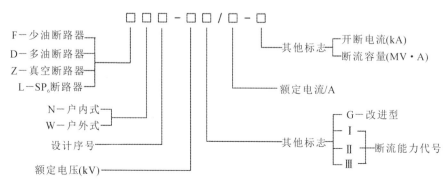

2）高压负荷开关

高压负荷开关具有简单的灭弧装置，专门用在高压装置中以通断负荷电流，但因灭弧能力不够，故不能切断短路电流。高压负荷开关必须和高压熔断器串联使用，短路时由熔断器切断短路电流。常用的户内负荷开关有 FN2 型和 FN3 型。如 FN2-10R 型负荷开关，带有 KN1 型熔断器，其常用的操作机构有手动的 CS4 型或电动的 CS4-4T 型等。高压负荷开关的型号标示和含义如下。

3）高压隔离开关

高压隔离开关主要用于隔离高压电源，以保证其他设备和线路的安全检修。隔离开关没有灭弧装置，所以不能带负荷操作，否则可能发生严重的事故。隔离开关按极数可分为单极和三极；按装设地点分为户内和户外；按电压分为低压和高压。高压隔离开关的型号标示和含义如下。

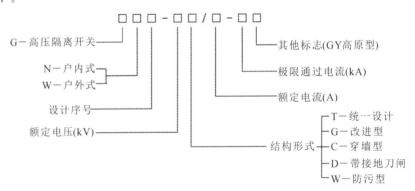

例如，型号为 GN9-10C/400 的电器，表示户内式高压隔离开关，设计序号为 9，额定电压为 10 kV，穿墙型，额定电流为 400 A。

4）高压熔断器

高压熔断器主要用作高压电力线路及其设备的短路保护。按限流作用分，高压熔断器可分为限流式熔断器和非限流式熔断器。限流式熔断器是指在短路电流未达到冲击值之前就完全熄灭电弧的熔断器；非限流式熔断器是指在熔体熔化后，电弧电流继续存在，直到第一次过零或经过几个周期后电弧才完全熄灭的熔断器。按安装地点分，高压熔断器可分为户内式和户外式。在 6～35 kV 高压电路中，户内广泛采用 RN1、RN2 型管式熔断器，户外则广泛采用 RW4 等跌落式熔断器。高压熔断器的型号标示和含义如下。

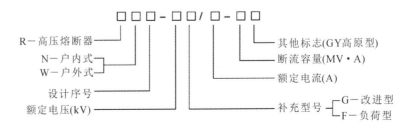

5）高压配电柜

高压配电装置就是按照一定的线路方案将相应的一次、二次设备组装在一起的配电装置。高压配电装置又称高压开关柜，是除进出线外，完全被金属外壳包住的开关设备，在供配电系统中用于受电或配电的控制、保护和监察测量。高压配电柜按照电压及用途分为不同形式。高压配电柜的型号标示和含义如下。

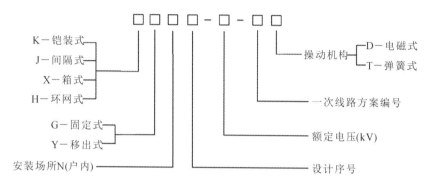

例如，XGN2-10 的含义是箱式固定式户内式高压配电柜，设计序号为 2，额定电压为 10 kV。

高压配电柜分为半封闭式高压配电柜、金属封闭式高压配电柜和绝缘封闭式高压配电柜。3～35 kV 高压配电装置目前多选用金属封闭式高压配电柜，金属封闭式配电柜又分为铠装式、间隔式和箱式三种类型。金属封闭式配电柜仍以空气绝缘为主，有固定式和移出式两种。固定式配电柜结构简单，易于制造，成本较低，但尺寸偏大且不便于检修维护；移出式配电柜采用组装结构，产品尺寸精度高，外形美观，且手车小型化，主开关可移至柜外，手车可互换（缩短停电时间），检修维护方便。

（1）箱型固定式高压配电柜。结构简单，造价相对较低，元器件均为固定安装。常用的有 XGN、HXGN 系列，如图 9-34(a)所示。

（2）铠装移出式配电柜（也称手车柜）。断路器及仪表装于手推车上，手推车整体可移出进行检修，造价相对较高。常用的有 KYN 系列，如图 9-34(b)所示。

（3）间隔封闭式配电柜。断路器装于手推车上，但仪表装于柜体面板上，手推车整体可移出进行检修，造价相对较高。常用的有 JYN 系列，如图 9-34(c)所示。

(a) XGN，HXGN箱型　　(b) KYN高压铠装　　(c) JYN高压间隔
(环网)高压配电柜　　　移出式配电柜　　　封闭式配电柜

图 9-34　高压配电柜

3. 低压一次设备

低压一次设备是低压配电保护装置,主要作隔离、转换、接通和分断 1000 V 以下的交流和直流电路的电气设备用,多数用作机床电路的电源开关和局部照明电路的开关,有时也可用来直接控制小容量电动机的启动、停止和正反转。低压一次设备包括隔离开关、低压断路器、低压熔断器,有时也将这些设备组合起来起配电保护作用等。

1)隔离开关

低压开关一般为非自动切换电器,常用的有开启式负荷开关、封闭式负荷开关、组合开关。

(1)开启式负荷开关。

开启式负荷开关又称为瓷底胶盖刀开关,简称闸刀开关。按其操作方式分为单投和双投;按其极数分为单极、双极和三极;按其灭弧结构分为不带灭弧罩和带灭弧罩。生产中常用的是 HK 系列开启式负荷开关,适用于交流频率 50 Hz、额定电压单相 220 V 或三相 380 V、额定电流 10~100 A 的照明、电热设备及小容量电动机控制电路中,用于手动不频繁地接通和分断电路,并起短路保护作用。HK 系列负荷开关由闸刀开关和熔断器组合而成,其结构和电路符号如图 9-35 所示。HK 系列负荷开关的主要技术参数见表 9-12。

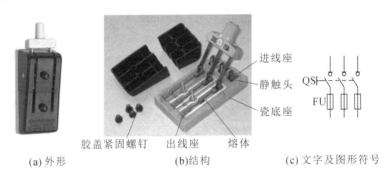

進线座
静触头
瓷底座
胶盖紧固螺钉　出线座　熔体

(a) 外形　　　　　　(b)结构　　　　　(c) 文字及图形符号

图 9-35　HK 系列负荷开关

表 9-12　HK 系列负荷开关的主要技术参数　　　　　单位:kV

型号	极数	额定电流/A	额定电压/V	可控制电动机最大容量/kW		配用熔丝规格			
				220 V	380 V	熔丝成分(质量分数)/%			熔丝线径/mm
						铅	锡	锑	
HK1-15	2	15	220						1.45~1.59
HK1-30	2	30	220						2.30~2.52
HK1-60	2	60	220			98	1	1	3.36~4.00
HK1-15	3	15	380	1.5	2.2				1.45~1.59
HK1-30	3	30	380	3.0	4.0				2.30~2.52
HK1-60	3	60	380	4.5	5.5				3.36~4.00

开启式负荷开关的型号标示及含义如下:

HK 开启式负荷开关用于一般的照明电路和功率小于 5.5 kW 的电动机控制线路中。但这种开关没有专门的灭弧装置,其刀式动触头和静夹座易被电弧灼伤而引起接触不良,因此不宜用于操作频繁的电路。当用于照明和电热负载时,选用额定电压 220 V 或 250 V、额定电流不小于电路所有负载额定电流之和的两极开关;当用于控制电动机的直接启动和停止时,选用额定电压 380 V 或 500 V、额定电流不小于电动机额定电流 3 倍的三极开关。

（2）封闭式负荷开关。

封闭式负荷开关是在开启式负荷开关基础上改进设计的一种开关。其灭弧性能、操作性能、通断能力、安全防护性能等都优于闸刀开关。因外壳为铸铁或用薄钢板冲压而成,故又称为铁壳刀开关。铁壳刀开关主要由触头系统(包括动触刀和静夹座)、操作机构(包括手柄、转轴、速断弹簧)、熔断器、灭弧装置和外壳构成,其结构和电路符号如图 9-36 所示。

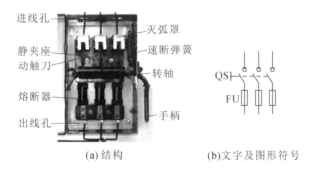

（a）结构　　　　　（b）文字及图形符号

图 9-36　封闭式负荷开关的结构及符号

封闭式负荷开关的型号标示及含义如下:

HH 系列铁壳刀开关的触头和灭弧有两种形式:一种是双断点楔形转动式触头,其动触刀为 U 形双刀片,固定在方形绝缘转轴上,静夹座固定在瓷质 E 形灭弧室上,两断点间还隔有瓷板;另一种是单断点楔形触头,其结构与一般闸刀开关相仿,灭弧室是由钢纸板加上去离子栅片构成的。

铁壳刀开关的主要特点:有灭弧能力,有铁壳保护和连锁装置(即带电时不能开门),所以操作安全;有短路保护能力;只用在不频繁操作的场合。铁壳刀开关的常用型号为 HH10 系列和 HH11 系列,其容量一般为电动机额定电流的 3 倍。

（3）组合开关。

组合开关又称转换开关,它的操作手柄是在平行于其安装面的平面内顺时针或逆时针转动。它具有多触头、多位置、体积小、性能可靠、操作方便、安装灵活等特点,常用于 380 V 以下电路中,用于手动不频繁地接通和分断电路、换接电源和负载,或控制 5 kW 以下小容量电动机的直接启动、停止和正反转。组合开关按操作机构可分为无限位型和有限位型两种，其结构略有不同。图 9-37 所示为 HZ10-10/3 型组合开关的结构及符号。

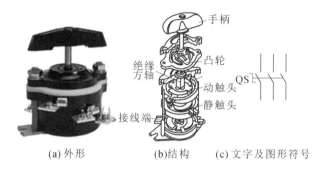

(a) 外形   (b)结构   (c) 文字及图形符号

图 9-37   HZ10-10/3 型组合开关

组合开关的型号标示及含义如下：

常用的转换开关有 HZ 系列和 LW 系列两种，其中 LW 系列又称为万能转换开关。转换开关一般安装在配电屏、箱、柜的面板上，也可直接安装在配电板上。刀开关的操作顺序是：合闸送电时应先合刀开关，再合断路器；分闸断电时应先分断断路器，再分断刀开关。

2）低压断路器

低压断路器用作交、直流线路的过载保护、短路保护或欠压保护，被广泛应用于建筑低压配电系统中照明、动力配电线路，也可用于不频繁启动电动机以及操作或转换的电路。

低压断路器的原理结构和接线图如图 9-38 所示。当电路出现短路故障时，其过流脱扣器 10 动作，使低压断路器跳闸。如果出现过负荷，串联在一次线路上的加热电阻 8 加热，使低压断路器中的热脱扣器 9 上弯，也会使低压断路器跳闸。当线路电压严重下降或失压时，欠压脱扣器 5 动作，同样使低压断路器跳闸。如果按下脱扣按钮 6 或 7，使分励脱扣器 4 通电或欠压脱扣器 5 失电，则可使低压断路器远距离跳闸。

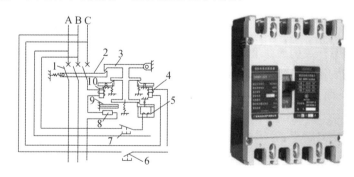

图 9-38   低压断路器的原理结构和接线图

1—主触头；2—跳钩；3—锁扣；4—分励脱扣器；5—欠压脱扣器；6—脱扣按钮（常开）；

7—脱扣按钮（常闭）；8—加热电阻；9—热脱扣器（双金属片）；10—过流脱扣器

低压断路器按灭弧介质不同可分为空气断路器和真空断路器；按用途不同可分为配电

用断路器、电动机保护用断路器、照明用断路器和漏电保护断路器；按保护性能不同可分为非选择型断路器、选择型断路器和智能型断路器；按结构形式不同可分为万能式断路器（如DW型）和塑料外壳式断路器（如DZ型）。

低压断路器常安装在配电箱内，宜垂直安装，其倾斜度不应大于5°；与熔断器配合使用时，熔断器应安装在电源侧；接线应正确、可靠，电源引线接上端，负载引线接下端（上进下出）。低压断路器的型号标示方法如下（其中脱扣器方式和附件代号见表9-13）：

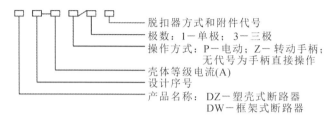

脱扣器方式和附件代号
极数：1—单极；3—三极
操作方式：P—电动；Z—转动手柄；
　　　　　无代号为手柄直接操作
壳体等级电流(A)
设计序号
产品名称：DZ—塑壳式断路器
　　　　　DW—框架式断路器

表 9-13　脱扣器方式和附件代号

附件名称及代号	无附件	报警触头	分励脱扣器	辅助触头	欠压脱扣器	分励辅助	分励欠压	双辅助触头	辅助欠压	分励报警	辅助报警	欠压报警	分励辅助报警	分励欠压报警	双辅助报警	辅助欠压报警
瞬时脱扣器	200	208	210	220	230	240	250	260	270	218	228	238	248	258	268	278
复式脱扣器	300	308	310	320	330	340	350	360	370	318	328	338	348	358	368	378

3）低压熔断器

熔断器俗称保险，熔断器是一种最为简单有效的保护电器，广泛应用于低压配电系统、控制系统及用电设备中，主要用作电气线路的短路保护及过电流保护。当电网或电气设备发生短路故障或过载时，可自动切断电路，避免电气设备损坏，防止事故蔓延。

常用的低压熔断器有瓷插式（RCIA型，如图9-39所示）、螺旋式（RL1系列，图9-40所示）和管式（RM10、RTO系列，如图9-41所示）等。瓷插式熔断器用于交流380/220 V的低压电路中，作为电气设备的短路保护元件。螺旋式熔断器用于交流500 V以下、电流200 A以下的电路中，作为短路保护元件。管式熔断器的断流能力强，保护性能好，可作为大多数电路的短路保护元件。

图9-39　瓷插式熔断器　　　图9-40　螺旋式熔断器　　　图9-41　管式熔断器

低压熔断器的型号表示方法如下：

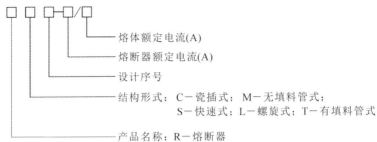

如型号 RC1A-15/10 中，R 表示熔断器，C 表示瓷插式，设计序号为 1 A，熔断器的额定电流为 15 A，熔体的额定电流为 10 A。

常见低压熔断器的主要技术参数见表 9-14。

表 9-14　常见低压熔断器的主要技术参数

类别	型号	额定电压/V	额定电流/A	熔体额定电流等级/A	极限分断能力/kA	功率因数
瓷插式熔断器	RC1A	380	5	2、5	0.25	0.8
			10	2、4、6、10	0.5	
			15	6、10、15		
			30	20、25、30	1.5	0.7
			60	40、50、60	3	
			100	80、100		0.6
			200	120、150、200		
螺旋式熔断器	RL1	500	15	2、4、6、10、15	2	
			60	20、25、30、35、40、50、60	3.5	
			100	60、80、100	20	
			200	100、125、150、300	50	
螺旋式熔断器	RL2	500	25	2、4、6、10、15、20、25	1	≥0.3
			60	25、35、50、60	2	
			100	80、100	3.5	
无填料封闭管式熔断器	RM10	380	15	6、10、15	1.2	0.8
			60	15、20、25、35、45、60	3.5	0.7
			100	60、80、100	10	0.35
			200	100、125、160、200		
			350	200、225、260、300、350		
			600	350、430、500、600	12	0.35
有填料封闭管式熔断器	RT0	交流380 直流440	100	30、40、60、100	交流50 直流25	>0.3
			200	120、150、200、250		
			400	300、350、400、450		
			600	500、550、600		
有填料管式圆筒帽形熔断器	RT18	380	32	2、4、6、10、12、16、20、25、32	100	0.1~0.2
			63	2、4、6、10、12、16、20、25、32、40、50、63		
快速熔断器	RLS2	500	30	16、20、25、30	50	0.1~0.2
			63	35、(45)、50、63		
			100	(75)、80、(90)、100		

（1）额定电压　是指熔断器长期工作所能承受的电压。如果熔断器的实际工作电压大于其额定电压,熔体熔断时可能会发生电弧不能熄灭的危险。

（2）额定电流　是指保证熔断器能长期正常工作的电流,它是由熔断器各部分长期工作时的允许温升决定的。

（3）分断能力　在规定的使用和性能条件下,在规定电压下熔断器能分断的预期分断电流值。常用极限分断电流值来表示。

（4）时间-电流特性　也称为安-秒特性或保护特性,是指在规定的条件下,流过熔体的电流与熔体熔断时间的关系曲线。一般熔断器的熔断电流与熔断时间的关系见表 9-15。

表 9-15　熔断器熔断电流与熔断时间的关系

熔断电流 I_s/A	$1.25I_N$	$1.6I_N$	$2.0I_N$	$2.5I_N$	$3.0I_N$	$4.0I_N$	$8.0I_N$	$10.0I_N$
熔断时间 t/s	∞	3 600	40	8	4.5	2.5	1	0.4

4）低压成套开关设备

低压成套开关设备是一种成套配电装置,它按照一定的接线方案将有关低压一、二次设备组装起来,适用于三相交流系统中,额定电压 500 V 及以下、额定电流 1500 A 及以下低压配电室的电力及照明配电等。低压成套开关设备按用途分类,有低压配电柜(屏)、动力配电(控制)箱、照明配电箱、住宅楼层配电(计量)箱、户内电表箱等。

低压配电屏按开关(断路器)安装方式分为固定式、抽屉式、组合式三种。固定式低压配电屏,结构简单,价格便宜,缺点是故障维修时影响其他回路;抽屉式低压配电屏,操作安全,易于检修及维护,可以缩短停电时间;组合式低压配电屏,采用固定式和抽屉式组合的形式,小开关用固定式,大开关用抽屉式,其型号标示及含义如下。

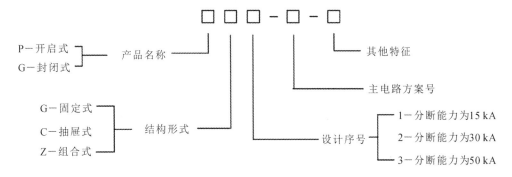

4.低压配电柜

低压配电柜是以低压一次设备为主,配合二次设备(如接触器、继电器、按钮开关、信号指示灯、测量仪表等),以一定方式组合成一个或一组柜体的电气成套设备。低压配电柜适用于三相交流系统中,额定电压 500 V 及以下、额定电流 1500 A 及以下低压配电室的电力及照明配电等。按结构分,低压配电柜有固定式、抽屉式两种,低压配电柜的型号标示及含义如下。

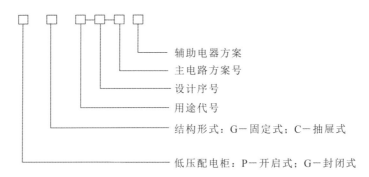

（1）固定式低压配电柜　结构简单，检修方便，占用空间大，造价相对较低。常用的有GGD、PGL系列，如图9-42(a)和图9-42(b)所示。目前PGL系列已被GGD系列代替。固定式低压配电柜多用于动力配电，出线回路少、容量大。

（2）抽屉式低压配电柜　结构紧凑，检修快，占用空间较小，造价相对较高。常用的有GCK、GCS等系列，如图9-42(c)所示。GCK系列主要用于动力中心、控制中心，也可用于变配电室的低压馈线；GCS系列主要用于普通变配电室的低压馈线、建筑物配电容量大且出线回路多的一级配电，也可用于控制中心、动力中心。

低压配电柜内常见的低压电器有刀开关、断路器、熔断器、电流互感器等。

(a) GGD封闭固定式低压配电柜　　(b) PGL开启固定式低压配电柜　　(c) GCK、GCS封闭抽屉式低压配电柜

图 9-42　低压配电柜

四、变配电工程识图

1. 变配电所位置的选择与布置

变（配）电所中常用的设备分高压设备和低压设备，高压一次设备有高压负荷开关、高压断路器、高压熔断器、高压隔离开关、高压配电柜和避雷器等。低压电器是指额定电压在500 V及以下的各种控制设备、继电器和保护设备等，在建筑工程中常用的低压电气设备有刀开关、低压断路器、接触器、熔断器和低压配电柜等。

变（配）电所的位置应尽量避开有腐蚀性污染物的场所，以免设备被腐蚀损坏；接近负荷中心，可以节省有色金属；设置在进出线方便的场所，有利于大型设备（变压器、配电柜等）的运输和安装；不宜设置在积水、低洼场所和厕所、浴室的紧邻场所等。

大体量建筑（高层或单层面积大的多层）是民用建筑发展的趋势。单体建筑面积大，用电负荷相对较大，变配电室多设于民用建筑内部。设于建筑物内部的变配电室，常受空间的限制,变配电设备安装紧凑,因此高低压设备、变压器常选用封闭带防护外壳的型号。封闭的高低压配电柜与带防护外壳的变压器可以并排放置,如图 9-43 所示的某 10 kV 变配电室的布置。最常见的变配电室内的高压配电柜、变压器柜、低压配电(电容器)柜的布置应满足设备检修所需要的距离,如图 9-44 所示。

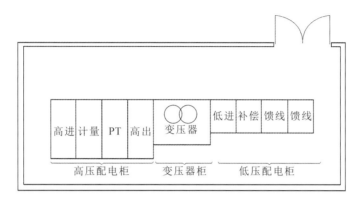

图 9-43　某 10 kV 变配电室布置示意图

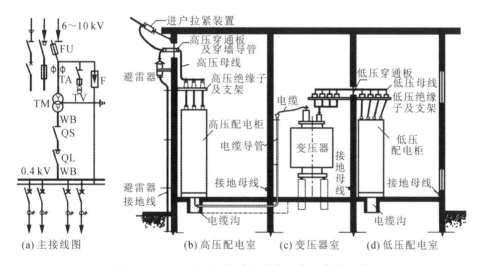

图 9-44　10 kV 及以下架空进线变配电系统的组成

1) 高压配电室

高压配电室是安装配电设备的场所,其布置方式取决于高压配电柜的数量和形式,还要考虑运行维护时的安全和方便。当高压配电柜数量较少时,采用单列布置;当高压配电柜较多时,采用双列布置。固定式高压配电柜净空高度一般为 4.5 m 左右,手车式配电柜净高一般为 3.5 m。高压配电室布置如图 9-45 所示。高压配电室内成排布置的是高压配电装置,其各种通道的最小宽度应符合表 9-16 的规定。

2) 低压配电室

低压配电室是安装低压配电柜(屏)的场所,其布置方式也取决于低压配电柜的数量和形式,还要考虑运行维护时的安全和方便。当低电配电柜数量较少时,采用单列布置;当低电配电柜较多时,采用双列布置,如图 9-46 所示。

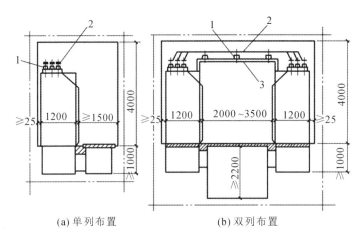

(a) 单列布置　　　　(b) 双列布置

图 9-45　高压配电室布置

1—高压支柱绝缘子；2—高压母线；3—母线桥

表 9-16　高压配电室内各种通道的最小宽度　　　单位：mm

配电柜布置方式	柜后维护通道	柜前操作	
		固定式配电柜	移出式配电柜
单排布置	800	1500	单手车长度＋1200
双排面对面布置	800	2000	双手车长度＋900
双排背对背布置	800	1500	单手车长度＋1200

注：1. 固定式配电柜靠墙布置时，柜后与墙净距应大于 50 mm，侧面与墙净距宜大于 200 mm。

2. 通道宽度在建筑物的墙面有柱类局部凸出时，凸出部位的通道宽度可减小 200 mm。

3. 当配电柜侧面需设置通道时，通道宽度不应小于 800 mm。

4. 对全绝缘密封式成套配电装置，可根据厂家安装使用说明书减小通道宽度。

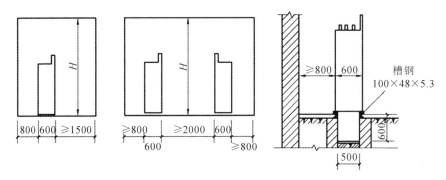

图 9-46　低压配电室布置

　　成排布置的配电柜，其长度超过 6 m 时，屏后的通道应设 2 个出口，并宜布置在通道的两端；当两出口之间的距离超过 15 m 时，其间尚应增加出口。配电室内的电缆沟，应采取防水和排水措施。配电室的地面应高出本层地面 50 mm 或设置防水门槛。

　　低压配电室的高度应和变压器室综合考虑，一般可参考下列尺寸：与抬高地坪变压器室相邻时，高度取 4～4.5 m；与不抬高地坪变压器室相邻时，高度取 3.5～4 m；配电室进线为电缆时，高度取 3 m。

3）变压器室

变压器室是安装变压器的房间,变压器的结构形式,与变压器的形式、容量、安放方向、进出线方向及电气主接线方案等有关。户内变电所每台油量大于或等于 100 kg 的油浸三相变压器应设在单独的变压器室内,并应有储油或挡油、排油等防火设施。油浸变压器外廓与变压器室墙壁和门的最小净距,应符合表 9-17 的规定。

表 9-17　油浸变压器外廓与变压器室墙壁和门的最小净距

变压器容量/kV·A	100～1000	1250 及以上
变压器外廓与后壁、侧壁/mm	600	800
变压器外廓与门/mm	800	1000

变压器在室内安放的方向根据设计来确定,通常有宽面推进和窄面推进两种。宽面推进的变压器低压侧宜向外;窄面推进的变压器油枕宜向外。变压器室的地坪有抬高和不抬高两种。地坪抬高的高度一般有 0.8 m、1.0 m、1.2 m 三种,相应变压器室高度应增加到 4.8～5.7 m。

2. 变配电所主接线图

变电所的功能是变换电压和分配电能,由电源进线、电力变压器、母线和出线四部分组成;配电所的功能是接收电能和分配电能,只有电源进线、母线和出线三部分。两者相比,前者比后者多了一个电力变压器。

1）电源进线

电源进线可分为单进线和双进线。单进线一般适用于三级负荷,双进线可适用于一、二级负荷,对于一级负荷,一般要求双进线分别来自不同的电源。《电力装置电测量仪表装置设计规范》(GB/T 50063—2017)规定,"电力用户处的电能计量装置,宜采用全国统一标准的电能计量柜",因此,在配电所的进线端装有高压计量柜和高压配电柜,便于控制、计量和保护。

2）母线

母线是大电流低阻抗导体,在配电装置中起着汇聚电流和分配电流的作用,又称汇流排,一般由铝排和铜排构成。在用户变配电所中,它又有单母线不分段接线(见图 9-47)、单母线分段接线(见图 9-48)和双母线接线(见图 9-49)之分。单母线不分段接线的优点是简单、清晰、设备少、运行操作方便,缺点是可靠性和灵活性不高(如母线故障或检修,会造成全部出线停电),适用于出线回路少的小型变配电所。单母线分段接线保留了单母线不分段接线的优点,又在一定程度上克服了它的缺点,如缩小了母线故障的影响,分别从两段母线上引出两路出线可保证对一级负荷的供电等。双母线接线的优点是可靠性高、运行灵活、扩建方便,缺点是设备多、操作频繁、造价高,一般仅用于有大量一、二级负荷的大型变电所。

3）电力变压器

电力变压器把进线的电压等级变换为另一个电压等级,如车间变电所就是把 6～10 kV 的电压变换为 0.38 kV 的负载设备额定电压。

4）出线

出线起到分配电能的作用,把母线的电能通过出线的高压配电柜和输电线送到车间变电所。

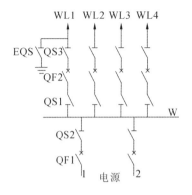

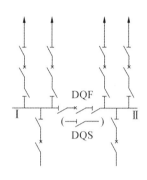

图 9-47　单母线不分段接线　　　　图 9-48　单母线分段接线

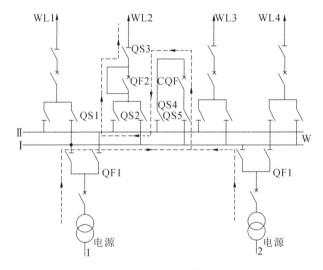

图 9-49　双母线接线

3. 建筑变配电工程施工图

1) 变配电工程图的组成

变配电工程图是建筑电气施工图的重要组成部分,主要包括变配电所设备安装平面图和剖面图,变配电所照明系统图和平面布置图,高压配电系统图、低压配电系统图,变电所主接线图,变电所接地系统平面图等。

2) 变配电工程图的识读

识读建筑电气变配电工程图必须熟悉变配电工程图的基本知识(表达形式、通用画法、图形符号、文字符号)及其特点,同时掌握一定的阅读方法。对于识读变配电工程图的方法没有统一规定,通常可遵循以下方法:先浏览了解情况,重点内容反复看,安装方法找大样,技术要求查规范。由于变配电工程图是建筑电气施工图的重要组成部分,因此可按电气工程图的识读顺序来识读。

3) 变配电工程图的识读实例

下面以高压配电系统图(图 9-50)和低压配电系统图(图 9-51)识读为例。

高压配电柜型号	XGN15-12-03		XGN15-12-12		XGN15-12-08	
高压配电柜编号	1AH		2AH		3AH	
外形尺寸(宽×深×高) /(mm×mm×mm)	500×960×1600		375×960×1600		500×960×1600	
标准第二次接线编号						

<table>
<tr><td rowspan="2">一次接线图</td><td colspan="6"></td></tr>
</table>

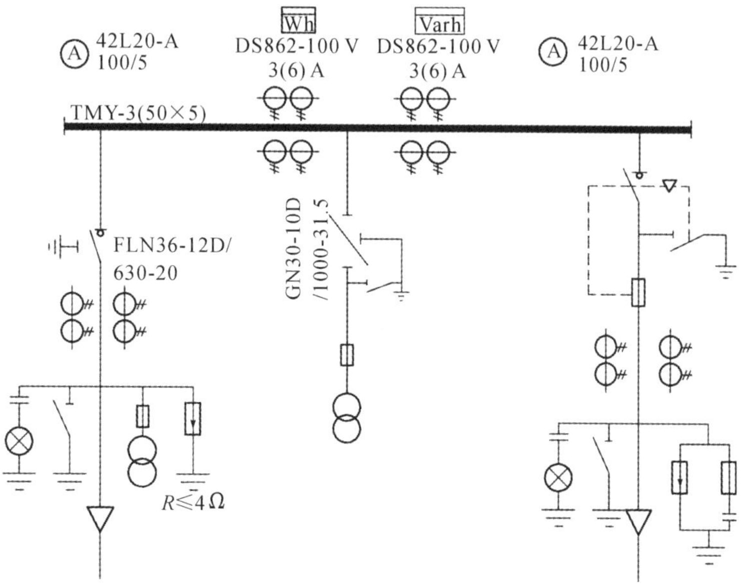

	名称	型号规格	数量	型号规格	数量	型号规格	数量
主要电气元件	负荷开关	FLN36-12D/630-20	1	GN30-10D/1000-31.5	1	FLN36-12D/630-20	1
	操作机构	CT19A AC220 V	1			CT19A AC220 V	1
	电流互感器	LZZB19-10 50/5 A	2	LZZB19-10 50/5 A	4	LZZB19-10 50/5 A	2
	电压互感器	JDZ-1 010 000/ 100V 500 V·A	1	JDZ-1 010 000/ 100V 500 V·A	1		
	高压主熔断器					SKLDJ-12 50 A	3
	高压熔断器	RN2-10/0.5 A	3	RN2-10 10 kV/ 0.5 A	3	RN2-10 10 kV/ 0.5 A	3
	高压避雷器	HY5WZ-12.7/50	3			HY5WS-12.7/50	3
	过电压吸收器					LG12-0.1/100-3(TH)	1
	电压监视器	GSN-10	1	GSN-10	1	GSN-10	1
	接地开关	JN-10	1	JN-10	1	JM-10	2
配电柜用途		电源进线		计量		馈电	
馈电回路编号						G01	
负荷名称		400				400	
电缆型号规格		YJV22-10 kV-3×95				YJV22-10 kV-3×95	
备注		市电 10 kV 引入					

图 9-50　10 kV 高压配电系统图

低压配电柜编号		1AA	2AA	3AA	4AA				5AA			
低压配电柜型号	SCB9-400 kV·A	GCS	GCS	GCS	GCS				GCS			
(宽×深×高)/(mm×mm×mm)	1600×1100×1650	800×2200×800	800×2200×800	800×2200×600	800×2200×600				800×2200×600			
主电路方案编号		01	01	34	11	11	11	11	11	11	11	11
仪表		(A)(A)(A)(V)	(A)(A)(A)(V) cosφ Wh	(A)(A)(A)(V) var Varh	(A)	(A)	(A)	(A)	(A)	(A)	(A)	(A)

主接线图

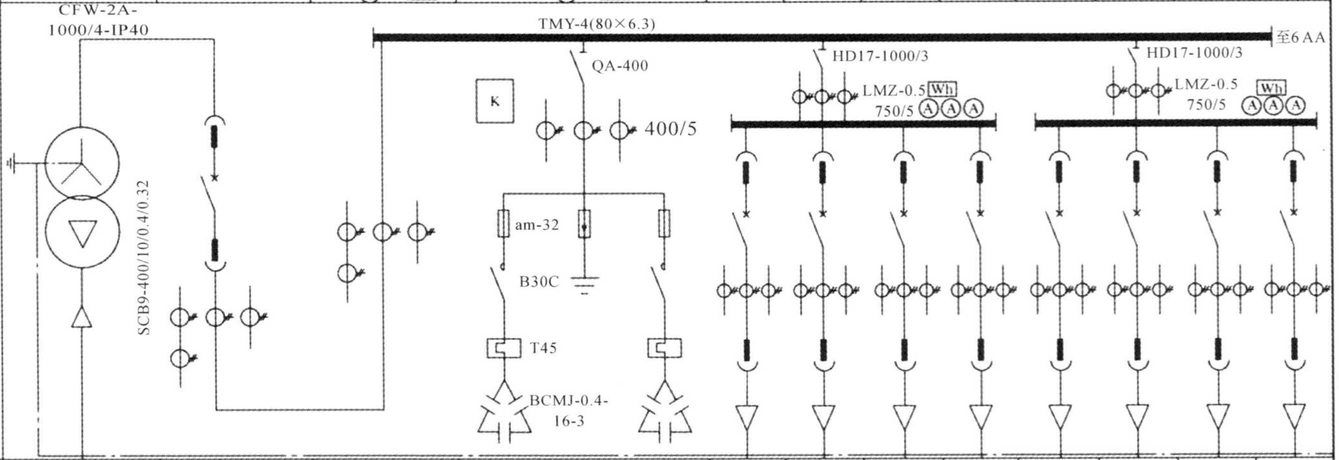

CFW-2A-1000/4-IP40
SCB9-400/10/0.4/0.32
TMY-4(80×6.3)
至6 AA
QA-400
400/5
K
am-32
B30C
T45
BCMJ-0.4-16-3
HD17-1000/3
LMZ-0.5
750/5
Wh
HD17-1000/3
LMZ-0.5
750/5
Wh

出线回路编号					N101	N102	N103	N104	N105	N106	N107	N108
负荷名称	SCB9干式变压器	配电总柜	用电计量	无功自动补偿(主柜)	一～三层住宅配电2 AW	四～六层住宅配电5 AW	七～九层住宅配电8 AW	十～十二层住宅配电11 AW	十三～十五层住宅配电14 AW	十六～十八层住宅配电17 AW	备用	备用
负荷容量	400 kV·A	286.21 kW		144kvar	96	96	96	96	96	96		
计算电流	578 A	486 A			163	163	163	163	163	163		
低压断路器		HSW1-2000/3 630 A			HSMI-250S /3300 180 A	HSMI-250S /3300 180 A	HSMI-250S /3300 180 A	HSMI-250S /3300 180 A	HSMI-250S /3300 180 A	HSMI-250S /3300 180 A		
电流互感器		LMZJ-0.5 800/5			LMZ-0.5 200/5	LMZ-0.5 200/5	LMZ-0.5 200/5	LMZ-0.5 200/5	LMZ-0.5 200/5	LMZ-0.5 200/5		
馈电线路的型号及规格	YJV22-10 kV-3×95		柜内设备由供电部门定		YJV-1 kV-4×70+1×35	YJV-1 kV-4×70+1×35	YJV-1 kV-4×70+1×35	YJV-1 kV-4×70+1×35	YJV-1 kV-4×70+1×35	YJV-1 kV-4×70+1×35		

图9-51 低压配电系统图

对于变配电系统图可按如下顺序识读:电源进线→高压配电→变压器→低压配电→低压出线→各低压用电点。

(1)高压配电系统图。

由图9-50可知,1AH是高压进线柜,电源通断采用负荷开关(型号FLN36-12D/630-20)、交流操作系统。1AH柜内还有电流互感器、电压互感器、高压熔断器、高压避雷器各1组,设电压监视器与接地开关。2AH是计量柜,3AH是高压出线柜,三台高压柜之间采用硬铜母线电气连接。

(2)低压配电系统图。

由图9-51可知,变压器采用9系列的干式变压器,采用Y/△形连接,额定容量为400 kV·A,高压侧电压为10 kV,低压侧电压为0.4 kV。副边绕组中性点接地,并引出PE线。降压后,用高强度封闭母线槽CFW-2A-1000/4-IP40将低压电引至低压进线柜1AA。

低压配电系统接地形式采用TN-S系统。工作零线(N)和接地保护线(PE)从变电所低压配电柜开始分开,不再相连。低压进线柜1AA,接收从变压器低压侧传来的电能,内设HSW1智能型万能式低压断路器(壳体等级额定电流为2000 A,整定电流为630 A)、电流互感器(LMZJ-0.5 800/5)、电流表、电压表。

电源经断路器控制后传到低压计量柜2AA,2AA内设电流互感器、电流表、电压表、功率因数表、有功电度表。计量后的电能用硬铜母线传到3AA。3AA是电容器柜,本系统采用低压集中自动补偿方式,使补偿后的功率因数大于0.9(荧光灯就地补偿,补偿后的功率因数大于0.9)。4AA、5AA是低压出线柜,以放射式配电方式将电能送至住宅配电箱(或称电度表箱)AW,回路编号分别是N101~N106。由5AA出来后,再传入6AA。

五、变配电工程施工

变配电工程施工的主要依据有《建筑电气工程施工质量验收规范》(GB 50303—2015)、《20 kV及以下变电所设计规范》(GB 50053—2013)等。本节主要介绍变压器、箱式变电所、成套配电柜、控制柜(屏、台)的安装。

1.变压器安装

油浸式变压器安装的工艺流程:

设备点件检查→变压器二次搬运→变压器本体及附件安装(变压器干燥、绝缘油处理)→变压器交接试验→送电试运行。

目前使用比较普遍的10 kV配电变压器是油浸式变压器,但进入高层建筑内的配电变压器则要求为干式变压器。一般配电变压器单台容量不宜超过1000 kV·A,均要求整体运输、整体安装。

(1)变压器安装前的准备工作。清理施工现场,以保证安装和各项试验安全顺利地进行;准备好变压器就位、吊芯检查及安装所用的工具。

(2)变压器安装前的检查。核对变压器铭牌上的型号、规格等有关数据,确保与设计图纸要求相符。

(3)变压器的装卸搬运。为保证变压器安全地运到工地并顺利就位,在变压器装卸和运输中应注意安全,车速不宜过快。

（4）变压器的就位安装。

① 将变压器推入室内时，应注意高、低压侧方向与变压器室内的高低压电气设备的装设位置是否一致；变压器基础轨道应水平，轨距应与变压器轮距相吻合。

② 装有瓦斯继电器的变压器，应使其顶盖沿瓦斯继电器气流方向有1％～1.5％的升高坡度；装有滚轮的变压器就位后应将滚轮加以固定；高、低压母线中心线应与套管中心线一致。

③ 母线与变压器套管连接，应防止套管中的连接螺栓跟着转动；在变压器的接地螺栓上接上地线。变压器基础轨道也应和接地干线连接，并应连接牢固。

（5）注油与密封试验。

① 补充注油。在施工现场给变压器注油应通过油枕进行。为防止过多的空气进入油中，应先将油枕与油箱间连管上的控制阀关闭，把合格的绝缘油从油枕顶部注油孔经净油机注入油枕，至油枕额定油位。同时，从变压器油箱中取出油样做电气耐压试验。

② 密封试验。注油以后应进行整体密封试验，一般用高于变压器附件最高点的油柱压力来进行。对于一般油浸式变压器，油柱的高应为0.3 m。试验持续时间为3 h，无渗漏则合格。注意检查散热器与油箱接合处，各法兰盘接合处，套管法兰、油枕等处是否有漏油、渗油现象，如漏油、渗油应及时处理。试验完毕后，应将油面降到正常位置，并打开呼吸孔。

（6）变压器投入运行前的检查。通电前应对变压器进行全面检查，看其是否符合运行条件，如不符合应进行处理。其内容主要有：检查变压器各处应无渗漏油现象；油漆应完整良好，母线相色正确；变压器接地良好；套管完整清洁；分接开关置于运行要求挡位；高、低压引出线连接良好；二次回路接线正确，试操作情况良好；全部电气试验项目结束并合格；变压器上无遗留的工具、材料等。

变压器的冲击试验：全电压冲击试验由高压侧投入，接于中性点接地系统的变压器，在进行冲击合闸时，其中性点必须接地。

第一次通电后，变压器在不少于10 min的时间内无异常情况，即可继续进行。5次冲击应无异常情况，保护装置不应误动作。空载变压器通电后的检查主要是听声音，情况异常时会出现以下几种声音：声音大而均匀时，可能是电压过高；声音大而嘈杂时，可能是铁芯结构松动；有"嘫嘫"声时，可能是芯部或套管有表面闪烁；有大而不均匀的爆裂声时，可能是芯部有击穿现象。冲击试验通过后，变压器便可带负荷运行。在试运行中，变压器的各种保护和测温装置均应投入，并定时检查记录变压器的温升、油位、渗漏等情况；变压器冲击合闸正常，带负荷运行24 h无任何异常情况，可认为试运行合格。

2. 各种盘、柜、屏的安装

各种盘、柜、屏是变配电装置中的重要设备，其安装工序包括基础槽钢埋设，开箱检查、清扫与搬运，盘柜组立，盘、柜上电器的安装等。

（1）基础槽钢的埋设。各种盘、柜、屏的安装通常以角钢或槽钢为基础，其埋设方法一般有两种，如图9-52所示。一种是直接埋设法，此种方法是在土建打混凝土时，直接将基础槽钢埋设好。首先将10号或8号槽钢调直、除锈，并在有槽的一面预埋好钢筋钩，按图纸要求的位置和标高在土建打混凝土时放置好。在打混凝土前应找平、找正。找平的方法是用钢水平尺调好水平，并使两根槽钢在同一水平面上且平行；找正则是按图纸要求尺寸反复测量，确认准确后将钢筋头焊接在槽钢上。另一种是预留槽埋设法，此种方法是随土建施工时预先埋设固定基础槽钢的地脚螺栓，待地脚螺栓达到安装强度后，将基础槽钢用螺母固定在地脚螺栓上。槽钢顶部宜高出室内抹光地面 10 mm,安装手车式配电柜时,槽钢顶部应与抹光地面一致。

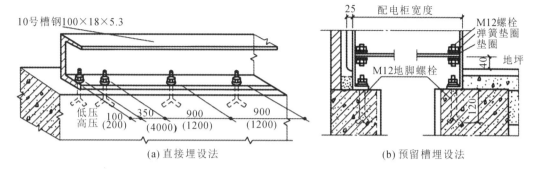

图 9-52　基础槽钢的安装

（2）开箱检查、清扫与搬运。盘、柜运到施工现场后,应及时进行开箱检查和清扫,查清并核对下列内容:规格、型号是否与设计图纸相符,通过检查,临时在盘柜上标明盘柜名称、安装编号和安装位置;盘、柜上的零件、备品、文件资料是否齐全;盘、柜的搬运应在较好的天气时进行,拆去包装后运进室内。搬运时要防止盘、柜倾倒,同时避免较大的振动。运输中应将盘、柜立在汽车上,并用绳索捆牢,防止倾倒。

（3）盘、柜组立。按设计要求用人力将盘或柜搬放在安装位置上,当柜较少时,先从一端精确地调整好第一个柜,再以第一个柜为标准依次调整其他各柜,使其柜面一致、排列整齐、间隙均匀。当柜较多时,宜先安装中间一台,再调整安装两侧其余柜。调整时可在柜的下面加垫铁(同一处不宜超过 3 块),直到满足要求,即可进行固定。安装在振动场所的配电柜应采取防振措施,一般在柜下加装厚度约 10 mm 的弹性垫。

配电柜多用螺栓固定或焊接固定。若采用焊接固定,主控制盘、自动装置盘、继电保护盘不宜与基础型钢焊死,以便迁移。盘、柜的找平可用水平尺测量,垂直找正可用磁力线锤吊线法或用水平尺的立面进行测量。如果不平或不正,可加垫铁进行调整。配电装置的基础型钢应良好接地,一般采用扁钢将其与接地网焊接,且接地不应少于 2 处,一般在基础型钢两端各焊一扁钢与接地网相连。基础型钢露出地面的部分应刷一层防锈漆。

（4）盘、柜上电器的安装。盘、柜上安装的电器应符合下列要求。

① 规格、型号符合设计要求;所安装电器能单独拆装,而不影响其他电器的安装和配线;盘、柜上所配导线应用铜芯绝缘导线;端子排应整齐无损,绝缘良好,螺丝及各种垫片齐全;连接板接触应良好可靠,切换相互不影响;盘、柜上所有带电体与接地体之间应保持至少 6 mm 的距离。

② 当遇到设计修改需在盘上增加或更换电气元件,要在盘、柜面上开孔时,首先要选好位置,增加或更换的电气元件不应影响盘面的整齐美观。

③ 钻孔时先测量孔的位置,打上定位孔。打定位孔时应在盘背面孔的位置处用手锤顶住,然后再打,以防止盘面变形或因振动损坏盘上其他电气元件。用手电钻钻孔时,应注意勿使铁屑漏入其他电器里。

④ 开比较大的孔时,先测准位置,然后用铅笔画出洞孔的四边线。在相对的两角内侧钻孔,用锉刀将孔锉大至两侧边线后,用钢锯条慢慢锯割,直至锯出方孔再用锉刀将四周锉齐。切不可用气焊切割,否则会使盘(柜)面严重变形。

⑤ 由于更换或减少电气元件而留下的多余孔洞,应进行修补。其方法是用相同厚度的铁板做成与孔洞相同的形状,但应略小于孔洞缝隙,只要能将其镶入即可。

（5）手车式配电柜的安装。手车式配电柜是在普通高压配电柜的基础上改进而来的,性能完善、安装简易、检修方便,适用于要求较高的变配电所。

6～10 kV 高压配电柜有 GFC-1、GFC-3、GFC-10、GFC-15、GFC-20 等型号,外有封闭的柜体,内部的主要设备——少油断路器——装置在小车上,可以推进拉出,同时代替了隔离开关。手车上设有连锁机构,只有在少油断路器断开时,手车才能推进或拉出。少油断路器在闭合状态时,手车不能推进、拉出,这样就避免了因误操作而造成事故。

3. 低压电器安装

低压电器的安装应与配线工作密切配合,尤其是配合土建预留、预埋工作,一定要保证设计位置和配管（线）准确无误。

一般操作工艺流程:开箱→预留（预埋）→摆位→画线→钻孔→固定→配线→检查→调试→通电试验。

1）安装要求

低压电器及其操作机构的安装高度、固定方式,如设计无规定时,可按如下要求进行:用支架或绝缘电木板固定在墙或柱子上。落地安装的电气设备,其底面一般应高出地面 50～100 mm。操作手柄中心距离地面一般为 1200～1500 mm;侧面操作的手柄距离建筑物或其他设备不宜小于 200 mm。成排或集中安装的低压电器应排列整齐,便于操作和维护。紧固螺栓的规格应选配适当,电器固定要牢固,不得采用焊接。有防振要求的电器要加设减振装置,紧固螺栓应有防松措施,如加装锁紧螺母、锁钉等。

2）刀开关安装

刀开关应垂直安装在开关板上（或控制屏、箱上）,并要使夹座位于上方。刀开关用作隔离开关时,合闸顺序为先合上刀开关,再合上其他用以控制负载的开关;分闸顺序则相反。严格按照产品说明书规定的分断能力来分断负荷,无灭弧罩的刀开关一般不允许分断负载;否则,有可能导致稳定持续燃弧,使刀开关寿命缩短,严重的还会造成电源短路,开关烧毁,甚至发生火灾。双投刀开关在分闸位置时,刀片应能可靠地接地固定,不得使刀片有自行合闸的可能。

3）自动开关安装

自动开关一般应垂直安装,其上、下端导线接点必须使用规定截面的导线或母线连接。裸露在箱体外部,且易触及的导线端子应加绝缘保护。自动开关与熔断器配合使用时,熔断器应尽可能装于自动开关之前,以保证使用安全。自动开关使用前应将脱扣器电磁铁工作面的防锈油脂擦去,以免影响电磁机构的动作值。

（1）自动开关操作机构安装时,应符合下列规定:

① 操作手柄或传动杠杆的开、合位置应正确,操作力不应大于产品允许规定值。

② 电动操作机构的接线应正确,在合闸过程中开关不应跳跃;开关合闸后,限制电动机或电磁铁通电时间的连锁装置应及时动作,使电动机或电磁铁通电时间不超过产品允许规定值。

③ 触头接触面应平整,合闸后接触应紧密。有半导体脱扣装置的自动开关,其接线应符合相序要求,脱扣装置动作应可靠。

（2）直流快速自动开关安装时,应符合下列规定:

①开关极间中心距离及开关与相邻设备或建筑物的距离均不应小于 500 mm。小于 500 mm 时,应加装隔弧板。隔弧板高度不小于单极开关的总高度。在灭弧量上方应留有不小于 1000 mm 的空间;无法达到时,应按开关容量在灭弧室上部 200～500 mm 高度处装设隔弧板。

② 有极性快速开关的触头及线圈,其接线端应标出正、负极性,接线时应与主回路极性一致。触头的压力、开距及分断时间等应进行检查,并应符合出厂技术条件。

③ 脱扣装置必须按设计整定值校验,动作应准确、可靠。在短路(或模拟短路)情况下合闸时,脱扣装置应能立即自由脱扣。

4. 变配电系统调试

1）电力变压器系统调试

三相电力变压器系统,是指包含变压器本体、断路器、隔离开关、互感器、风冷及油循环装置等的一、二次回路。电力变压器系统调试的工作内容包括:变压器,断路器,互感器,隔离开关、风冷及油循环冷却系统的电气装置、常规保护装置等一、二次回路的调试及空投试验。

2）送配电装置系统调试

送配电装置系统是指送配电用的开关,控制设备及一、二次回路。系统调试是指对上述各个电气设备及电气回路的调试。送配电装置系统调试的工作内容包括:自动开关或断路器、隔离开关、常规保护装置、电测量仪表、电力电缆等一、二次回路系统的调试。低压断路器调试包括:欠压脱扣器的合闸、分闸电压测定试验,过电流脱扣器的长延时、短延时和瞬时动作电流的整定试验。线路的检测与通电试验包括:绝缘电阻试验,测量重复接地装置的接地电阻,检查电度表接线,线路通电检查。

任务 3 电缆敷设工程

一、电缆敷设方式

电力电缆可以敷设于室外,也可以敷设在室内。其主要敷设方式有直埋敷设、电缆穿保护管敷设、电缆沟敷设、电缆隧道敷设、电缆桥架(梯架或托盘)敷设、电缆排管敷设、架空敷设、水下敷设、桥梁或构架上敷设等。电缆工程敷设方式的选择,应视工程条件、环境特点、电缆类型和电缆数量等因素来选择,且要满足运行可靠、便于维护的要求和遵循技术经济合理的原则。在建筑工程中,直埋敷设是室外电缆敷设最常用、最经济的一种敷设方式。

1. 电缆敷设方法

1）直埋敷设

电缆直埋是指沿已确定的电缆线路挖掘沟道,将电缆埋在挖好的地下沟道内。因电缆直接埋设在地下不需要其他设施,故电缆直埋敷设的施工简便且造价低,节省材料。一般在沿同一路径敷设的电缆根数较少（6 根以下），敷设距离较长的情况下采用此法。直接埋地敷设时应使用具有铠装和防腐层的电缆。

2）电缆穿保护管敷设

当电缆与铁路、公路、城市街道、厂区道路交叉，电缆进建筑物隧道，穿过楼板及墙壁以及其他可能受到机械损伤的地方时，应预先埋设电缆保护管，然后将电缆穿在管内。这样能防止电缆受到机械损伤，而且便于检修时电缆的拆换。

3）电缆沟敷设

电缆沟敷设即电缆沿电缆沟（或电缆隧道）敷设，电缆沟一般设在地面下，是全封闭型的地下构筑物，由砖砌成或由混凝土浇筑而成，沟顶部用盖板盖住，电缆隧道或电缆沟内装有电缆支架。电缆沿电缆沟（或电缆隧道）敷设是室内外常见的一种电缆敷设方式，适用于地下水位低、电缆线路较集中的电力主干线敷设。同一路径敷设电缆较多（根数 6 根以上 18 根以下），而且按规划沿此路径的电缆线路有增加时，为方便施工及今后的使用、维护，宜采用电缆沟敷设。

4）电缆排管敷设

按照一定的孔数和排列预制好的水泥管块，再用水泥砂浆将其浇筑成一个整体，然后将电缆穿入管中，这种敷设方法称为电缆排管敷设。电缆排管多采用石棉水泥管、混凝土管等管材，这种敷设方法适用于敷设电缆数量较多（一般不超过 12 根），道路交叉较多又不宜采用直埋或电缆沟敷设的地段。排管内的电缆一般选用无铠装电缆。

5）电缆桥架敷设

电缆桥架配线是架空电缆敷设的一种支持构架，通过电缆桥架把电缆从配电室或控制室送到各用电设备。建筑物内桥架可以独立架设，也可以附设在各种建（构）筑物和管廊支架上，体现结构简单、造型美观、配置灵活和维修方便等特点。

按结构分类有梯式、有孔托盘式、无孔托盘式；按防火要求分类有普通型和耐火型；从性能分类有普通型和节能型。电缆桥架按材料分为钢制电缆桥架、铝合金制电缆桥架和玻璃钢制电缆桥架，如图 9-53 所示，在此基础上又分有槽式桥架（见图 9-54）、梯级式桥架（见图 9-55）和托盘式桥架（见图 9-56）三种安装形式。槽式电缆桥架封闭性能好，梯架不积灰，托盘式电缆桥架底部有孔，钢板较厚，散热性能好；组合式电缆桥架一般又称为开放式桥架，其安装极为方便，目前应用广泛。

(a) 钢制电缆桥架　　　　　(b) 铝合金制电缆桥架　　　　　(c) 玻璃钢制电缆桥架

图 9-53　电缆桥架分类

组合式电缆桥架适用于各种工程、各个单位、各种电缆的敷设，具有结构简单、配置灵活、安装方便、形式新颖等优点。组合式电缆桥架可以设在任意部位，不需要打孔，焊接后就可用管引出，既方便工程设计，又方便生产运输，更方便安装施工，是目前电缆桥架中最理想的产品，如图 9-57 所示。

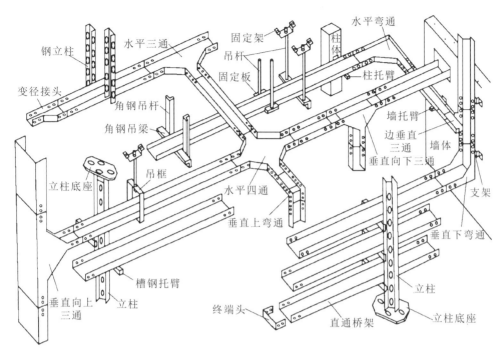

图 9-54 槽式电缆桥架

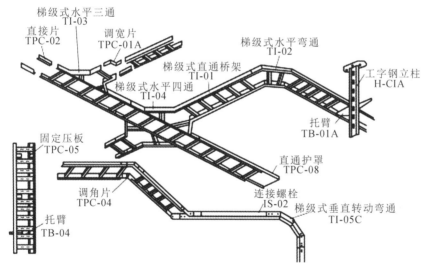

图 9-55 梯级式（T）电缆桥架

支架是支撑电缆桥架和电缆的主要部件，它由立柱、立柱底座、托臂等组成。电缆支架包括玻璃钢支架、复合式电缆支架、预埋式电缆支架、螺钉式电缆支架、组合式电缆支架等（见图 9-58）。

2. 电缆头

电缆敷设好后，为使其成为一个连续的线路，各线段必须连接为一个整体，这些连接点则称为接头。电缆线路两末端的接头称为终端头，中间的接头称为中间头。电缆终端头和电缆中间头的主要作用是把电缆封起来，以保证电缆的绝缘等级。它们可以使电缆保持密

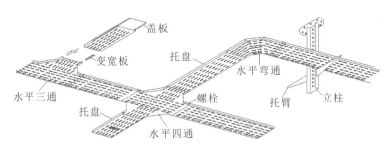

图 9-56 托盘式(P)电缆桥架

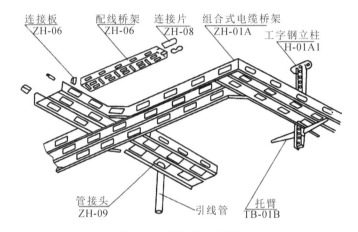

图 9-57 组合式电缆桥架

(a) 托臂　　　　　　　　　　　(b) 角钢、吊杆

图 9-58 支架

封,使线路畅通,并保证电缆连接头处的绝缘等级,使其安全可靠地运行。电缆头分为电力电缆头、控制电缆头、矿物绝缘电力电缆头三种。

1)电力电缆头

电力电缆头按线芯材料可分为铝芯电力电缆头和铜芯电力电缆头;按安装场所分为户内式和户外式;按电缆头制作材料分为干包式、环氧树脂浇筑式、热缩式、冷缩式,另外还有带 T 形或肘形插头的电缆头。

2)控制电缆头

控制电缆头分为终端头和中间头,按芯数分为 6 芯、14 芯、24 芯、37 芯电缆头。

3)矿物绝缘电力电缆头

矿物绝缘电力电缆头分为终端头和中间头,按芯数分为单芯、二芯、三芯、四芯电缆头。

二、电缆敷设工程施工

1. 电缆的敷设基本要求

电缆的敷设需要满足以下要求。

（1）无铠装的电缆在室内明敷时，水平敷设的电缆与地面的距离不应小于 2.5 m；垂直敷设的电缆与地面的距离不应小于 1.8 m，否则应有防止机械损伤的措施，但明敷在配电室内时除外。

（2）室内相同电压的电缆并列明敷时，电缆间的净距不应小于 35 mm，并且不应小于电缆外径，但在线槽、桥架内敷设时除外。电缆在室内埋地敷设、穿墙或楼板敷设时，应穿管或采取其他保护措施，其管内径应不小于电缆外径的 1.5 倍。

（3）架空明敷的电缆与热力管道的净距不应小于 1 m，否则应采取隔热措施。电缆与非热力管道的净距不应小于 0.5 m，否则应在与管道接近的电缆段上，以及由该两端外伸不小于 0.5 m 以内的电缆段上，采取防止机械损伤的措施。

（4）沿同一路径敷设的室外电缆常用敷设方式及敷设数量见表 9-18。

表 9-18　沿同一路径敷设的室外电缆常用敷设方式及敷设数量

敷设方式	敷设数量	敷设方式	敷设数量
直埋敷设	≤8 根	电缆隧道敷设	>18 根
电缆沟敷设	≤18 根	电缆排管敷设	≤12 根

2. 电缆敷设工程施工工艺

室外配电线路是指建筑物以外的供配电线路，包括架空线路和电缆线路。建筑室外电缆敷设多采用直埋敷设、电缆沟敷设和电缆桥架敷设、穿保护管敷设等方式。电缆线路多为暗敷设，其特点是供电可靠性高、使用安全、寿命长，但投资大，敷设及维护不太方便。

1）架空线路

（1）架空线路的组成。架空线路是采用电杆、横担将导线悬空架设，向用户传送电能的配电线路。其特点是设备简单、投资少，设备明设、维护方便，但易受自然环境和人为因素影响，供电可靠性低，且易造成人身安全事故。架空线路由导线、绝缘子、横担、电杆、拉线及线路金具组成。

（2）架空线路的施工。架空线路的施工按以下程序进行：测量定位→竖立电杆→安装横担→架设导线→安装拉线。

① 测量定位。根据施工图，通过测量确定电杆的位置，并在杆位上打定位桩。

② 竖立电杆。按照定位桩位置，首先挖坑，做防沉底基，然后立杆，最后回填土。立杆时，通常借助起重机完成。

③ 安装横担。根据施工图要求的横担形式、数量、位置，在电杆上用抱箍等金具进行安装。横担安装完后，即可安装绝缘子。

④ 架设导线。首先将导线放置在电杆下地面上，然后将导线拉上电杆，用紧线器将导线在两根电杆间的弧垂度调整到规定范围后，再固定导线于绝缘子上。

⑤ 安装拉线。根据图纸要求,确定拉线形式、数量、方位,在现场制作拉线,安装拉线盘、上把、下把。

2) 直埋敷设

直埋敷设适用于有保护层的铠装电缆,其施工工艺如下:准备工作→挖电缆沟→直埋电缆→铺砂盖砖→盖盖板→埋标桩。

准备工作主要有详细检查电缆,其型号、电压、规格等应与施工图设计相符,电缆外观应无扭曲、损坏及漏油、渗油现象,电缆应进行绝缘电阻检测或耐压试验。对于 1 kV 及以下电缆,用 1000 V 兆欧表测其线间及对地的绝缘电阻应不低于 10 MΩ;对于 6～10 kV 电缆,应经检测绝缘电阻、直流耐压试验和泄漏试验,试验标准应符合国家标准规定。电缆测试完毕,对于油浸纸绝缘电缆,应立即用焊料(铅锡合金)将其端头封好;对于其他电缆,应用橡塑材料封头。

直埋电缆的详细施工做法如图 9-59 所示。电缆一般采用钢带铠装电缆,如 YJV22 型,当设计无标明时,沟底宽度为 400 mm,沟上口宽度为 600 mm。电缆埋地时,电缆之间及电缆与其他管道、道路、建筑等之间平行和交叉时的最小净距应满足规范的要求。电缆敷设完毕,应在电缆上、下均匀铺设细砂层(厚度为 100 mm),在细砂层上应覆盖混凝土保护板或红砖,保护层的宽度应超出电缆两侧各 50 mm。直埋电缆一般在市内应沿人行便道敷设,跨越铁路、公路或街道时应尽量与道路中心线垂直。

电缆埋深必须大于当地冻土层的深度,电缆表面距地面的高度不应小于 0.7 m,穿越农田时埋深不应小于 1 m。当电缆引入建筑、与地下建筑交叉及绕过地下建筑等受条件限制时,可浅埋,但应采取保护措施。电缆敷设每 250 m 应设置一个接头,电缆接头一般做成井字形或采用图 9-60 所示的做法加以保护。电缆在拐弯、接头、交叉、进出建筑等处应设明显的方位标桩,在电缆直线段上每隔 50～100 m 应加设间距适当的路径标桩。标桩应牢固,标志应清晰,标桩以露出地面 15 cm 为宜。

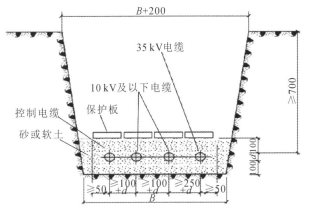

图 9-59 直埋电缆施工方法

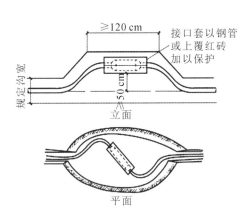

图 9-60 直埋电缆接头的做法

3) 电缆沟敷设

电缆沟敷设的施工工艺流程:准备工作→电缆沿电缆沟敷设→挂标志牌。

电缆沟敷设施工工艺类似于电缆直埋敷设,但电缆沟壁要用防水水泥砂浆抹面,电缆敷设在沟壁的角钢支架上,最后盖上水泥板;在容易积水的地方,应考虑开挖排水沟;电缆沟应平整,且有一定的坡度;沟内应设置适当数量的积水坑,及时将沟内积水排除;电缆敷设时,应注意电缆的弯曲半径应符合规范要求及电缆本身的要求;电缆放入地沟时,边敷设边检查电缆是否损伤;放电缆的长度不能控制得太紧,电缆的两端、中间接头、电缆井内、电缆过管处、垂直位差处均应留有适当的余度,并作波浪状摆放;电缆敷设完毕,应请建设单位、监理单位及质量检查部门共同进行隐蔽工程验收。

在电缆沟内的支架应安装牢固,横平竖直;支架与预埋件焊接固定时,焊缝应饱满;在有坡度的电缆沟内或建筑物上安装的电缆支架,应有与电缆沟或建筑物相同的坡度;电缆支架必须可靠接地(PE)或接零(PEN)。如图 9-61 所示,这种敷设方式的施工较为复杂,造价高,电缆可免受机械损伤和腐蚀,但一般敷设电缆根数不宜超过 18 根。

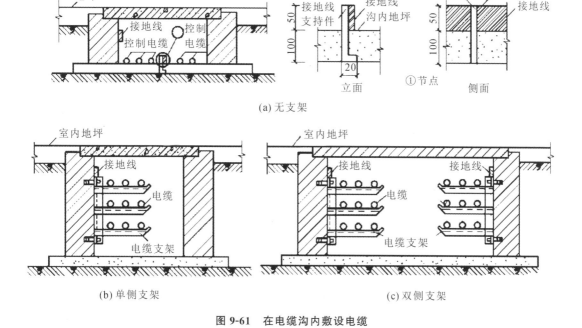

图 9-61　在电缆沟内敷设电缆

三、电缆桥架敷设施工

1. 桥架电缆敷设规范

(1)电缆沿桥敷设时,应单层敷设,电缆之间可以无间距,但电缆在桥架内应排列整齐、不应交叉,并应敷设一根、整理一根、卡固一根。

(2)垂直敷设于桥架内的电缆,其固定点间距不应大于规范的规定;水平敷设的电缆,应在电缆的首尾两端、转弯两侧及每隔 5～10 m 处设固定点,大于 45°倾斜敷设的电缆每隔 2 m 处设固定点。固定方法可采用尼龙卡带、绑线或电缆卡子。

(3)在桥架内电力电缆的总面积(包括外护层)不应大于桥架有效横断面的 40%,控制电缆不应大于 50%。

(4)电缆桥架水平敷设时的距地高度不宜低于 2.5 m,垂直敷设时距地高度不宜低于1.8 m。

（5）电缆托盘和梯架多层敷设时，其层间距离应符合下列规定：控制电缆间不应小于0.2 m；电力电缆间不应小于0.3 m；非电力电缆与电力电缆间不应小于0.5 m；当有屏蔽盖板时，可为0.3 m；托盘和梯架上部距顶棚及其他障碍物不应小于0.3 m。

（6）电缆桥架水平敷设时，支架间距一般为1.5～3 m；电缆桥架垂直敷设时，支架间距不宜大于2 m。

2.电缆桥架安装

电缆桥架的敷设工艺顺序：测量放线→预埋铁件或膨胀螺栓→支（吊）架的安装→桥架敷设→桥架穿墙或楼板→金属桥架接地→电缆穿保护管敷设→绝缘检查→电缆头制作安装。

1）测量放线

根据施工图确定始端到终端的位置，沿图纸标定走向，找好水平、垂直弯通，用粉线袋或画线笔沿桥架走向在墙壁、顶棚、地面、梁、板、柱等处弹线或画线，并按均匀挡距画出支架、吊架、托架的位置。

2）预埋铁件或膨胀螺栓

紧密配合土建结构的施工，将预埋铁件平面紧贴模板，将锚固圆钢用绑扎或焊接的方法固定在结构内的钢筋上；待混凝土模板拆除后，预埋铁件平面外露，将支架、吊架或托架焊接在上面进行固定。根据支架承受的荷重，选择相应的膨胀螺栓及钻头，埋好螺栓后，可用螺母配上相应的垫圈将支架或吊架直接固定在金属膨胀螺栓上。

3）支（吊）架的安装

支架与吊架由横担和吊杆组成，如图9-62所示。横担用的角钢不应小于2.5号。当桥架宽度不大于400 mm时，常用4号角钢（40 mm×40 mm×4 mm）；当桥架宽度超过400 mm时，用5号角钢；当桥架宽度超过600 mm时，用5号槽钢。角钢应刷两道防锈漆，其长度要比桥架宽度大100 mm。吊杆的一端用膨胀螺钉固定在顶板结构层上，严禁用木砖固定；另一端用螺母与横担组合，遇到梁时要用桥架固定吊架。吊杆和横担用角钢焊接在一起，吊臂用膨胀螺钉固定在梁上。桥架支（吊）架用钢材应平直、无显著扭曲，下料后长短偏差为±3 mm，切口处应无卷边、毛刺。

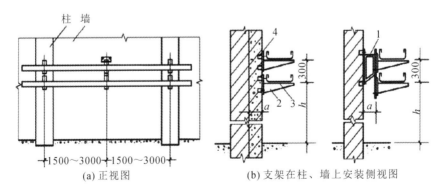

(a) 正视图　　(b) 支架在柱、墙上安装侧视图

图9-62　桥架沿墙、柱水平安装

1—支架；2—托臂；3—梯架；4—膨胀螺栓

4）桥架敷设

电缆桥架水平敷设时，支撑跨距一般为 1.5～3 m；垂直敷设时，其固定点间距不宜大于 2 m。电缆桥架在进出接线盒、箱、柜、转角、转弯、变形缝两端及丁字接头的三端 300～500 mm 以内时，应设固定点。当桥架三通弯曲半径不大于 300 mm 时，应在距弯曲段与直线段接合处 300～600 mm 的直线段侧设置一个支（吊）架；当桥架三通弯曲半径大于 300 mm 时，还应在弯通中部增设一个支（吊）架。桥架直线段组装时，应先做干线，再做分支线。桥架应平整，无扭曲变形，各种附件齐全。桥架与桥架连接可采用内、外连接头，配上平垫和弹簧垫，用螺母紧固。在吊顶内敷设时，应留有检修孔。

5）桥架穿墙或楼板

电缆桥架在穿过防火墙及防火楼板时，应采取防火隔离措施，需在土建施工中预留洞口，在洞口处预埋好护边角钢，如图 9-63 所示。

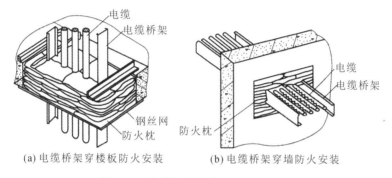

(a) 电缆桥架穿楼板防火安装　　　(b) 电缆桥架穿墙防火安装

图 9-63　电缆桥架穿墙及穿楼板做法

电缆过墙处应尽量保持水平，每放一层电缆，垫一层厚度为 60 mm 的泡沫石棉毡，用泡沫石棉毡把洞口堵平。小洞用电缆防火堵料堵塞，墙洞两侧应用隔板将泡沫石棉毡保护起来。

6）金属桥架接地

桥架的所有非导电部分的铁件均应相互连接和跨接，使之成为一个连续导体，并做好整体接地。桥架经过建筑物的变形缝（伸缩缝、沉降缝）时，桥架本身应断开，槽内用内连接板搭接，不需要固定。金属桥架应可靠接地，桥架及其支架首端和末端均应与接地（PE）或接零（PEN）干线相连接，且必须符合下列规定。

一是金属电缆桥架及其支架全长应不少于 2 处与接地（PE）或接零（PEN）干线相连接。

二是非镀锌电缆桥架间连接板的两端跨接铜芯接地线，接地线最小允许截面积不小于 4 mm^2。

三是镀锌电缆桥架间连接板的两端不跨接接地线，但连接板的两端应有不少于 2 个带防松螺母或防松垫圈的连接固定螺栓。

四是对整个桥架全长，其两端连接电阻不应大于 0.5 Ω 或由设计决定，否则应增加接地点，以满足要求。

7）电缆穿保护管敷设

将保护管预先敷设好，再将电缆穿入管内，管道内径不应小于电缆外径的 1.5 倍。一般用钢管作为保护管。单芯电缆不允许穿钢管敷设。

基础知识测评题

一、填空题

1. 电路的工作状态有 _____ 、_____ 和 _____ 三种。

2. 描述电路的基本物理量有 _____ 、_____ 、_____ 、_____ 。

3. 交流电的三要素是 _____ 、_____ 、_____ 。

4. 按绝缘材料分 _____ 导线与 _____ 导线。

5. 电缆的基本结构是由 _____ 、_____ 、_____ 三部分组成。

6. 电缆按用途又分为 _____ 电缆、_____ 电缆、_____ 电缆等。

7. 半硬塑料管多用于一般居住和办公建筑等干燥场所的电气照明工程中暗敷线路,可分为 _____ 和 _____ 两种。

8. 电线是指传导电流的导线,有实心的、绞合的或箔片编织的等各种形式。按绝缘状况分为 _____ 和 _____ 两大类。

9. 电力负荷分为 _____ 级,分别是 _____ 、_____ 、_____ 、_____ 。

10. 低压配电方式有 _____ 、_____ 、_____ 、_____ 和 _____ 五种。

11. 常用的低压配电保护装置有 _____ 、_____ 、_____ 。

12. 电缆桥架水平敷设时距地高度不宜低于 _____ ,垂直敷设时距地高度不宜低于 _____ 。

13. 电缆支架的长度,在电缆沟内不宜大于 _____ ,在隧道内不宜大于 _____ 。

14. 桥架内电缆敷设应排列整齐,水平敷设的电缆,应在电缆首尾两端、转弯两侧及每隔 _____ 处设固定点。

15. 桥架安装前应先安装支架或吊架,支(吊)架应平直、牢固,安装支(吊)架前应先放线,水平桥架支架安装间距范围为 _____ ,垂直安装的支架间距不大于 _____ 。

二、选择题

1. 把三相负载进行三角形连接时,在各相负载对称的情况下,线电流为相电流的( )倍。

A. $\sqrt{2}$ B. $\sqrt{3}$ C. 3   D. 无法确定

2. 在电力系统中,一般将额定电压在( )kV 及以下者称为低压配电线路。

A. 0.220   B. 0.380   C. 1   D. 10

3. 一级负荷供电要求( )。

A. 两个以上独立回路供电   B. 两个以上独立电源供电

C. 无特殊要求   D. 一个独立电源供电

4. 三相五线制供电系统中,接地保护线的颜色为( )。

A. 红色   B. 浅蓝色   C. 绿色   D. 黄绿相间

5. PVC 硬塑料管适用于民用建筑或室内有酸、碱腐蚀性介质的场所。不应在环境温度( )以上的场所使用。

A. 25 ℃   B. 30 ℃   C. 45 ℃   D. 50 ℃

6.(　　)桥架最适用于敷设计算机电缆、通信电缆、热电偶电缆及其他高灵敏系统的控制电缆等。

A.槽式　　　　　　　B.梯架式　　　　　　C.托盘式　　　　　　D.组合式

7.根据施工规范,直埋电缆埋设深度距地面不应小于(　　)米。

A.0.6　　　　　　　B.0.7　　　　　　　C.1.0　　　　　　　D.1.2

8.民用供配电系统的设计应满足供电可靠性、安全性及电压质量的要求,系统接线不宜复杂,应有一定的灵活性,配电系统不宜超过(　　)。

A.一级　　　　　　　B.二级　　　　　　　C.三级　　　　　　　D.四级

9.干线发生故障时,影响的范围大,供电可靠性较差,导线的截面面积较大。适合在用电设备较少、供电线路较长的场合下采用的是(　　)配电系统。

A.树干式　　　　　　B.放射式　　　　　　C.链式　　　　　　　D.混合式

三、判断题

1.为了满足用电设备对工作电压的要求,在用电地区需设置降压变电所,将电压降低。通常,在用电地区设置降压变电所,将输电电压降低到 6～10 kV,然后分配到居住区等负荷中心。　　　　　　　　　　　　　　　　　　　　　　(　　)

2.树干式配电系统的特点是配电线路发生故障时互不影响,供电可靠性高,配电设备集中,检修比较方便。　　　　　　　　　　　　　　　　　　　　　　(　　)

3.双母线接线的优点是简单清晰、设备较少、操作方便和占地少,但运行可靠性和灵活性不高,仅适用于线路数量较少、母线短的变(配)电所。　　　　　　　(　　)

4.托盘式桥架不能用于控制电缆的敷设。　　　　　　　　　　　　　　(　　)

5.电缆 ZR-YJV-3×120+1×70 0.6/1 kV 表示阻燃耐火交联聚乙烯绝缘聚氯乙烯护套铜芯电力电缆。　　　　　　　　　　　　　　　　　　　　　　　(　　)

6.当电缆导管明装时,管道应排列整齐,横平竖直,其全长水平及垂直偏差一般应不大于电缆管外径的 1/3。　　　　　　　　　　　　　　　　　　　　　　(　　)

四、简答题

1.电路的组成、工作状态有哪些?

2.正弦交流电的三要素是什么?

3.常用的低压电器有哪些?

4.什么叫三相四线制和三相三线制?

5.导电材料有哪些?电缆型号是如何组成的?常用的绝缘线有哪些?

6.建筑供配电系统的组成部分有哪些?

7.常用的高压电器有哪些?

8.室内变配电所的布置形式有哪些?

扫一扫看答案

项目 **10** 室内配线工程

任务 1　室内配电系统认知

电气照明工程一般指由电源的进户装置到各照明用电器具及中间环节的配电装置、配电线路和开关控制设备的电气安装工程。建筑照明配电系统通常按照三级配电的方式进行，由照明总配电箱、楼层配电箱（分配电箱）、房间开关箱及照明配电线路组成，如图 10-1 和图 10-2所示。

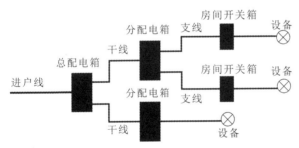

图 10-1　建筑照明配电系统的组成

配电箱是按电气接线要求将开关设备、测量仪表、保护电器和辅助设备组装在封闭或半封闭金属柜中或金属屏上，构成低压配电装置。正常运行时可借助手动或自动开关接通或分断电路。配电箱主要用来接收电能和分配电能，如照明配电箱内主要装有控制各支路的闸刀开关或自动空气开关、熔断器，有的还装有电度表、漏电保护开关等。配电箱按其功能可分为动力配电箱（AP）、照明配电箱（AL）、应急照明配电箱（ALE）、电表箱和控制箱。国内生产的动力配电箱和照明配电箱产品是统一设计的定型产品，其箱体结构和内部元件（空气开关）、汇零排和接地母排都是定型产品，其内部接线如图 10-3 所示。

1. 照明总配电箱

照明总配电箱把引入建筑物的三相总电源分配至各楼层的配电箱。当每层的用电负荷较大时，可采用放射式方法对每层配电；当每层的用电负荷不大时，则可采用混合式方法对每层配电。照明总配电箱内的进线及出线应装设具有短路保护和过载保护功能的断路器。

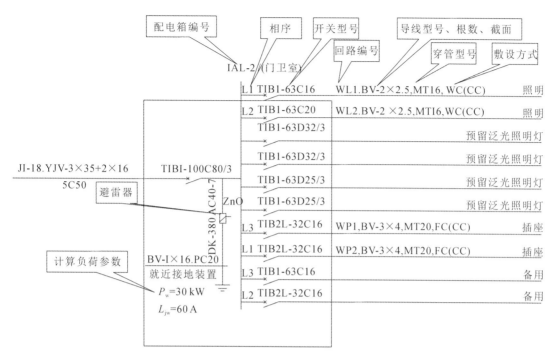

图 10-2　建筑照明配电系统图示例

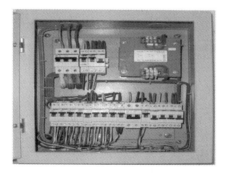

图 10-3　配电箱的内部接线示意图

2. 楼层配电箱

楼层配电箱把三相电源分为单相,分配至每层的各房间开关箱以及楼梯、走廊等公共场所的照明电器。当房间的用电负荷较大时(如大会议室、大厅、大餐厅等),则由楼层配电箱分出三相支路给该房间的开关箱,再由开关箱分出单相线路给房间内的照明电器供电。楼层配电箱内的进线及出线也应装设断路器进行保护,如图 10-4 所示。

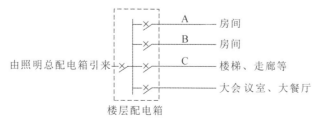

图 10-4　楼层配电箱配电示意图

3. 房间开关箱

房间开关箱可分出插座支线、照明支线以及专用支线(如空调器、电热水器等)给相应电器供电。插座支线应在房间开关箱内装设断路器及漏电保护器,其他支线应装设断路器。一般房间内的照明灯具由其邻近的、装在墙壁上的灯具开关控制,如图 10-5 所示;对于灯数较多且同时开、关的大房间(如大会议室、大厅、大餐厅等),则由房间开关箱内的断路器分组控制。

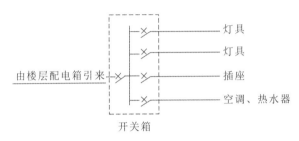

由楼层配电箱引来

灯具
灯具
插座
空调、热水器

开关箱

图 10-5　房间开关箱配电示意图

4. 配管配线

配管配线是指由配电屏(箱)接到各用电器具的供电线路和控制线路的安装,一般有明配和暗配两种方式。明配管是用固定卡子直接将管子固定在墙、柱、梁、顶板和钢结构上;暗配管需要配合土建施工,将管子预敷设在墙、顶板、梁、柱内,暗配管具有不影响外表美观、使用寿命长等优点。配管配线施工如图 10-6 所示。

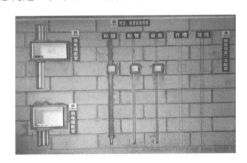

图 10-6　配管配线施工示意图

1)电气配管

电气暗配管宜沿最近线路敷设,并应减少弯曲。埋于地下的管道不能对接焊接,宜穿套管焊接。明配管不允许焊接,只能采用丝接。电气配管按照材质不同可分为电线套管、钢管、硬塑料管、半硬塑料管及金属软管等。电线套管一般采用普通碳素钢电焊钢管制成,用在混凝土及各种结构配电工程中,管壁较薄,大多需要加涂层或镀锌,要求进行冷弯试验。塑料管与传统金属管相比,具有自重轻、耐腐蚀、耐压强度高、卫生安全、节约能源、使用寿命长、安装方便等特点。建筑电气工程中常用的是 PVC 管和塑料波纹管。PVC 管通常分为普通聚氯乙烯(PVC)、硬聚氯乙烯(UPVC)、软聚氯乙烯(PPVC)、氯化聚氯乙烯(CPVC)四种。

2)电气配线

室内电气配线指敷设在建筑物、构筑物内的明线、暗线、电缆和电气器具的连接线。常用各种室内(外)配线方式及适用范围见表 10-1。

表 10-1　配线方式及适用范围

配线方式	适用范围
木(塑料)槽板配线、护套线配线	适用于负荷较小的照明工程及干燥环境中,要求整洁美观的场所,塑料槽板适用于要求防化学腐蚀和绝缘性能好的场所
金属管配线	适用于导线易受机械损伤、易发生火灾及易爆炸的环境,有明管配线和暗管配线两种
塑料管配线	适用于潮湿或有腐蚀性环境的室内场所作明管配线或暗管配线,但在易受机械损伤的场所内不宜采用塑料管明敷方式
线槽配线	适用于干燥和不易受机械损伤的环境内明敷或暗敷,但在有严重腐蚀场所内不宜采用金属线槽配线;在高温、易受机械损伤的场所内不宜采用塑料线槽明敷
电缆配线	适用于干燥、潮湿的户内及户外配线(应根据不同的使用环境选用不同型号的电缆)
竖井配线	适用于多层和高层建筑物内垂直敷设配电干线的场所
钢索配线	适用于层架较高、跨度较大的大型厂房,多数应用在照明配线上,用于固定导线和灯具
架空线路配线	适用于户外配线

任务 2　配管配线工程识图

一、常用设备及管线标注

1. 图形符号

图形符号具有一定的象形意义,比较容易和设备相联系进行识读。图形符号很多,一般不容易记忆,但民用建筑电气工程中常用的并不是很多,掌握一些常用的图形符号,有助于提高读图速度。表 10-2 为部分常用的图形符号。

表 10-2　部分常用的图形符号

图形符号	名称	图形符号	名称
	多种电源配电箱(屏)		信号板信号箱(屏)
	动力或动力-照明配电箱		照明配电箱(屏)
	单相插座(明装)		壁灯

图形符号	名称	图形符号	名称
	单相插座（暗装）		球形灯
	单相插座（密闭、防水）		花灯
	单相插座（防爆）		局部照明灯
	带接地插孔的三相插座（明装）		顶棚灯
	带接地插孔的三相插座（暗装）		荧光灯一般符号
	带接地插孔的三相插座（密闭、防水）		三管荧光灯
	带接地插孔的三相插座（防爆）		避雷器
	单极开关（明装）		分线盒一般符号
	单极开关（暗装）		室内分线盒
	单极开关（密闭、防水）		室外分线盒
	单极开关（防爆）		电铃
	单极拉线开关	A	电流表
	单极双控拉线开关	V	电压表
	双极开关（明装）	Wh	电度表
	双极开关（暗装）		熔断器一般符号
	双极开关（密闭、防水）		接地一般符号

续表

图形符号	名称	图形符号	名称
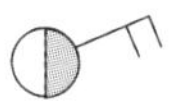	双极开关(防爆)		多极开关一般符号(单线表示)
	灯或信号灯一般符号	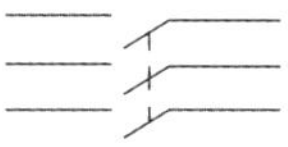	多极开关(多线表示)
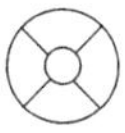	防水防尘灯		动合(常开)触点(也可作开关一般符号)

2. 常用线缆的电气图形符号

(1) 常用导线、线缆及其标注的电气图形符号见表 10-3。

表 10-3 常用导线、线缆及其标注的电气图形符号

名称	符号	名称	符号
连线,一般符号(导线、电缆、电线、传输通路)		接地线	 E
导线组(示出导线数)	 形式一 3 形式二	水下线路	
线束内导线数目的表示	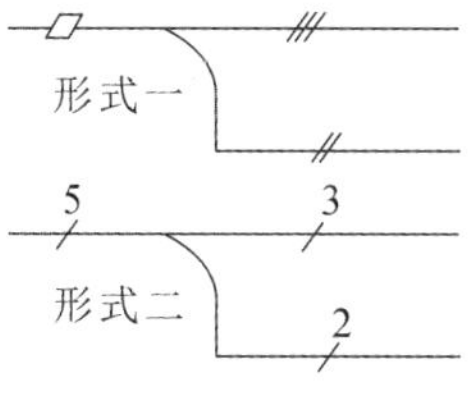 形式一 5 3 形式二 2	架空线路	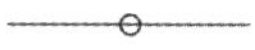
软连接		T 形连接	 形式一 形式二
导线的双 T 连接	 形式一 形式二	跨接连接	 形式一 形式二
绞合连接(示出两根导线)		向上配线(向上布线)	
屏蔽导体		向下配线(向下布线)	
地下线路(带接头的地下线路)	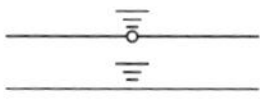	垂直通过配线(垂直通过布线)	

(2) 文字符号。

文字符号在图纸中表示设备参数、线路参数与敷设方法等,掌握好用电设备、配电设备、

线路和灯具等常用的文字标注形式(见表 10-4),是读图的关键。

表 10-4　建筑电气工程设计常用的文字符号标注

序号	项目种类	标注方式	说明	示例
1	用电设备	$\dfrac{a}{b}$	a—设备编号或设备位号; b—额定功率(kW 或 kV·A)	$\dfrac{\text{P01B}}{37\ \text{kW}}$ 热媒泵的位号为 P01B,容量(额定功率)为 37 kW
2	概略图的电气箱(柜、屏)标注	$-a+\dfrac{b}{c}$	a—设备种类代号; b—设备安装的位置代号; c—设备型号	- AP1＋1·B6/XL21 - 15 动力配电箱种类代号为 - AP1,位置代号＋1·B6 即安装位置在一层 B、6 轴线,型号为 XL21 - 15
3	平面图的电气箱(柜、屏)标注	- a	a—设备种类代号	- AP1 动力配电箱为 - AP1,在不会引起混淆时可取消前缀"-",即表示为 AP1
4	照明、安全、控制变压器标注	$a\,\dfrac{b}{c}\,d$	a—设备种类代号; $\dfrac{b}{c}$——次电压/二次电压; d—额定容量	TL1 220/36 V 500 V·A 照明变压器 TL1 变比为 220/36 V,容量为 500 V·A
5	照明灯具标注	$a\text{-}b\,\dfrac{c\times d\times L}{e}\,f$	a—灯数; b—型号或编号(无则省略); c—每盏照明灯具的灯泡数; d—灯泡安装容量; e—灯泡安装高度,m; "—"表示吸顶安装; f—安装方式; L—光源种类	$5\text{-BYS80}\,\dfrac{2\times40\times\text{FL}}{3.5}\text{CS}$ 5 盏 BYS - 80 型灯具,灯管为 2 根 40 W 荧光灯管,安装高度距地 3.5 m,灯具为链吊安装
6	线路的标注	ab - c(d×e+f×g)i - jh	a—线缆编号; b—型号(不需要可省略); c—线缆根数; d—电缆线芯数; e—线芯截面,mm²; f—PE、N 线芯数; g—线芯截面,mm²; i—线缆敷设方式; j—线缆敷设部位; h—线缆敷设安装高度,m。 上述字母无内容则省略该部分	WP201 YJV - 0.6/1 kV - 2(3×150＋2×70)SC80 - WS3.5; 电缆编号为 WP201; 电缆型号、规格为 YJV - 0.6/1 kV - 2(3×150＋2×70); 2 根电缆并联连接; 敷设方式为穿 DN80 焊接钢管沿墙明敷; 线缆敷设高度距地 3.5 m

续表

序号	项目种类	标注方式	说明	示例
7	电缆桥架标注	$\dfrac{a\times b}{c}$	a—电缆桥架宽度,mm; b—电缆桥架高度,mm; c—电缆桥架安装高度,m	$600\times150/3.5$ 电缆桥架宽度为 600 mm,桥架高度为 150 mm,安装高度距地为 3.5 m
8	电缆与其他设施交叉点标注	$\dfrac{a\text{-}b\text{-}c\text{-}d}{e\text{-}f}$	a—保护管根数; b—保护管直径,mm; c—保护管长度,m; d—地面标高,m; e—保护管埋设深度,m; f—交叉点坐标	$\dfrac{6\text{-}DN100\text{-}1.1m\text{-}0.3m}{\text{-}1m\text{-}17.2(24.6)}$ 电缆与设施交叉,交叉点 A 坐标为 17.2 m,B 坐标为 24.6 m,埋设 6 根长 1.1 m 的 DN100 焊接钢管,埋设深度为 −1 m,地面标高为 −0.3 m
9	电话线路的标注	a-b(c×2×d)e-f	a—电话线缆编号; b—型号(不需要时可省略); c—导线对数; d—线缆截面; e—敷设方式和管径,mm; f—敷设部位	$W1\text{-}HPVV(25\times2\times0.5)M\text{-}MS$ W1 为电话电缆编号; 电话电缆的型号、规格为 HPVV(25×2×0.5); 电话电缆敷设方式为用钢索敷设; 电话电缆沿墙敷设

（3）线路敷设方式的标注见表 10-5。

表 10-5　线路敷设方式的代号

名称	标注符号	名称	标注符号
穿低压流体输送用焊接钢管敷设	SC	穿电线管敷设	MT
穿硬塑料导管敷设	PC	穿阻燃半硬塑料导管敷设	FPC
电缆桥架敷设	CT	金属线槽敷设	MR
塑料线槽敷设	PR	钢索敷设	M
穿塑料波纹电线管敷设	KPC	穿可挠金属电线保护套管敷设	CP
直埋敷设	DB	电缆沟敷设	TC
混凝土排管敷设	CE		

（4）导线敷设部位的标注见表 10-6。

表 10-6　导线敷设部位标注

序号	名称	标注符号	序号	名称	标注符号
1	沿或跨梁(屋架)敷设	AB	6	暗敷设在墙内	WC
2	暗敷设在梁内	BC	7	沿天棚或顶板面敷设	CE
3	沿或跨柱敷设	AC	8	暗敷设在屋面或顶板内	CC
4	暗敷设在柱内	CLC	9	吊顶内敷设	SCE
5	沿墙面敷设	WS	10	地板或地面下敷设	FC

(5)灯具安装方式的标注见表10-7。

表10-7　灯具安装方式标注

序号	名称	标注符号	序号	名称	标注符号
1	线吊式	SW	7	顶棚内安装	CR
2	链吊式	CS	8	墙壁内安装	WR
3	管吊式	DS	9	支架上安装	S
4	壁装式	W	10	柱上安装	CL
5	吸顶式	C	11	座装	HM
6	嵌入式	R			

例如,N1 - BV - 2×2.5 + PE2.5 - MT20 - WC 中各符号的释义如下。

N1:线路编号,表示 N1 回路。

BV:导线型号,表示铜芯聚氯乙烯绝缘导线。

2×2.5 + PE2.5:导线根数 2 根,截面为 2.5 mm^2,PE 指一根接地保护线,截面为 2.5 mm^2。

MT20:导线敷设方式为穿电线管敷设,穿管管径为 20 mm;

WC:敷设部位为沿墙暗敷。

例如,某住宅楼灯具标注为 6 - YG2 - 2 $\dfrac{1\times25\times L}{2.5}$ CS,表示 6 个 YG2 - 2 日光灯、25 W、链吊式安装、安装高度为 2.5 m;L 为光源的种类(可省略),如果为吸顶安装,那么安装高度可用"-"号表示。在同一房间内的多盏相同型号、相同安装方式和相同安装高度的灯具,可以标注一处。

4 - YU60 $\dfrac{2\times60\times L}{—}$ C 表示 4 个吸顶灯、2 支 60 W、吸顶式安装、厂家灯具编号为 YU60。

二、常用照明基本线路

在照明平面图中清楚地表现了灯具、开关、插座的具体位置和安装方式,但照明灯具一般都是单相负荷,其控制方式多种多样,再加上配线方式的不同,其连接关系比较复杂,比如"相线进开关,中性线进灯头",指中性线可以直接接灯座,相线必须经开关后接灯座,开关必须串接在相线上,其保护线直接与灯具的金属外壳连接。常用的照明控制基本线路有下面几种。

1. 一只开关控制一盏灯

最简单的照明线路是在 1 个房间内采用一只开关控制一盏灯,如图 10-7 所示。

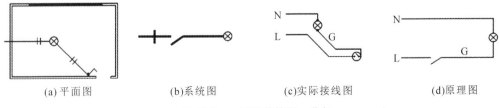

(a) 平面图　　(b)系统图　　(c)实际接线图　　(d)原理图

图 10-7　一只开关控制一盏灯

2. 多只开关控制多盏灯

图 10-8 是两个房间的照明平面图,采用管内穿线的配线方式,图中有一个照明配电箱,三盏灯,一只双联开关和一只单联开关。此外线管中间不允许有接头,接头只能放在灯座盒内或开关盒内。

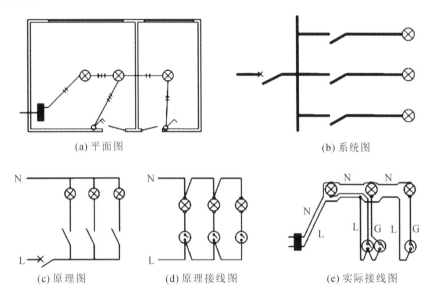

(a) 平面图　　　　　　　　　　　　(b) 系统图

(c) 原理图　　　(d) 原理接线图　　　(e) 实际接线图

图 10-8　多只开关控制多盏灯

3. 两只开关控制一盏灯

用两只开关在两处控制一盏灯,一般用于建筑物内的楼梯、过道或客房等处。如图 10-9 所示,在图示开关位置时,灯不亮,但无论扳动哪个开关,灯都会亮。

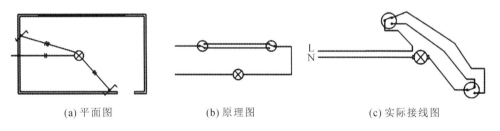

(a) 平面图　　　　　　(b) 原理图　　　　　(c) 实际接线图

图 10-9　两只开关控制一盏灯

由以上分析可以看出,照明工程中,室内导线的根数与所采用的配线方式、灯与开关之间的连接关系有关,当配线方式或连接关系发生变化时,导线的根数也会发生变化。要真正地看懂照明平面图,就必须了解导线根数变化的规律,掌握照明线路的基本环节。

三、室内电气施工图的识读顺序

阅读建筑电气施工图,在了解电气施工图的基本知识的基础上,按照一定顺序进行,才能快速读懂图样,从而实现识图的目的。一套建筑电气施工图所包括的内容较多,图样往往有很多张,一般应按一定的顺序相互对照阅读,如图 10-10 所示。

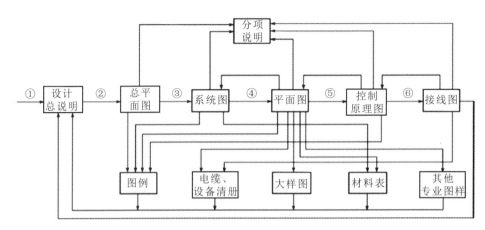

图 10-10　读图的程序框图

1. 首先看图样目录、设计说明、设备材料表

看标题栏及图样目录,了解工程名称、项目内容、设计日期及图样内容、数量等。看设计说明,了解工程概况、设计依据等,了解图样中未能表达清楚的各有关事项。看设备材料表,了解工程中所使用的设备、材料的型号、规格和数量。

2. 再看系统图

读懂了系统图,对整个电气工程就有了一个总体的认识。电气照明工程系统图是表明照明的供电方式、配电线路的分布和相互联系情况的示意图,可以了解以下内容:建筑物的供电方式和容量分配,供电线路的布置形式,进户线和各干线、支线、配线的数量、规格和敷设方法,配电箱、电度表、开关、熔断器等的数量、型号。

3. 结合系统图看各平面图

根据平面图标示的内容,识读平面图要按电源、引入线、配电箱、引出线、用电器具的顺序沿"线"来读。在识读过程中,要注意了解导线根数、敷设方式,灯具型号、数量、安装方式及高度,插座和开关的安装方式、安装高度等内容。识读平面图的内容和顺序如下:

(1) 电源进户线的位置、导线规格、型号、根数、引入方法(架空引入时注明架空高度,从地下敷设时注明穿管材料、名称、管径等)。

(2) 配电箱的位置(包括配电柜、配电箱)。

(3) 各用电器材、设备的平面位置、安装高度、安装方法、用电功率。

(4) 线路的敷设方法,穿线器材的名称、管径,导线名称、规格、根数。

(5) 从各配电箱引出回路及编号。

四、室内配管配线工程施工图的识图案例

1. 实例 1　某三层住宅楼单元照明线路识读分析

图 10-11～图 10-13 所示分别为某三层(一梯两户)住宅楼某个单元的单元总表箱系统接线图、标准户型照明平面图、标准户型插座平面图。

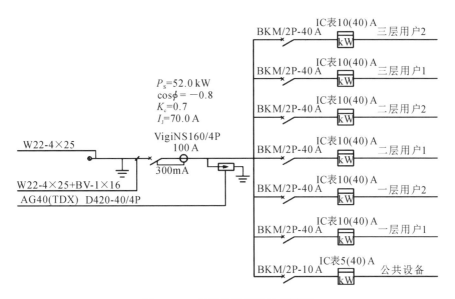

图 10-11 单元总表箱系统接线图

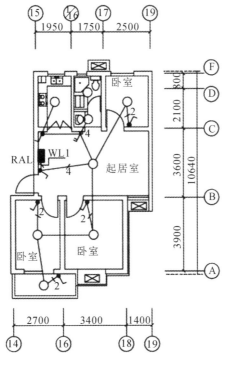

图 10-12 标准户型照明平面图

1）系统图的识读

由图 10-11 可以看出单元电表箱电源进线为三相四线制,电源电压为 380/220 V,入户处电源线采用重复接地,同时做好接地保护。单元总表箱内含进线断路器及电涌保护器,进线断路器应加隔离功能和漏电保护功能。单元总表箱分了 7 个出线回路,除了为每户提供一个回路外,还设一个公共设备回路,公共设备回路主要给公共照明供电。每个出线回路都设置一个断路器及 IC 电表。

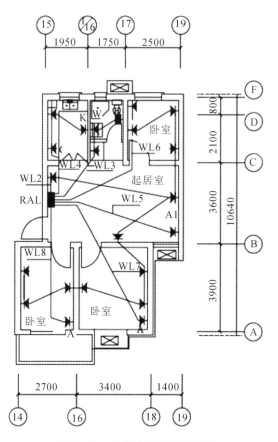

图 10-13　标准户型插座平面图

2）平面图的识读

由图 10-12 可看出，每户共设 8 处照明灯具，并且所有的照明灯具都连在同一个回路（WL1）中；图中标"2"的线路表示 2 根导线，标"4"的线路表示 4 根导线，未标注的线路均为 3 根导线；除了卫生间内的灯的控制开关为两联开关外，其他灯的控制开关都是单联开关。

由图 10-12、图 10-13 可看出每户户内的配电箱设 8 个出线回路，其中 WL1 为照明回路；WL2 为起居室、各卧室的插座共用回路；WL3 为卫生间专用回路；WL4 为厨房专用回路；WL5、WL6、WL7、WL8 分别为各空调专用回路。

2. 实例 2　某二层办公科研楼照明线路识读分析

1）设计施工说明

图 10-14～图 10-16 为某办公科研楼照明工程的照明系统图、一层照明平面图、二层照明平面图。

（1）本工程位于某市区，交通运输方便。该建筑为砌体结构，共 2 层，底层高 4.0 m，二层高 3.5 m，属二类建筑。

（2）该办公科研楼电源由附近市电电源 220/380 V 架空引入，进户线采用 BLX-500-3×35＋1×25。

（3）本工程接地系统采用 TN-C-S 系统，进户前重复接地，在室外人工埋设角钢接地极和接地扁钢，接地电阻小于 10 Ω。

主要设备材料表

序号	图形	设备名称	备注
1	/	引线标记	
2	●	半圆球型吸顶灯	
3	⊙	防水防尘灯	
4	⊗	三孔插座(洗衣机)	
5			单管荧光灯	
6	‖	双管荧光灯	
7	‖‖	三管荧光灯	
8	8	风扇	
9		三相暗装插座	距地1.4 m
10		三相防爆插座	距地1.4 m
11		带接地极单相暗装插座	距地1.4 m
12		单联暗装开关	距地1.3 m
13		双联暗装开关	距地1.3 m
14		双控暗装开关	距地1.3 m
15		节能吸顶灯	
16	■	照明配电箱	底边距地1.5 m

(a) 图例说明

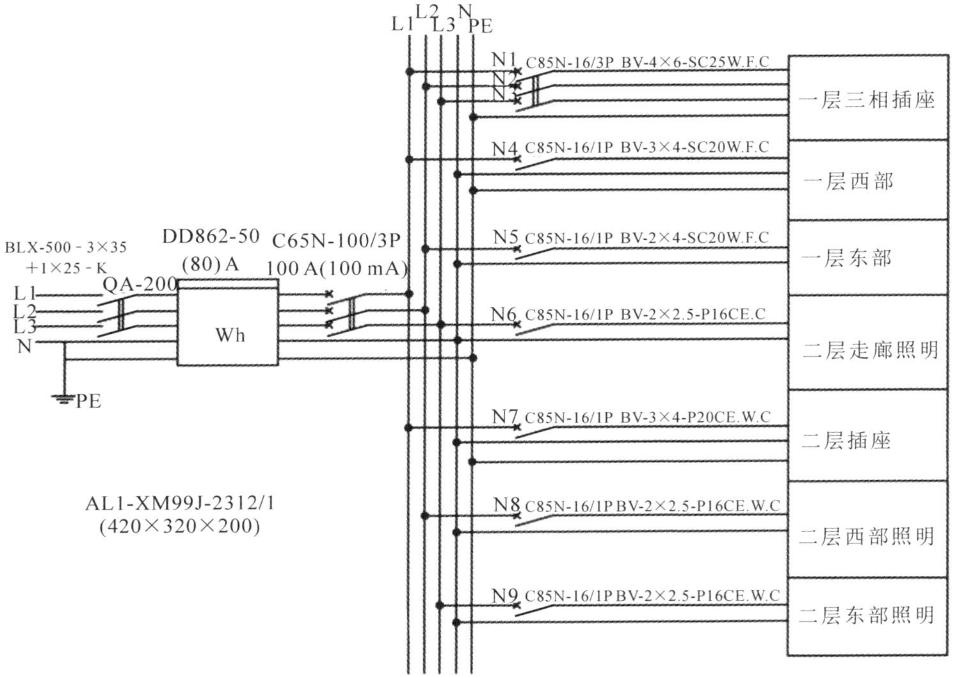

BLX-500 - 3×35 +1×25 - K
QA-200
L1 L2 L3 N
Wh
DD862-50　C65N-100/3P　100 A(100 mA)
(80)A
PE
AL1-XM99J-2312/1 (420×320×200)

L1 L2 L3 N PE

N1 C85N-16/3P BV-4×6-SC25W·F·C　一层三相插座
N4 C85N-16/1P BV-3×4-SC20W·F·C　一层西部
N5 C85N-16/1P BV-2×4-SC20W·F·C　一层东部
N6 C85N-16/1P BV-2×2.5-P16CE·C　二层走廊照明
N7 C85N-16/1P BV-3×4-P20CE·W·C　二层插座
N8 C85N-16/1P BV-2×2.5-P16CE·W·C　二层西部照明
N9 C85N-16/1P BV-2×2.5-P16CE·W·C　二层东部照明

(b) 办公楼照明系统图

图10-14　照明系统图

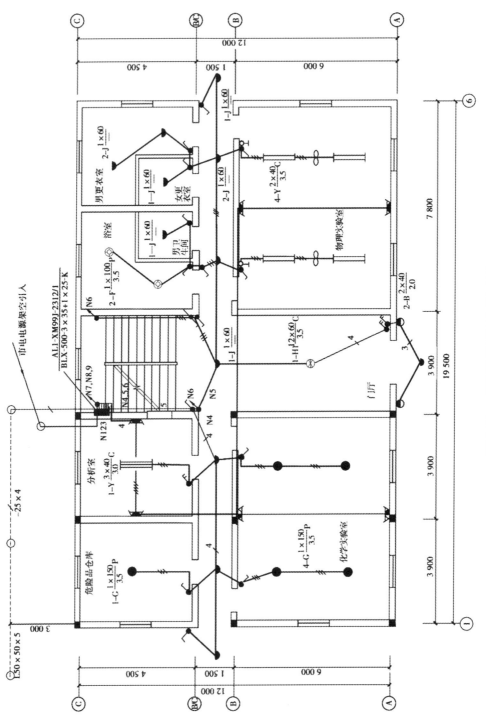

图10-15　一层照明平面图(比例1:100)

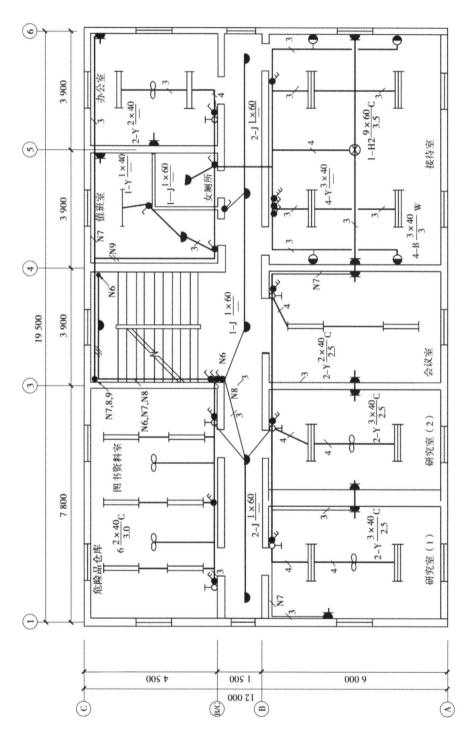

图10-16 二层照明平面图(比例1:100)

2）照明系统图

在照明工程图的识读过程中，没有确定的读图顺序，根据个人习惯及图纸的复杂程度，可以先看平面图，也可以先看系统图。

在此，先识读该办公科研楼的系统图。该办公科研楼规模小，只设置一个配电箱，该配电箱的系统图即为该办公科研楼的系统图，平时所见系统图多为单线绘制的系统图，该配电箱系统图采用多线绘制，更清晰地描绘了进出线情况。

从图 10-14 可以看出，配电箱编号 AL1，型号 XM99J-2312/1，电源进线 BLX-500-3×35+1×25，设电度表一只，进线控制采用 QA-200 隔离开关和自动空气开关 C65N-100/3P（带漏电保护），配电箱出线回路 WL1～WL9 分别到办公楼的各处房间，图中详细描述了各出线的功能、部位、相序、开关型号规格、出线型号规格及敷设方式、敷设部位。

3）照明平面图

（1）在识读照明平面图之前，阅读图例说明。

（2）了解建筑结构，比如轴线的位置，大门、走道、楼道的位置和尺寸，房间的布局、房间的功能等。

（3）了解各房间的照明布置、开关位置、插座位置以及其他电器的配置，看支线的路径，了解各种电器的位置、型号及支线情况。

（4）找到配电箱的位置，看配电箱每一出线走的位置、分支路线，根据配电箱系统图描述的出线回路一一对应分析。

从一层照明平面图到二层照明平面图，仔细了解和熟悉每一房间、每一回路的用电情况。照明平面图是进行照明灯具的工程量计算、小电器的工程量计算以及配管配线工程量计算的依据。

总之，只有全面熟悉掌握电气施工图纸的内容，熟悉安装规范通用标准图集，熟悉电气安装工程施工及验收规范，懂安装工程施工方法及工程内容，才能顺利地进行工程招标、投标，完成工程结算、竣工决算及工程项目管理等工作。

任务3   配管配线工程施工

配管配线工程施工的主要依据有《建筑电气工程施工质量验收规范》（GB 50303—2015）、《低压配电设计规范》（GB 50054—2011）等。配管配线工程施工程序如下：

（1）定位划线。熟悉施工图纸、技术标准、规范、标准图、施工组织设计、工法等技术资料，掌握图纸设计功能及敷设途径、方法并进行施工技术交底；根据施工图纸，确定电器安装位置、导线敷设路径及导线穿过墙壁和楼板的位置。

（2）预留预埋。在土建施工过程中配合土建搞好预留预埋工作，或在土建抹灰前在配线所有的固定点位置打好孔洞。

（3）装设绝缘支持物、保护管，敷设导线。

（4）安装灯具、开关及电器设备；测试导线绝缘、连接导线；校验，自检，试通电。

一、导管敷设施工

建筑室内配管配线安装工艺流程:熟悉图纸→施工准备→导管加工→配合土建预埋管、盒、箱等→线槽、桥架、明管安装→配电箱安装→线缆敷设→用电设备安装→调试。主要安装工艺如下。

1. 熟悉图纸

导管暗敷设施工时,不仅要读懂电气施工图,还要阅读建筑和结构施工图以及其他专业的图纸,电气工程施工前要了解土建布局及建筑结构情况,以及电气配管与其他工种间的配合情况。按施工图要求和施工规范的规定(或实际需要),经过综合考虑,确定盒(箱)的正确位置、管路的敷设部位和走向、管路在不同方向进出盒(箱)的位置等。

2. 导管加工

导管加工主要包括管子弯曲、切割、套丝、防腐等。

1) 管子弯曲

配管之前首先按照施工图要求选择合适的管子,然后再根据现场实际情况进行必要的加工。因为管线改变方向是不可避免的,所以弯曲管子是经常的。钢管多使用弯管器或弯管机进行弯曲。PVC 管的弯曲可先将弯管专用弹簧插入管子的弯曲部分,然后进行弯曲(冷弯),其目的是避免管子弯曲后变形。

导管的端部与盒(箱)的连接处,一般应弯曲成 90°曲弯或鸭脖弯。导管端部的 90°曲弯一般用于盒后面入盒,常用于墙体厚度为 240 mm 的工况,管端部不应过长,以保证管盒连接后管子在墙体中间位置上。导管端部的鸭脖弯一般用于盒侧面(上或下)入盒,常用于墙体厚度为 120 mm 工况下的开关盒或薄楼板的灯位盒等,煨制时应注意两直管段间的距离,且端部短管段不应过长,可小于 250 mm,以防止砌体墙通缝。90°曲弯或鸭脖弯的示意图如图 10-17 所示。

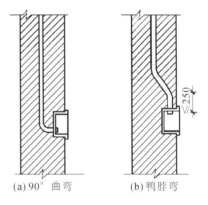

图 10-17　管端部的弯曲

2) 线管的切割

钢管用钢锯、割管器、砂轮切割机等进行切割,严禁使用气焊切割,切割的管口应用圆锉处理光滑。PVC 管用钢锯条或带锯的多用电工刀切断。

3) 套丝

焊接钢管或电线钢管与钢管的连接,钢管与配电箱、接线盒的连接都需要在钢管端部套丝。套丝多采用管子套丝板或电动套丝机。套丝完毕后,将管口端面和内壁的毛刺用锉刀锉光,使管口保持光滑,以免穿线时割破导线绝缘层。

4) 钢管防腐

非镀锌钢管明敷设和敷设于顶棚或地下时,其钢管的内外壁应做防腐处理,而埋设于混凝土内的钢管,其外壁可以不做防腐处理,但应除锈。

3. 盒、箱定位

首先应根据设计要求确定盒、箱的轴线位置,以土建弹出的水平线为基准,挂线找正,标出盒、箱实际尺寸位置,然后固定盒、箱。即先稳定盒、箱,再灌浆,要求砂浆饱满、牢固、平整、位置正确。现浇混凝土板墙的固定盒、箱应加支铁固定;现浇混凝土楼板时,将盒子堵好随底板钢筋固定牢固,管路配好后,随土建浇筑混凝土施工同时完成。

4. 线管敷设

敷设方式有明配和暗配(图 10-18),明配管一般沿墙、沿柱、跨柱、沿构架敷设。线管可用塑料膨胀管、膨胀螺栓和角钢支架固定。导管明敷的管材可采用热镀锌钢管、焊接钢管、硬塑料管、刚性阻燃管。暗配管施工多用在混凝土建筑物及室内装饰装修工程内,其施工方法常用的有三种:随墙(砌体)配管,在混凝土楼板垫层内配管,在现场浇筑混凝土构件时埋入金属管、接线盒、灯位盒。暗管施工方法需根据电气设计要求,随土建结构施工进程同步进行,这种施工方法在建筑电气安装工程中较常见。

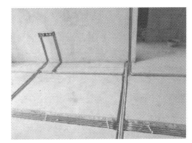

图 10-18　明配和暗配

二、明管配线

线路沿墙壁、柱、梁等敷设在建筑物表面可以看得见的部位,称为明管配线。导线明敷设是在建筑物全部完工以后进行,一般用于简易建筑或新增加的线路。主要优点是比较安全可靠,更换电线方便,适用于潮湿、有粉尘、有防爆要求等场所。明管配线的保护管材常采用硬塑料管和钢管。

明管配线的安装工艺流程:施工准备→预制加工管煨弯、支架、吊架→确定盒、箱及固定点的位置→固定支架、吊架→固定盒、箱→管线敷设与管内穿线→变形缝处理→接地处理。主要安装工艺如下。

1. 硬塑料管安装

硬塑料管做保护套管时,如图 10-19 所示,管口应平整光滑,硬塑料管之间以及与盒(箱)等器件的连接应采用插入法,连接处结合面应涂专用胶合剂,接口应牢固密封。管与管之间采用套管连接时,套管长度宜为管外径的 2.5～3 倍,管与管的对口处应位于套管的中心。

敷设硬塑料管安装要求如下:

(1) 管径为 20 mm 及以下时,管卡间距为 1.0 m;管径为 20～50 mm 时,管卡间距为1～

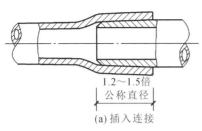
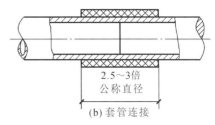

(a) 插入连接　　　　　　　　(b) 套管连接

图 10-19　硬塑料管的连接

2 m;管径为 50 mm 及以上时,管卡间距为 2.0 m。硬塑料管也可在角铁支架上架空敷设,支架间距不得超过上述标准。

（2）塑料管穿过楼板时,距楼面 0.5 m 的一段应穿钢管保护。

（3）塑料管与热力管平行敷设时,两管之间的距离不得小于 0.5 m。

（4）塑料管的热膨胀系数比钢管大 5～7 倍,敷设时应考虑热胀冷缩问题。一般在管路直线部分每隔 30 m 应加装一个补偿装置(图 10-20)。

（5）与塑料管配套的接线盒、灯头盒不得使用金属制品,只可使用塑料制品。同时,塑料管与接线盒、灯头盒之间的固定一般也不得使用锁紧螺母和管螺母,而应使用胀扎管头绑扎(图 10-21)。

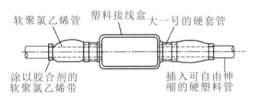

图 10-20　硬塑料管伸缩补偿装置

图 10-21　硬塑料管与接线盒用胀扎管头固定

2. 钢导管安装

钢导管包括电线管、焊接钢管、套接扣压式钢导管、套接紧定式钢导管、可挠金属电线保护管等。钢导管在敷设前,应根据管材进行除锈、刷漆、切割、套丝和弯曲,然后配合土建施工逐层逐段分段预埋导管,选取已预制好的本敷设段线管后立即装盒,每段线管只能在敷设向终端装上接线盒,不应两端同时装上接线盒,必要时,还要焊接跨接地线。在每段线管内穿入引线,并在每个管口塞木塞或纸塞,若有盒盖,还应装上盒盖,如图 10-22 所示。可用管卡将钢管直接固定在墙上[图 10-23(a)],或用管卡将其固定在预埋的角钢支架上[图 10-23(b)],还可用管卡槽和板管卡敷设钢管[图 10-23(c)]。

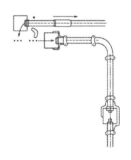

图 10-22　明敷设钢管

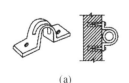

(a)　　　　　(b)　　(单位：mm)　　　　(c)

图 10-23　固定钢管

钢导管配线安装(图 10-24)时,应符合以下技术要求:

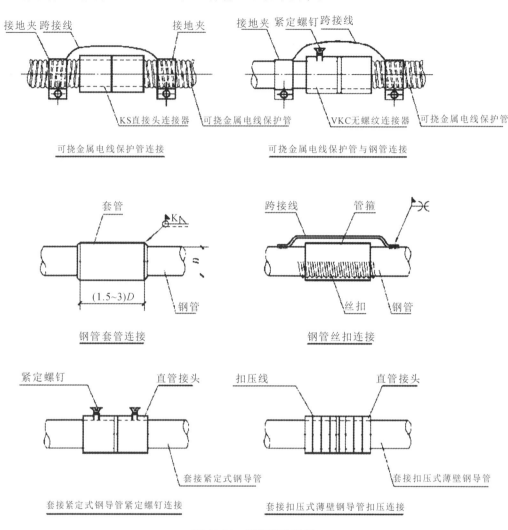

图 10-24 管与管的连接

(1)焊接钢管、接线盒、配件等均应按工程设计规定镀锌或涂漆。如果没有特殊要求,可刷樟丹一道,灰漆一道。

(2)焊接钢管应连接 PE 或 PEN 线。镀锌钢管、可挠金属电线管采用专用接地夹跨接,两点间连线为铜芯软导线,截面积$>4 \ mm^2$;套接扣压式钢导管、套接紧定式钢导管可不设置。

(3)焊接钢管在连接时严禁对口焊接,镀锌和壁厚不大于 2 mm 的焊接钢管不应套管焊接,宜采用管箍(丝扣)连接方式。

(4)套接紧定型钢导管管径 $DN>32 \ mm$ 时,连接套管每端的紧定螺钉不应小于两个。套接扣压式钢导管管径 $DN<25 \ mm$ 时,每端扣压点不应少于两处;$DN>32 \ mm$ 时,每端扣压点不应少于 3 处。连接扣压点深度不应小于 1.0 mm。管壁扣压形成的凹凸点不应有毛刺。

(5)管路沿水平方向或垂直方向直线段敷设时,固定点间最大允许距离应符合表 10-8 的要求。

表 10-8　管路沿水平方面或垂直方向直线段敷设时固定点间最大允许距离

敷设方案	导管种类	导管直径/mm			
		15～20	25～32	40～20	65 以上
		固定点间最大距离/m			
支架或沿墙明敷	壁厚＞2 mm 刚性钢导管	1.5	2.0	2.5	3.5
	壁厚≤2 mm 刚性钢导管	1.0	1.5	2.0	—
	刚性塑料导管	1.0	1.5	2.0	2.0

三、暗管配线

暗管配线是指在建筑结构施工过程中首先把各种导管和预埋件置于建筑结构中,建筑完工后再完成导线敷设工作。常用的穿线管有电线管、焊接钢管、硬塑料管、半硬塑料管等。不同敷设方法的差异主要是由于导线在建筑物上的固定方式不同,所使用的材料、器件及导线种类也随之不同。

暗管配线的安装流程:施工准备→预制加工→测定并固定盒、箱的位置→管道连接→变形缝处理→接地处理→管内穿线。

暗管敷设于多尘和潮湿场所的电线管路、管口、管道连接处应做密封处理;电线管路应沿最近的路线敷设并尽量减少弯曲,埋入墙或混凝土内的管道离表面的净距离不应小于15 mm;埋入地下的电线管路不宜穿过设备基础。

1) 预制加工

当镀锌钢管的管径为 20 mm 及以下时,用拗棒弯管;当管径为 25 mm 及以上时,使用液压煨弯器弯管。塑料管弯制应采用配套弹簧进行操作。钢管用钢锯、割管器、砂轮锯进行切割;塑料管采用配套截管器进行切割。

2) 测定并固定盒(箱)的位置

根据设计要求确定盒、箱的轴线位置,以土建人员弹出的水平线为基准,挂线找正,标出盒、箱的实际尺寸位置。先稳住盒、箱,然后灌浆。要求砂浆饱满、平整牢固、位置正确。

3) 管道连接

① 镀锌钢管必须用管箍丝扣连接。套丝不得有乱扣现象,管口应锉平,管箍必须使用通丝管箍,接头应牢固、紧密,外露丝应不多于 2 扣;塑料管连接应使用配套的管件和黏结剂。电气配管通常是为了贯通灯位盒、开关盒、插座盒等接线盒,如图 10-25 所示。应注意的是,塑料管用塑料盒,钢管用金属盒。为了便于穿线,当管道过长或弯数过多时,应适当加装接线盒。

图 10-25　暗敷在现浇板内的线管和线盒

② 水平敷设管道如遇下列情况之一时,中间应增设接线盒(拉线盒),且接线盒的安装位置应便于穿线(不含管子入盒处的 90°曲弯或鸭脖弯)。如不增设接线盒,也可以增大

管径。

a. 管道长度每超过 30 m,无弯曲。

b. 管道长度每超过 20 m,有 1 个弯曲。

c. 管道长度每超过 15 m,有 2 个弯曲。

d. 管道长度每超过 8 m,有 3 个弯曲。

③ 垂直敷设的管道如遇下列情况之一时,应增设固定导线用的接线盒。

a. 导线截面积为 50 mm^2 及以下,长度每超过 30 m。

b. 导线截面积为 70～95 mm^2,长度每超过 20 m。

c. 导线截面积为 120～240 mm^2,长度每超过 18 m。

④ 线管进盒、箱时,盒、箱的开孔应整齐且与管径吻合,盒、箱用开孔器开孔,保证孔口无毛刺,要求一管一孔,不得开长孔。铁制的盒、箱严禁用电焊和气焊开孔。2 根以上管进入盒、箱时要长短一致、间距均匀、排列整齐。当多根管线进箱时,管口应平齐,入箱长度小于 5 mm;进入落地式柜、台、箱、盘内的导管管口,应高出基础面 50～80 mm。管进入盒子的长度要适宜,线管每隔 1 m 左右应用铅丝绑扎固定。钢管与钢管的连接可用螺纹连接(也称丝扣连接)或套管连接两种方法,如图 10-26 所示。采用螺纹连接时,管端螺纹长度不应小于管接头长度的 1/2;连接后,其螺纹宜外露 2～3 扣。采用套管连接时,套管长度宜为管外径的 1.5～3 倍,管与管的对口处应牢固严密。钢管配线与设备连接时,应将钢管敷设到设备内。

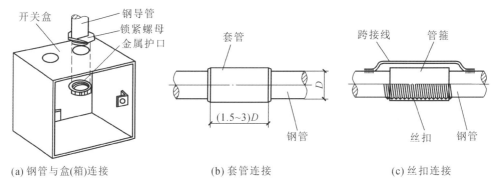

(a) 钢管与盒(箱)连接   (b) 套管连接   (c) 丝扣连接

图 10-26　钢管的连接

当电线管路遇到建筑物伸缩缝、沉降缝时,必须相应做伸缩、沉降处理。一般是装设补偿盒,在补偿盒的侧面开一个长孔,将管端穿入长孔中,无须固定,而另一端则要用六角螺母与接线盒拧紧固定,如图 10-27 所示。

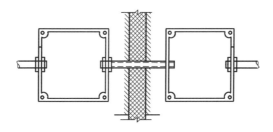

图 10-27　暗敷线管经过伸缩缝、沉降缝的做法

4）接地处理

除了 JDG 无须跨接地线外,金属线管、线槽在连接处应做接地跨接。在实际工程中,焊接钢管采用螺纹套管连接时,用 BV4 专用接地线跨接,两端采用专用接地卡,接地卡用螺栓固定在线管上。焊接钢管与接线盒连接处需要用 $\phi 6$ mm 以上的钢筋焊接进行接地跨接,如图 10-28 所示。KBG 接头处采用 BV4 专用接地线跨接,两端采用专用接地卡,JDG 无须跨接地线;金属桥架的接地一般采用 16 mm² 镀锡的编织带,镀锌桥架无须加接地线,非镀锌桥架连接处应跨接地线,如图 10-29 所示。

图 10-28　焊接钢管连接接线盒时接地跨接

图 10-29　非镀锌桥架连接处的接地跨接

四、线槽配线

线槽配线由于配线方便,明配时也比较美观,在高层建筑中,常用于地下层的电缆配线、变配电所到电气竖井经过中筒向各用户的配线,也可以利用这种配线方式将不同功能的弱电配到各用户。线槽配线分为金属线槽配线、塑料线槽配线和金属线槽地面内暗配。线槽配线施工的工艺顺序:定位划线→凿孔与预埋→线槽安装固定→线槽内导线敷设→固定盖板。

1. 金属线槽配线

1）金属线槽的选择与敷设

金属线槽是用厚度为 0.4～1.5 mm 的钢板制成的,适用于正常环境下室内干燥和不易受机械损伤的场所明敷设。具有槽盖的封闭式金属线槽,有与金属管相当的耐火性能,可用在建筑物顶棚内敷设。金属线槽敷设时,吊点及支持点的距离应根据工程具体条件确定,在直线段固定间距一般为 500～2000 mm,在线槽的首端、终端、分支、转角、接头及进出线盒处固定间距为 200 mm。金属线槽还可采用托架、吊架等进行固定架设,如图 10-30 所示。

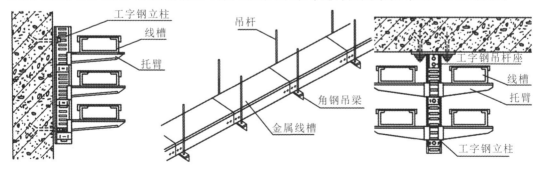
图 10-30　金属线槽安装方式

金属线槽的连接应无间断,直线段连接应采用连接板,用垫圈、螺栓、螺母紧固,连接处间隙应严密、平直。在线槽的两个固定点之间,线槽的直线段连接点只允许有一个。线槽进行转角、分支以及与盒(箱)连接时应采用配套弯头、三通等专用附件。金属线槽在穿过墙壁或楼板处不得进行连接,穿过建筑物变形缝处应装设补偿装置。

　　2)槽内配线要求

　　线槽内导线敷设,不应出现挤压、扭结、损伤绝缘等现象,应将放好的导线按回路(或按系统)整理成束,并用尼龙绳绑扎成捆,分层排放在线槽内,做好永久性编号标志。导线总截面积包括绝缘层在内不应大于线槽截面积的40%。在盖板可拆卸的线槽内,导线接头处所有导线截面积之和(包括绝缘层),不应大于线槽截面积的75%。在盖板不易拆卸的线槽内,导线的接头位置于线槽的接线盒内。金属线槽应可靠接地或接零,线槽所有非导电部分的铁件均应相互连接,使线槽本身有良好的电气连续性,但不作为设备的接地导体。

　　2.塑料线槽配线

　　常用的塑料线槽材料为聚氯乙烯,由槽底、槽盖及附件组成,外形美观,可对建筑物起到一定的装饰作用。实际工程中可根据敷设线路的情况选用合适的线槽规格。图10-31所示是塑料线槽明配线示意图。

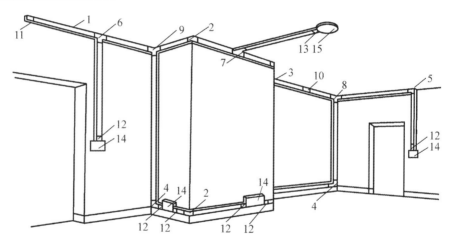

图10-31　塑料线槽明配线示意图

1－直线线槽;2－阳角;3－阴角;4－直转角;5－平转角;6－平三通;7－顶三通;8－左三通;9－右三通;
10－连接头;11－终端头;12－开关盒插口;13－灯位盒插口;14－开关盒及盖板;15－灯位盒及盖板

　　根据电路施工图的要求,先在建筑物上确定并标明照明器具、插座、控制电器、配电板等电气设备的位置,并按图纸上电路的走向画出槽板敷设线路。按规定画出钉铁钉的位置,特别要注意标明导线穿墙、穿楼板、起点、分支、终点等位置及槽板底板的固定点。安装时,先固定槽底,槽板底板固定点间的直线距离不大于500 mm,在分支时应做成T字分支,在转角处槽底应锯成45°角对接,对接连接面应严密平整,无缝隙。在线路连接、转角、分支及终端处采用相应的附属配件,固定点间的距离不大于50 mm。

　　敷设导线时,应注意以下三个问题。

　　(1)一条槽板内只能敷设同一回路的导线。槽板内的导线,不能受到挤压,不应有接头。如果必须有接头和分支,应在接头或分支处装设接线盒。

　　(2)导线伸出槽板与灯具、插座、开关等电器连接时,应留出100 mm左右的裕量,并在这些电器的安装位置加垫木台，木台应按槽板的宽度和厚度锯成豁口状，卡在槽板上。如果线头位于开关板、配电箱内，则应根据实际需要的长度留出裕量，并在线端做好记号，以便接线时识别。

（3）固定盖板与敷线应同时进行。边敷线边将盖板固定在底板上。固定时多用钉子将盖板钉在底板的中棱上。钉子要垂直进入，否则会伤及导线。盖板做到终端时，若没有电器和木台，应进行封端处理：先将底板端头锯成一斜面，再将盖板封端处锯成斜口，然后将盖板按底板斜面坡度折覆固定。

3. 金属线槽地面内暗配

地面内暗装金属线槽配线是为适应现代化建筑物电气线路日趋复杂而配线出口位置又多变的实际需要而推出的一种新型配线方式。它是将电线或电缆穿入特制的壁厚为 2 mm 的封闭式矩形金属线槽内，直接敷设在混凝土地面、现浇钢筋混凝土楼板或预制混凝土楼板的垫层内。其组合安装如图 10-32 所示。

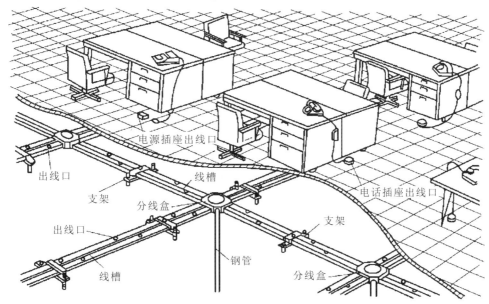

图 10-32　地面内暗装金属线槽配线

地面内暗装金属线槽分为单槽型及双槽分离型两种结构形式，当强电与弱电线路同时敷设时，为防止电磁干扰，应采用双槽分离型线槽敷设，将强、弱电线路分隔开。因地面内暗装金属线槽为矩形断面，不能进行线槽的弯曲加工，因此当遇有线路交叉、分支或弯曲转向时，必须安装分线盒。线槽插入分线盒的长度不宜大于10 mm。当线槽直线长度超过 6 m 时，为方便穿线也宜加装分线盒。线槽内导线敷设与管内穿线方法一样。

五、母线槽配线

在变电所中各级电压配电装置的连接，以及变压器等电气设备和相应配电装置的连接，大多采用矩形或圆形截面的裸导线或绞线，这统称为母线。母线的作用是汇集、分配和传送电能。母线在运行中，有巨大的电能通过，短路时，承受着很大的发热和电动力效应。母线按结构分为硬母线、软母线和封闭母线等。母线槽(bus-way-system)是以铜或铝作为导体,用非烯性绝缘支撑,然后装到金属槽中而形成的绝缘导体。裸母线主要有 TMY-铜母线(铜排)和 LMY-铝母线(铝排),母线槽分为裸母线槽和密闭母线槽(母线槽)。密闭母线槽是把铜(铝)母线用绝缘板夹在一起,用空气绝缘或缠包绝缘带绝缘后置于优质钢板的外壳内组合而成的。

母线槽一般施工工艺:准备工作→放线测量→支架制作、安装→绝缘子安装→母线加工、安装→涂色漆→检查送电。

母线安装时应符合以下规定:

(1) 上下布置的交流母线,从上到下的顺序应该是 A、B、C 相;直流母线应正极在上、负极在下。

(2) 水平布置的交流母线,由盘后向盘前的排列应是 A、B、C 相;直流母线应正极在后、负极在前。

(3) 面对引下线的交流母线,从左至右排列应为 A、B、C 相;直流母线应正极在左、负极在右。

(4) 交流母线的涂色,要求 A 相为黄色、B 相为绿色、C 相为红色;直流母线应正极为褐色、负极为蓝色。

封闭母线可分为密集型绝缘母线和空气型绝缘母线,适用于额定工作电压 660 V 以下、额定工作电流 250～2500 A、频率 50 Hz 的三相供配电线路。它具有结构紧凑、绝缘强度高、传输电流大、易于安装维修、寿命时间长等特点,被广泛地应用在工矿企业、高层建筑和公共建筑等供配电系统中。封闭母线应用的场所是低电压、大电流的供配电干线系统,一般安装在电气竖井内,使用其内部的母线系统向每层楼内供电。封闭母线的结构及布置如图 10-33 所示。

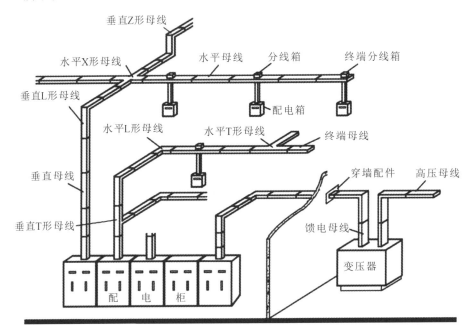

图 10-33　封闭母线的结构及布置

六、钢索配线

钢索配线,就是在建筑物两端的墙壁或柱、梁之间架设一根用花篮螺栓拉紧的钢索,再将导线和灯具悬挂敷设在钢索上。当屋架较高,跨度较大,而灯具安装高度要求较低时,照明线路可采用钢索配线。这种方式适用于大跨度场所,特别适用于大跨度空间照明。导线在钢索上敷设可以采用管子配线、塑料护套线配线等,与前面配线不同的是增加了钢索的架设。

钢索配线应优先使用镀锌钢索,钢索的单根钢丝直径应小于 0.5 mm。在潮湿或有腐蚀性介质等的场所,为防止因钢索锈蚀而影响安全运行,应使用塑料护套钢索。钢索配线不应使用含油芯的钢索,因为含油芯的钢索易因积灰而锈蚀。配线用的钢索也可用镀锌圆钢代替。

采用钢绞线作为钢索时,其截面积应根据实际跨距、荷重及机械强度来选择,最小截面积不小于 10 mm²;如采用镀锌圆钢作为钢索,其直径不应小于 10 mm。钢索配线如图 10-34 所示。钢索的固定件应刷防锈漆或采用镀锌件,钢索的两端应拉紧,当跨距较大时应在中间增加支持点,中间支持点的间距不应大于 12 m。

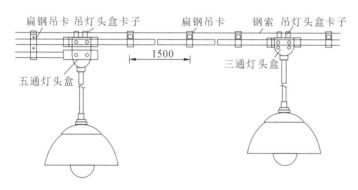

图 10-34　钢索配线

七、配电箱的安装

配电箱的安装程序:弹线定位→配合土建预埋箱体(或安装明装配电箱)→管与箱连接→安装盘面与接线→装盖板→绝缘测量。

如图 10-35 所示,配电箱的安装方式有悬挂明装和嵌入暗装两种。照明配电箱明装在混凝土墙或砖墙上时,先量好配电箱安装孔的尺寸,在墙上画好孔位,然后打洞,埋设固定螺栓或膨胀螺栓。安装配电箱时,要用水平尺测量箱体是否水平,如果不水平,可调整配电箱的位置达到要求。照明配电箱的暗装应在土建砌墙时进行,配电箱到现场后应根据配管情况用开孔器开孔。配电箱体钢板厚度应符合预埋要求。配电箱放置时应保持水平和垂直,箱体面板应紧贴墙面,箱体与墙体接触部分应刷防腐漆。配电箱的安装高度,一般为底边距地 1.8 m。

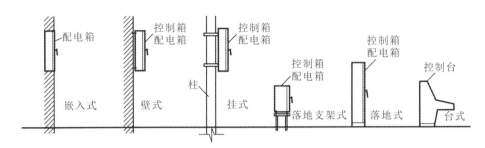

图 10-35 控制箱及配电箱的安装方式

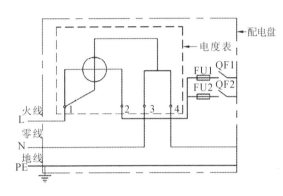

图 10-36 进户配电盘电气原理图

1. 箱内配线

根据图 10-36 所示,进户配电盘的电气原理,熟悉如图 10-37 所示的进户配电盘安装接线图。进入配电箱的导线或电缆应预留箱体半周的长度,线色应严格按接地保护线为黄绿相间色、零线为蓝色、A相为黄色、B相为绿色、C相为红色进行配置。配电箱内导线与电气元件采用螺栓连接、插接、焊接或压接等,连接均应牢固可靠。配电箱内的导线不应有接头,导线芯线应无损伤。导线剥削处不应过长,导线压头应牢固可靠,多股导线必须搪锡且不得减少导线股数。垂直装设的刀闸及熔断器,上端接电源,下端接负荷;横装,则左侧(面对盘面)接电源,右侧接负荷。配电箱的箱体、箱门及箱底盘均应采用铜编织带或黄绿相间色铜芯软线可靠接于 PE 端子排上。

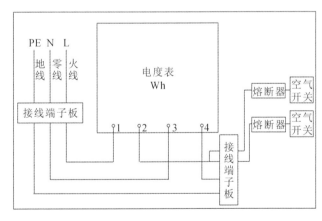

图 10-37 进户配电盘安装接线图

2. 管路与配电箱的连接

根据图 10-38 正确分析进户配电箱的电气原理,熟悉如图 10-39 所示的进户配电箱安装接线图。管路进入配电箱应一管一孔,严禁开长孔,杜绝使用电气焊开孔;钢管与配电箱进行连接时,应先将管口套螺纹,拧入锁紧螺母,然后插入箱体内,再拧上锁紧螺母和护圈帽,并焊好跨接地线。

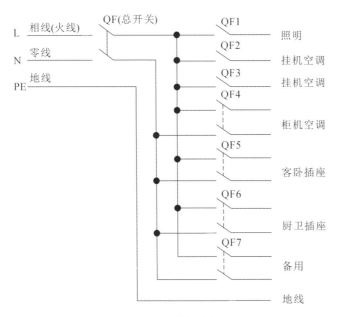

图 10-38　进户配电箱电气原理图

3.绝缘测量

配电箱内全部电器安装完毕后,应锁好箱门,以防箱内电具、仪表损坏。绝缘检测项目包括:相线与相线之间,相线与中性线之间,相线与保护地线之间,中性线与保护地线之间。

柜、屏、台、箱、盘间线路的线间和线对地间的绝缘电阻值,馈电线路必须大于 0.5 MΩ,二次回路必须大于 1 MΩ。柜、屏、台、箱、盘间二次回路交流工频耐压试验,当绝缘电阻值大于 10 MΩ 时,用 2500 V 兆欧表测量 1 min,应无闪烁击穿现象;当绝缘电阻值在 1～10 MΩ 时,做 1000 V 交流工频耐压试验,时间 1 min,应无闪烁击穿现象。对柜、屏、台、箱、盘间配线,电流回路应采用额定电压不低于 750 V、芯线截面积不小于 2.5 mm^2 的铜芯绝缘电线或电缆;除电子元件回路或类似回路外,其他回路应采用额定电压不低于 750 V、芯线截面积不小于1.5 mm^2 的铜芯绝缘电线或电缆。

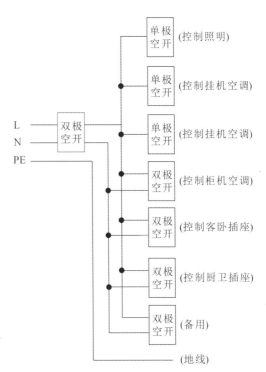

图 10-39　进户配电箱安装接线图

八、管内穿线

管内穿线施工流程:选择导线→穿带线→清扫管路→放线及断线→导线与带线的绑扎

→管内穿线→导线连接→导线焊接→导线包扎→线路检查及绝缘检测。

导线穿管时,应先穿一根钢线作为引线(当管线较长,弯曲较多时,也可在配管时就将引线穿入管中),利用钢引线将导线穿入管内。多根导线穿入同一根管内时,应将导线分段绑扎。拉线时应由两人操作,一人送线,一人拉线,两人送拉动作应配合协调,不可强送强拉,防止将引线或导线拉断。

管内导线不得有接头,导线有接头时(如分支)应设接线盒,在接线盒内接头。在实际施工中,应尽量将接头设置在开关盒、插座盒、灯头盒和定位盒内。导线电缆在敷设前应检查其绝缘电阻,如图 10-40 所示。导线穿入钢管后,管口处应装设保护导线的护线套,穿线后的管口应临时封堵。

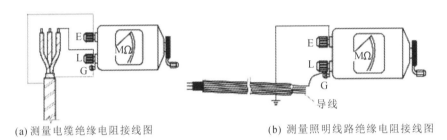

(a) 测量电缆绝缘电阻接线图　　　　(b) 测量照明线路绝缘电阻接线图

图 10-40　绝缘检查

包扎导线接头时,首先用橡胶绝缘带(或自粘塑料带)从导线接头处始端的完好绝缘层开始,缠绕 1～2 个绝缘带宽度,再以半幅宽度重叠进行缠绕。在包扎过程中,尽可能收紧绝缘带,在绝缘层上缠绕 1～2 圈后再进行回缠,而后用黑胶布包扎,以半幅宽度边压边进行缠绕,在包扎过程中尽可能收紧胶布,导线接头处的两端应用黑胶布封严密。引入控制盘(柜)的控制电缆、橡胶绝缘芯线应外套绝缘管加以保护。控制盘(柜)压线前应将导线沿接线端子的方向整理成束,排列整齐,用细线或尼龙卡子分段绑扎,导线截面为 6 mm² 及以下的单股铜芯线和 2.5 mm² 及以下的多股铜芯线与电气器具的端子可直接连接,但多股铜芯线的线芯应先拧紧,刷锡后再连接,截面积超过 2.5 mm² 的多股铜芯线的终端应焊接或压接端子后,再与电气器具的端子连接,如图 10-41 所示。导线终端应有清晰的线路编号,保护线和电压 220 V 及以上线路的接线端子应有明显的标记,导线压接要严密,不能有松脱虚接现象,最后做线路的绝缘电阻测试。

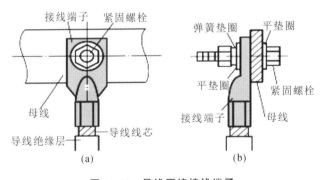

图 10-41　导线压接接线端子

九、建筑供配电系统施工质量检验

1. 低压配电箱

(1) 低压配电箱内的电气元件必须符合有关质量标准的规定,且资料齐全。箱、盘的金属框架及基础型钢必须接地(PE)或接零(PEN)可靠;装有电器的可开启门和框架的接地端应用裸编织铜线连接,且有标识。

(2) 照明配电箱(盘)安装应符合下列规定:

① 箱(盘)内配线整齐,无绞接现象。导线连接紧密,不伤芯线,不断股。垫圈下螺丝两侧压的导线截面积相同,同一端子上连接导线不多于2根,防松垫圈等零件齐全。

② 箱(盘)内开关动作灵活可靠,带有漏电保护的回路,漏电保护装置动作电流不大于30 mA,动作时间不大于0.1 s。

③ 照明箱(盘)内,分别设置零线(N线)和保护地线(PE线)汇流排,零线和保护地线经汇流排配出。

④ 位置正确,部件齐全,箱体开孔与导管管径适配,暗装配电箱箱盖紧贴墙面,箱(盘)涂层完整;中性线经汇流排(N线端子)连接,无绞接现象;盘内外清洁,箱盖、开关灵活,回路编号齐全,接线整齐,PE保护地线不串接。安装牢固,导线截面、线色符合规范规定。

⑤ 照明配电板底边距地面不小于1.8 m。在同一建筑物内,同类盘的高度应一致,允许偏差为10 mm。照明配电箱(板)应安装牢固、平正,其垂直偏差不应大于3 mm。

(3) 箱、盘安装垂直度允许偏差为1.5‰。

(4) 其他质量控制要求:

① 室内进入落地式柜、台、箱、盘内的导管管口,应高出柜、台、箱、盘的基础面50~80 mm;

② 进入配电箱的明配管在柜、台、箱、盘边缘的距离150~500 mm范围内设置管卡;

③ 进入配电箱的明配管应排列整齐,间距均匀,接地可靠、美观;

④ 混凝土内预埋配电箱体的钢板厚度应符合表10-9的要求;

表 10-9　混凝土内预埋配电箱体的钢板厚度

箱体大边长度 L/mm	$L \leqslant 200$	$200 < L < 600$	$600 \leqslant L \leqslant 800$
箱体钢板厚度 δ/mm	1.2	1.5	2

⑤ 固定配电箱的固定件应采用镀锌制品;

⑥ 不宜在成品配电盘上开孔,确需开孔时,应保护好电器元件,严禁铁屑进入电器元件,并应及时清除盘面铁屑,以免形成短路。

2. 线管、线槽敷线

(1) 不同回路、不同电压等级和交流与直流线路的绝缘电线,不应穿于同一线管内;同一交流回路的电线应穿于同一金属线管内,且管内电线不得有接头。

(2) 电线穿管前,应清除管内杂物和积水。管口应有保护措施,不进入接线盒(箱)的垂直管口穿入电线后,管口应密封。

(3) 当采用多相供电时,同一建筑物、构筑物的电线绝缘层颜色选择应一致,即保护地线(PE线)应是黄绿相间色,零线用淡蓝色;相线中,A相用黄色、B相用绿色、C相用红色。

(4) 线槽敷线应符合下列规定:

① 在线槽内有一定余量,不得有接头。电线按回路编号分段绑扎,绑扎点间距不应大于2 m;

② 同一回路的相线和零线,敷设于同一线槽内;

③ 同一电源的不同回路,无抗干扰要求的线路可敷设于同一线槽内;敷设于同一线槽内有抗干扰要求的线路用隔板隔离,或采用屏蔽电线且屏蔽护套一端接地。

任务 4　室内电气照明系统

一、电气照明基本知识

电气照明是利用电光源将电能转换成光能,在夜间或在天然采光不足的情况下提供亮的环境,以保证生产、工作、学习和生活的需要。自从电光源出现,电气照明就作为现代人工照明的基本方式,被广泛用于生产和生活等各个方面。合理的电气照明能改善工作条件,提高工作效率,保障工作者的视力健康,减少工作事故和差错的同时美化环境,有益于人们的身心健康。电气照明已成为当今建筑设计的一个重要组成部分。

1. 照明的光学物理量

照明是以光学为基础的,同时要从光学的角度来考虑电气照明的基本要求,使得照明满足生产和生活的需要,因此要对有关光学的几个物理量有所了解。

1）光通量

一个光源不断地向周围辐射能量,在辐射的能量中,有一部分能量使人的视觉产生光的感觉。光源在单位时间内向周围空间辐射并引起视觉的能量,称为光通量,用符号 Φ 表示,单位为流明(lm)。通常以电光源消耗 1 W 电功率所发出的流明数(lm/W)来表征电光源的特性,称为发光效率,简称光效。光效是评价各种光源的一个重要数据。

2）照度

照度是表示光照强弱和物体表面积被照亮的程度的物理量,即在单位面积上接收到的光通量称为照度,用符号 E 表示,单位为勒克斯(lx)。

3）发光强度

由于辐射发光体在空间发出的光通量不均匀,大小也不相等。例如,同一个光源有、无灯罩,被照面所得到效果是不同的,为了表示辐射体在不同方向上光通量的分布特性,需引进单位立体角内的光通量的概念,称为发光强度,简称光强,用符号 I 表示,单位是坎德拉(cd)。发光强度是表示光源发光强弱程度的物理量。

4）亮度

通常把发光体在给定方向上单位投影面积上发射的发光强度称为亮度,用符号 L 表示,单位为坎/米²(cd/m^2)。

2. 照明方式

建筑电气照明的方式主要有一般照明、分区一般照明、局部照明和混合照明四种。

(1)一般照明。一般照明即不考虑特殊部位的照明,只要求照亮整个场所的照明方式,或工艺上不适宜装设局部照明装置的场所,宜使用一般照明。如办公室、教室、仓库等。

(2)分区一般照明。根据需要加强特定区域亮度的一般照明方式,如专用柜台、商品陈列处等,就是分区一般照明。

（3）局部照明。局部照明是为满足某些部位的特殊需要、单独为该区域设置照明灯具的一种照明方式,如工作台、教室的黑板等。局部照明又有固定式和移动式两种。为了人身安全,移动式局部照明灯具的工作电压不得超过36 V。

（4）混合照明。混合照明指由一般照明与局部照明共同组成的照明方式。对于照度要求较高、工作位置密度不大,或对照射方向有特殊要求的场所,宜采用混合照明。如金属机械加工机床、精密电子电工器件加工安装工作桌等。

3. 照明种类

照明按用途可划分为正常照明、应急照明、值班照明、警卫照明、障碍照明和景观照明。

1) 正常照明

保证工作场所正常工作的室内外照明称为正常照明。正常照明一般可以单独使用,也可与应急照明和值班照明同时使用,但控制线路必须分开。所有居住房间、工作场所、公共场所等都应设置正常照明。

2) 应急照明

在正常照明因故障停止工作时使用的照明称为应急照明。供事故情况下继续工作或安全疏散通行的照明。

（1）备用照明。备用照明是在正常照明发生故障时,用以保证正常活动继续进行的一种应急照明。凡因故障停止工作会造成重大安全事故,或造成重大政治影响和经济损失的场所必须设置备用照明,且备用照明提供给工作面的照度不能低于正常照明照度的10%。

（2）安全照明。安全照明是在正常照明发生故障时,为保证处于危险环境中的工作人员的人身安全而设置的一种应急照明。其照度不应低于一般正常照明照度的5%。

（3）疏散照明。疏散照明是用于确保疏散通道被有效地辨认和使用的照明。在正常照明因故障熄灭后,为了避免发生意外事故,而需要对人员进行安全疏散时,在出口和通道设置的指示出口位置及方向的疏散标志灯和照亮疏散通道而设置的照明,都是疏散照明。

3) 值班照明

在非工作时间内供值班人员使用的照明称为值班照明。在非三班制生产的重要车间和仓库、商场等场所,通常设置值班照明。值班照明可以单独设置,也可以利用正常照明中能单独控制的一部分或利用应急照明的一部分作为值班照明。

4) 警卫照明

用于警卫地区内重点目标的照明称为警卫照明。在重要的工厂区、仓库区及其他场所,根据警戒防范的需要,在警卫范围内装设的照明属于警卫照明,应尽量与正常照明合用。

5) 障碍照明

障碍照明是装设在建筑物或构筑物上作为障碍标志用的照明。为了保证夜航的安全,在飞机场周围较高的建筑物上,在船舶航道两侧的建筑物上,应按民航和交通部门的有关规定装设障碍照明。障碍灯应为红色,有条件的宜采用闪光照明,并且接入应急电源回路。

6) 景观照明

景观照明指用于室内外特定建筑物、景观而设置的带艺术装饰性的照明,包括装饰建筑外观照明、喷泉水下照明、勾画建筑物的轮廓的彩灯照明、室内景观投光以及广告照明等。

4. 电光源

在建筑工程中,电气照明采用的电光源可分为两大类:一类是固体发光光源,是利用物体通电加热而辐射发光的原理制成的,如白炽灯、碘钨灯;另一类是气体放电发光光源,是利用气体放电时发光的原理制成的,如荧光灯、高压水银灯、氙灯等。电光源的种类及用途见表 10-10。

表 10-10   电光源的种类及用途

固体发光光源	热辐射光源	白炽灯	用于开关频繁场所、需要调光场所、要求防止电磁波干扰的场所,其余场所不推荐使用
		卤钨灯	适用于电视转播照明,并用于绘画、摄影和建筑物投光照明等
	电致发光光源	场致发光灯(EL)	大量用作 LCD 显示器的背光源
		半导体发光二极管(LED)	常作为指示灯、带色彩的装饰照明等
气体放电发光光源	辉光放电灯	氖灯	常作为指示灯、装饰照明等
		霓虹灯	用作建筑物装饰照明
	弧光放电灯	低气压灯 荧光灯	广泛应用于各类建筑的照明中
		低气压灯 低压钠灯	适用于公路、隧道、港口、货场和矿区照明
		高气压灯 高压钠灯	广泛应用于道路、机场、码头、车站、广场及工矿企业照明
		高气压灯 高压汞灯	常用于空间高大的建筑物中
		高气压灯 金属卤化物灯	用于电视、体育场、礼堂等对光色要求很高的大面积照明场所

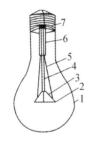

图 10-42   白炽灯构造示意图

1—玻璃泡;2—灯丝;3—钼丝钩支架;
4—中心杆;5—内导丝;
6—外导丝;7—灯头

1)白炽灯

白炽灯是第一代电光源,主要由灯头、灯丝、玻璃泡组成,如图 10-42 所示。灯丝用高熔点的钨丝材料绕制而成,并封入玻璃泡内,玻璃泡内抽成真空后,再充入惰性气体氩或氮,以提高灯泡的使用寿命。当电流通过灯丝时,由于电流的热效应,灯丝达到白炽而发光。白炽灯具有结构简单、价格便宜、安装使用方便、适于频繁开关、启动迅速等优点,虽然它的发光效率低,仍是当前广泛使用的一种电光源。

2)卤钨灯

卤钨灯的实质是在白炽灯内充入少量卤素气体,利用卤钨循环的作用,使灯丝蒸发的一部分钨重新附着在灯丝上,以达到既提高光效又延长寿命的目的。卤钨灯的构造如图 10-43 所示。

图 10-43   管状卤钨灯构造示意图

1—石英玻璃管;2—螺旋状钨丝;3—钨丝支架;4—钼箔;5—导线;6—电极

　　碘钨灯具有体积小、寿命长、发光效率高等优点,因而得到广泛的应用,主要用在需要光线集中照射的地方。碘钨灯使用时,应使灯管保持水平,最大倾斜角不大于4°,否则将使灯管寿命缩短。

　　3)荧光灯

　　荧光灯又称日光灯,是目前广泛使用的一种电光源。荧光灯利用汞蒸气在外加电压作用下产生弧光放电,发出少量可见光和大量紫外线,而紫外线又激励管内壁涂覆的荧光粉,使之再发出大量的可见光,灯管的结构如图10-44所示。荧光灯的发光效率比白炽灯高得多,使用寿命也比白炽灯长。

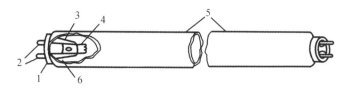

图10-44　荧光灯管构造示意图

1—灯头;2—灯脚;3—玻璃芯柱;4—灯丝(钨丝,电极);
5—玻璃管(内壁涂覆荧光粉,管内充惰性气体);6—汞(少量)

　　荧光灯的接线如图10-45所示,当接通电源后,在电源电压的作用下,启辉器产生辉光放电,其动触片受热膨胀与静触点接触形成通路,电流通过并加热灯丝发射电子。但这时辉光放电停止,动触片冷却恢复原来形状,在使触点断开的瞬间,电路突然切断,镇流器产生较高的自感电动势,当接线正确时,电动势与电源电压叠加,在灯管两端形成高电压。在高电压作用下,灯丝通电、加热和发射电子流,电子撞击汞原子,使其电离而放电。放电过程中发射出的紫外线又激发灯管内壁的荧光粉,从而发出可见光。

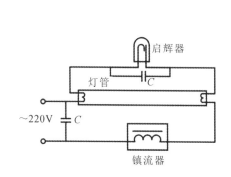

图10-45　荧光灯接线示意图

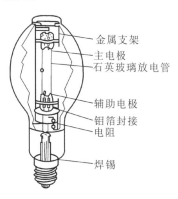

图10-46　高压汞灯构造示意图

　　4)高压汞灯

　　高压汞灯又名高压水银灯,它是靠高压汞蒸气放电而发光的,其结构如图10-46所示。这里所说的"高压"是指工作状态下的气体压力为2~6个大气压,以区别于一般低压荧光灯。与白炽灯相比,高压汞灯的优点是发光效率高、使用寿命长、省电、耐振。

　　5)金属卤化物灯

　　金属卤化物灯是在高压汞灯灯管内壁添加某些金属卤化物,并依靠金属卤化物的循环作用,不断向电弧提供相应的金属蒸气。其特点是功率大、尺寸小、光效高、光色好及抗电压波动稳定性高,常用在体育馆、高大厂房、繁华街道等场所。

6) 高压钠灯

高压钠灯是利用高压钠蒸气放电发光的一种弧光气体放电光源。其光效高、寿命长,但显色性差、启动时间长,广泛应用于街道、广场及大型车间等场所。

7) 管形氙灯

管形氙灯(长弧氙灯)是利用高压氙气放电产生强光的弧光放电灯。其显色性好、功率大、光效高,俗称"人造小太阳",适用于广场、机场、海港等照明。

5. 新型光源

节能减排、发展低碳经济是我国的重大战略,发展、推广高效节能的绿色产品是目前的趋势。在此背景下,许多新型的照明光源不断出现,如 LED 灯、无极灯、微波硫灯等。

1) LED 灯

LED 灯也称为发光二极管,是一种半导体固体发光器件。它是利用固体半导体芯片作为发光材料,当两端加上正向电压,半导体中的少数截流子和多数截流子发生复合,放出过剩的能量而引起光子发射,直接发出红、橙、黄、绿、青、蓝、紫、白色的光。LED 灯具有高效节能、超长寿命、绿色环保、直流驱动、无频闪、光效率高、安全系数高等优点,广泛应用于建筑照明工程中,发展前景相当广阔。

2) 无极灯

无极灯也称为电磁感应灯,是利用电磁感应原理使汞原子电离产生紫外线,激发荧光物质发光。无极灯有高频无极灯和低频无极灯之分,无极灯具有寿命长、节能效果显著、安全性高、绿色环保等特点,适用于工厂车间、图书馆、温室蔬菜植物棚、礼堂大厅、会议室、大型商场、很高的厂房、运动场、隧道、火车站、危险地域的照明,还可作为交通复杂地带路灯、水下灯、景观绿化照明等,特别适用于高危和换灯困难且维护费用昂贵的重要场所。

3) 微波硫灯

微波硫灯是利用微波电磁场激发硫原子而发光的灯具。微波硫灯发光效率高、光谱分布接近太阳光光谱,消除了汞金属对于环境的污染,是一种绿色照明产品。目前,微波硫灯应用于广场、体育馆、建筑物泛光、投光,大型车间、飞机场、博物馆、火车站等场所照明。

二、电气照明设备

照明线路的设备主要有灯具、开关、插座、风扇等,这里只介绍灯具、开关和插座的相关知识。

1. 照明灯具

灯具是能透光、分配和改变光线分布的器具,包括除光源外所有用于固定和保护光源所需的全部零部件,以及与电源连接所必需的线路附件。

1) 按照明形式分类

(1) 直接型灯具。向灯具下部发射 90%～100% 直接光通量的灯具称为直接型灯具,按配光曲线的形态分为广照型、配照型、深照型、均匀配光型和特深照型等五种。这种灯具的特点是灯的上半部几乎没有光线,光通量利用率最高;但顶棚很暗,与明亮的灯具易形成对比眩光;光线集中且方向性强,易产生较浓重阴影。常用的直接型白炽灯具有广照型、配照型、深照型。

(2)半直接型灯具。向灯具下部发射 60%～90% 直接光通量的灯具称为半直接型灯具。这种灯具的特点是下射光供作业照明,上射光供环境照明,减少了灯具与顶棚间的强烈对比,使室内环境亮度适宜、缓解阴影。

(3)漫射型灯具。向灯具下部发射 40%～60% 直接光通量的灯具称为漫射型灯具。这种灯具适当安装可使直接眩光最小,光线柔和均匀,但光通量损失较多。

(4)半间接型灯具。向灯具下部发射 10%～40% 直接光通量的灯具称为半间接型灯具。这种灯具增加散射光照明效果,光线更加柔和均匀,但光通量损失更多,经济性差;灯具易积尘而影响其效率。

(5)间接型灯具。向灯具下部发射 10% 以下的直接光通量的灯具称为间接型灯具,大部分光线投向顶棚。这种灯具运用反射光照明,无阴影和眩光,但光损失大,缺乏立体感。

2)按安装方式分类

根据灯具的安装方式,可将灯具分为吸顶式、嵌入式、悬挂式、壁装式、嵌墙式和移动式。生活中常见的是前四种安装方式,如图 10-47 所示。

(1)吸顶式。灯具直接安装在顶棚上,主要用于没有吊顶的房间内。

(2)嵌入顶棚式。将灯具嵌入吊顶内安装,适用于有吊顶的房间。

(3)悬挂式。将灯具用吊绳、吊链、吊管等悬挂在顶棚上,适用于顶棚较高的餐厅、会议厅、大展厅、办公室等。

(4)壁装式。将灯具安装在墙壁或庭柱上,主要用于局部和装饰照明及不适宜在顶棚安装灯具的场所。

(5)嵌墙式。将灯具暗装于距地高度为 0.2～0.4 m 的墙体内,适用于医院病房、宾馆客房、公共走廊、卧室等场所。

(6)移动式。可以自由移动以获得局部高照度的灯具,往往作为辅助性照明使用。

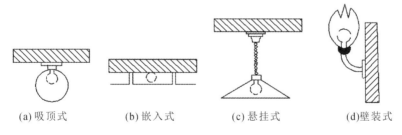

(a)吸顶式　　　(b)嵌入式　　　(c)悬挂式　　　(d)壁装式

图 10-47 电气照明灯具安装方式

除上述常用照明形式和安装方式外,为适应特殊环境的需要,还有一些特殊的照明灯具,如防水灯具、防爆灯具等。

3)灯具的选择

(1)配光选择。即室内照明是否达到规定的照度,工作面上的照度是否均匀,有无眩光等。例如在高大厂房中,为了使光线集中在工作面上,就应该选择深照型直射灯具。

(2)经济效益。即在满足室内一定照度的情况下,电功率的消耗,设备投资、运行费用的消耗都应该适当控制,使其获得较好的经济效益。

(3)灯具选择。选择灯具时,还需要考虑周围的环境条件,如有爆炸危险的场所,应选用防爆型灯具,同时还要考虑灯具的外形与建筑物是否协调。

对于一般生活用房和公共建筑,多采用半直射型或漫射型灯具,这样可以使室内和顶棚均有一定的光照,整个室内空间照度分布比较均匀;在生产厂房多采用直射型灯具,可以使光通量全部或大部分投射到下方的工作面上;在特殊的工作环境下,要采用特殊灯具,如潮湿的房间要采用防潮灯具,室外要采用防雨式灯具等。

2. 插座与开关

开关和插座的型号由面板尺寸、类型、特征、容量等参数组成,表示如下:

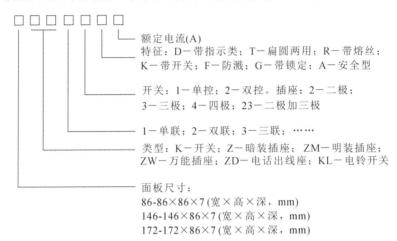

电气照明系统中,常用灯具控制接线主要有单控及双控两种形式,其接线方式分别如图10-48 和图 10-49 所示。在照明工程中,常用的开关和插座如图 10-50 所示。

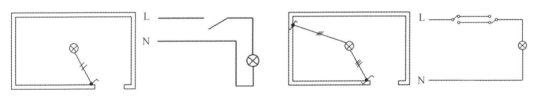

图 10-48　单联单控灯具接线图　　　　图 10-49　单联双控灯具接线图

单联单极开关　　　双联单极开关　　　两极带接地插座　　　两极加三极插座

图 10-50　常用的开关和插座

(1) 单联单控。一只开关控制一盏(路)灯,零线进入灯头,火线经开关控制后再进入灯头,开关处的两根线实质上是一根火线经开关折回后变为两根。

(2) 单联双控。两只开关控制一盏(路)灯,零线进入灯头,火线经开关控制后再进入灯头,两个开关互联。

开关按其控制回路分为单联开关、双联开关、三联开关、四联开关、五联开关、六联开关。

开关的联数,是指一次能同时控制的线路数,单联开关一次只能控制一条线路,双联开关能同时控制两条独立的线路。开关按其用途分为拉线开关(目前很少使用)、板把开关(目前很少使用)、跷板(板式)开关、声控开关、柜门触动开关、带指示灯开关、密闭开关等。

插座的作用是为移动式电器和设备提供电源。普通插座按其安装方式分为明装插座、暗装插座以及防爆插座;按其供电电源分为单相插座、三相插座;按其额定电流有 15 A 插座、30 A 插座;按其孔数又分为带接地插座、不带接地插座。

三、照明灯具的安装工程施工

照明器具安装工程施工的主要依据是《建筑电气照明装置施工与验收规范》(GB 50617—2010)和《建筑电气工程施工质量验收规范》(GB 50303—2015)等。

1. 照明器具安装工程施工的基本规定

照明装置安装施工中使用的电气设备及器材,均应符合国家或部门颁布的现行技术标准,并具有合格证件,设备应有铭牌。所有电气设备和器材到达现场后,应做仔细的验收检查,不合格或有损坏的均不能用以安装。

(1)安装的灯具应配件齐全,灯罩无损坏。

(2)螺口灯头接线必须将相线接在中心端子上,零线接在螺纹的端子上;灯头外壳不能有破损和漏电。

(3)照明灯具使用的导线最小线芯截面应符合有关的规定。

(4)灯具安装高度:室内一般不低于 2.5 m,室外不低于 3 m。

(5)地下建筑内的照明装置,应有防潮措施,灯具低于 2.0 m 时,灯具应安装在人不易碰到的地方,否则应采用 36 V 及以下的安全电压。

(6)嵌入顶棚内的装饰灯具应固定在专设的框架上,电源线不应贴近灯具外壳,灯线应留有余量,固定灯罩的框架边缘应紧贴在顶棚上,嵌入式日光灯管组合的开启式灯具、灯管应排列整齐,金属间隔片不应有弯曲扭斜等缺陷。

(7)配电盘及母线的正上方不得安装灯具,事故照明灯具应有特殊标志。

灯具安装应符合下列规定。

(1)当悬吊灯具的质量大于 3 kg 时,应采用预埋吊钩或螺栓固定。

(2)当软线吊灯的质量在 0.5 kg 及以下时,采用软电线自身吊装;当质量大于 0.5 kg 时,采用吊链安装,且软电线编叉在吊链内,使灯具的电源线不受力。

(3)灯具固定应牢固可靠,不得使用木楔。每个灯具固定用螺钉或螺栓不少于 2 个;当绝缘台直径在 75 mm 及以下时,采用 1 个螺钉或螺栓固定。

(4)特种灯具应检查标志灯的指示方向正确无误;应急灯必须灵敏可靠;事故照明灯具必须设有特殊标志。

2. 照明器具安装工程施工流程

灯具安装工艺流程:放线定位→灯头盒与配管到位→管内穿线→灯具安装→导线绝缘电阻测试→灯具接线→灯具试亮。

1)吊灯安装

在混凝土顶棚上安装,要事先预埋铁件或放置穿透螺栓,还可以用胀管螺栓紧固,然后在铁件上设置过渡连接件,以便调整预埋误差,最后将吊杆、吊链等与过渡连接件连接,如图 10-51 所示。吊灯安装分为吊线式、吊链式和吊管式三种形式。

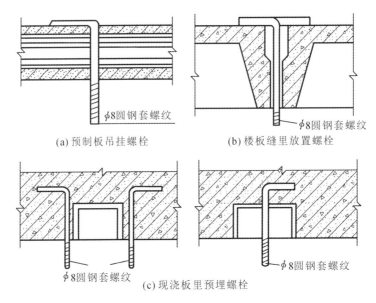

(a) 预制板吊挂螺栓　　　　(b) 楼板缝里放置螺栓

φ8圆钢套螺纹

φ8圆钢套螺纹

(c) 现浇板里预埋螺栓

图 10-51　固定式灯具安装示意图

吊线式灯具安装:首先将电源线套上保护用塑料软管从木台线孔穿出,然后将木台固定。将吊线盒安装在木台上,从吊线盒的接线螺栓上引出软线,软线的另一端接到灯座上。软线吊灯仅限于质量为 1 kg 以下灯具安装,超过者应该采用吊链式或吊管式安装。

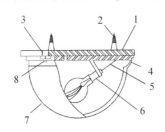

图 10-52　吸顶式灯具安装示意图

1—圆木;2—圆木固定用螺丝;3—固定灯架木螺钉;
4—灯架;5—灯头引线;6—管接式瓷质螺口灯座;
7—玻璃灯罩;8—固定灯罩木螺钉

吊链式灯具安装:根据灯具的安装高度确定吊链长度,将吊链挂在灯箱的挂钩上,并将导线依次编叉在吊链内,引入灯箱。灯线不应该承受拉力。

吊管式灯具安装:根据灯具的安装高度确定吊杆长度,并将导线穿在吊管内。采用钢管作为吊管时,钢管内径不应小于 10 mm,以利于穿线。钢管壁厚不应小于1.5 mm。

2) 吸顶灯安装

吸顶灯安装一般可直接将木台固定在顶棚的预埋木砖上或用预埋的螺栓固定,然后再把灯具固定在木台上,如图 10-52 所示。若灯泡和木台距离太近(如半扁灯罩),应在灯泡与木台间放置隔热层(石棉板或石棉布等)。

3) 壁灯安装

壁灯可以安装在墙上或柱子上。当安装在墙上时,一般在砌墙时应预埋木砖,禁止用木楔代替木砖,也可以预埋螺栓或用膨胀螺栓固定;当安装在柱子上时,一般应在柱子上预埋金属构件将其固定在柱子上,然后再将壁灯固定在金属构件上,如图 10-53 和图 10-54 所示。

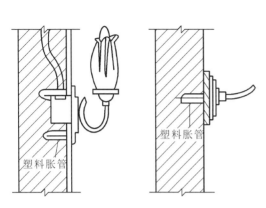

图 10-53　壁灯安装示意图

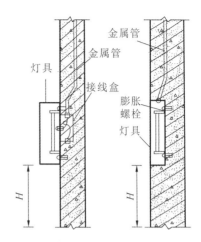

图 10-54　应急疏散标志灯墙壁灯安装

4）嵌入式灯具安装

安装嵌入式灯具时，应在顶棚内安装灯具专用支架，根据灯具的位置和大小在顶棚上开孔，安装灯具。灯线应留有余量，固定灯罩的边框边缘应紧贴在顶棚表面上。小型嵌入式灯具应安装在吊顶的顶板上或吊顶内龙骨上，大型嵌入式灯具应安装在混凝土梁、板中伸出的支撑铁架、铁件上。对于大面积的嵌入式灯具，一般需要预留洞口。矩形灯具的边缘应与顶棚的装修线平行，如图 10-55 所示。

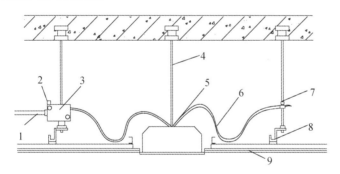

图 10-55　嵌入式灯具安装示意图

1—电线管；2—接地线；3—接线盒；4—吊杆；5—软管接头；6—金属软管；7—管卡；8—吊卡；9—吊顶

3. 开关、插座安装

1）开关安装的规定

（1）灯具电源的相线必须经开关控制。

（2）开关连接的导线宜在圆孔接线端子内折回头压接（孔径允许折回头压接时）。

（3）多联开关不允许拱头连接，应采用缠绕或 LC 型压接帽压接总头后，再进行分支连接。

（4）安装在同一建（构）筑物的开关应采用同一系列的产品，开关的通断方向应一致，操作应灵活，导线压接牢固，接触可靠。

（5）翘板式开关距地面高度设计无要求时，应为 1.3 m，距门口为 150～200 mm；开关不得置于单扇门后。

（6）开关位置应与灯位相对应；并列安装的开关高度应一致。

（7）在易燃、易爆的场所，开关应采用防爆型；在特别潮湿的场所，开关应采用密闭型，或安装在其他场所进行控制。

2）插座安装的规定

插座安装时，按接线要求，将盒内甩出的导线与插座（开关）的面板连接好，将插座（开关）推入盒内，对正盒眼，用螺钉固定牢固。固定时要使面板端正，并与墙面贴齐。地插座面板与地面齐平或紧贴地面，盖板固定牢固，密封良好。在易燃物上安装时，要用防火材料将插座（开关）与易燃物隔离开。插座安装应符合下列规定，其接线方式如图 10-56 所示。

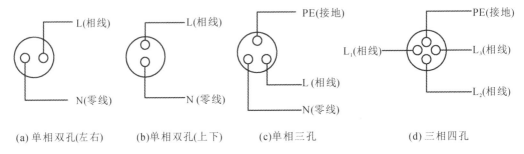

(a)单相双孔(左右)　(b)单相双孔(上下)　(c)单相三孔　(d)三相四孔

图 10-56　插座接线图

（1）单相两孔插座有横装和竖装两种，横装时，面对插座的右极接相线（L），左极接（N）中性线；竖装时，面对插座的上极接相线（L），下极接（N）中性线。

（2）单相三孔、三相四孔及三相五孔插座的保护线（PE）均应接在上孔，插座的接地端子不应与零线端子连接。

（3）不同电源种类或不同电压等级的插座安装在同一场所时，外观与结构应有明显区别，不能互相代用，使用的插头与插座应配套，同一场所的三相插座的接线相序一致。

（4）插座箱内安装多个插座时，导线不允许拱头连接，宜采用接线帽或缠绕形式接线。

（5）车间及实验室等工业用插座，除特殊场所设计另有要求外，距地面不应低于 0.3 m。

（6）在托儿所、幼儿园及小学等儿童活动场所应采用安全插座。采用普通插座时，其安装高度不应低于 1.8 m。

（7）同一室内安装的插座高度应一致；成排安装的插座高度应一致。

（8）地面安装插座应有保护盖板；专用盒的进出导管及导线的孔洞，用防水密闭胶严密封堵。

（9）在特别潮湿和有易燃、易爆气体及粉尘的场所不应装设插座，如有特殊要求应安装防爆型的插座，且应标注明显的防爆标志。

3）插座与开关的安装工艺

开关与插座的安装工艺流程：开槽清理→接线→安装。

用錾子开槽并轻轻地将盒子内残存的灰块剔掉，同时将其他杂物一并清出盒外，再用湿布将盒内灰尘擦净，然后满足开关、插座接线要求。安装方式有明装和安装两种，这里只介绍插座的安装方法。

（1）插座明装。先将从盒内甩出的导线从塑料圆木的出线孔中穿出，再将塑料圆木紧贴于墙面用螺丝固定在盒子或木砖上，如图 10-57 所示。塑料圆木固定后，将甩出的相线、地(零)线按各自的位置从插座的线孔中穿出，按接线要求将导线压牢。然后将插座贴于塑料台上,对中找正,用木螺丝固定好,如图 10-58 所示。最后再把插座的盖板上好。

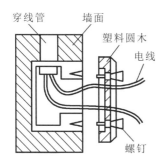

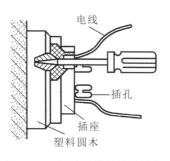

图 10-57　明装穿线插座并安装塑料圆木　　　图 10-58　明装接线并安装插座

（2）插座暗装。先将插座盒按要求位置埋在墙内,如图 10-59 所示。然后按接线要求,将盒内甩出的导线与插座的面板连接好,将插座推入盒内,对正盒眼,用螺丝固定牢固。固定时要使面板端正,与墙面平齐,如图 10-60 所示。面板安装孔上有装饰帽的应一并装好。

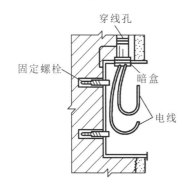

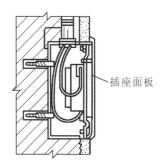

图 10-59　暗装穿线插座并安装暗盒　　　图 10-60　暗装接线并安装插座面板

基础知识测评题

一、填空题

1.建筑工程电气施工图中,沿墙面敷设的符号是_____。

2.动力和照明配电箱的文字标注格式为 a - b - c 或 ab/c。其中,a 表示_____;b 表示_____;c 表示_____。

3.线路的文字标注基本格式为 ab - c(d×e+f×g)i - jh。其中,a 表示_____;b 表示_____。

4.导线的敷设方法有许多种,按线路在建筑物内敷设位置的不同,它分为_____和_____两种方式。

5.导管配线中的常用管材有_____、_____、_____、_____等。

6.电线按回路编号分段绑扎,绑扎点间距不应大于_____ m;同一回路的相线和零线,敷设于同一金属线槽内。

7.因正常照明的电源失效而启动的照明称为_____。它包括备用照明、安全照明和疏散照明。所有应急照明必须采用能_____的照明光源。

8.进户线的设置应考虑安全、经济、建筑美观等因素,通常有_____、_____两种方式。

9.BLXF-10 读作:_____。

10.BX-2.5 读作:_____。

11.NH-BV-25 读作:_____。

12.VV22-4×70+1×25 读作:_____。

13.KVV-10×1.5 读作:_____。

14.N1-BLX-3×4-SC20-WC 读作:_____。

15.2[3(SYWV-75-5)-PVC32-FC]读作:_____。

16.WL1-BV(3×2.5)-G25-WC 读作:_____。

二、选择题

1.建筑工程电气施工图中,穿焊接钢管敷设的符号是(   )。

A. SC   B. GC   C. TC   D. CP

2.建筑工程电气施工图中,熔断器式开关的图例是(   )。

A.   B.   C.   D.

3.建筑工程电气施工图中,照明配电箱的图例是(   )。

A.   B.   C.   D.

4.建筑工程电气施工图中,壁灯的图例是(   )。

A.   B.   C.   D.

5.荧光灯俗称日光灯,是目前广泛使用的一种电光源。荧光灯主要部件组成不包括(   )。

A.灯管   B.灯丝   C.镇流器   D.启辉器

6.光线集中在下半部,工作面上可得到高照度,光线利用率高,适用于高大厂房的一般照明的灯具是(   )。

A.直接型灯具   B.间接型灯具   C.半直接型灯具   D.半间接型灯具

7.为便于穿线,当管路过长或转弯多时,应适当地加装接线盒或加大管径。两个线端之间有一个转弯时,两个线端之间的距离不超过(   )m。

A.30   B.20   C.15   D.8

8.照明线路暗敷设的文字符号是(   )。

A. A   B. C   C. E   D. SC

9.灯具质量大于(   )kg 时,要固定在螺栓或预埋吊钩上,并不得使用木楔,每个灯具固定用螺钉或螺栓不少于 2 个,当绝缘台直径在 75 mm 及以下时,可采用 1 个螺钉或螺栓固定。

A.0.5   B.1   C.2   D.3

三、判断题

1.电路图可以用来指导电气设备和器件的安装、接线、调试、使用与维修。（　　）

2.安装详图可用来详细表示设备的安装方法,不能用来指导安装施工和编制工程材料计划。（　　）

3.设备材料明细表应列出该项电气工程所需要的设备和材料的名称、型号、规格和数量,供设计概算、施工预算及设备订货时参考。（　　）

4.荧光高压汞灯外玻璃壳温度较高,配用灯具必须考虑散热条件;外玻璃壳破碎后灯虽仍能点燃,但大量紫外线辐射易灼伤眼睛和皮肤。（　　）

5.漫射型灯具光线向上射,顶棚变成二次发光体,光线柔和均匀。该灯具光线利用率低,故很少采用。（　　）

6.在现浇混凝土板、墙、柱内配管时,除按位置埋设线盒,还应做好固定工作,以防灌注混凝土振动时位置偏移,管口应采取封堵措施,以免水泥浆流入堵塞管子,影响穿线;线管煨弯应保证足够的弯曲半径,暗配时弯曲半径≥12倍管子外径。（　　）

四、简答题

1.建筑电气施工图的组成部分有哪些?

2.线路的标注格式有哪些?

3.简述电气施工图的识读方法。

4.建筑电气配线常用的方式有哪些?

5.简述室内照明系统供配电的组成。

6.照明配电箱内有哪些设备?并画出单相电度表的接线图。

7.电气照明有哪些种类?

8.常用的电气配管配线有哪些种类?

9.电气配线的接线方式是什么?

10.简述灯具的种类。

11.简述室内照明供电线路的组成。

12.灯具按照安装方式可以分为哪几类?

13.简述灯具、插座、照明开关的安装工艺流程。

14.简述开关和插座的安装一般规定。

15.简述照明灯具安装的一般规定。

扫一扫看答案

项目 **11** 安全用电与建筑防雷接地系统

任务 1　安全用电的基本知识

电力是国民经济的重要能源，在生活中也不可缺少。但是不懂得安全用电知识就容易造成触电身亡、电气火灾、电器损坏等意外事故，因此，安全用电是十分重要的。

一、安全电流及电压

人体触电可分两种情况：一种是雷击和高压触电，较大的电流通过人体所产生的热效应、化学效应和机械效应，将使人的机体遭受严重的电灼伤、组织炭化坏死及其他难以恢复的永久性伤害；另一种是低压触电，在数十至数百 mA 电流作用下，人的机体会产生病理生理性反应。轻的触电有针刺痛感，或出现痉挛、血压升高、心律不齐以致昏迷等暂时性的功能失常；重则可引起呼吸停止、心搏骤停、心室纤维性颤动等危及生命的伤害。电流对人体的伤害有三种：电击、电伤和电磁场生理伤害。

1. 安全电流

安全电流，也就是人体触电后最大的摆脱电流。电流对人体伤害的严重程度与通过人体电流的大小、频率、持续时间、路径及人体电阻的大小等多种因素有关。

1）电流大小

通过人体的工频交流电（工频是指交流电的频率为 50 Hz）达 1 mA 左右时，人就会有感觉。引起人产生感觉的最小电流称为"感知电流"。不同人的感知电流是不同的，成年男性平均感知电流约为 1.1 mA，成年女性约为 0.7 mA。电流超过 10 mA 时，人会感到麻痹或剧痛，呼吸困难，不能自主摆脱电源。人触电后能自主摆脱电源的最大电流称为"摆脱电流"。不同人的摆脱电流是不同的，成年男性平均摆脱电流约为 16 mA，成年女性约为 10.5 mA。超过 50 mA 且时间超过 1 s，人就会有生命危险。能使人丧失生命的电流称为

"致命电流"。

通过人体的电流大小,取决于加在人体上的电压和人体的电阻。人体电阻最大可达100 kΩ,主要是因为干燥皮肤表皮上的角质层电阻很大。但只要皮肤湿润、有损伤或沾有导电灰尘,如触电后皮肤遭到破坏,人体电阻就会急剧下降,最低可降到800 Ω。不同电流强度对人体的影响见表11-1。

表 11-1　不同电流强度对人体的影响

电流强度/ mA	对人体的影响	
	50～60 Hz 交流电	直流电
0.6～1.5	开始有感觉,手轻微颤抖	无感觉
2～3	手指强烈颤抖	无感觉
5～7	手指痉挛	感觉痒和热
8～10	手已较难摆脱带电体,手指尖至手腕均感剧痛	热感觉较强,上肢肌肉收缩
20～25	手指感到剧痛,迅速麻痹,呼吸困难	手部轻微痉挛
50～80	呼吸麻痹,心室开始颤动	强烈的灼热感。上肢肌肉强烈收缩痉挛,呼吸困难
90～100	呼吸麻痹,持续时间 3 s 以上则心脏停搏,心室颤动	呼吸麻痹
300 以上	持续 0.1 s 以上时可致心跳、呼吸停止,机体组织可因电流的热效应而破坏	

2)通电时间

通电时间越长,越容易发生心室颤动,电击危险性就越大。通电时间越长,体内积累的局外能量越多,心室颤动的危险性越大。人的心脏每收缩、扩张一次,中间就有 0.1 s 左右的易激期(间歇)对电流最敏感,此时即使很小的电流也会引起心脏震颤。如果电流通过时间超过 1 s,就肯定会遇上这个间歇,造成很大的危害。电流通过时间再延长,可能遇上数次,后果更为严重。电流通过人体的持续时间继续延长,人体触电部位的皮肤将遭到破坏,人体电阻就会降低,危险性会进一步增大。因此,救助触电人员首先要做到的就是使其尽快脱离电源。

3)电流通过人体的路径

电流通过头、脊柱、心脏这些人体重要器官是最危险的。人触电的部位中,手和脚的机会最多。从手到手、从手到脚、从脚到脚这三条电流通过的路径对人都很危险,其中尤以从手到脚最危险。因为在从手到脚这一条路径中,可能通过的重要器官最多。如图 11-1 所示,图中百分数是通过心脏的电流占通过人体的电流的百分数。另外,手、脚的肌肉因触电会剧烈痉挛。对于手来说,可能引起抓握反应致使无法摆脱带电部分;对于脚来说,可能造成身体失去平衡,出现坠落、摔伤等二次事故。

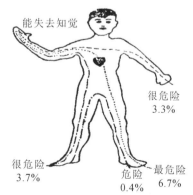

图 11-1　电流通过人体的路径

4）人体的健康状况

当接触电压一定时，流过人体的电流的大小取决于人体电阻的大小。人体电阻越小，则流过人体的电流越大。人体电阻主要包括人体内部电阻和皮肤电阻。如果不计人体表皮角质层的电阻，人体平均电阻可按 $1000 \sim 3000\ \Omega$ 考虑。人体电阻并不是固定不变的，接触电压增加、皮肤潮湿程度增加、通电时间延长、接触面积增加、接触压力增加、环境温度升高以及皮肤破损都会使人体电阻降低。

2. 安全电压

安全电压是指人体不穿戴任何防护设备时，触及带电体而不受电击或电伤，这个带电体的电压就是安全电压。严格地讲，安全电压是因人而异的，与人体电阻、触碰带电体的时间长短、与带电体接触面积和接触压力等均有关系。在正常和故障情况下，任何两导体间或导体与地间均不得超过交流有效值 $50\ V$。

二、触电形式

人体触电一般有与带电体直接接触触电、跨步电压触电、接触电压触电等几种形式。

1. 单相触电

单相触电是常见的一种触电方式，人体的某一部分接触带电体的同时，另一部分又与大地或中性线相接，电流从带电体流经人体到大地（或中性线）形成回路，如图 11-2 所示。

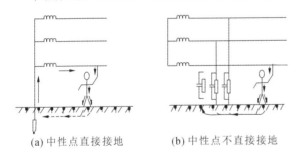

(a) 中性点直接接地　　(b) 中性点不直接接地

图 11-2　单相触电示意图

在中性点接地的电网中，如果人去接触它的任何一根相线，或接触电网中的电气设备的任何一根带电导体，那么流经人体的电流经过人体、大地和中性点接地电阻而形成通路。由于接地电阻一般为 $4\ \Omega$，它与人体电阻相比小很多，因此施加于人体的电压接近于相电压 $220\ V$，就有可能发生严重的触电事故。

在中性点不接地的 $1000\ V$ 以下的电网中，单相触电时电流是经过人体和其他两相对地的分布电容而形成通路的。通过人体的电流既取决于人体的电阻，又取决于线路的分布电容。当电压比较高，线路比较长（$1 \sim 2$ km 以上）时，由于线路对地的电容相当大，即使线路的对地绝缘电阻非常大，也可能发生触电伤害事故。

2. 两相触电

两相触电是指人体两处同时触及同一电源的两相带电体，以及在高压系统中，人体距离高压带电体小于规定的安全距离，造成电弧放电时，电流从一相导体流入另一相导体的触电方式，如图 11-3 所示。两相触

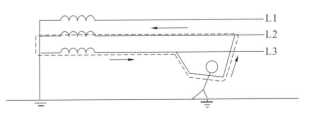

图 11-3　两相触电示意图

电加在人体上的电压为线电压,因此不论电网的中性点接地与否,其触电的危险性都很大。

3. 跨步电压触电

在遭受雷击或者电线脱落的周围形成了以导线为圆心的同心圆,同心圆在高压接地点附近地面电位很高,距接地点越远则电位越低,两个同心圆之间的电位差称为跨步电压 U_k。跨步电压触电是在跨步电压作用下,电流从接触高电位的脚流进,从接触低电位的脚流出,从而形成触电,如图 11-4 所示。跨步电压的大小取决于人体站立点与接地点的距离,距离越小,其跨步电压越大。当距离超过 20 m(理论上为无穷远处),可认为跨步电压为零,不会发生触电危险。已受到跨步电压威胁时,应采取单脚或双脚并拢方式迅速跳出危险区域。

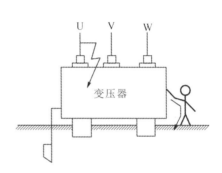

图 11-4　跨步电压和接触电压触电示意图　　　　图 11-5　接地电压触电

4. 接触电压触电

电气设备由于绝缘损坏或其他原因造成接地故障时,如人体两个部分(手和脚)同时接触设备外壳和地面时,人体两部分会处于不同的电位,其电位差即为接触电压。由接触电压造成触电事故称为接触电压触电。如三相油冷式变压器 U 相绕组与箱体接触使其带电,人手触及油箱会产生接触电压触电,相当于单相触电,如图 11-5 所示。

5. 感应电压触电

感应电压触电是指当人触及带有感应电压的设备和线路时所造成的触电事故。一些不带电的线路由于大气变化(如雷电活动),会产生感应电荷,停电后一些可能感应电压的设备和线路如果未及时接地,这些设备和线路对地均存在感应电压。

三、安全用电常识

(1)用电单位应对使用者进行用电安全教育和培训,使其掌握用电安全的基本知识和触电急救知识。

(2)用电单位或个人应掌握所使用的电气装置的额定容量、保护方式和要求,保护装置的整定值和保护元件的规格。

(3)电气装置在使用前,应确认其已经国家指定的检验机构检验合格或认可,符合相应环境要求和使用等级要求。

(4)当保护装置动作或熔断器的熔体熔断后,应先查明原因、排除故障,并确认电气装置已恢复正常后才能重新接通电源,继续使用。

（5）用电设备和电气线路的周围应留有足够的安全通道和工作空间。

（6）使用的电气线路须具有足够的绝缘强度、机械强度和导电能力并应定期检查。

（7）插头与插座应按规定正确接线，插座的保护接地极在任何情况下都必须单独与保护线可靠连接。

（8）正常使用时会产生飞溅的火花、灼热的飞屑或外壳表面温度较高的用电设备，应远离易燃物质或采取相应的密闭、隔离措施。

（9）临时用电应经有关主管部门审查批准，并由专人负责管理，限期拆除。

任务 2　接地装置

人体经常与用电设备的金属结构相接触，如果电气设备某处绝缘损坏或由于某些意外事故，使不带电的金属外壳带电，一旦人体触及该外壳，就有可能发生触电事故。解决这类问题最常用的方法就是接地或接零，另外，根据电气系统或设备正常工作的需要也要接地。

一、接地的类型

根据接地装置的工作特点，接地可分为工作接地、保护接地、重复接地、保护接零、防雷接地。

1. 工作接地

工作接地就是根据电力系统的运行需要而设置的（如中性点接地），因此在正常情况下就会有电流长期流过接地电极，只是几安培到几十安培的不平衡电流。在系统发生接地故障时，会有上千安培的工作电流流过接地电极，然而该电流会被继电保护装置在 $0.05\sim 0.1$ s内切除，即使是后备保护，动作一般也在 1 s 以内。

2. 保护接地

保护接地，如图 11-6 所示，是为防止电气装置的金属外壳、配电装置的构架和线路杆塔等带电危及人身和设备安全而进行的接地。保护接地就是将正常情况下不带电，而在绝缘材料损坏后或其他情况下可能带电的电器金属部分（即与带电部分相绝缘的金属结构部分）用导线与接地体可靠连接起来的一种保护接线方式。接地保护一般用于配电变压器中性点不直接接地（三相三线制）的供电系统中，用以保证当电气设备因绝缘损坏而漏电时产生的对地电压不超过安全范围。

3. 重复接地

在三相四线制系统中，将零线（或中性点）上的一处或几处经接地装置与大地再次可靠连接起来，称为重复接地，如图 11-7 所示。重复接地时，当系统中发生碰壳或接地短路时，一则可以降低 PEN 线的对地电压；二则当 PEN 线发生断线时，可以降低断线后产生的故障电压；三则在照明回路中，也可避免因零线断线所带来的三相电压不平衡而造成电气设备的损坏。

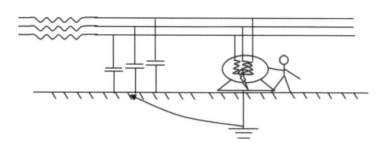

图 11-6　保护接地示意图

4. 保护接零

把电气设备在正常情况下不带电的金属部分与电网的零线(中性线)紧密地连接起来称为保护接零,如图 11-8 所示。接零保护利用电源零线使设备形成单相短路,促使线路上保护装置迅速动作切断电源。保护接零只适用在低压系统中性点接地的三相四线制供电系统中,在此系统中不允许再用保护接地。在同一低压配电系统中,保护接地与保护接零不能混用,否则,当采用保护接地的设备发生单相接地故障时,危险电压将通过大地串至零线及采用保护接零的设备外壳上。

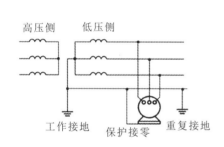

图 11-7　重复接地示意图

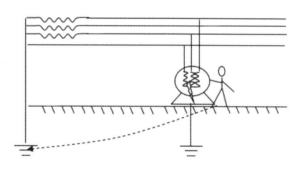

图 11-8　保护接零示意图

5. 防雷接地

防雷接地是为了消除过电压危险影响而设的接地,如避雷针、避雷线和避雷器的接地。防雷接地只是在雷电冲击的作用下才会有电流流过,流过防雷接地电极的雷电流幅值可达数十至上百千安培,但是持续时间很短。

二、低压配电系统的接地形式

根据现行的国家标准,低压配电系统有三种接地形式,即 IT 系统、TT 系统和 TN 系统,TN 系统又包括 TN-C、TN-S 和 TN-C-S 系统,其中各个字母的含义如下:

第一个字母表示电源端与地的关系:

I——电源端所有带电部分不接地或有一点通过高阻抗接地;

T——电源端有一点直接接地。

第二个字母表示电气装置的外露可导电部分与地的关系:

T——电气装置的外露可导电部分直接接地,此接地点在电气上独立于电源端的接地点;

N——电气装置的外露可导电部分与电源端接地点有直接电气连接。

第二个字母后面的字母表示中性线与保护线的组合情况:

C——中性线与保护线是合在一起的;

S——中性线与保护线是分开的。

1. IT 系统

IT 系统就是电源中性点不接地、用电设备外露可导电部分直接接地的系统,如图 11-9 所示。IT 系统中,连接设备外露可导电部分和接地体的导线,就是保护线(PE 线)。

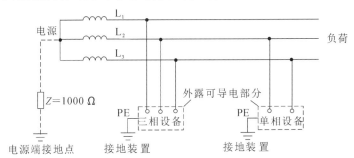

图 11-9　IT 系统

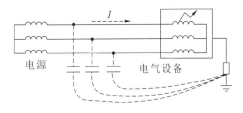

图 11-10　IT 系统中接地的作用

IT 系统的设备如果发生单相接地故障时,其外露可导电部分将呈现对地电压,并经设备外露可导电部分的接地装置形成单相接地故障电流,中性点不接地时,此故障电流很小,如图 11-10 所示。

IT 系统常用于对供电连续性要求较高的配电系统,或用于对电击防护要求较高的场所,如电力炼钢工厂、大医院的手术室、地下矿井等处。

2. TT 系统

TT 系统就是电源中性点直接接地、用电设备外露可导电部分也直接接地的系统,如图 11-11 所示。通常将电源中性点的接地叫作工作接地,而设备外露可导电部分的接地叫作保护接地。TT 系统中,这两个接地必须是相互独立的。设备接地可以是每一设备都有各自独立的接地装置,也可以若干设备共用一个接地装置。

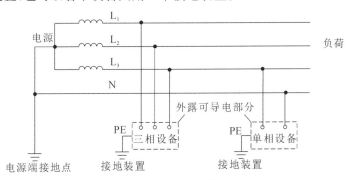

图 11-11　TT 系统

　　TT 系统设备在正常运行时外壳不带电,故障时外壳高电位不会沿 PE 线传递至全系统。因此,TT 系统适用于对电压敏感的数据处理设备及精密电子设备,在有爆炸与火灾危险性等场所有优势。但是该系统中若有设备因绝缘不良或损坏使其外露可导部分带电时,由于漏电电流一般很小,往往不足以使线路上的过电流保护装置(如熔断器、低压断路器等)动作,从而增加了触电的危险,为了保障人身安全,TT 系统中必须装设灵敏的漏电保护装置。

3. TN 系统

　　TN 系统就是电源中性点直接接地、设备外露可导电部分与电源中性点有直接电气连接的系统。当设备发生单相接地故障时,就形成单相接地短路,通过短路保护切断电源来实施电击防护的。TN 系统中,根据其中性线(N 线)与保护线(PE 线)是否分开而划分为 TN-C 系统、TN-S 系统和 TN-C-S 系统三种形式。

　　1) TN-C 系统

　　TN-C 系统是将中性线(N 线)和保护线(PE 线)合在一起,由一根称为 PEN 线的导体同时承担两者的功能,如图 11-12 所示。在用电设备处,PEN 线既连接到负荷中性点上,又连接到设备外露的可导电部分上。

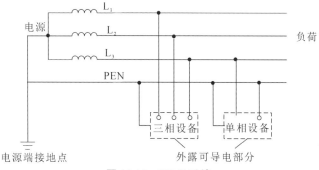

图 11-12　TN-C 系统

　　TN-C 方式供电系统只适用于三相负载基本平衡的情况,若三相负载不平衡,则工作零线上有不平衡电流,对地有电压,与保护线连接的电气设备金属外壳就有一定的电压。现在 TN-C 系统已很少被采用,尤其是在民用配电中已基本上不允许采用。

　　2) TN-S 系统

　　TN-S 系统是指在整个系统中中性线(N 线)与保护线(PE 线)是分开的,如图 11-13 所示。TN-S 系统的最大特征是 N 线与 PE 线在系统中性点分开后,不能再有任何电气连接。该系统适于对安全或抗电磁干扰要求高的场所,是我国目前推广的供电系统。

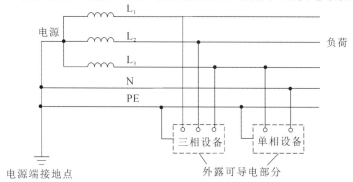

图 11-13　TN-S 系统

3) TN-C-S 系统

TN-C-S 系统是 TN-C 系统和 TN-S 系统的结合形式,从电源出来的那一段采用 TN-C 系统,因为在这一段中无用电设备,只起电能的传输作用;到用电负荷附近某一点处,将 PEN 线分开形成单独的 N 线和 PE 线,从这一点开始,系统相当于 TN-S 系统,如图 11-14 所示。该系统广泛地应用于分散的民用建筑中,特别适合一台变压器供好几幢建筑物用电的系统。

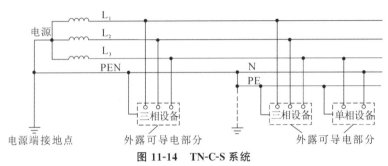

图 11-14　TN-C-S 系统

三、建筑物的等电位联结

等电位联结是使建筑物电气装置的各外露可导电部分与电气装置外的其他金属可导电部分、人工或自然接地体用导体以恰当的方式连接起来,以达到减少或消除各部分电位差的目的,从而有效地防止人身遭受电击、电气火灾等事故的发生。

1. 等电位联结的分类

等电位联结分为总等电位联结(MEB)、局部等电位联结(LEB)和辅助等电位联结(SEB)。

1) 总等电位联结

总等电位联结作用于整个建筑物,在每一电源进线处,利用联结干线将保护线、接地线的总接线端子与建筑物内电气装置外的可导电部分(如进出建筑物的金属管道、建筑物的金属结构构件等)连接成一体,如图 11-15 所示。

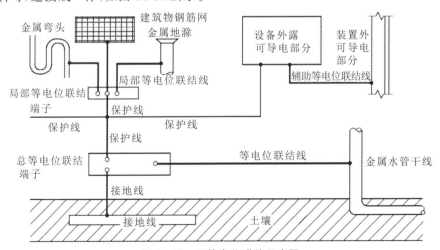

图 11-15　总等电位联结示意图

2）局部等电位联结

局部等电位联结指在局部范围内设置的等电位联结，一般在 TN 系统中，当配电线路阻抗过大、保护动作时间超过规定允许值时或为满足防电击的特殊要求时，需作局部等电位联结，卫生间局部等电位联结示意图如图 11-16 所示。

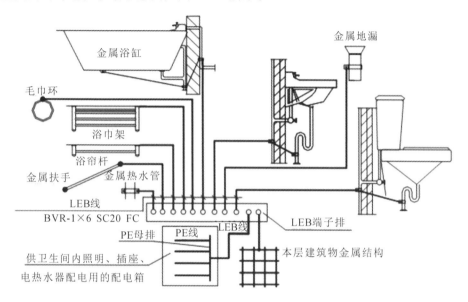

图 11-16　卫生间局部等电位联结示意图

3）辅助等电位联结

在建筑物做了等电位联结之后，在伸臂范围内的某些外露可导电部分与装置外可导电部分之间，再用导线附加连接，以使其间的电位相等或接近，称为辅助等电位联结，如图 11-17 所示。局部等电位联结可以看作在一局部场所范围内的多个辅助等电位联结。根据《低压配电设计规范》(GB 50054—2011)的规定：采用接地故障保护时，在建筑物内应做总等电位联结。当电气装置或其某一部分的接地故障保护不能满足规定要求时，应在局部范围内做局部等电位联结。

图 11-17　辅助等电位联结（SEB）

2. 等电位联结的作用

1）雷击保护

等电位联结是内部防雷措施的一部分，其将本层柱内主筋、建筑物的金属构架、金属装置、电气装置、电信装置等连接起来，形成一个等电位连接网络，可防止直击雷感应雷或其他形式的雷，避免雷击引发的火灾、爆炸和设备损坏等。

2）静电防护

静电是指分布在电介质表面或体积内，以及在绝缘导体表面处于静止状态的电荷。静电电量虽然不大，但电压很高，容易产生火花放电，引起火灾、爆炸或电击。等电位联结可以将静电电荷收集并传送到接地网，从而消除和防止静电危害。

3）电磁干扰防护

在供电系统故障或直击雷放电过程中，强大的脉冲电流对周围的导线或金属物形成电磁感应,敏感电子设备处于其中,可以造成数据丢失、系统崩溃等。通常,屏蔽是减少电磁波破坏的基本措施,在机房系统分界面做的等电位联结,能保证所有屏蔽和设备外壳之间实现良好的电气连接,最大限度减小了电位差,外部电流不能侵入系统,有效避免了电磁干扰。

4)触电保护

卫生间电气设备具有漏电危险,其外壳虽然与 PE 线联结,但仍可能出现足以引起伤害的电位。发生短路、绝缘老化、中性点偏移或外界雷电就可能导致卫生间出现危险电位差,此时人受到电击的可能性非常大。等电位联结使电气设备外壳与楼板墙壁电位相等,使身体部位间没有电位差而不会被电击,可以极大地避免电击的伤害。

5)接地故障保护

如果相线发生完全接地短路,PE 线上会产生故障电压。有等电位联结后,与 PE 线连接的设备外壳及周围环境的电位都处于这个故障电压,因而不会产生电位差,也避免了电击危险。

3. 等电位联结导线的选择

总等电位联结时,主母线的截面积规定不应小于装置中最大 PE 线或 PEN 线截面积的一半,但采用铜导线时截面积不应小于 6 mm²;采用铝导线时截面积不应小于 16 mm²,并采取机械保护。采用铜导线作连接线时,其截面积不可超过 25 mm²。如果用其他材质导线时,其截面应能承受与之相当的载流量。

连接装置外露可导电部分与装置外可导电部分的局部等电位联结线,其截面不应小于 PE 线截面的一半。连接两个外露可导电部分的局部等电位线,其截面不应小于接至该两个外露可导电部分的较小 PE 线的截面。

任务3　建筑防雷

一、雷电现象及危害

雷电现象是自然界大气层中在特定条件下形成的,当空中带电的云层与大地之间或与带异性电荷的云层之间的电场强度达到一定值时,便发生放电,同时伴随有电光和响声,这就是雷电现象。雷云对地面泄放电荷的现象称为雷击。

1. 雷击的形式

1)直击雷

直击雷指雷电对电气设备或建筑物直接放电的现象,放电时雷电流可达几万甚至几十万安培。强大的雷电流通过建筑物产生大量的热,使建筑物产生劈裂等破坏作用,还能产生过电压破坏绝缘、产生火花,甚至引起燃烧和爆炸等,是危害程度最大的一种雷击形式。直击雷一般采用由接闪器、引下线、接地装置构成的防雷装置防止。

2)雷电感应

雷电感应指当雷云出现在建筑物的上方时,由于静电感应,在屋顶的金属上积聚大量异号电荷,在雷云对其他地方放电后,屋顶上原来被约束的电荷对地形成感应雷的现象。其能在建筑物内部引起火花。电磁感应是当雷电流通过金属导体入地时,形成迅速变化的强大磁场,能在附近的金属导体内感应出电势,而在导体回路的缺口处引起火花,发生火灾。雷电感应的防止办法是将屋顶金属通过引下线、接地装置与大地连接。

3)雷电波侵入

雷电波侵入指由于线路、金属管道等遭受直接雷击或感应雷而产生的雷电波沿线路、金属管道等侵入变电站或建筑物而造成危害的现象。据统计,这种雷电侵入波占系统雷害事故的50%以上。因此,对其防护问题,应予以相当重视,一般在线路进入建筑物处安装避雷器进行防护。

2. 雷电的危害

雷电对电网供配电系统与装置以及建筑物危害极大,雷电损坏通常发生在雷电流最大的瞬间,其破坏作用主要表现在以下几个方面。

1)雷电的热效应

遭受雷击的树木、电杆、房屋等,因通过强大的雷电流而产生很大的热量,但在极短的时间内又不易散发出来,所以会使金属熔化,使树木烧焦。尤其当雷电流流过易燃、易爆物体时,会引起火灾或爆炸,造成建筑物倒塌、设备毁坏以及人身伤害等重大事故。

2)雷电的机械效应

当雷电流流过被击物体时,强大的雷电流产生的巨大热量,使物体内的水分急剧蒸发,或使物体内缝隙的气体剧烈膨胀,造成内压力剧增,使被击物体劈裂甚至爆炸。另外,雷电流流过被击物体时产生的巨大电动力作用,可摧毁电力设备、杆塔和建筑,并伤害人畜。

3)雷电的电磁效应

在雷电流通过的周围,将有强大的电磁场产生,使附近的导体或金属结构以及电力装置中产生很高的感应电压,可达几十万伏,足以破坏一般电气设备的绝缘;在金属结构回路中,接触不良或有空隙的地方,将产生火花放电,引起爆炸或火灾。

二、防雷措施

建筑物防雷的主要措施是防雷和过电压保护。防雷系统可分为外部防雷系统和内部防雷装置,如图 11-18 和图 11-19 所示。

1. 外部防雷系统

为了避免建筑物遭受雷击,保护建筑物内人员的人身安全,在可能遭受雷击的建筑物上,应装设防雷装置。防雷装置的工作原理是吸引雷电流,将雷电流引向自身并安全导入地中,从而保护附近建筑物免遭雷击。外部防雷系统由接闪器、引下线和接地装置组成。外部防雷系统的主要作用是避免直击雷引起的电效应、建筑物热效应、机械效应等。

1)接闪器

接闪器是吸引和接收雷电流的金属导体,用导电性能很好的金属材料制成,装在建筑物顶部。常见的接闪器的形式有避雷针、避雷带和避雷网。

(1)避雷针。

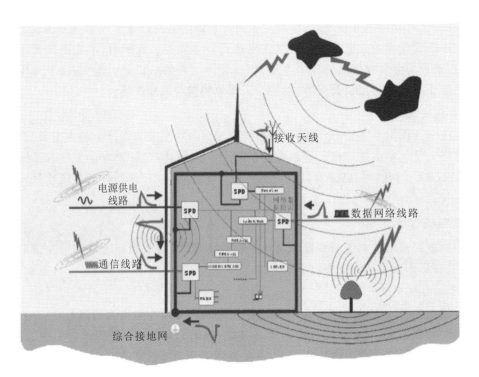

图 11-18　建筑物防雷措施示意图

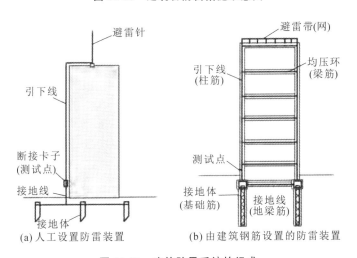

(a) 人工设置防雷装置　　　　(b) 由建筑钢筋设置的防雷装置

图 11-19　建筑防雷系统的组成

避雷针的功能实质是引雷,一般用镀锌圆钢或镀锌钢管焊接制成,上部制成针尖形状,利于尖端放电。针长 1 m 以下时,圆钢直径不得小于 12 mm,钢管直径不得小于 20 mm;针长 1~2 m 时,圆钢直径不得小于 16 mm,钢管直径不得小于 25 mm。避雷针适用于保护细高的建筑物,如烟囱、水塔等。

(2) 避雷带。

避雷带水平敷设在建筑物顶部的突出部位,如屋脊、屋檐、女儿墙、山墙等位置,对建筑物易受雷击部位进行保护。避雷带一般采用镀锌圆钢或扁钢制成,圆钢的直径不得小于 8 mm,扁钢的截面积不得小于 48 mm^2,厚度不得小于 4 mm。安装避雷带时,每隔 1 m 用支架固定在墙上或现浇在混凝土的支座上,如图 11-20 所示。

图11-20　避雷带及支架

（3）避雷网。

避雷网是用金属导体做成的网状接闪器。网格不应大于10 m，使用的材料与避雷带相似，网格的交叉点必须进行焊接，如图11-21所示。避雷网宜采用暗装，其距离屋面层的厚度一般不大于20 mm。

通常最好采用明装避雷带与暗装避雷网相结合的方法，以减少接闪时在屋面层上击出的小洞。避雷网可以看成是可靠性更高的多行交错的避雷带，既是接闪器，又是防感应雷危害的装置。

图11-21　避雷网安装示意图

2）引下线

引下线的作用是将接闪器接收到的雷电流引至接地装置。引下线一般采用圆钢或扁钢制成，圆钢直径不小于8 mm，扁钢截面积不小于48 mm²，厚度不小于4 mm，在易受腐蚀的部位，其截面积应适当增大。

引下线的安装方式可分为明敷设和暗敷设两种。明敷设是沿建筑物外墙敷设，敷设时应保持一定的松紧度，并尽量短而直，若必须弯曲时，弯角应大于90°，如图11-22所示。引下线应敷设于人们不易触及之处，在地下0.3 m到地上1.7 m的一段引下线应加保护设施，以避免机械损坏和人身接触。为了便于测量接地电阻和校验防雷系统的连接情况，应在各引下线距地面0.3～1.8 m之间装设断接卡子（图11-23）。暗敷设是将引下线砌于墙内或利用建筑物柱内的对角主筋可靠焊接作为引下线。若利用柱内钢筋作引下线，可不设断接卡子，但应在外墙距地面0.3 m处设连接板，以便测量接地电阻。

图11-22　引下线的明敷设　　　　　**图11-23　断接卡子**

3）接地装置

接地装置的作用是接收引下线传来的雷电流，并以最快的速度泄入大地，接地装置包括接地母线和接地体两部分。

接地母线是用来连接引下线和接地体的金属导体，常采用截面积不小于25 mm×4 mm的扁钢。

接地体分为自然接地体和人工接地体。自然接地体是指兼作接地体用的与大地有可靠连接的建筑物的钢结构和钢筋、行车的钢轨、埋地的金属管道等。利用自然接地体时，一定要保证良好的电气连接，在建（构）筑物结构的结合处，除已焊接外，凡用螺栓连接或其他连接的，都要采用跨接焊接，而且跨接线不得小于规定值。在设计和装设接地装置时，首先应充分利用自然接地体，以节约投资。如果实地测量所利用的自然接地体电阻已能满足要求，而且这些自然接地体又满足热稳定条件，可不必再装设人工接地装置。人工接地体是指人为埋入地下的金属导体，有垂直埋设和水平埋设两种基本结构形式，如图 11-24 所示，一般采用钢管、圆钢、角钢或扁钢等安装和埋

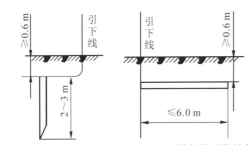

(a) 垂直埋设的棒形接地体　(b) 水平埋设的带形接地体

图 11-24　人工接地体

入地下，但不应埋设在垃圾堆、炉渣和强烈腐蚀性土壤处。最常用的垂直接地体为直径 50 mm、长 2.5 m 的钢管，这是最为经济合理的。

2. 内部防雷装置

内部防雷装置主要指等电位联结系统、共用接地系统、屏蔽系统等构造。其主要作用是避免建筑物内因雷电感应和高电位反击而出现危险火花。在实际应用中，内部防雷装置的应用更为普遍。

3. 过电压保护

过电压是指在电气设备上或线路上出现的超过正常工作要求的电压。其主要种类是瞬态过电压和暂态过电压（或称短时过电压）。瞬态过电压是由雷电过电压或雷击过电压引起的；而暂态过电压是由电气回路运行失稳所产生的危险过电压。

过电压保护主要采用电涌防护。电涌保护器（图 11-25）也称为防雷器，是一种为各种电子设备、仪器仪表、通信线路提供安全防护的电子装置。当电气回路或者通信线路中因为外界的干扰突然产生尖峰电流或者电压时，电涌保护器能在极短的时间内导通分流，从而避免电涌对回路中其他设备的损害。

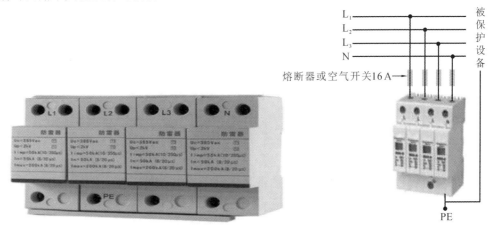

图 11-25　电涌保护器

4. 建筑物防雷等级划分

按《建筑物防雷设计规范》(GB 50057—2010)的规定,将建筑物按其重要性、使用性质、发生雷击事故的可能性和后果,按防雷规范要求分为三类。

1) 第一类防雷建筑物及防雷措施

第一类防雷建筑物是指具有特别重要用途的建筑物,如国家级会堂、办公建筑、档案馆、大型博展建筑,特大型、大型铁路车站,国际性的航空港、通信枢纽,国家级宾馆、大型旅游建筑、国际港口客运站等,另外还包括国家级重点文物保护的建筑物和构筑物及高度超过100 m的建筑物。

第一类防雷建筑物的主要防雷措施有:

(1) 防直击雷的接闪器应采用装设在屋角、屋脊、女儿墙或屋檐上的避雷带,并在屋面上装设不大于10 m×10 m的网格。

(2) 为了防止雷电波的侵入,进入建筑物的各种线路及金属管道宜采用全线埋地引入,并在入户端将电缆的金属外皮、钢管及金属管道与防雷接地装置连接。

(3) 对于高层建筑,应采取防侧击雷和等电位联结措施。

2) 第二类防雷建筑物及防雷措施

第二类防雷建筑物是指重要的人员密集的大型建筑物,如部(省)级办公楼、省级会堂、博展、体育、交通、通信、广播等建筑以及大型商店、影剧院等,另外还包括省级重点文物保护的建筑物和构筑物,19层以上的住宅建筑和高度超过50 m的其他民用建筑物,省级以上大型计算中心和装有重要电子设备的建筑物等。

第二类防雷建筑物的主要防雷措施有:

(1) 防直击雷的接闪器宜采用装设在屋角、屋脊、女儿墙或屋脊上的环状避雷带,并在屋面上装设不大于15 m×15 m的网格。

(2) 为了防止雷电波的侵入,当低压线路全长采用埋地电缆或架空金属线槽的电缆引入时,在入户端应将电缆金属外皮、金属线槽接地,并与防雷接地装置相连。

(3) 其他防雷措施与一级防雷措施相同。

3) 第三类防雷建筑物及防雷措施

第三类防雷建筑物指当年计算雷击次数大于0.05时,或通过调查确定需要防雷的建筑物;建筑群中最高或位于建筑物边缘高度超过20 m的建筑物;高度为15 m以上的烟囱、水塔等孤立的建筑物或构筑物,在雷电活动较弱地区(年平均雷暴日不超过15天)其高度可为20 m以上;历史上雷害事故严重地区或雷害事故较多地区的较重要建筑物。

第三类防雷建筑物的主要防雷措施有:

(1) 防直击雷宜在建筑物屋角、屋檐、女儿墙或屋脊上装设避雷带或避雷针,当采用避雷带保护时,应在屋面上装设不大于20 m×20 m的网格。对防直击雷装置引下线的要求,与一级防雷建筑物的保护措施对防直击雷装置引下线的要求相同。

(2) 为了防止雷电波的侵入,应在进线端将电缆的金属外皮、钢管等与电气设备接地装置相连。若电缆转换为架空线,应在转换处装设避雷器。

三、防雷接地平面图识读

1. 防雷工程平面图

图11-26所示为某住宅楼的屋顶防雷平面图。

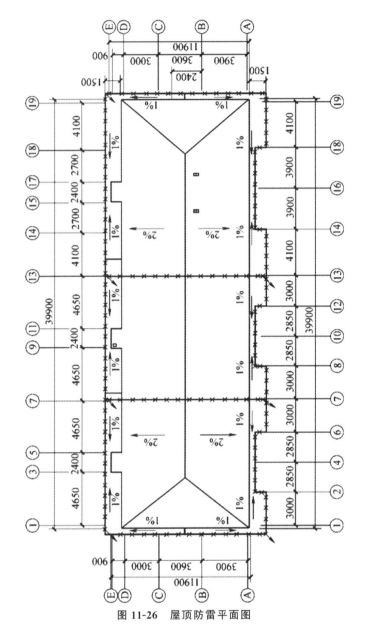

图 11-26 屋顶防雷平面图

① 本建筑防雷按三类防雷建筑物考虑,用 410 镀锌圆钢在屋顶周边设置避雷网,每隔 1 m设置一处支持卡子,做法见国标 15D501 图集。

② 利用构造柱内主筋作为防雷引下线,共分 8 处分别引下,要求作为引下线的构造柱主筋自下而上通长焊接,上面与避雷网连接,下面与基础钢筋网连接,施工中注意与土建密切配合。

③ 在建筑物四角设接地测试点板,接地电阻小于 10 Ω,若不满足应另设人工接地体,做法见国标 15D501 图集。

④ 所有凸出屋面的金属管道及构件均应与避雷网可靠连接。

2. 接地平面图

图 11-27 所示为总等电位连接平面图,由于整个连接体都与作为接地体的基础钢筋网

相连,可以满足重复接地的要求,故没有另外做重复接地。大部分做法采用标准图集,图中给出了标准图集的名称和页数。

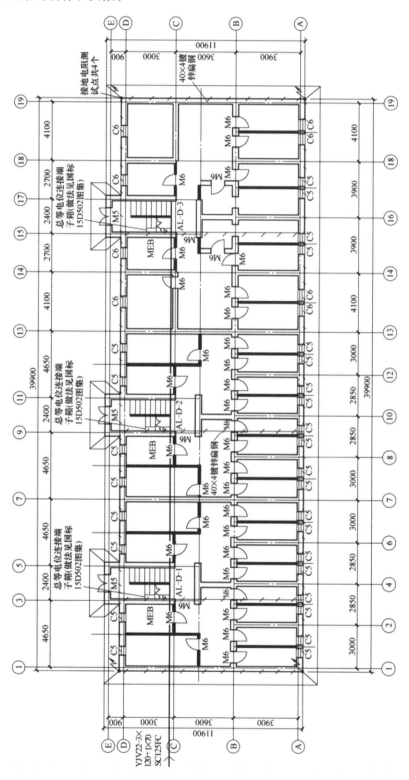

图 11-27 总等电位连接平面图

基础知识测评题

一、填空题

1. 完整的防雷系统都由＿＿＿＿＿＿、＿＿＿＿＿＿和＿＿＿＿＿＿三部分组成。

2. 按用电设备（负荷）对供电可靠性的要求及中断供电造成的危害程度分为＿＿＿＿＿＿、＿＿＿＿＿＿、＿＿＿＿＿＿三种。

3. 用来保护变压器或其他配电设备免受雷电产生的过电压波侵入的是＿＿＿＿＿＿。

二、选择题

1. 可安装漏电保护开关,有良好的漏电保护性能,在高层建筑或公共建筑中得到广泛采用的是（　　）。

A. TN-S 系统　　　B. TN-C 系统　　　C. TN-C-S　　　D. TN-S-C

2. 防避直击雷通常是通过接闪器将雷电流接收下来并通过作引下线的金属导体导引至埋于大地起散流作用的接地装置再泄散入地,以下不属于接闪器的是（　　）。

A. 避雷针　　　B. 避雷带　　　C. 接地极　　　D. 避雷线

3. 以下建筑物属于第三类防雷建筑物的是（　　）。

A. 国家级重点文物保护的建筑物　　　B. 大型展览和博览建筑物

C. 烟花爆竹制造厂　　　D. 高度在 15 m 及以上的烟囱

4. 为保证电力系统和设备达到正常工作要求而进行的一种接地称为（　　）。

A. 工作接地　　　B. 保护接地　　　C. 重复接地　　　D. 保护接零

5. 各种不同性质的接地装置联合接地时,接地电阻要求小于（　　）Ω。

A. 1　　　B. 4　　　C. 10　　　D. 30

6. 人工垂直接地体间的距离及人工水平接地体间的距离宜为（　　）m,当受地方限制时可适当减小。

A. 2.5　　　B. 3　　　C. 5　　　D. 10

三、判断题

1. TN-C 系统的优点是节约投资,比较经济,主要应用在工厂、车间等三相动力设备比较多建筑中。（　　）

2. 避雷网又分明网和暗网,其网格越密可靠性越好。（　　）

四、简答题

1. 触电有哪些形式？影响触电危险性的因素有哪些？

2. 安全电压的等级有哪些？

3. 低压配电系统的接地形式有哪些？

4. 简述防雷接地系统的安装工艺。

5. 防雷接地的组成有哪些？

6. 接地都有哪些形式？

7. 接闪器的作用是什么？常见的接闪器类型有哪些？

扫一扫看答案

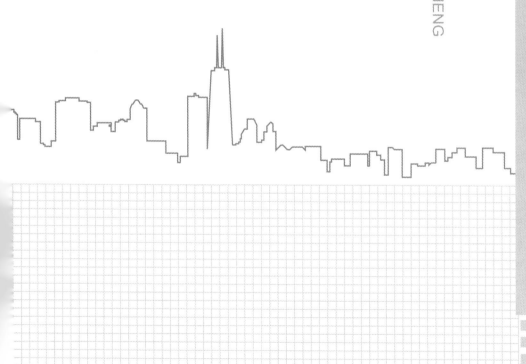

学习情境 4

智能建筑弱电系统工程

ZHINENG JIANZHU RUODIAN XITONG GONGCHENG

教学导航

教学项目	项目12 智能建筑弱电系统工程	参考学时	8～10
	项目13 火灾自动报警系统		
	项目14 安全防范系统		
	项目15 综合布线系统		
教学载体	多媒体教室、教学课件及教材相关内容		
教学目标	知识目标	了解智能建筑的定义,智能化系统工程组成、架构和系统配置;熟悉智能化信息集成(平台)系统的组成、架构、通信互联及通信内容;了解建筑弱电系统的施工工艺要求;熟悉建筑弱电系统的连接方式、常用管件、附件及设备;掌握建筑弱电系统的分类,会识读弱电系统施工图纸,包括信息接入系统、布线系统、信息网络系统、火灾自动报警系统、安全技术防范系统等	
	能力目标	能适宜地选择弱电电线及对应的连接方式;能识记建筑弱电系统常用图例;能看懂建筑弱电系统施工图纸,提取图纸工程信息以指导工程算量、现场安装施工;具备与弱电系统安装有效配合和协作的能力	
	素质目标	1.培养学生吃苦耐劳、勇于探索、不断创新的职业精神。2.理解将建筑物的结构、系统服务和管理根据用户的需求进行最优化组合,从而为用户提供一个高效、舒适、便利的人性化建筑环境。3.激发学生的创新意识,鼓励科技创新,科技引领未来	
过程设计	任务布置及知识引导→学习相关新知识点→解决与实施工作任务→自我检查与评价		
教学方法	项目教学法		

课程思政要点

智能化系统已在我国建筑及住宅领域得到广泛应用,系统集成、建筑智能化工程技术也日趋成熟,我国不少智能建筑技术研发成果已接近国际水平。除了学习本章内容外,读者还应时刻关注智能建筑领域的发展新动态,不断学习新技术,在实际施工过程中懂得融会贯通,为建设智能化城市作出贡献。

拍一拍

智能化给我们的生活带来了极大的便利,让我们的生活、学习、工作变得多姿多彩。同学们可以拍一拍你身边的智能设备,感受"智能化生活"的魅力。

智慧生活场景

想一想

网络系统是如何搭建的？需要避开哪些干扰因素？

拓展知识链接

（1）《智能建筑设计标准》(GB 50314—2015)。

（2）《智能建筑工程质量验收标准》(GB 50339—2013)。

（3）《安全防范工程技术标准》(GB 50348—2018)。

（4）《入侵报警系统工程设计规范》(GB 50394—2007)。

（5）《综合布线系统工程设计规范》(GB 50311—2016)。

（6）《综合布线系统工程验收规范》(GB/T 50312—2016)。

（7）《火灾自动报警系统设计规范》(GB 50116—2013)。

（8）《火灾自动报警系统施工及验收标准》(GB 50166—2019)。

（9）《建筑电气工程施工质量验收规范》(GB 50303—2015)。

（10）图集《室内管线安装(2004 年合订本)》(D301-1～3)。

项目 **12** 智能建筑弱电系统工程

任务 1　智能建筑概述

智能建筑(intelligent building,缩写 IB)是建筑电气的一个重要组成部分,它是传统建筑工程和信息技术相结合的必然产物,是将计算机技术、通信技术、自动控制技术与建筑技术相结合,建立起的一个庞大综合网络,使建筑物进一步智能化。智能建筑以其高效、安全、舒适和适应信息社会要求等特点,成为世界各类建筑特别是大型建筑的主流。

一、智能建筑的定义

智能化建筑,就是在智能建筑环境内,由系统集成中心(SIC)通过综合布线系统(PDS)

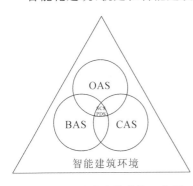

图 12-1　智能化建筑结构示意图

来控制 3A 系统,实现高度信息化、自动化及舒适化的现代建筑物,如图 12-1 所示,即楼宇自动化系统(building automation system,BAS)、办公自动化系统(office automation system,OAS)和通信自动化系统(communication automation system,CAS),简称 3A。另外,有专家提出智能建筑还包括保安自动化系统(security automation system,SAS)和消防自动化系统(fire automation system,FAS),国内外通常将保安自动化系统和消防自动化系统并入楼宇自动化系统,称为建筑设备自动化系统(BAS)。

(1)美国智能建筑学会(AIBI,American Intelligent Building Institute)定义为:智能建筑是对建筑物的结构、系统、服务和管理这四个基本要素进行最优化组合,为用户提供一个高效率并具有经济效益的环境。

（2）日本智能建筑研究会认为，智能建筑应提供包括商业支持功能、通信支持功能等在内的高度通信服务，并能通过高度自动化的大楼管理体系保证舒适的环境和安全，以提高工作效率。

（3）欧洲智能建筑集团认为，智能建筑是使其用户发挥最高效率，同时又以最低的保养成本最有效地管理本身资源的建筑，能够提供一个反应快、效率高和有支持力的环境，以使用户达到其业务目标。

（4）我国智能建筑专家、清华大学张瑞武教授提出了比较完整的定义，即智能建筑是指利用系统集成方法，将智能型计算机技术、通信技术、控制技术、多媒体技术和现代建筑艺术有机结合，通过对设备的自动监控、对信息资源的管理、对使用者的信息服务及其建筑环境的优化组合，所获得的投资合理、适合信息技术需要并且具有安全、高效、舒适、便利和灵活特点的现代化建筑物。这也是目前我国智能化研究理论界所公认的定义。

我国国家标准《智能建筑设计标准》（GB 50314—2015）对智能建筑给出了比较科学的定义，即智能建筑是以建筑物为平台，基于对各类智能化信息的综合应用，集架构、系统、应用、管理及优化组合为一体，具有感知、传输、记忆、推理、判断和决策的综合智慧能力，形成以人、建筑、环境互为协调的整合体，为人们提供安全、高效、便利及可持续发展功能环境的建筑。

由上述定义可知，建筑物是智能建筑的平台；智能化信息技术是智能建筑采用的主要技术；将架构、系统、应用、管理及优化组合的集成作为智能建筑的载体；感知、传输、记忆、推理、判断和决策是智能建筑的功能；形成以人、建筑、环境互为协调的整合体，为人们提供安全、高效、便利及可持续发展功能的环境是发展智能建筑的目的。尽管各个组织对智能建筑的定义有不同的文字表述，但其内涵是基本一致的，都以实现高效、舒适、便捷、安全的建筑环境空间为目的。

二、智能建筑的组成

在智能化建筑环境内，体现智能化功能的是系统集成中心（SIC）、PDS 和 3A 系统等五个部分。其总体构成和功能如图 12-2 和图 12-3 所示。

1. 系统集成中心（SIC）

系统集成中心具有各个智能化系统信息总汇集和各类信息的综合管理的功能。具体要达到以下三方面要求：

（1）汇集建筑物内外各种信息。接口界面要标准化、规范化，以实现各智能化系统之间的信息交换及通信协议（接口、命令等）。

（2）对建筑物各智能化系统的综合管理。

（3）对建筑物内各种网络管理，必须具有很强的信息处理及数据通信能力。

2. 综合布线系统（PDS）

综合布线系统是一种集成化通用传输系统，利用无屏蔽双绞线（UTP）或光纤来传输智能化建筑或建筑群内的语言、数据、监控图像和楼宇自控信号。

PDS 是智能化建筑连接 3A 系统各种控制信号必备的基础设施，目前已被广泛应用。PDS 通常是由工作区（终端）子系统、水平布线子系统、垂直干线子系统、管理子系统、设备子

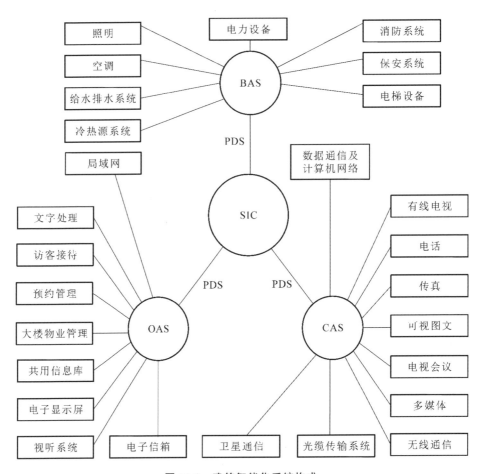

图 12-2　建筑智能化系统构成

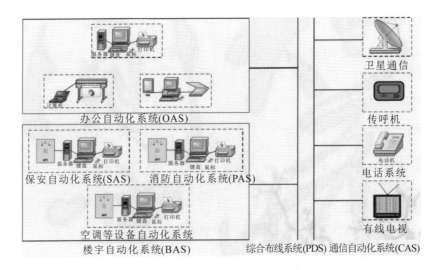

图 12-3　建筑智能化系统功能示意图

系统及建筑群室外连接子系统等六个部分组成。它采用积木式结构,模块化设计,实施统一标准,完全能满足智能化建筑高效、可靠、灵活性强的要求。

3. 建筑设备自动化系统（BAS）

BAS 是将建筑物内的供配电、照明、给水排水、暖通空调、保安、消防、运输、广播等设备通过信息通信网络组成的分散控制、集中监视与管理的管控一体化系统，它可以随时检测、显示其运行参数，监视、控制其运行状态，并根据外界条件、环境因素、负载变化情况自动调节各种设备使其始终运行于最佳状态，从而保证系统运行的经济性和管理的科学化、智能化，使建筑物内形成安全、舒适、健康的生活环境和高效节能的工作环境。

4. 通信自动化系统（CAS）

智能建筑中的 CAS 对来自建筑物内外的各种语音、文字、图形图像和数据信息进行收集、存储、处理和传输，为用户提供快速的、完备的通信手段和高速有效的信息服务。它包括语音通信、图文通信、数据通信和卫星通信四个部分，负责建立建筑物内外各种信息的交换和传输。

5. 办公自动化系统（OAS）

OAS 是服务于具体办公业务的人机交互信息系统，它利用先进的科学技术不断使人的办公业务活动物化于人以外的各种设备中，设备和办公人员构成服务于某种目标的人机信息处理系统，充分利用信息资源完成各类电子数据的处理，对各类信息进行有效的管理，提高劳动效率和工作质量，并辅助决策。

传统办公系统和现代化办公自动化的本质区别是信息存储和传输的介质不同。传统的办公系统使用模拟存储介质进行存储，所使用的各种设备之间没有自动的配合，难以实现高效率的信息处理和传输。现代化的办公自动化系统利用计算机把多媒体技术和网络技术相结合，使信息以数字化的形式在系统中存储和传输。办公自动化技术的发展将使办公活动朝着数字化的方向发展，最终实现无纸化办公。

三、智能建筑的分类

随着智能建筑技术应用的拓展，具有智能化特征的建筑也延伸到了智能大厦、智能化住宅、智能小区等方面。

1. 智能大厦

智能大厦是指单栋办公、商务楼宇或具有其他用途及业务属性的楼宇智能化后形成的智能型建筑。办公大楼可以是商务的、企事业办公用的或用于科研用途的。总之，办公大楼的用途可以是多方面的，但都装备了较完整的智能化系统和智能化、信息化的基础设施。智能大厦的基本框架是将楼宇自动化系统、通信自动化系统、办公自动化系统集成为一个整体，并将各个系统的软硬件有机地集成在一起。智能大厦可以进行综合化和多元化管理。

2. 智能化住宅

智能化住宅是指通过家庭总线将家庭住宅内的各种与信息相关的通信设备、执行终端、家用电器、家庭保安及防灾害装置并入网络，进行集中式的监控操作，并高效率地管理家庭事务。这样的住宅内部与外部有着和谐的环境氛围，用户在工作、学习方面有着较高的效率，能够方便地调用大量外部信息资源，同时也能方便快捷地将用户个人信息与外部进行交互。在生活方面，智能化住宅具有较高的舒适性和安全性。

3. 智能小区

智能小区将建筑艺术、生活理念与信息技术、计算机网络技术等相关技术很好地融合在一起,为用户提供安全、舒适、方便和开放的智能化、信息化生活空间。它依靠高新技术实现回归自然的环境氛围、促进人文环境的发展,依靠先进的科技实现小区物业运行的高效化、节能化和环保化,体现了小区建筑发展的趋势。

智能小区最重要的特征就是智能化,其以小区建筑实体作为平台,综合运用信息处理、传输、监控、管理及系统集成技术,实现服务、信息和系统资源的高度共享。智能小区具有如下重要特征:①有安全、舒适、方便的小区生活环境;②有回归自然的绿色环境氛围;③有文明的小区人文环境。

另外,对于智能建筑的分类,国内学者还提出了智能广场、智能城市和智能国家等类型。

四、智能建筑等级划分

《智能建筑设计标准》(GB 50314—2015)中规定:各类建筑应分别对应于各单项建筑设计规范中对各类建筑物整体分类和设计等级设档的规定。这里要特别指出的是,各单项建筑都有其相应的设计规范,如《住宅设计规范》《办公建筑设计规范》《旅馆建筑设计规范》等。

智能建筑可划分为甲、乙、丙三级,其中,甲级适用于配置智能化系统标准高而齐全的建筑;乙级适用于配置基本智能化系统,但综合性较强的建筑;丙级适用于配置部分主要智能化系统,并有发展和扩充需要的建筑。

任务2   楼宇智能化技术

智能建筑是建筑技术与信息技术相结合的产物。现代建筑技术(architecture)、现代计算机技术(computer)、现代控制技术(control)和现代通信技术(communication),即 3C＋A 技术是智能建筑的技术基础。

一、智能建筑的基本要求

为了提供优越的生活环境和高效率的工作环境,智能建筑是计算机和信息处理技术与建筑艺术相结合的产物。智能建筑应具有舒适性、高效性、开放性、适应性、安全性和经济性。

1. 舒适性

舒适性是智能建筑追求的目标之一,对舒适性的描述主要有温度、湿度、照度、色彩、自然光、气味和卫生等指标。舒适性是指当这些指标达到最佳状态时,人们所获得的生理和心理上的舒适感觉。

2. 高效性

智能建筑能够提高办公业务、通信、决策方面的工作效率,节省人力、物力、时间、资源、能耗和费用,提高建筑物所属设备系统使用管理方面的效率。

3. 开放性

智能建筑的信息系统建设应具有开放性,即通过合理的系统架构来适应新技术的发展和系统的不断升级,以此来满足用户需求的变化,同时借助社会提供的巨大信息资源为业主和用户服务,以适应社会信息化的要求。

4. 适应性

智能建筑对于办公组织结构的改变、办公方法和程序的变更,以及办公设备的更新变化等,具有较强的适应性;能够稳妥、迅速地实现服务设施的变更;当办公设备、网络功能发生变化和更新时,不影响原有系统的使用。

5. 安全性

安全性是智能建筑必须具备的一个基本特征。智能建筑的安全性包括环境安全、信息网络安全等方面。环境安全是指人们工作或生活的环境应具有防火、防泄漏、防盗、防抢劫、防环境污染等措施。信息网络安全是指防止智能建筑内部信息网的信息资源发生泄露和被干扰,特别是防止信息、数据被破坏、删除和篡改,以及系统的非法或不正确使用。

6. 经济性

智能建筑功能的增强无疑将引起建设投资的增大,能耗也会随之增大,对经济性的衡量应采用相对标准,即性能价格比,而不是看绝对成本是否增加。实现智能建筑经济性的关键是在智能建筑的设计、运营、管理中通过优化资源配置来获得经济效益。

二、智能建筑的功能

智能建筑的基本功能是使楼宇控制自动化、楼宇通信自动化和办公自动化,这三个方面通过综合布线和系统集成技术实现互联互通,形成一个高效能的集成体系。

智能建筑通过通信自动化系统中的通信设施和网络设施,高效率地实现和外界及建筑物内部的信息交互、数据传输和处理;通过楼宇自动化系统实现楼宇中各种执行设备、终端的自动控制,供配电系统、照明系统和动力设备的高效控制和监测;并通过现场总线控制楼宇中的现场设备、测控仪表,实现分散控制和现场设备的互操作及彼此间的通信;通过保安自动化系统实现对建筑物的安全监控,这种监控包括自动报警环节和视频监控环节;通过消防自动化系统实现对建筑物内有害烟尘、异常高温、有害气体的自动检测和报警并启动联动控制系统,及时处理可能导致重大灾害事件的情况;通过办公自动化系统实现办公高效化、信息化、数据库化,实现物业管理的高效能化和用户关系的亲和化。

智能建筑能优化、协调能耗设备合理运行,使之较大幅度地节能,并且尽可能地利用太阳能、风能等自然能源,使智能建筑成为名副其实的节能建筑。

借助智能大厦综合管理系统,智能建筑的诸多功能环节和子系统能够同时运行,使智能建筑具有以下优越性:①提供安全、健康、舒适、高效、便捷的工作和生活环境;②能够最大限度地节约能源;③智能建筑采用开放式建筑结构和大跨度框架结构,方便用户迅速改变建筑物的使用功能或重新规划建筑平面；④节省设备运行维护费用；⑤提高工作效率；⑥为用户提供优质服务。

三、智能建筑的特点

楼宇自动化系统是智能建筑中最基本的系统，是由多个不同建筑设备监控子系统组成的集成系统，随着技术的发展和应用的深入，该系统毫无疑问在广度和深度上还会更加复杂。楼宇自动化系统均有如下的基本特点。

（1）从自控设备组成上看，同一楼宇自动化系统的自控设备通常来自不同的厂家。这个特点要求不同厂商的设备必须遵循一定的标准和应用方式，才能实现自控设备间的互操作。事实上，实现不同厂商自控设备之间的互操作是包括楼宇自动化在内的所有自控领域一直追求的最高目标，也是自控领域重点研究的方向之一。

（2）从功能来看，楼宇自动化系统是一个分布式的网络系统，并在不同的情况下具有不同级别的实时操作和访问功能。

（3）从网络组成来看，楼宇自动化系统是多种局域网并存的网络控制系统。这就要求系统须根据性能/价格比合理选择不同的局域网络，以实现"结构、系统、服务、管理及它们之间的最优化组合"。

（4）从时间响应来看，楼宇自动化系统是一个"强实时"与"弱实时"的混合系统。有些建筑设备的控制必须是强实时的，如火灾检测与报警系统；而有些建筑设备的控制是非实时的，如空气过滤器失效报警系统。从总体上来看，该系统是一个弱实时自控系统。

（5）从执行标准来看，楼宇自动化系统不是国家强制执行标准的范围，应根据业主的需要、项目投资及投资回收状况等实际情况，确定系统的规模、范围和相应的设计等级。

楼宇自动化系统是集成各厂商设备并实现互操作的网络自控系统。从目前实现楼宇自动化系统的技术来看，实现楼宇自动化系统可以有许多技术，但根据实现技术的特点来分类，楼宇自动化系统可分为两大类：专有系统和开放系统。

综上所述，楼宇自动化系统将向着标准更加统一、更加开放的方向发展。随着现代 IT技术的发展，楼宇自动化系统在不断应用现代 IT 最新技术的同时，也不断与 IT 系统进行融合，并逐渐演变成 IT 系统的一个部分。

随着科技的进步和生活水平的提高，人们对住宅和住宅小区的要求也越来越高，于是楼宇自动化系统的应用也延伸至住宅小区，形成"智能住宅小区"。由于住宅小区具有自身的特点和要求，因此楼宇自动化系统的内容得到了进一步的丰富和发展。

创造良好人居环境的最终目标对楼宇科技的发展提出了更高的要求，不论是在设计手段、材料、建筑设备及其自动化方面，还是在施工工艺、运行与维护管理等方面，都必须着眼于节能、环保、安全的根本出发点。只有首先满足这些基本要求，楼宇科技的发展和在楼宇领域中的应用才有更深远的意义。

四、智能建筑发展趋势的认识

从智能建筑的发展过程和未来趋势看，计算机自动控制理论与技术、计算机网络理论与技术、建筑设备自控网络理论与技术和系统集成理论与技术是实施楼宇自动化工程系统的核心内容。在这些核心内容中,计算机自动控制理论与技术和计算机网络理论与技术是楼宇自动化的基础理论,建筑设备自控网络理论与技术和系统集成理论与技术是楼宇自动化的特有理论和技术。考虑到工程技术的内容,楼宇自动化的基本内容和体系如图12-4所示。

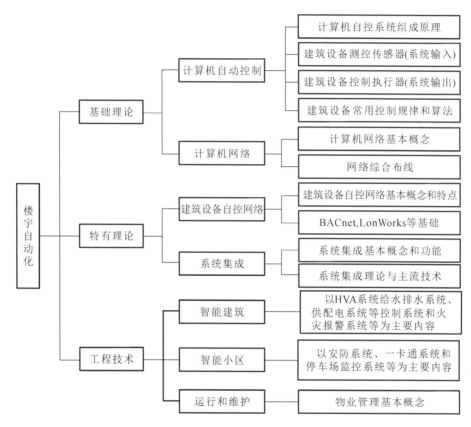

图 12-4　楼宇自动化的基本内容和体系

随着计算机技术、通信技术和智能化技术的进步,智能建筑也随之不断发展,智能建筑的发展趋势主要表现在以下几个方面。

(1)向规范化方向发展。智能建筑越来越受到各国的高度重视,我国出台了一系列相关政策,制定了相关的规范,使设计、施工有了明确的要求和标准,进一步引导智能建筑向规范化方向发展。

(2)以人为本。智能建筑要以建筑中每个人的舒适与健康作为重要目标,并且居住者要能够真真切切地控制其所在的建筑环境。

(3)无线网络技术在智能建筑中有更深入、广泛的应用。无线局域网(wireless local area networks,WLAN)、移动无线网络和蓝牙微网配合智能建筑中的有线网络,使智能建筑可进行无盲区的实时多媒体及视频数据的通信。应用甚小口径数字卫星技术、微波通信技术和移动通信技术,使各种通信网络和信息网络一起构成智能建筑的全球三维通信体系。

(4)办公方式的多样化和高效化。智能建筑的办公方式也将随着网络技术、通信技术和视频多媒体技术的发展而更加多样化和高效化,使无线网络的移动办公和固定办公方式相结合,身居家中或差旅途中一样可以方便地进入自己的办公流程,及时处理办公文件,参加视频会议,参与发言和讨论及办公事务的正常处理,完成部分办公室内的日常性工作,时间利用率高,可在一定程度上化解大城市交通拥堵所带来的时间浪费和工作效率降低的问题。

(5)节能的定量化和高精度控制。智能建筑将最大限度地运用现有的软硬件资源,通过软件开发来进一步实现高精度、定量化的节能控制,并同时实现其他有形资源的节约。

任务 3　智能家居

一、智能家居概述

智能家居通过物联网技术将家中的各种设备(如音视频设备、照明系统、窗帘、空调、安防系统、数字影院系统、影音服务器、网络家电及三表抄送等)连接到一起,提供家电控制、照明控制、电话远程控制、室内外遥控、防盗报警、环境监测、暖通控制以及可编程定时控制等多种功能和手段。与普通家居相比,智能家居不仅具有传统的居住功能,而且能实现网络通信、设备自动化等功能,提供全方位的信息交互功能,并节省各种能源费用。图 12-5 所示为智能家居系统模拟示意图。

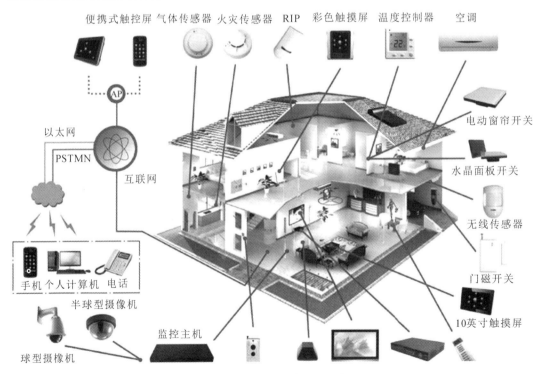

图 12-5　智能家居系统模拟示意图

二、智能家居的功能

智能家居是以住宅为平台,利用先进的计算机技术、网络通信技术、综合布线技术、音视频技术等,将与家居生活有关的各子系统(如安防监控、灯光控制、窗帘控制、智能家电、场景联动等)有机地结合在一起,构建高效的住宅设施与家庭的日常事务管理系统,实现安全、便利、舒适、环保、节能、艺术的居住环境。

1. 智能灯光控制

实现对住宅灯光的智能管理,可以用遥控等多种智能控制方式实现对住宅灯光的全开全关及"会客、影院"等多种一键式灯光场景效果的远程控制,并可用定时控制、电话远程控制、计算机本地及互联网远程控制等多种方式实现控制功能,从而达到智能照明的节能、环保、舒适和方便的功能。智能灯光控制的优点有:

(1) 控制方式多种。包括就地控制、多点控制、遥控控制和区域控制等。

(2) 安全。通过弱电控制强电方式,实现控制回路与负载回路分离,操作十分安全。

(3) 简单。智能灯光控制系统采用模块化结构设计,简单灵活、安装方便。

(4) 灵活。根据环境及用户需求的变化,只需做软件修改设置就可以实现灯光布局的改变和功能扩充。

2. 智能电器控制

电器控制采用弱电控制强电方式,既安全又智能,可以用遥控、定时等多种智能控制方式实现对在家里饮水机、插座、空调、地暖、投影机和新风系统等的智能控制。避免饮水机在夜晚反复加热影响水质,在外出时也可断开插座以节省电量消耗;对空调、地暖、新风系统进行定时或者远程控制,让主人到家后马上享受舒适的温度和新鲜的空气。智能电器控制的优点有:

(1) 方便。可实现就地控制、场景控制、遥控控制、电话计算机远程控制和手机控制等,操作起来十分方便。

(2) 健康。通过智能检测器,可以对家里的温度、湿度、亮度进行检测,并驱动电器设备自动工作。

(3) 安全。系统可以根据生活节奏自动开启或关闭电路,避免不必要的浪费和电器老化引起的火灾。

3. 安防监控系统

随着人们居住环境的升级,人们越来越重视自己的个人安全和财产安全,对人、家庭及住宅、小区的安全方面提出了更高的要求。同时,经济的飞速发展伴随着城市流动人口的急剧增加,给城市的社会治安增加了新的难题,要保障小区的安全,防止偷抢事件的发生,就必须有自己的安全防范系统,人防的保安方式难以满足人们的要求,智能安防已成为当前的发展趋势。

视频监控系统已经广泛地应用于银行、商场、车站和交通路口等公共场所,但实际的监控任务仍需要较多的人工完成,而且现有的视频监控系统通常只是录制视频图像,提供的信息是没有经过解释的视频图像,只能用作事后取证,没有充分发挥监控的实时性和主动性作用。为了能实时分析、跟踪、判别监控对象,并在异常事件发生时提示、上报,为政府部门、安

全领域及时决策、正确行动提供支持,视频监控的"智能化"就显得尤为重要。安防监控系统的优点有:

(1)安全。安防系统可以对陌生人入侵、煤气泄漏、火灾等情况及时发现并预警。

(2)简单。操作非常简单,可以通过遥控器或者门口控制器进行布防或者撤防。

(3)实用。视频监控系统依靠安装在室外的摄像机可以有效地阻止小偷进一步行动,并且也可以在事后取证,为警方提供有利证据。

4. 其他功能

1)遥控控制

用户可用遥控器来控制家中灯光、热水器、电动窗帘、饮水机和空调等设备的开启和关闭;通过遥控器显示屏在一楼(或客厅)查询并显示二楼(或卧室)灯光电器的开启关闭状态;同时可以控制家中的红外电器,诸如电视、音响等电器设备。智能家居遥控器控制场景如图 12-6 所示。

图 12-6 智能家居遥控器控制场景

图 12-7 智能家居定时控制场景

2)定时控制

智能家居定时控制就是通过给智能控制模块预先编制定时控制方案,使其按照时间开机表来控制家中的照明、空调、热水器等电器设备。例如,让家中的电动窗帘在每天早晨 7:00 拉开,21:00 关闭;设定电热水器每天 20:30 自动开启加热,23:30 自动断电关闭。这样既方便主人,又能实现节能环保。智能家居定时控制场景如图 12-7 所示。

3)集中控制

用户可在进门的玄关处同时打开客厅、餐厅和厨房的灯等电器,尤其是在夜晚,可以在卧室控制客厅和卫生间的灯光电器,既方便又安全,还可以随时随地查询它们的工作状态。

4)场景控制

用户轻轻触动一个按键,数种灯光、电器的控制在用户的"意念"中自动执行,使用户感受和领略科技时尚生活的完美、简捷和高效。

5)网络远程控制

在当今网络通信发达的时代,智能家居的网络远程控制更是体现得淋漓尽致。通过网络可以远程控制家中照明、空调、热水器等的工作状态。网络远程控制器与家中的网络接口相连,用户只需打开计算机登录到 Internet,即可进入网络控制界面控制家中电器。如果配上网络摄像头,还能轻松监视家中的一切。

基础知识测评题

一、填空题

1. 以建筑智能化为特征的智能建筑的类型有 _____、_____、_____。

2. 智能建筑一般由 _____、_____、_____、_____、_____组成。

二、单选题

1. 下列选项中,( )不属于建筑智能化工程。

 A. 通信网络系统   B. 接地系统

 C. 综合布线系统   D. 住宅(小区)智能化系统

2. 楼宇自动化系统简称为( )。

 A. FAS   B. CAS   C. BAS   D. SAS

3. 通信自动化系统简称为( )。

 A. FAS   B. CAS   C. BAS   D. SAS

4. 办公自动化系统简称为( )。

 A. FAS   B. CAS   C. BAS   D. OAS

5. 智能建筑的基本构成不包括( )。

 A. 楼宇自动化系统   B. 通信自动化系统

 C. 家庭智能化系统   D. 办公自动化系统

6. 智能建筑不包括( )。

 A. 智能大厦   B. 智能化住宅   C. 智能小区   D. 智能家居

7. ( )将建筑物或建筑群内的电力、照明、空调、给水排水、防灾、保安、车库管理等设备或系统,以集中监视、控制和管理为目的构成综合系统,从而创造出一个有适宜的温度、湿度、亮度和清新空气的工作或生活环境,满足用户节能、高效、舒适、安全、便利的使用要求。

 A. 楼宇自动化系统   B. 通信自动化系统

 C. 办公自动化系统   D. 建筑设备自动化系统

8. 消防自动化系统的代号是( )。

 A. SAS   B. FAS   C. BAS   D. MAS

三、简答题

1. 智能建筑的定义是什么?

2. 智能建筑有什么特点?

3. 如何对智能建筑进行等级划分?

4. 智能建筑的主要特征是什么?

5. 智能建筑由哪几部分组成?各部分有何功能?

扫一扫看答案

项目 13 火灾自动报警系统

火灾自动报警系统是指探测火灾早期特征、发出火灾报警信号,为人员疏散、防止火灾蔓延和启动自动灭火设备提供控制与指示的消防系统。火灾自动报警系统一般设置在工业与民用建筑场所,与自动灭火系统、疏散诱导系统、防烟排烟系统及防火分隔系统等消防系统一起构成完整的建筑消防系统。火灾自动报警系统主要由火灾探测报警系统、消防联动控制系统、火灾预警系统(可燃气体探测报警系统及电气火灾监控系统)组成。

任务 1 火灾探测报警系统

火灾探测报警系统的作用是为及早发现和通报火灾、及时取得有效措施控制和扑灭火灾而设置在建筑物或其他场所的一种自动消防设施,如图 13-1 所示。火灾探测报警系统主要由火灾报警控制装置、触发器件(火灾探测器和手动火灾报警按钮)和火灾警报装置组成。

一、火灾报警控制装置

在火灾自动报警系统中,用于接收、显示和传递火灾报警信号,并能发出控制信号和具有其他辅助功能的控制指示设备称为火灾报警装置。火灾报警控制器就是一种最基本的火灾报警装置。火灾报警控制器担负着为火灾探测器提供稳定工作电源,监视火灾探测器及系统自身的工作状态,接收、转换、处理火灾探测器输出的报警信号,进行声光报警,指示报警的具体部位及时间,执行相应辅助控制等诸多任务。

1. 火灾报警控制器分类

火灾报警控制器是火灾自动报警系统的重要组成部分。在火灾自动报警系统中,火灾探测器是系统的"感觉器官",随时监视周围环境的情况。火灾报警控制器,则是该系统的"躯体"和"大脑",是系统的核心,它可以独立构成火灾自动监测报警系统,也可以与灭火装置等构成完整的火灾自动监控消防系统。火灾报警控制器的分类如图 13-2 所示。

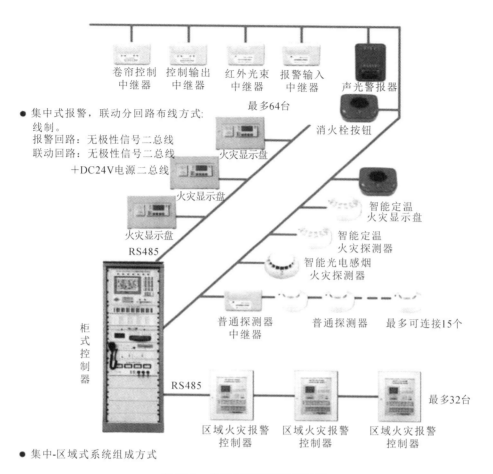

- 集中式报警，联动分回路布线方式：线制。
  报警回路：无极性信号二总线
  联动回路：无极性信号二总线
  ＋DC24V电源二总线

- 集中-区域式系统组成方式

图 13-1　火灾探测报警系统图示

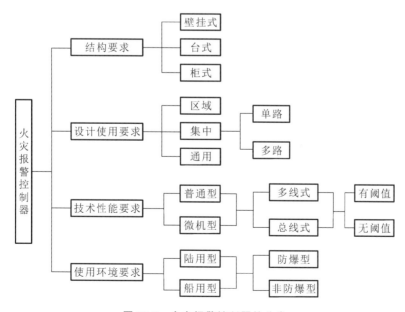

图 13-2　火灾报警控制器的分类

　　火灾自动报警系统的结构形式是多种多样的,根据火灾自动报警系统联动功能的复杂程度及报警系统保护范围的大小,火灾自动报警系统可分为区域火灾报警系统、集中火灾报警系统和控制中心火灾报警系统。

　　1) 区域火灾报警系统

　　区域火灾报警系统通常由火灾探测器、手动火灾报警按钮、区域火灾报警控制器、火灾报警装置和电源组成。区域火灾报警系统的保护对象仅为建筑物中某一局部范围或某一设施。区域火灾报警控制器往往是第一级监控报警装置,应设置在有人值班的房间或场所,如保卫室、值班室等。

　　2) 集中火灾报警系统

　　集中火灾报警系统主要由火灾探测器、区域火灾报警控制器、集中火灾报警控制器等组成,系统结构形式如图 13-3 所示。集中火灾报警系统一般适用于保护对象规模较大的场合,如高层住宅、商住楼和办公楼等。集中火灾报警控制器是区域火灾报警控制器的上位控制器,它是建筑消防系统的总监控设备,其功能比区域火灾报警控制器更加齐全。

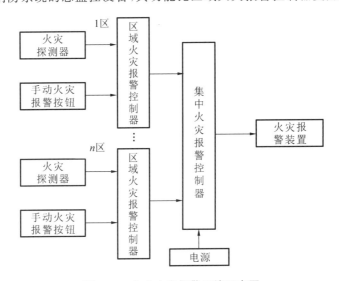

图 13-3　集中火灾报警系统示意图

　　3) 控制中心火灾报警系统

　　控制中心火灾报警系统由火灾探测器、手动火灾报警按钮、区域火灾报警控制器、集中火灾报警控制器、消防联动控制设备、电源、火灾报警装置、火警电话、火灾应急照明、火灾应急广播和联动装置等组成。系统结构形式如图 13-4 所示。控制中心火灾报警系统一般适用于规模大的一级以上的保护对象,因该类型建筑物建筑规模大,建筑防火等级要求高,因此应采用消防联动控制功能多的控制中心火灾报警系统。

2. 火灾报警控制器的基本功能

　　火灾报警控制器主要包括电源部分和主机部分。

　　一是电源部分。火灾报警控制器的电源由主电源和备用电源两部分组成。主电源取自被保护对象的消防电源,备用电源一般选用可反复使用的各种蓄电池。火灾报警控制器电源部分的主要功能如下:①主、备电源能自动切换;②主电源接通时备用电源自动充电;③能实时监测电源故障;④指示电源工作状态;⑤给火灾探测器回路供电。

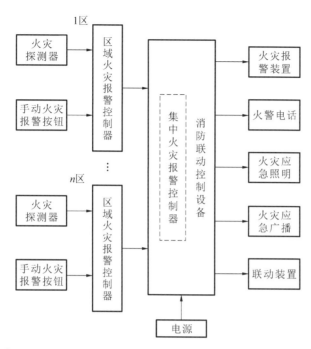

图 13-4　控制中心火灾报警系统示意图

二是主机部分。常态下,火灾报警控制器主机部分监测火灾探测器回路的变化情况,遇有火灾报警信号时,执行相应的操作。因此,火灾报警控制器主机部分的主要功能如下:①故障声光报警;②火灾声光报警;③火灾报警优先;④火灾报警记忆;⑤声光报警消除及再响;⑥时钟及时间记录;⑦输出控制。火灾报警控制器应具有一对以上的输出控制接点,用于火灾报警时的直接联动控制。

3. 火灾报警控制器的作用

(1)向火灾探测器提供高稳定度的直流电源,监视连接各火灾探测器的传输导线有无故障。

(2)能接收火灾探测器发送的火灾报警信号,迅速、正确地进行转换和处理,并以声、光等形式指示火灾发生的具体部位,进而发送消防设备的启动控制信号。

二、触发器件

在火灾自动报警系统中,自动或手动产生火灾报警信号的器件称为触发器件,主要包括火灾探测器和手动火灾报警按钮。

1. 火灾探测器

火灾探测器是能对火灾参数(如烟、温度、火焰辐射、气体浓度等)进行响应,并自动产生火灾报警信号的器件。其具体分类如下。

(1)火灾探测器根据探测范围的不同可分为点型火灾探测器和线型火灾探测器两类。

① 点型火灾探测器。点型火灾探测器可以响应一个传感器附近的火灾特征参数,如点型感温式火灾探测器和点型感烟式火灾探测器。点型火灾探测器如图 13-5 所示。

(a) 点型感温式火灾探测器　　　　(b) 点型感烟式火灾探测器

图 13-5　点型火灾探测器

　　② 线型火灾探测器。线型火灾探测器用于响应一个连续线路附近的火灾特征参数。例如,缆式线型火灾探测器是由一条细长的铜管或不锈钢构成的连续线路,如图 13-6 所示。红外光束线型感烟火灾探测器是由发射器和接收器之间的红外光束构成的连续线路,如图 13-7 所示。线型火灾探测器多用于工业设备及民用建筑的一些特定场合。

 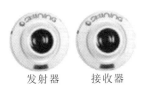

发射器　　接收器

图 13-6　缆式线型火灾探测器　　　**图 13-7　红外光束线型感烟火灾探测器**

　　(2) 火灾探测器根据火灾探测参数的不同,可分为感烟式、感温式、感光式、可燃气体探测式和复合式等主要类型。

2. 手动火灾报警按钮

　　手动火灾报警按钮是以手动方式产生火灾报警信号,启动火灾自动报警系统的器件。在火灾探测器没有探测到火灾的时候,当人工确认火灾发生并按下手动火灾报警按钮上的有机玻璃片时,便可向火灾报警控制器发出信号,火灾报警控制器接收报警信号后,显示报警按钮的编号或位置并发出警报。手动火灾报警按钮与各类编码探测器一样,可直接接到控制器总线。因为手动火灾报警按钮的报警触发条件是人工按下按钮,所以几乎没有误报的可能。

　　手动火灾报警按钮采用拔插式结构,安装简单方便;采用无极性信号总线,其地址编码可由手持电子编码器在 1～242 的范围内任意设定;有机玻璃片按下后可用专用工具复位;按下有机玻璃片,可由按钮提供无源输出触点信号,可直接控制其他外部设备。

三、火灾警报装置

　　在火灾自动报警系统中,用以发出区别于环境声、光的火灾警报信号的装置称为火灾警报装置。它以声、光等方式向报警区域发出火灾警报信号,以警示人们迅速采取安全疏散、灭火救灾措施。常见的火灾警报装置有火灾声光警报器和消防警铃,如图 13-8 所示。

1. 火灾声光警报器

　　火灾声光警报器内嵌微处理器,微处理器实现与火灾报警控制器通信、电源总线断电检测、声光信号启动。火灾声光警报器接收火灾报警控制器的启动命令后,开始启动声光信号,也可通过外控触点直接启动声光信号。

(a) 火灾声光警报器　　　　　(b) 消防警铃

图 13-8　火灾警报装置

2. 消防警铃

消防警铃是用于将火灾报警信号进行声音中继的一种电气设备。当生产现场发生事故或火灾等紧急情况时,火灾报警控制器送来的控制信号启动报警电路,消防警铃发出声警报信号,完成报警。消防警铃根据使用电压不同有 DC 24 V 和 AC 220 V 两种,大部分安装于建筑物的公共空间部分,如走廊、大厅等。

任务 2　消防联动控制系统

消防联动控制系统是火灾自动报警系统中的一个重要组成部分,通常由消防联动控制器、消防控制室图形显示装置、消防电气控制装置(防火卷帘控制器、气体灭火控制器等)、消防电动装置、消防联动模块、消火栓按钮、消防应急广播设备、消防电话、消防设备应急电源等设备和组件组成。

1. 消防联动控制器

消防联动控制器是消防联动控制设备的核心组件。它通过接收火灾报警控制器发出的火灾报警信息,按预设逻辑对自动消防设备实现联动控制和状态监视。消防联动控制器可直接发出控制信号,通过驱动装置控制现场的受控设备。对于控制逻辑复杂,在消防联动控制器上不便实现直接控制的设备,可通过消防电气控制装置(如防火卷帘控制器)间接控制受控设备。

2. 消防控制室图形显示装置

消防控制室图形显示装置是消防联动控制设备的一个重要组件。该装置安装在消防控制中心,用于接收并显示火灾报警控制器和消防联动控制器的相关信息,包括火灾自动报警系统保护区内的建筑平面图、消防设备的设置及工作状态等。消防控制室图形显示装置如图 13-9 所示。

图 13-9　消防控制室图形
显示装置

3. 消防电气控制装置

消防电气控制装置用于对建筑消防给水设备、自动灭火设备、室内消火栓设备、防烟排烟设备、防火卷帘设备等各类自动消防设施进行控制,具有控制受控设备执行预定动作,接收受控设备的反馈信号,监视受控设备状态,与上级监控设备进行信息通信,向使用人员发出声、光提示信息等功能。

4. 消防电动装置

消防电动装置是自动灭火设备、防烟排烟设备和防火卷帘设备等自动消防设施的电气驱动装置,是消防联动控制设备完成对受控消防设备联动控制的一种重要辅助装置。

5. 消防联动模块

消防联动模块是用于消防联动控制器与其所连接的受控设备之间信号传输、信号转换的一种器件,包括消防联动中继模块、消防联动输入模块、消防联动输出模块和消防联动输入/输出模块,它是消防联动控制设备完成对受控消防设备联动控制功能所需的一种辅助器件。消防联动输入模块及输入/输出模块的外形如图 13-10 所示。

图 13-10　消防联动模块的外形

6. 消火栓按钮

消火栓按钮是用于向消防联动控制器或消火栓水泵控制器发送动作信号,并启动消防水泵的器件,也是消防联动控制设备的一种辅助器件。

任务 3　火灾自动报警系统图识读与安装

一、火灾自动报警及联动控制系统图的识读要点

火灾自动报警及联动控制系统图主要反映系统的组成、设备和元件之间的相互关系,阅读时应主要阅读火灾自动报警及联动控制平面图和消防平面图。

(1) 火灾自动报警及联动控制平面图。火灾自动报警及联动控制平面图主要反映设备器件的安装位置,管线的走向及敷设部位、敷设方式,管线的型号、规格及根数。

(2) 消防平面图。阅读消防平面图,可进一步了解火灾探测器、手动报警按钮、电话插口等设备的安装位置,以及消防线路的敷设部位、敷设方法和管线的型号、规格、管径大小等情况。

阅读消防平面图时,先从消防中心开始,到各楼层的接线端子箱,再到各分支线路的走向、配线方式及与设备的连接情况等。消防系统中常用的图形符号如表 13-1 所示。

表 13-1　消防系统中常用的图形符号

名称	图形符号	名称	图形符号	名称	图形符号
感温探测器		区域显示器	Fi	报警电话插口	
感烟探测器		广播扬声器		手动报警装置	
火灾报警装置		消防接线箱	JX	消火栓报警按钮	

二、火灾自动报警及联动控制系统图的识读实例

火灾自动报警及联动控制系统图如图 13-11 所示。

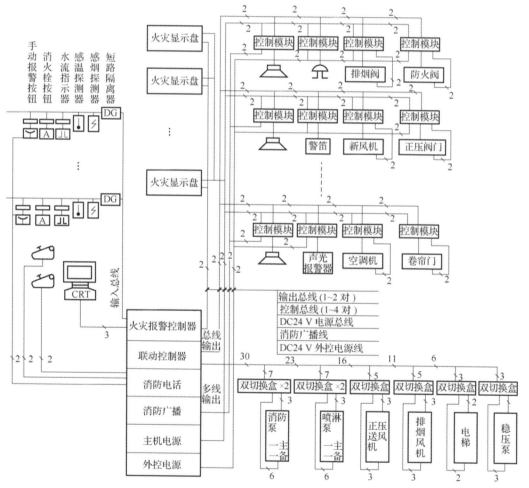

图 13-11　火灾自动报警及联动控制系统图

（1）火灾报警控制器是一种可现场编程的二总线制通用报警控制器,既可用作区域报警控制器,又可用作集中报警控制器。该控制器最多有 8 对输入总线,每对输入总线可带探

测器和节点型信号127个;最多有两对输出总线,每对输出总线可带32台火灾显示盘。火灾报警控制器通过串行通信方式将报警信号送入联动控制器,以实现对建筑物内消防设备的自动、手动控制。它通过另一串行通信接口与计算机联机,实现对建筑的平面图、着火部位等的彩色图形显示。每层设置1台火灾显示屏,可作为区域报警控制器。火灾显示屏可进行自检,内装有4个输出中间继电器,每个继电器有输出触点4对,可控制消防联动设备。

(2)联动控制系统中1对(最多有4对)输出控制总线(二总线控制)可控制32台火灾显示盘(或远程控制器)内的继电器,以实现对每层消防联动设备的控制。输出控制总线可接256个信号模块,设有128个手动开关,用于手动控制火灾显示屏(或远程控制箱)内的继电器。

(3)消防电话连接二线直线电话,二线直线电话一般设置于手动报警按钮旁,只需将手提式电话机的插头插入电话插孔,即可与总机(消防中心)通话。消防电话的分机可向总机报警,总机也可呼叫分机进行通话。

(4)消防广播装置由联动控制器实施着火层及其上、下层的紧急广播的联动控制。当有背景音乐(与火灾事故广播兼用)的场所发生火警时,由联动控制器通过其执行件(控制模块或继电器盒)实现强制切换到火灾事故广播的状态。

三、火灾自动报警系统及联动灭火系统安装

1. 火灾自动报警系统的工作流程

火灾自动报警系统的工作流程如图13-12所示。

当火灾发生时,在火灾的初期阶段,根据现场探测到的情况,火灾探测器(温、烟、光电、可燃气体等探测器)将首先发信号给各所在区域的报警显示器及消防控制室的中央处理器(当系统不设区域报警显示器时,火灾探测器将直接发信号给中央处理器),或当人员发现后,用手动报警器或消防专用电话报告给中央处理器。

消防系统中央处理器在收到报警信号后,迅速进行火情确认。当确认火情后,中央处理器将根据火情及时做出一系列预定的动作指令,如及时开启着火层及其上下关联层的疏散警铃;消防广播通知人员尽快疏散;打开着火层及其上下关联层电梯前室、楼梯前室的正压送风系统及走道内的排烟系统,同时停止空调机、抽风机、送风机的运行;启动消防泵、喷淋泵、水喷淋动作;开启紧急诱导照明灯;迫降电梯回底层,普通电梯停止运行,消防电梯紧急运行。

如果所设置的火灾自动报警控制系统是智能型的,那么整个系统将以计算机数据处理传输进行信息报警和自动控制。系统将利用智能类比式探测器在所监测的环境范围内采集烟浓度或温度对时间变化的综合信息数据,并与系统中央处理器数据库中存有的大量火情资料进行分析比较,迅速分清信号是真实火情所致,还是环境干扰的误报(这在常规探测系统中是难以办到的),从而准确地发出实时火情状态警报,联动各消防设备投入灭火。

不同的建筑物,其使用性质、重要性、位置环境条件、火灾所带来的危害程度、管理模式各有不同,所构成的火灾报警控制系统方式也不同,应设置与其性质、等级相配的火灾自动报警控制系统。所以,设计人员在设计时应首先认真分析工程的建设规模、用途、性质、等级等条件,从而确定并构建与其相适应的火灾自动报警控制系统。

2. 火灾探测器安装

火灾探测器是火灾自动报警系统的检测元件,它将火灾初期所产生的热、烟或光转变为电信号,当其电信号超过某一确定值时,将电信号传递给与之相关的报警控制设备。它的工作稳定性、可靠性和灵敏度等技术指标直接影响着整个消防系统的运行。探测器安装时应

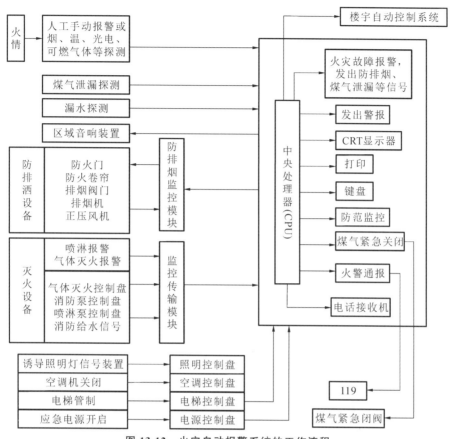

图 13-12　火灾自动报警系统的工作流程

注意以下问题：

（1）探测器有中间型和终端型之分。每条分路（一个探测区内的火灾探测器所组成的一个报警回路）应有一个终端型探测器，以实现线路故障监控。一般来说，感温探测器的探头上有红色标记的为终端型，无红色标记的为中间型。感烟探测器上的确认灯为白色发光二极管者为终端型，而确认灯为红色发光二极管者为中间型。

（2）最后一个探测器应加终端电阻 R，其阻值应根据产品技术说明书中的规定取值，并联探测器的终端电阻一般取 $5\sim56$ kΩ。有的产品不需接终端电阻；有的产品的终端电阻由一个半导体硅二极管（ZCK 型或 ZCZ 型）和一个电阻并联构成，安装二极管时，其负极应接在 24 V 端子或底座上。

（3）并联探测器数目一般以少于 5 个为宜，其他有关要求见产品技术说明书。

（4）若要求装设外接门灯，则必须采用专用底座。

（5）当所采用的防水型探测器有预留线时，要采用接线端子过渡，分别连接。接好后的端子必须用绝缘胶布包缠好，放入盒内后再固定火灾探测器。

（6）采用总线制并要进行编码的探测器，应在安装前根据厂家技术说明书的规定，按层或区域事先进行编码分类，再按照上述工艺要求安装探测器。

3. 火灾报警控制器安装

1）火灾报警控制器的安装要点

（1）火灾报警控制器（以下简称控制器）在墙上安装时，其底边距地（楼）面的高度宜为

1.3～1.5 m;落地安装时,其底宜高出地坪 0.1～0.2 m。

(2)控制器靠近其门轴的侧面距墙不应小于 0.5 m。控制器落地式安装时,柜下面有进出线地沟;需要从后面检修时,其后面板距墙不应小于 1 m,当有一侧靠墙安装时,另一侧距墙不应小于 1 m。

(3)控制器的正面操作距离:设备单列布置时,不应小于 1.5 m;双列布置时,不应小于 2 m;在值班人员经常工作的一面,控制盘至墙的距离不应小于 3 m。

(4)控制器应安装牢固,不得倾斜,安装在轻质墙上时应采取加固措施。

(5)配线应整齐,避免交叉,并应固定牢固,电缆芯线和所配导线的端部均应标明编号,并应与图纸一致。

(6)在端子板的每个接线端,接线不得超过两根。导线应绑扎成束,其导线、引入线穿线后,在进线管处应封堵。

(7)控制器的主电源引入线应直接与消防电源连接,严禁使用电源插头。主电源应有明显标志。控制器的接地应牢固,并有明显标志。

(8)竖向的传输线路应采用竖井敷设,每层竖井分线处应设端子箱,端子箱内的端子宜选择压接或带锡焊接的端子板,其接线端子上应有相应的标号。分线端子除作为电源线、故障信号线、火警信号线、自检线、区域号线外,宜设两根公共线供调试时通信联络用。

(9)消防控制设备的外接导线,当采用金属软管作为套管时,其长度不宜大于 2 m,且应采用管卡固定,其固定点间距不应大于 0.5 m。金属软管与消防控制设备的接线盒(箱)应采用锁母固定,并应根据配管规定接地。

(10)消防控制设备外接导线的端部应有明显标志。消防控制设备盘(柜)内不同电压等级、不同电流类别的端子应分开,并有明显标志。

2)火灾报警控制器的安装方法

控制器分为区域火灾报警控制器和集中火灾报警控制器两种。

(1)区域火灾报警控制器的安装。

① 安装控制器时,首先根据施工图中的位置确定其具体位置,量好箱体的孔眼尺寸,在墙上画好孔眼位置,然后进行钻孔,孔应垂直于墙面。安装控制器时应平直端正。

② 区域火灾报警控制器一般为壁挂式,可以直接安装在墙上,也可以安装在支架上。控制器底边距地面的高度不应小于 1.5 m。

③ 控制器安装在墙面上可采用膨胀螺栓固定。若控制器质量小于 30 kg,则采用 ϕ8 mm×120 mm 膨胀螺栓固定;若控制器质量大于或等于 30 kg,则采用 ϕ10 mm×120 mm 膨胀螺栓固定。

④ 若报警控制器安装在支架上,则应先将支架加工好,并进行防腐处理,再在支架上钻好固定螺栓的孔眼,将支架装在墙上。

(2)集中火灾报警控制器的安装。

① 集中火灾报警控制器一般为落地式安装,柜下面有进出线地沟。

② 应将集中火灾报警控制箱(柜)、操作台安装在型钢基础底座上,一般采用 8～10 号槽钢,也可以采用相应的角钢。型钢的底座制作尺寸应与控制器的外形尺寸相符。

③ 火灾报警控制设备经检查,内部器件完好、清洁整齐、各种技术文件齐全、盘面无损坏时,才可将设备安装就位。

④ 报警控制设备固定好后,应进行内部清扫,用抹布将各种设备擦干净,柜内不应有杂物,同时应检查机械活动部分是否灵活,导线连接是否紧固。

基础知识测评题

一、填空题

1.火灾自动报警系统按照系统功能划分,包括_____和_____两大部分。

2.火灾探测报警系统主要由_____、_____、_____及具有其他功能的辅助装置组成。

3.火灾自动报警系统分为_____、_____和_____。

4.火灾发生时,通过火灾报警控制器关闭_____层及_____层的正常广播,接通火灾应急广播,用来指挥现场人员进行有秩序的疏散和有效的灭火。

5.探测器底座的连接导线,应留有不小于_____mm的余量,且其端部应有明显标志。

6.火灾声光警报器应安装在安全出口附近明显处,距地面_____m以上。

7.当用一台区域火灾报警控制器警戒多个楼层时,应在每个楼层的楼梯口处或消防电梯前室等明显的地方设置_____。

8.消防控制室内设备的布置应按规定留出操作、维修的空间。设备正面的操作距离,单列布置时不小于_____m;双列布置时不小于_____m。

二、选择题

1.火灾报警系统验收前,建设单位应向公安消防监督机构提交申请报告,并附相关技术文件,下列选项中可不提交的资料是(　　)。

A.系统竣工图　　　B.系统施工图　　　C.施工记录　　　D.调试报告

2.系统竣工验收时,实际安装火灾探测器85只,应抽验(　　)只才符合规范要求。

A.8　　　　　　　B.9　　　　　　　C.10　　　　　　　D.12

三、判断题

1.安装壁挂式区域火灾报警控制器时,区域火灾报警控制器的底边距地面的高度宜在1.3 m以内,这样,既便于管理人员观察监视,又可方便小孩触摸。　　　　(　　)

2.为节约成本,可将火灾事故广播线路和火灾自动报警信号回路同管敷设。

(　　)

四、简答题

1.火灾自动报警系统是由什么组成的?其作用是什么?

2.火灾探测器分为多少种?

3.简述火灾报警控制器的作用。

扫一扫看答案

项目 14 安全防范系统

建筑安全防范系统是指通过人力防范（简称人防）、实体防范（简称物防）、技术防范（简称技防）对建筑物的主要环境，包括内部环境和周边环境进行全面有效的全天候监视，对建筑物内部的人身、财产、文件资料、设备等安全起着重要的保障作用；为建筑物内的人员和财产营造出安全而舒适的环境，同时也为建筑物的管理人员提供最大便利性和安全性。安全防范系统主要包括非法入侵报警系统、出入口控制系统、楼宇对讲系统。

任务 1 非法入侵报警系统

非法入侵报警系统（又称防盗报警系统）是安全防范自动化系统的一个子系统。它对设防区域的非法侵入、盗窃、破坏和抢劫等，进行实时有效的探测和报警，并应有报警复核的功能。系统一般由探测器、区域报警控制器和报警控制中心设备组成，其基本结构如图 14-1 所示。

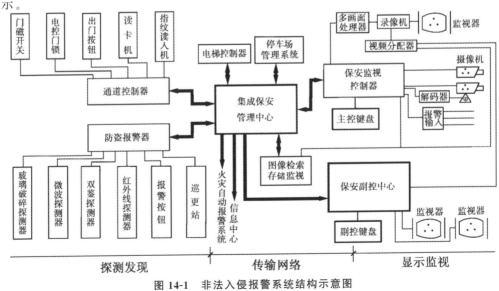

图 14-1 非法入侵报警系统结构示意图

1. 探测器

探测器是非法入侵报警系统最前端的输入设备，也是整个报警系统中的关键部分，它在很大程度上决定着报警系统的性能、用途和报警系统的可靠性，是降低误报和漏报的决定性因素。探测器通常由传感器和信号处理器组成。有的探测器只有传感器，没有信号处理器。传感器是探测器的核心部分，它是一种物理量的转换装置。传感器把检测到的物理量如压力、位移、振动、温度、声音等转化成电量，如电流、电压、电阻等，然后将电量传送到控制器。非法入侵报警系统常用的探测器的类型有开关探测器、声控探测器、振动式探测器、玻璃破碎探测器、微波生物体移动探测器等。

2. 区域报警控制器

防盗报警控制器应能直接或间接接收来自报警探测器发出的报警信号，发出声光报警，并能指示报警发生的部位。声光报警信号应能保持到手动复位，复位后，如果再有报警信号输入时，应能重新发出声光报警信号。另外，报警控制器还能向与该机连接的全部探测器提供直流工作电压。

3. 报警控制中心

通常为了实现区域性的防范，即把几个需要防范的小区联网到一个警戒中心。在危险情况发生时，各个区域的报警控制器的电信号通过电话线、电缆、光缆或无线电波传到控制中心。同样控制中心的命令或指令也能回送到各区域的报警值班室，以构成互动和相互协调的安全防范网络，加强防范的力度。

非法入侵报警系统的安装要点如下：

① 探测器的安装高度不是随意的，高度不合理会直接影响其灵敏度和防小动物的效果，一般壁挂型红外探测器安装高度为距地面 2.0～2.7 m，且要远离空调、冰箱、火炉等空气温度变化幅度较大的地方。

② 在同一个空间最好不要安装两台无线红外探测器，以避免发生因同时触发而互相干扰的现象；红外探测器应与室内的行走线呈一定的角度，因为探测器对于径向移动反应最不敏感，对于切向（与半径垂直的方向）移动则最为敏感。在现场选择合适的安装位置是避免红外探测器误报、求得最佳检测灵敏度极为重要的一环。

③ 探测器不宜正对冷热通风口或冷热源。红外探测器感应作用与温度的变化具有密切的关系，冷热通风口和冷热源均有可能引起探测器的误报，对于有些低性能的探测器，有时门窗的空气对流也会造成误报。

④ 不宜正对易摆动的大型物体。物体大幅度摆动可瞬间引起探测区域的气流变化，因此同样可能造成误报。应注意，非法入侵报警系统安装探测器的目的是防止犯罪分子非法入侵，在确定安装位置之前，必须考虑建筑物的主要出入口。

⑤ 红外探测器的种类有普通的红外探头、幕帘、高级红外探测器、三鉴广角探测器等，类型从 10 m 到 25 m，从双元红外到双鉴再到多鉴，从防宠物到防遮挡、防摆动，从壁挂式到吸顶式等。安装探测器时，应根据防范空间的大小、周边的环境、出入口的特性等实际状况选择合适的探测器。

任务 2 出入口控制系统(门禁控制系统)

出入口控制系统(ACS)又称为门禁控制系统,其作用是对人的出入进行管理,保证授权人员的自由出入,限制未授权人员的进入,对于强行闯入的行为予以报警,并对出入人员代码、出入时间、出入门代码等情况进行登录与存储,从而确保区域的安全,实现智能化管理。出入口控制系统主要由出入凭证的检验装置、出入口控制主机、出入口自控锁三部分组成。图 14-2 所示为一个最简单的联网门禁系统。

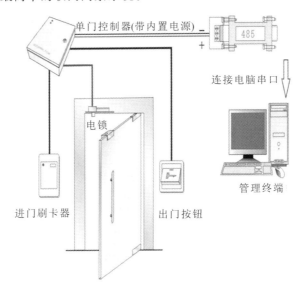

图 14-2 最简单的联网门禁系统

1. 出入凭证的检验装置

通过对出入凭证的检验,判断人员是否有授权。只有出入者的出入凭证正确才予以放行,否则将拒绝其出入。出入凭证的种类很多,如以磁卡、条码卡、IC 卡、威根卡等作为出入凭证;以输入个人识别码为凭证,即以指纹、掌形、视网膜等人体生物特征作为判别凭证。

2. 出入口控制主机

出入口控制主机可根据保安密级要求,设置出入门管理法则。既可对出入人员按多重控制原则进行管理,也可对出入人员实现时间限制等,以实现对整个系统的控制。出入口控制主机能对允许出入者的有关信息(如出入检验过程等)进行记录,还可随时打印和查阅。

3. 出入口自控锁

出入口自控锁,由控制主机根据出入凭证的检验结果来决定启闭,从而最终实现是否允许人员出入。各类锁具的工作方式可分为两种:一是掉电时可出入方式,这类锁具在电源故障时处于开锁状态,从而在紧急情况下可以出入;二是掉电时安全方式,这类锁具在电源故障时处于锁住状态,即在紧急情况下仍能保证安全。

出入口控制系统的安装要点：

电控门锁的类型应根据门的材质、开启方向来确定，出入口控制系统设备布置如图 14-3 所示。在门扇上安装电控门锁时，需要通过电合页进行导线的连接，门扇上电控门锁与电合页之间可预留软塑料管，在主体施工时在门框外侧电合页处预埋导线管及接线盒，导线连接应采用焊接或接线端子连接。出入口控制系统设备安装示意图见图 14-4。

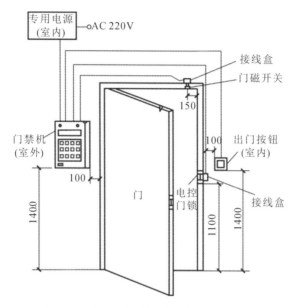

图 14-3　出入口控制系统设备布置示意图

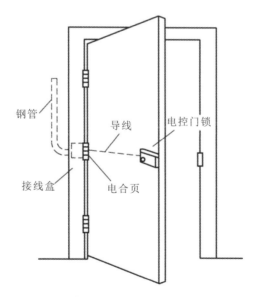

图 14-4　出入口控制系统设备安装示意图

任务 3　楼宇对讲系统

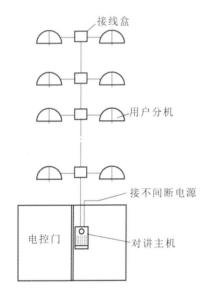

图 14-5　对讲式电控门保安系统示意图

楼宇对讲系统主要应用于住宅,可以是大面积的住宅小区,也可以是单栋的楼宇住宅。楼宇对讲系统是利用语音技术、视频技术、控制技术和计算机技术实现楼宇内外业主和访客间的语音、视频对讲系统,通过扩展可实现信息发布、家电控制、安防报警、录音和录像等功能。楼宅对讲式电控门保安系统示意图如图 14-5 所示,对讲式电控门系统主要由对讲主机、用户分机、电控门及不间断电源等设备组成。对讲主机与用户分机之间采用总线制或多线制连接,通过主机面板上的按键可任意拨通用户分机,进行双工对讲。电控门可通过用户分机上的开锁键开启,也可用钥匙随时开门进出,若加入闭路电视系统,则可构成较高档次的监控保安系统。

楼宅对讲式电控门保安系统主要用于住宅楼、写字楼等建筑。在其他重要建筑的入口、金库门、档案室等处,可以安装智能化程度较高的入口控制系统,想进入室内的合法用户需持用户磁卡经磁卡识别器识别,或在密码键盘输入密码,通过指纹、掌纹等生物辨识系统来判别申请入内者的身份,未授权的非法入侵者将被拒之门外。采用这一系统,可以在楼宅控制中心掌握整个大楼内外所有出入口处的人流情况,从而提高安保效果和工作效率。如图 14-6 所示是对讲式电控门保安系统实物图。

(a) 管理中心机　　　　　(b) 单元主机　　　(c) 普通室内机

图 14-6　对讲式电控门保安系统实物图

楼宇对讲设备的安装要点如下:

1. 项目门口主机的安装

门口主机的安装一般采用暗装埋盒形式,先固定底盒(一般有埋墙安装、镶门安装等),

再将主机的面板固定在底盒上。主机底盒根据材质不同可分为金属底盒和塑料底盒两种,但选用的主要原则是坚固,避免因暗装而产生挤压变形。设备箱的安装位置、高度等应符合设计要求;当无设计要求时,应安装在较隐蔽或安全的地方,底边距地面宜为 1.4 m。设备箱明装时,箱体应按设计位置用膨胀螺栓固定,箱体应水平。设备箱暗装时,箱体应紧贴建筑物表面用锁具固定,严禁采用电焊或气焊将箱体与预埋管焊在一起。

电源箱通常安装在防盗铁门内侧墙壁上,距离电控锁不宜太远,一般在 8 m 以内。电源箱正常工作时不可倒放或侧放。门口对讲主机通常镶嵌在防盗门或墙体主机的预埋盒内。对讲主机底边距地不宜高于 1.5 m,操作面板应面向访客,便于操作。其安装应牢固可靠,并应保证摄像镜头的有效视角范围。为防止雨水进入,门口对讲主机与墙之间要用玻璃胶堵住缝隙,对讲主机安装高度应保证摄像头距地面为 1.5 m。室内机一般安装在室内的门口内墙上,安装高度宜为 1.3~1.5 m,安装应牢固可靠,平直不倾斜。门口主机的安装高度如图 14-7 所示。

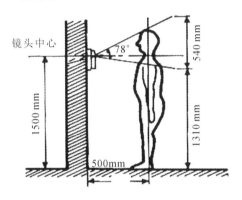

图 14-7　门口主机建议安装高度示意图

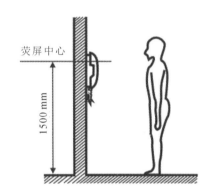

图 14-8　室内分机建议安装高度示意图

2. 室内分机的安装

室内分机按安装方式的不同可分为壁挂式分机和嵌入式分机两种。室内分机安装高度如图 14-8 所示。

壁挂式分机:分机安装方式为明装,主要通过分机底座上的螺钉固定或者通过固定安装背板与墙面进行固定。壁挂式分机安装方便,但是分机本身突出墙面比较多,视觉效果不好。

嵌入式分机:分机安装方式为暗装,首先将分机的预埋底盒埋墙安装,再将分机固定在预埋底盒上。嵌入式分机嵌在墙内,对于室内整体视觉效果非常好。另外嵌入式安装分机有比较大的空间,可以加载比较多的扩展功能;其缺点为需要暗埋底盒,施工难度比较大,并且在安装后不容易进行移动。

3. 设备接线

联网型(可视)对讲系统的处理机宜安装在监控中心内或小区出入口的值班室内,安装应牢固可靠。接线前,对已经敷设好的线缆应再次检查线间和线对地的绝缘,合格后才可按照设备接线图进行连接。对讲主机采用专用接头与线缆进行连接,压接应牢固可靠,接线端应按图纸进行编号。设备及电缆屏蔽层应压接好保护地线,接地电阻值应符合设计要求。

基础知识测评题

一、填空题

1.现阶段安全技术防范常用的子系统主要包括 _____、_____及 _____等。

2.对讲式电控门系统一般由 _____、_____、_____、_____等组成。

3.非法入侵报警系统一般由 _____、_____和 _____组成。

4.室内机一般安装在室内的门口内墙上,安装高度宜为 _____ m,安装应牢固可靠,平直不倾斜。

5.访客对讲主机可安装在单元防护门上或墙体主机预埋盒内,访客对讲主机操作面板的安装高度离地不宜高于 _____ m,操作面板应面向访客,便于操作。

二、多项选择题

1.防盗安保系统是现代化管理、监视、控制的重要手段,包含( )。

A.防盗报警系统　　　B.电视监视系统　　　C.巡更对讲系统　　　D.门禁控制

2.防盗安保系统主要的设备是( )。

A.读卡器　　　　　　B.防盗报警器　　　　C.摄像机　　　　　　D.电子门锁

扫一扫看答案

项目 15 综合布线系统

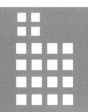

任务1 综合布线系统概述

综合布线系统(premise distribution system,PDS)是一种集成化通用传输系统,利用双绞线或光纤来传输智能化建筑或建筑群内的语言、数据、监控图像和楼宇自控信号,它是智能建筑弱电技术的重要组成之一,建筑智能化与综合布线的关系如图 15-1 所示。综合布线系统是智能化建筑连接 3A 系统各种控制信号必备的基础设施,是一种开放式的布线系统,是一种在建筑物和建筑群中实现综合数据传输的网络系统,是目前智能建筑中应用最成熟、最广泛的系统之一。

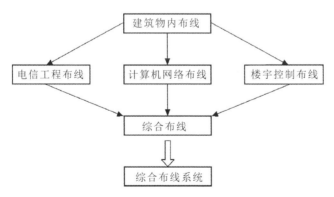

图 15-1 建筑智能化与综合布线的关系

一、综合布线系统的特点

综合布线系统是专门的一套布线系统,它采用一系列高质量的标准材料,以模块化的组合方式,把语音、数据、图像系统和部分控制信号系统用统一的传输介质进行综合而形成的。与传统的布线相比较,综合布线有许多优越性,主要表现为它的开放性、灵活性、可扩充性、可靠性和经济性,而且在设计、施工和维护方面也给人们带来了许多方便。

1. 开放性

综合布线系统采用开放式体系结构,符合国际上的多种现行标准,系统中除了敷设在建筑物内的铜缆或光缆外,其余接插件均为积木式的标准件。因此,它几乎对所有正规化厂商的产品,如计算机设备、交换机设备等都是开放的,也支持所有的通信协议和应用系统,给使用和维护带来极大的便利。

2. 灵活性

传统的布线方式是封闭的,其体系结构是固定的,在迁移或增加设备时会非常困难。

综合布线系统运用模块化设计技术,采用标准的传输线缆和连接器件,所有信息通常是通用的,每一个信息插座上都能连接不同类型的终端设备,如个人计算机、可视电话机、双音频电话机、可视图文终端、传真机等。并且所有设备的增加及更改均不需改变布线,只需在配线架上进行相应的跳线管理即可。

3. 可扩充性

因为建筑物内各种设备的数量会越来越多,综合布线系统有足够的容量为日益增多的设备提供通信路径。更主要的是,综合布线系统还具有扩充本身规模的能力,这样就可以在一个相当长的时期内满足所有信息传输的要求。

4. 可靠性

综合布线系统采用高品质的材料和组合压接的方式,构成了一套高标准信息传输通道,而且每条通道都要采用仪器进行综合测试,以保证其电气性能。

系统布线全部采用点到点端接,各应用系统采用相同传输介质,完全避免了各种传输信号的相互干扰,能充分保证各应用系统正常准确的运行。

5. 经济性

因为综合布线系统是将原来相互独立、互不兼容的若干种布线系统集中成为一套完整的布线系统,所以初期投资比较高。这样,布线系统就可以进行统一设计、统一安装,而且一个施工单位就能完成几乎全部弱电线缆的布线敷设,可以省去大量的重复劳动和设备占用,使布线周期大大缩短,从而节约了大量宝贵的时间。另外,和传统布线相比,综合布线还可以大大减少因设备改变布局或搬迁而需要重新布线的费用,还可以节省日常维护所需要的开支。因此从长远经济效益考虑,综合布线系统的性能价格比高于传统布线方式。

二、综合布线系统的组成

综合布线系统一般由设备间子系统、工作区子系统、管理子系统、水平子系统、干线子系统和建筑群子系统组成,如图 15-2 所示。

1. 设备间子系统

设备间子系统是结构化布线系统的管理中枢,整个建筑物的各种信号都经过各类通信电缆汇集到该子系统。它的功能是实现公共设备如计算机主机、数字程控交换机、各种控制

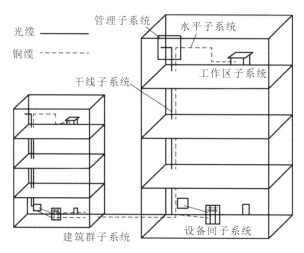

图 15-2　综合布线系统组成示意图

系统、网络互联设备等与建筑内布线系统的干线主配线架之间的连接。设备间子系统是大楼中数据、语音垂直主干线缆连接的场所,是各种数据语音主机设备及保护设施的安装场所。建议设备间子系统设在建筑物中部或建筑物的一、二层,位置不应远离电梯,而且为以后的扩展留有余地,不建议设在顶层或地下室。

2. 工作区子系统

工作区的功能是实现系统终端设备与信息插座之间的连接,如图 15-3 所示,主要指由配线(水平)布线系统的信息插座延伸到工作站终端设备的整个区域。相对来说,工作区子系统布线简单,为终端设备的添加、移动和变更提供了方便。

3. 管理子系统

管理区连接水平电缆和垂直干线,管理子系统设置在楼层配线房间,是水平系统电缆端接的场所,也是主干系统电缆端接的场所;由大楼主配线架、楼层分配线架、跳线、转换插座等组成。常用设备包括快接式配线架、理线架、跳线和必要的网络设备。用户可以在管理子系统中更改、增加、交接、扩展线缆。管理子系统提供了与其他子系统连接的手段,使整个布线系统与其连接的设备和器件构成一个有机的整体。

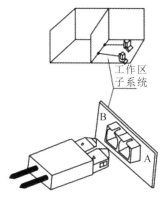

图 15-3　工作区子系统示意图

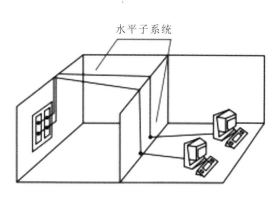

图 15-4　水平子系统示意图

4. 水平子系统

水平子系统是指从工作区子系统的信息插座出发,连接管理子系统通信交叉配线设备的线缆部分,其作用是将干线子系统线路延伸到用户工作区,如图 15-4 所示。水平子系统一般布置在同层楼上,其一端接在信息插座上,另一端接在楼层配线间的跳线架上。

5. 干线子系统

干线子系统是指用于将管理子系统的配线间与设备间子系统或建筑群子系统相连接的主干线缆部分,它采用大对数的电缆馈线或光缆,两端分别端接在设备间和管理区的跳线架上。

6. 建筑群子系统

建筑群子系统为多个建筑物间提供通信信道,用于汇集各建筑物主干布线和水平布线到同一个局域网的布线系统中,通常由电缆、光缆、入口处的电气保护设备、设备间内的所有布线网络连接和信息复用设备等相关硬件组成,其外接线路分界点以到达建筑物总配线架最外侧的第一个端子为准。建筑群子系统包含楼宇间所有多对数铜缆、同轴电缆和多模多芯光纤,以及将此光缆、电缆连接到其他地方的相关支撑硬件。

综合布线系统能够满足建筑物内部及建筑物之间的所有计算机、通信设备,以及楼宇自动化系统设备的需求。目前,国内已建成的综合布线系统中,绝大多数采用国外的通信与网络公司的产品。这些产品共同的特点是:可将各种语音、数据、视频图像,以及楼宇自动化系统中的各类控制信号放在同一个系统布线中传输;在室内各处设置的标准信息插座,由用户根据需要采用跳线方式选用;系统中的信号传输介质,可根据传输信号的类型、容量、速率和带宽等因素,选用非屏蔽双绞线、光缆或非屏蔽双绞线与光缆的混合布线。

三、综合布线系统的主要部件

综合布线系统主要部件按其外形、作用和特点可粗略分为两大类,即传输介质和连接硬件(包括接续设备)。

1. 传输介质

综合布线系统常用的传输介质有双绞线、双绞对称电缆(简称对称电缆)和光缆。

2. 连接硬件(包括接续设备)

连接硬件是综合布线系统中各种接续设备(如配线架等)的统称。连接硬件包括主件的连接器(又称适配器)、成对连接器及接插软线,但不包括某些应用系统对综合布线系统用的连接硬件,也不包括有源或无源电子线路的中间转接器或其他器件(如阻抗匹配变量器、终端匹配电阻、局域网设备、滤波器和保护器件)等。连接硬件是综合布线系统中的重要组成部分。

由于综合布线系统中连接硬件的功能、用途、装设位置以及设备结构有所不同,其分类方法也有区别,一般有以下几种:

1) 按连接硬件在综合布线系统中的线路段落来划分

① 终端连接硬件:如总配线架(箱、柜)、终端安装的分线设备(如电缆分线盒、光纤分线盒等)和各种信息插座(即通信引出端)等。

② 中间连接硬件:如中间配线架(盘)和中间分线设备等。

2) 按连接硬件在综合布线系统中的使用功能来划分

① 配线设备:如配线架(箱、柜)等。

② 交接设备:如配线盘(交接间的交接设备)和室外设置的交接箱等。

③ 分线设备:有电缆分线盒、光纤分线盒和各种信息插座等。

3) 按连接硬件的设备结构和安装方式来划分

① 设备结构:有架式和柜式(箱式、盒式)。

② 安装方式:有壁挂式和落地式,信息插座有明装和暗装两种方式,且有墙上、地板和桌面等安装方式。

4) 按连接硬件装设位置来划分

综合布线系统中,通常以装设配线架(柜)的位置来命名,有建筑群配线架、建筑物配线架和楼层配线架等。

任务 2　综合布线系统图识读与安装

一、综合布线系统图的识读要点

1. 综合布线系统图

本工程总建筑面积为 6831.10 m²,共有 8 层(包含地下一层和地上七层),建筑物室外地坪到檐口的高度为 22.5 m,地下一层高 3.5 m、首层高 4.5 m、二层到七层的标准层高 3 m。本工程为多层框架混凝土结构建筑,独立基础。

图 15-5 所示为综合布线系统图。系统图中的 MDF 为主配线架(交换机),1IDF、3 IDF～7 IDF 为楼层配线架,电话电缆 WF 的标注为 HYV20-20(2×0.5)G100 FC,说明有 20 对电话线来自市话网,穿钢管 100 mm 埋地暗敷设,即在同一时间内,只能有 20 部电话与市话连接。

本建筑内可安装一台 120～150 门的电话程控用户交换机,因本建筑的电信息点 TP 数量为 14+3×20+17+15=106(个)。电话程控交换机可用 6 条 25 对非屏蔽双绞线(UTP)配向 1 IDF、3 IDF～7 IDF 楼层配线架。网络信息点 TO 数量为:7+3×18+16+14=91(个)。

本建筑内可安装一台 100 门的网络交换机,可用 1 条 10 对 UTP 配向 1 IDF,可用 5 条 20 对 UTP 配向 3 IDF～7 IDF 楼层配线架。

楼层配线架 1 IDF 安装于一层商务中心,3IDF～7IDF 均安装在配电间内,用金属线槽(120 mm×65 mm)在吊顶内敷设。配线架配向配电间内后,再用金属线槽(120 mm×65 mm)沿配电井配向各层楼,各层楼也用金属线槽(120 mm×65 mm)在吊顶内敷设,从配电间内配向走廊,因为电话信息点 TP 和网络信息点 TO 安装高度都在 0.3 m,所以三层的金属线槽可以在二层吊顶内敷设,再用钢管 SC15 或 SC20 沿吊顶内敷设到平面图对应的位

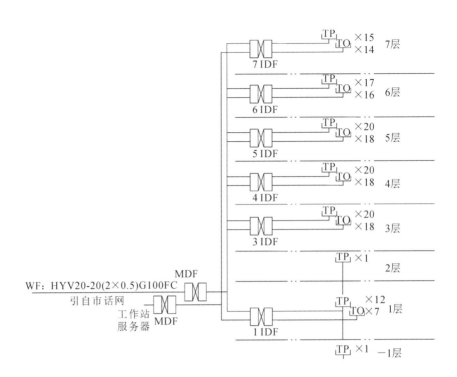

图 15-5　综合布线系统图

置沿墙配到各信息点。

因为是综合配线,电话线和网络线均用的是 UTP 线,所以每层楼的 UTP 线缆根数(线缆对数)可以在楼层配线架处综合考虑。

2. 综合布线平面布置图

为节省版面,本工程的综合布线平面布置图以二维码给出。平面图中的 S1 表示 1 根 8 芯 UTP 线(4 对 1000 非屏蔽双绞线电缆),S2 表示 2 根 8 芯 UTP 线(其余类推),1~2 根穿 SC15,3~4 根穿 SC20,暗敷。

综合布线平面布置图

二、综合布线系统的安装方法

综合布线系统的安装主要考虑了总配线架等设备所需的环境要求,适当考虑了少量计算机系统等网络设备的安装情况。若设备与用户程控电话交换机、计算机网络系统等设备合装在一起,则电信间或设备间的安装工艺应执行相关标准中的规定。

1. 综合布线系统的特点

(1) 工程内容较多,且很复杂。综合布线系统工程包含的子系统项目数量较多,既有室内的,又有室外的;在安装工艺方面要求较高且很复杂,既有细如头发的光纤,也有吊装体型较大的预制水泥构件。

(2) 技术先进、专业性强,安装工艺要求较高。随着光通信的加入,综合布线系统的安装工艺要求更加严格,未经专业培训的人员是不允许参与操作或进入工程现场的。

(3) 涉及面极为广泛,对外配合协调工作很多,且有一定的技术难度。只有做好各方面的工作,才能确保工程质量和施工进度。

(4) 由于外界干扰影响因素较多,工程施工周期容易被延长,尤其是室外施工部分更需及早采取相应措施,妥善处理、细致安排。

(5) 工程现场比较分散,安装施工人员流动作业也多,设备和布线部件的品种类型较多且价格较贵,工程管理有相当的难度。

2. 工作区的安装

(1) 工作区通信引出端(又称信息插座)的安装工艺宜符合以下规定:

安装在地面上的信息插座接线盒应有防水和抗压的性能。安装在墙壁或柱子上的信息插座底盒下侧、多用户信息插座盒及集合点配线箱体的底部离地面的高度宜为 300 mm;当房间内设置活动地板时,上述高度必须保证,此外还要增加活动地板的安装高度。明装用户终端盒可直接用塑料胀管和木螺钉固定在墙上[见图 15-6(a)];暗装用户终端盒应配合土建施工将盒及电缆保护管理入墙内,盒口应和墙面保持平齐,面板可略高出墙面[见图 15-6(b)]。

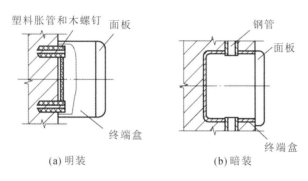

(a) 明装　　　　　　　　(b) 暗装

图 15-6　用户终端盒明装与暗装

(2) 工作区的电源配置和安装工艺应符合以下规定:

每个工作区至少应配置 1 个 220 V 交流电源插座,其安装位置应便于使用。

工作区的电源插座应选用带保护接地的单相电源插座,保护接地与零线应严格分开。

3. 电信间的安装

电信间又称交接间或接线间等,是指专门安装综合布线系统楼层配线设备和计算机系统楼层网络设备集线器或交换机,并可根据场地情况设置电缆竖井、等电位接地体、电源插座、UPS 配电箱等设施的场所。当场地比较宽裕,允许综合布线系统设备与弱电系统设备(如建筑物的安防系统、消防系统、监控系统、无线信号覆盖系统等的缆线线槽和功能模块)合设在同一场所时,从房屋建筑的角度出发,电信间可改称为弱电间,它是相对于电力线路的强电间而区分的。

① 电信间的数量应按其所服务的楼层范围及工作区面积来确定。如果该楼层信息点数量不大于 400 个,水平缆线长度均不大于 90 m,那么宜设置一个电信间;当超过这一范围时,宜设两个或多个电信间。如果每个楼层的信息点数量较少,且水平缆线长度均不大于 90 m,那么可几个楼层合设一个电信间,以节省房间面积和减少设备数量。

② 电信间与强电间应分开设置,以保证通信(信息)网络安全运行,电信间内或其紧邻处应设置电缆竖井(有时称缆线竖井或弱电竖井)。

③ 电信间的使用面积不应小于 5 m²,也可根据工程中实际安装的配线设备和网络设备的容量进行调整,即可增加或减少电信间的使用面积。

上述电信间使用面积的计算依据为:在一般情况下,综合布线系统的配线设备和计算机网络设备采用 19 in(1 in≈2.54 cm)标准机架(柜)安装。机架(柜)尺寸通常为 600 mm(宽)×900 mm(深)×2000 mm(高),共有 42 U(1 U＝44.45 mm,42 U 容量的机架的外观高度约为 2000 mm)的安装机盘的空间。在机架(柜)内可以安装光纤连接盘、RJ45(24 口)配线模块、多线对卡接模块(100 对)、理线架、计算机系统集线器或交换机设备等。如果按建筑物每层电话和数据信息点各为 200 个考虑来配置上述设备,大约需要 2 个 19 in(42 U)的机架(柜)空间。当电信间内同时设置了内网、外网或专用网时,考虑它们的网络结构复杂、网络规模扩大、设备数量增多和便于维护管理等因素,19 in 机架(柜)应分别设置,并在保持一定间距的情况下估算电信间的面积。

④ 电信间的设备安装和电源要求应参照相关标准办理。

⑤ 电信间应采用向外开的丙级防火门,门宽大于 0.7 m。电信间的温、湿度是按配线设备要求提出的,电信间内温度应为 10～35 ℃,相对湿度宜为 20％～80％。如在机架(柜)中安装计算机信息网络设备(如集线器、交换机),其环境条件应满足设备提出的要求。温、湿度的保证措施由空调专业负责考虑解决。

基础知识测评题

一、填空题

1.综合布线系统由六个部分组成,它们是 ＿＿＿＿＿＿＿、＿＿＿＿＿＿＿、＿＿＿＿＿＿＿、＿＿＿＿＿＿＿、＿＿＿＿＿＿＿ 和 ＿＿＿＿＿＿＿。

2.系统主要部件按其外形、作用和特点可粗略分为 ＿＿＿＿＿＿＿ 和 ＿＿＿＿＿＿＿ 两大类。

二、判断题

1.综合布线采用标准的传输线缆和连接硬件,模块化设计;因此,在任何一个信息插座上都不能连接不同类型的终端设备。　　　　　　　　（　　）

2.水平子系统对布线的距离有着较严格的限制,它的最大距离不超过 90 m。
　　　　　　　　（　　）

三、简答题

1.综合布线系统由哪几部分组成?

2.综合布线的特点是什么?

扫一扫看答案

参 考 文 献

[1] 秦树和.管道工程识图与施工工艺[M].重庆:重庆大学出版社,2010.

[2] 夏利梅,赵秋雨.安装工程识图与施工工艺[M].北京:清华大学出版社,2022.

[3] 鲍东杰,李静.建筑设备工程[M].北京:清华大学出版社,2022.

[4] 曾澄波,周硕珣.建筑设备安装识图与施工工艺[M].北京:清华大学出版社,2022.

[5] 张宁,赵宇晗,白洪彬.建筑设备工程[M].武汉:华中科技大学出版社,2017.

[6] 黄晓燕,赵磊.建筑电气施工与工程识图实例[M].2版.武汉:华中科技大学出版社,2016.

[7] 边凌涛.安装工程识图与施工工艺[M].3版.重庆:重庆大学出版社,2021.

[8] 赵宏家.电气工程识图与施工工艺[M].5版.重庆:重庆大学出版社,2018.

[9] 常蕾.建筑设备安装与识图[M].2版.北京:中国电力出版社,2020.

[10] 王旭,王裕林.管道工识图教材[M].3版.上海:上海科学技术出版社,2002.

[11] 王东萍.建筑设备与识图[M].北京:机械工业出版社,2018.

[12] 喻建华,陈旭平.建筑弱电应用技术[M].武汉:武汉理工大学出版社,2009.

[13] 张志勇,徐立君,牛保平.建筑安装工程施工图集[M].4版.北京:中国建筑工业出版社,2014.

[14] 陈思荣.建筑设备安装工艺与识图[M].2版.北京:机械工业出版社,2017.

[15] 涂中强,赵盈盈.建筑设备安装工程[M].北京:北京邮电大学出版社,2018.

[16] 汤万龙,刘玲.建筑设备安装识图与施工工艺[M].2版.北京:中国建筑工业出版社,2010.

[17] 靳慧征,李斌.建筑设备基础知识与识图[M].3版.北京:北京大学出版社,2020.

[18] 李祥平,闫增峰,吴小虎.建筑设备[M].2版.北京:中国建筑工业出版社,2013.

[19] 王丽.建筑设备安装[M].3版.大连:大连理工大学出版社,2020.

[20] 谢社初,周友初.建筑电气施工技术[M].2版.武汉:武汉理工大学出版社,2015.

[21] 王斌,李君.建筑设备安装识图与施工[M].北京:清华大学出版社,2020.

[22] 中华人民共和国住房和城乡建设部.消防给水及消火栓系统技术规范:GB 50974—2014[S].北京:中国计划出版社,2015.

[23] 中华人民共和国住房和城乡建设部.建筑电气工程施工质量验收规范:GB 50303—2015[S].北京:中国建筑工业出版社,2016.

[24] 中华人民共和国住房和城乡建设部.建筑给水排水设计规范:GB 50015—2019[S].北京:中国计划出版社,2019.

[25] 中华人民共和国住房和城乡建设部.建筑给水排水制图标准:GB/T 50106—2010[S].

北京:中国建筑工业出版社,2010.

[26] 中华人民共和国住房和城乡建设部.给水排水管道工程施工及验收规范:GB 50268—2008[S].北京:中国建筑工业出版社,2008.

[27] 中华人民共和国住房和城乡建设部.建筑设计防火规范(2018年版):GB 50016—2014[S].北京:中国计划出版社,2018.

[28] 中华人民共和国住房和城乡建设部.通用用电设备配电设计规范:GB 50055—2011[S].北京:中国计划出版社,2011.

[29] 中华人民共和国住房和城乡建设部.住宅建筑电气设计规范:JGJ 242—2011[S].北京:中国建筑工业出版社,2011.

[30] 中华人民共和国住房和城乡建设部.建筑电气制图标准:GB/T 50786—2012[S].北京:中国建筑工业出版社,2012.

[31] 中华人民共和国住房和城乡建设部.低压配电设计规范:GB 50054—2011[S].北京:中国计划出版社,2011.